U0960599

高等职业教育农业部“十二五”规划教材

高等职业教育“十四五”规划教材

兽用生物制品技术

第 3 版

王雅华　王永娟　那　燕　主编

中国农业大学出版社
·北京·

内 容 简 介

本教材分为兽用生物制品生产技术、质量检验技术、使用技术和管理四大模块。兽用生物制品生产技术模块包括6个项目，即细菌类疫苗制备、病毒类组织疫苗制备、病毒类细胞疫苗制备、诊断用生物制品制备、治疗用生物制品制备和微生态制剂制备。兽用生物制品质量检验技术模块包括4个项目，即细菌类疫苗质量检验、病毒类疫苗质量检验、诊断用生物制品质量检验和治疗用生物制品质量检验。兽用生物制品使用技术模块包括3个项目，即预防用生物制品使用、诊断用生物制品使用和治疗用生物制品使用。兽用生物制品管理模块包括2个项目，即兽药生产质量管理和兽药经营质量管理。每个项目都配有目标要求、任务训练、职业知识链接、思考与练习。教材中配备了大量的彩色图片，效果更加直观。新版教材增加了兽用生物制品生产、质量检验、诊断及使用关键技能的视频及动画，便于学习者理解和掌握。

本教材特点是突出工学结合，按"岗位需求"构建相应的内容，突出以能力培养为本位，注重学生职业综合能力、专业技术能力的培养和发展，同时邀请行业企业专家共同编写。本书可作为高等职业教育教材，还可作为中等职业学校相关教师和兽用生物制品及养殖行业人员的参考用书。

图书在版编目(CIP)数据

兽用生物制品技术/王雅华，王永娟，那燕主编. --3版. --北京：中国农业大学出版社，2022.8

ISBN 978-7-5655-2837-8

Ⅰ.①兽… Ⅱ.①王…②王…③那… Ⅲ.①兽医学-生物制品-高等职业教育-教材 Ⅳ.①S859.79

中国版本图书馆CIP数据核字(2022)第145074号

书　　名　兽用生物制品技术　第3版

作　　者　王雅华　王永娟　那　燕　主编

策划编辑　康昊婷　　**责任编辑**　康昊婷

封面设计　李尘工作室　郑　川

出版发行　中国农业大学出版社

社　　址　北京市海淀区圆明园西路2号　　**邮政编码**　100193

电　　话　发行部 010-62733489，1190　　读者服务部 010-62732336

编辑部 010-62732617，2618　　出　版　部 010-62733440

网　　址　http://www.caupress.cn　　**E-mail** cbsszs@cau.edu.cn

经　　销　新华书店

印　　刷　北京时代华都印刷有限公司

版　　次　2022年8月第3版　　2022年8月第1次印刷

规　　格　185 mm×260 mm　16开本　19.75印张　530千字　彩插4

定　　价　59.00元

编审人员

主　编　王雅华　王永娟　那　燕

副主编　裴春生　陈功义　钱景富　郭宏伟　苏晓田　刘玉华

编　者　（按姓氏笔画排序）

王　晶（青岛易邦生物工程有限公司）
王永娟（江苏农牧科技职业学院）
王伟利（吉林出入境检验检疫局）
王艳丰（河南农业职业学院）
王雅华（辽宁农业职业技术学院）
刘玉华（江苏农牧科技职业学院）
刘立英（辽宁农业职业技术学院）
那　燕（辽阳职业技术学院）
苏晓田（辽宁农业职业技术学院）
李春雨（广东农工商职业技术学院）
宋艳华（黑龙江职业学院）
陈功义（河南农业职业学院）
徐　海（江苏农牧科技职业学院）
钱景富（辽宁农业职业技术学院）
董亚青（江苏农牧科技职业学院）
郭宏伟（河南牧业经济学院）
雷莉辉（北京农业职业学院）
裴春生（辽宁农业职业技术学院）
潘昱婷（四川水利职业技术学院）

主　审　范书才（中国兽医药品监察所）
苗玉和（辽宁益康生物股份有限公司）

前　言

本教材是根据《国家职业教育改革实施方案》(简称“职教二十条”)、《高等职业学校专业教学标准》以及《“十四五”职业教育规划教材建设实施方案》等相关文件精神而编写的。

新版教材特点：一是增强教材时效性。《兽用生物制品技术》第 2 版于 2014 年 6 月出版，至今已经历 8 年，其间动保行业快速发展，新技术、新工艺、新规范需要及时写入教材。二是新版教材融入思政、创新元素，体现全方位育人理念。将思政元素与创新元素融入项目任务中，通过做中学，培养学生遵守行业标准和规范，培养学生严谨的工作作风和良好的职业道德，并将素质教育与创新教育纳入考核测评中，实现专业、思政、创新三育有机融合。三是增加信息化数字资源，教材内容立体呈现。新版教材增加了原创视频、动画共计 33 个，通过二维码数字资源，实现线上线下观看和互动，并配套开发了辅助教学课件、任务工单、习题作业及大量多媒体素材等资源，便于学习者查阅。四是校企双元合作开发教材，充分融入职业要素。邀请行业企业专家共同编写，注重工学结合，按“岗位需求”构建相应的岗位知识。五是突出职业能力培养。任务均源于真实的生产项目，学生通过动手实践获得职业技能，同时注重培养学生发现问题和解决问题的职业综合能力。

全书共四大模块 15 个项目。根据兽用生物制品企业生产、检验、使用及管理四大岗位群，教材相对设置为兽用生物制品生产技术、质量检验技术、使用技术和管理四大模块。每个知识模块内容既相对独立，又能有机结合在一起，可满足不同岗位群人员的需求，因此，在教学中可根据需要和学时数，有针对性地选择学习。每个模块由若干个学习项目组成，每个学习项目都有典型任务，在做中学的同时获得工作过程知识。项目任务各校可根据教学条件和生源基础进行选取，每个任务也可拆分为几个小任务进行训练。每个学习项目都包括目标要求、任务训练、职业知识链接、思考与练习。目标要求强调知识目标、技能目标和素质目标，突出重点，便于学生学习和掌握；职业知识链接是完成任务所必须具备的理论知识内容，同时又适当拓宽知识面，力求反映生物制品领域的新进展，旨在培养学生能力的高质量发展；思考与练习则注重案例分析，利于提高学生分析问题和解决问题的能力。每个学习项目都新增加了视频、动画、辅助教学课件、任务工单、习题作业等数字化资源。

全书由王雅华、王永娟、那燕统稿。教材由中国兽医药品监察所范书才和辽宁益康生物股份有限公司苗玉和主审，并对结构体系和内容提出了宝贵意见；编者所在学校及企业对编写工作给予了大力支持；同时也向参考文献列出的作者一并表示诚挚的谢意。

由于编者学术水平所限，本书难免存在不足之处，恳请专家和读者赐教指正。

编　者

2022 年 6 月

目　录

模块三　兽用生物制品使用技术

模块四　兽用生物制品管理

兽用生物制品课程认知

【知识目标】

1. 理解兽用生物制品概念
2. 掌握兽用生物制品的分类与命名原则

【技能目标】

1. 能解释兽用生物制品的分类及其作用
2. 能解释活疫苗与灭活疫苗的区别
3. 能解释多价疫苗与多联疫苗的区别

【素质目标】

1. 了解兽药相关法规，按要求进行兽用生物制品生产、质检、营销
2. 通过兽药相关网络平台，及时了解兽用生物制品的新要求、新技术

一、兽用生物制品分类与命名原则

兽用生物制品是根据免疫学原理，利用天然或人工改造的微生物、寄生虫及其代谢产物或免疫应答产物制备的，用于动物传染病和其他有关疾病的预防、诊断和治疗的生物制剂。

本课程是研究动物传染病和寄生虫病的免疫预防、诊断和治疗用生物制品的制造理论和技术、生产工艺、制品质量检验与控制及保藏和使用方法，以增强动物机体特异性和非特异性免疫力，及时准确诊断动物疫病，并给予特异性治疗，防止疫病传播的综合性应用科学。

（一）兽用生物制品的分类

兽用生物制品种类繁多，按不同的标准分类有不同的归类。依据生物制品的性质及作用将其分为疫苗、类毒素、抗血清、诊断制剂、免疫调节剂、微生态制剂 6 类。

1. 疫苗

目前的动物疫苗有 10 余种，即灭活死疫苗、减毒活疫苗、亚单位疫苗、基因工程亚单位疫苗、合成肽疫苗、基因工程活载体疫苗、基因工程缺失减毒苗、抗独特型抗体疫苗、基因疫苗和转基因植物疫苗等。前 3 种为传统疫苗，是长期以来用于传染病预防的主要疫苗，即所谓的第

一代疫苗。后 7 种为采用现代生物技术制成的新型疫苗。

凡接种动物后能产生主动免疫和预防疾病的一类生物制剂均称为疫苗，包含细菌类菌苗、病毒类疫苗和寄生虫类虫苗等。传统疫苗按疫苗抗原的性质和制备工艺，又分为活疫苗、灭活疫苗、亚单位疫苗 3 类；按疫苗抗原数量，又可分为单价疫苗、多价疫苗和多联（混合）疫苗；按疫苗病原菌（毒）株的来源，又有同源疫苗和异源疫苗之分。

（1）活疫苗　活疫苗又称弱毒疫苗，它是微生物自然强毒株通过物理、化学或生物处理，并经连续传代和筛选，培养而成的丧失或减弱对原宿主动物致病力，但仍保存良好免疫原性和遗传特性的毒株，或从自然界筛选的具有良好免疫原性的自然弱毒株，经培养增殖后制备的疫苗（彩图 1）。目前，市场上大部分活疫苗是弱毒疫苗，如猪瘟兔化弱毒疫苗、牛肺疫兔化弱毒疫苗及鸡痘鹌鹑化弱毒疫苗等。疫苗优点是可以在免疫动物体内繁殖；能刺激机体产生全面的系统免疫反应和局部免疫反应；免疫力持久，有利于清除局部野毒；产量高、生产成本低。缺点是疫苗残毒在自然界动物群体内持续传递后有毒力增强和返祖危险；有不同抗原的干扰现象；要求在低温、冷暗条件下运输和贮藏。

（2）灭活疫苗　灭活疫苗又称死疫苗，用标准强毒或免疫原性良好的弱毒株，经人工大量培养后，用理化方法将其灭活后制成的疫苗（彩图 2）。该类疫苗历史较久，制备工艺比较简单。目前，我国已有很多商品化灭活疫苗，如猪口蹄疫、鸡减蛋综合征和兔出血症等灭活疫苗。灭活疫苗优点是微生物不能在免疫动物体内繁殖，安全性好；不存在毒力返祖现象；有利于制备多价或多联等混合疫苗；制品稳定，受外界环境影响小，有利于保存运输。缺点是该类疫苗免疫剂量大，生产成本高，有时需多次免疫；有的疫苗存在过敏反应；一般只能诱导机体产生体液免疫和免疫记忆，故常需要用佐剂来增强其免疫效果。

（3）亚单位疫苗　亚单位疫苗是指病原体经物理或化学方法处理，除去其无效的毒性物质，提取其有效抗原部分制备的一类疫苗。有效抗原包含多数细菌的荚膜和鞭毛、多数病毒的囊膜和衣壳蛋白，以及有些寄生虫虫体的分泌和代谢产物，经提取纯化，或根据这些有效免疫成分分子组成，通过化学合成，制成不同的亚单位疫苗。该类疫苗具有明确的生物化学特性、免疫活性和无遗传性的物质。人工合成纯度高，使用安全。如肺炎球菌囊膜多价多糖疫苗、流感血凝素疫苗及牛和犬的巴贝斯虫病疫苗等。

（4）单价疫苗　利用同一种微生物菌（毒）株或同一种微生物中的单一血清型菌（毒）株的增殖培养物制备的疫苗称为单价疫苗。单价疫苗对单一血清型微生物所致的疫病有免疫保护效力。但单价疫苗仅能对多血清型微生物所致疾病中的对应血清型（有交叉的血清型除外）有保护作用，而不能使免疫动物获得完全的免疫保护。

（5）多价疫苗　多价疫苗指用同一种微生物中若干血清型菌（毒）株的增殖培养物制备的疫苗。多价疫苗能使免疫动物获得对相应病原的保护力，且可在不同地区使用。

（6）多联疫苗　多联疫苗指利用不同种类微生物增殖培养物，按免疫学原理和方法组合而成。接种动物后，能产生对相应疫病的免疫保护，具有减少接种次数和使用方便等优点，是一针防多病的生物制剂。根据组合的微生物种类多少，有三联疫苗和四联疫苗等，如猪瘟-猪丹毒-猪肺疫三联活疫苗。

（7）同源疫苗　同源疫苗指利用同种、同型或同源微生物株制备，又应用于同种类动物免疫预防的疫苗。如猪瘟兔化弱毒疫苗，用于各品种猪以预防猪瘟。

（8）异源疫苗　①用不同种微生物的菌（毒）株制备的疫苗，接种动物后能使其获得对疫苗中并未含有的病原体产生抵抗力。如犬在接种麻疹疫苗后，能产生对犬瘟热的抵抗力；兔接种兔纤维瘤病毒疫苗后能使其抵抗兔黏液瘤病。②用同一种微生物中的一种型的菌(毒)株制备的疫苗，接种动物后能使其获得对异型病原体的抵抗力。如接种猪型布鲁氏菌弱毒菌苗后，能使牛获得对牛型布鲁氏菌病的免疫力。

相关链接

自家灭活苗与脏器灭活苗

自家灭活苗是指用患病动物自身病灶分离出的病原体经培养、灭活后制成的疫苗，再用于该动物本身，也称自家疫苗。用于治疗慢性的、反复发作且用抗生素治疗无效的细菌性或病毒性感染。

脏器灭活苗是利用病、死动物的含病原微生物脏器制成乳剂，加灭活剂脱毒制成的疫苗。在没有特效疫苗的情况下作为一种应急措施。

2. 类毒素

类毒素又称脱毒毒素，是指某些病原细菌生长繁殖过程中产生的外毒素，经化学药品(甲醛)处理后，成为无毒性而保留免疫原性的生物制剂。接种动物后能产生主动免疫，也可用于注射动物制备抗毒素血清。如破伤风类毒素。

3. 抗血清

抗血清是通过给适当动物以反复多次注射同一种抗原物质，促使动物不断产生免疫应答，在血清中或禽卵黄中含有大量对应的特异性抗体，通常采集血清或卵黄制成，又称为被动免疫制品。主要用于治疗传染病，也可用于紧急预防，如抗猪瘟血清、抗炭疽血清及 IBD 卵黄抗体等。近年来，国外用奶牛成功研制了猪大肠杆菌牛乳抗体。

4. 诊断制剂

利用微生物、寄生虫及其代谢产物，或动物血液、组织制备的，专供诊断动物疫病、监测动物免疫状态及鉴定病原微生物的制品称为诊断制剂或诊断液。诊断制剂分为诊断抗原和诊断抗体两大类，包括菌素、毒素、诊断血清、分群血清、分型血清、因子血清、诊断菌液、抗原、免疫扩散板等，如用于诊断结核病的结核菌素、马传染性贫血琼脂扩散试验抗原、炭疽沉淀素血清等。

5. 免疫调节剂

该类制剂是通过刺激动物机体，提高特异性和非特异性免疫力的免疫制品，从而使动物机体对抗原物质的特异性免疫力更强更持久。免疫调节剂包括血液制品如血浆、白蛋白、球蛋白、纤维蛋白原等，以及非特异性免疫活性因子如白细胞介素、胸腺因子、干扰素、转移因子等。

6. 微生态制剂

微生态制剂又称益生素、活菌制剂或生菌剂，是用非病原性微生物制成的，如乳酸杆菌蜡样芽孢杆菌、地衣芽孢杆菌或双歧杆菌等活菌制剂，口服治疗畜禽正常菌群失调引起的下痢。目前，该类制剂已在临床上应用并用作饲料添加剂。

(二)兽用生物制品的命名原则

根据《中华人民共和国兽药典》规定，生物制品的命名原则有10条。

①以明确、简练、科学为基本原则。

②生物制品名称不采用商品名或代号。

③生物制品的命名方法一般采用“动物种名＋病名＋制品种类”的形式。诊断制剂在制品种类前加诊断方法名称。如牛巴氏杆菌病灭活疫苗、猪瘟活疫苗、鸡毒支原体平板凝集试验抗原。病名应为国际公认的、普遍的称呼，译音汉字采用国内公认的习惯写法。

④由两种以上的病原体制成的一种疫苗，命名采用“动物种名＋若干病名＋X联疫苗”的形式。如羊黑疫、快疫二联灭活疫苗，猪瘟、猪丹毒、猪肺疫三联活疫苗。

⑤由两种以上血清型制成的一种疫苗，命名采用“动物种名＋病名＋若干型名＋X价疫苗”的形式。如口蹄疫O型、A型双价活疫苗。

⑥共患病一般可不列动物种名。如狂犬病灭活疫苗、伪狂犬病活疫苗。

⑦由特定细菌、病毒、立克次体、螺旋体、支原体等微生物以及寄生虫制成的主动免疫制品，一律称为疫苗。如仔猪副伤寒活疫苗、牛瘟活疫苗、牛环形泰勒氏梨形虫疫苗。

⑧凡将特定细菌、病毒等微生物及寄生虫毒力致弱或采用异源毒制成的疫苗，称“活疫苗”；用物理或化学方法将其灭活后制成的疫苗，称“灭活疫苗”。

⑨同一种类而不同毒(菌、虫)株(系)制成的疫苗，可在全称后加括号注毒(菌、虫)株(系)。如猪丹毒活疫苗(GC42株)、猪丹毒活疫苗(C4T10株)。

⑩制品的制造方法、剂型、灭活剂、佐剂一般不标明。但为区别已有的制品，可以标明，如猪瘟结晶紫灭活疫苗、鸡新城疫油乳剂灭活疫苗。

二、我国兽用生物制品发展趋势

随着规模化、集约化和产业化养殖业的兴起，兽用生物制品应用前景十分广阔。新的疫病不断出现，旧的疫病又不断以新的面目出现，这给动物生物制品的研制带来了新的课题，给生产和应用带来了巨大的潜力。

1. 疫苗

(1)改进传统疫苗质量，提高疫苗免疫效果　常规疫苗在畜禽疫病预防控制方面仍占据主导地位，使用目前某些疫苗预防接种难以起到很好的免疫保护作用，常常造成免疫失败。因此，疫苗的研制仍将朝着安全有效、不受母源抗体干扰、免疫期长、易于保存运输和使用的方向发展。使用纯净的生物源性材料生产预防和治疗用生物制品，是保证产品安全、有效的重要措施。农业农村部已规定必须用无特定病原(SPF)鸡胚生产禽用活疫苗。优良的免疫佐剂、免疫增强剂和耐热保护剂是提高传统疫苗免疫效力，并实现活疫苗在2～8 ℃下保存运输的重要手段。

(2)多联多价疫苗更受青睐　我国幅员辽阔，畜禽疫病分布和流行的毒株也不完全一样。目前多病原感染病例，即各种继发症、并发症逐渐增多。因此，针对病原特性研制相应的疫苗，尤其对抗原性和致病力容易变化的传染病，如禽流感、传染性法氏囊病及猪传染性胸膜肺炎等，应积极研究和开发多联多价动物疫苗。国外多价疫苗已经成为主流，但国内这一类产品仅仅是起步阶段，未来增长空间巨大。

(3)研究和开发新品种疫苗备受关注　除了一些影响我国的传统动物疾病继续存在外，一些新的疾病也通过各种途径不断出现，包括国外带入和自身变异等多种情况。近些年来，猪繁殖与呼吸障碍综合征、断奶仔猪多系统衰竭综合征、鸡淋巴细胞白血病、网状内皮组织增生症、传染性贫血及传染性脑脊髓炎等病在我国相继出现，并造成严重经济损失。因此，迫切需要研究其安全有效的疫苗，预防和控制这些疫病的发生和流行。

(4)鱼用疫苗与寄生虫疫苗的研制将拓宽兽用生物制品的范围　目前，实际生产使用的鱼用疫苗仅有数种，且数十种鱼用疫苗仍处于研究开发阶段，因此寻找其免疫保护性抗原和改进疫苗使用途径及方法，如将疫苗制成在胃内不易被消化和变性的囊状物，仍是今后鱼用疫苗的主要研究方向。寄生虫虫体抗原比较复杂，免疫原性不及细菌和病毒制品稳定，因此，研制有效寄生虫病疫苗仍是很大的挑战。

(5)宠物疫苗成新动力　随着城市生活水平提高，城市居民豢养宠物的家庭增加。一般意义上的宠物是指家庭喂养的动物，从犬、猫、观赏鱼、鸟、兔、龟，到比较另类的蝎子、蜘蛛、蜥蜴等。目前国内企业商品化的宠物疫苗很少，主要是进口产品，价格昂贵，预计未来国内企业会加大这一领域产品的开发。在发达国家如美国，宠物疫苗市场要大于经济动物疫苗市场，但在国内，宠物疫苗市场正是方兴未艾。

(6)研究开发新型疫苗是今后的发展方向　随着分子生物技术的发展，疫苗的研究及应用已经进入了一个崭新的时代。这些疫苗以基因工程疫苗为主体，包括亚单位疫苗、抗独特型抗体疫苗、基因缺失疫苗、基因工程活载体疫苗、病毒抗体复合疫苗、核酸疫苗等。对一些传统疫苗难以控制的疫病来说，新型疫苗的研制及应用尤为重要。

2. 诊断制剂

研究开发适合国内使用、简便、快速、准确的诊断试剂盒是当前我国亟待解决的问题。以分子生物学为基础建立的聚合酶链式反应(PCR)技术和核酸探针技术等高度灵敏的检测方法已在有条件的实验室建立和使用。这些新型诊断技术将进一步简单化、实用化和商品化，并在动物疫病的诊断、疫苗免疫效果检测和病原鉴定中发挥重要作用。

3. 微生态制剂

微生态制剂是近年来发展迅速的一类制品。应用微生态制剂调节畜禽机体正常菌群，有利于畜禽健康，特别是对防治动物胃肠道疾病，可解决临床上抗生素和其他抗菌药物达不到治疗目的的一些难题。同时，应用微生态制剂作饲料添加剂，对畜禽可起到保健与促生长作用，并减少因滥用药物而产生的耐药菌株和药物残留。加强微生态制剂的研究，开发有生物安全的新型基因工程细菌微生态制剂，也是保证畜禽健康的又一新课题。

思考与练习

一、选择题与判断题

1. 兽用生物制品具有(　　)作用。(单选题)

A. 预防、诊断、治疗　　B. 预防、诊断　　C. 预防、治疗　　D. 诊断、治疗

2. 破伤风类毒素属于(　　)。(单选题)

A. 预防类制品　　B. 诊断类制品　　C. 治疗类制品

D. 微生态制剂　　E. 免疫调节剂

3. 1980 年，世界卫生大会正式宣布，曾使欧洲 3 亿人丧生的(　　)在全世界范围内消灭了。(单选题)

A. 羊痘　B. 鸡痘　C. 结核

D. 天花　E. 狂犬病

4. 猪传染性胃肠炎、猪流行性腹泻二联灭活疫苗属于(　　)。(单选题)

A. 多联疫苗　B. 多价疫苗　C. 同源疫苗

D. 异源疫苗　E. 单价疫苗

5. 禽流感 H5、H7 双价灭活疫苗属于(　　)。(单选题)

A. 多联疫苗　B. 多价疫苗　C. 同源疫苗

D. 异源疫苗　E. 单价疫苗

6. 接种火鸡疱疹病毒活疫苗(HVT)预防马立克氏病(MD)属于(　　)免疫。(单选题)

A. 多联疫苗　B. 多价疫苗　C. 同源疫苗　D. 异源疫苗

7. 鸡新城疫疫苗接种预防鸡新城疫属于(　　)。(单选题)

A. 多联疫苗　B. 多价疫苗　C. 同源疫苗　D. 异源疫苗

8. 单价疫苗指同一微生物制备疫苗，多价疫苗指同一微生物不同血清型制备疫苗。(判断题)

9. 多价疫苗指同一微生物不同血清型制备疫苗。(判断题)

10. 多联疫苗是指用 2 种及以上不同微生物制备的疫苗。(判断题)

11. 同源疫苗指利用同种、同型或同源微生物制备的、应用于不同种类动物免疫预防的疫苗。(判断题)

12. 活疫苗用人工定向变异或从自然界筛选获得的毒力强的病原微生物制成的预防制剂。(判断题)

13. 灭活苗是选用免疫原性强的微生物标准株经大量培养后，用物理或化学方法将其杀死或灭活而制成的预防制剂。(判断题)

14. 细菌的外毒素经甲醛处理后，失去毒性进而失去免疫原性。(判断题)

15. 微生态制剂是利用正常微生物或促进有益微生物生长及抑制致病菌生长繁殖的物质制成的活的微生物制剂。(判断题)

16. 生物制品命名具体要求：动物名称＋疫病名＋疫苗类型。(判断题)

17. (　　)属于兽用生物制品。(多选题)

A. 干扰素　B. 高免血清　C. 抗生素

D. 疫苗　E. 犬瘟热诊断试剂

18. 灭活疫苗特点(　　)。(多选题)

A. 稳定，易于保存和运输　B. 安全性好　C. 需要多次免疫接种

D. 只能通过注射方式接种　E. 不产生局部抗体

19. 活疫苗特点(　　)。(多选题)

A. 贮藏、运输要求条件较高　B. 有毒力返祖的潜在危险　C. 免疫效果好

D. 免疫途径多　E. 可形成局部和全身免疫

20. 兽用生物制品包括(　　)。(多选题)

A. 预防用生物制品　B. 诊断用生物制品　C. 治疗用生物制品
D. 微生态制剂　E. 免疫调节制品

21. 关于疫苗以下描述正确的是(　　)。(多选题)

A. 接种动物后能产生主动免疫
B. 包含细菌性菌苗、病毒性疫苗和寄生虫性虫苗
C. 属于预防类生物制品
D. 包括活疫苗、灭活疫苗、基因疫苗
E. 有多联苗、多价苗、单苗、同源疫苗和异源疫苗之分

22. 基因工程疫苗包括(　　)。(多选题)

A. 多肽或亚单位疫苗　B. 病毒活载体疫苗　C. 细菌活载体疫苗
D. 基因重组疫苗　E. 基因缺失疫苗

23. 关于类毒素以下描述正确的是(　　)。(多选题)

A. 细菌的外毒素经甲醛处理的　B. 失去毒性而仍保留其免疫原性
C. 属于诊断类生物制品　D. 能刺激机体产生保护性免疫
E. 属于预防类生物制品

24. 关于诊断制剂以下描述正确的是(　　)。(多选题)

A. 包括诊断抗体和诊断抗原
B. 属于预防类生物制品
C. 利用病原微生物本身或其生长繁殖过程中的产物制备
D. 用于检测相应抗原、抗体或机体免疫状态
E. 可以用免疫血清制备

25. 关于治疗用生物制品以下描述正确的是(　　)。(多选题)

A. 包括抗血清和抗毒素
B. 动物经反复多次注射某种抗原,采血提出血清制成
C. 主要用于治疗传染病,也可用于紧急预防
D. 抗毒素是动物经反复多次注射细菌类毒素所得到的免疫血清
E. 抗生素也是治疗用生物制品

26. 关于兽用生物制品以下描述正确的是(　　)。(多选题)

A. 依据免疫学原理
B. 利用微生物及其代谢产物制备的生物制剂
C. 利用寄生虫及其代谢产物制备的生物制剂
D. 利用微生物免疫应答产物制备的生物制剂
E. 具有预防、治疗、诊断作用

27. 疫苗的主要作用是(　　)传染病。(单选题)

A. 预防　B. 诊断　C. 治疗　D. 中和

二、简答题

1. 说明活疫苗与灭活疫苗的区别。

2. 在动物生物制品生产和使用过程中，常遇到多价疫苗和多联疫苗，你是怎样理解的？请举例说明。

3. 举例说明动物生物制品的种类及其在畜禽生产中的作用。

4. 举例说明生物制品的命名方法。

二维码 0-1　兽用生物制品课程认知思考与练习参考答案

二维码 0-2　相关政策法规（公告）资源链接

模块一

兽用生物制品生产技术

项目一
细菌类疫苗制备

【知识目标】

1. 掌握细菌类疫苗生产工艺流程
2. 了解细菌规模化培养方法
3. 了解常用细菌类疫苗生产要点

【技能目标】

1. 能够正确进行活菌计数操作
2. 会按照 GMP 要求进行细菌类疫苗生产
3. 具备根据生产实际要求选择生产用原辅料的能力
4. 具备根据生产实际要求选择使用设备与器具的能力

【素质目标】

1. 通过细菌类疫苗制备学习，培养学生严谨的工作作风和良好的职业道德
2. 通过项目任务，培养学生的无菌意识、安全意识和团队协作能力

二维码 1-1　手部消毒

二维码 1-2　细菌分离培养

二维码 1-3　一级种子制备（纯培养）

二维码 1-4　二级种子制备

二维码 1-5　二级种子培养（液体振荡培养方法）

二维码 1-6　破伤风抗毒素的制备

任务一　禽多杀性巴氏杆菌病活疫苗制备

【条件准备】

(1)主要器材　生化培养箱、振荡培养箱、冻干机、高压灭菌锅、显微镜、接种环、酒精灯、500 mL 中性瓶、500 mL 三角瓶、7 mL 疫苗瓶、10 mL 吸管、1 mL 吸管、试管、吸耳球、平皿、棉塞、禽多杀性巴氏杆菌菌种、氢氧化钠、裂解血细胞全血或马血清。

(2)器材处理　按使用时间，将所需物品提前灭菌，并移入洁净工作间待用。

(3)环境要求　在工作开始前 30～40 min，按净化级别要求调整送风量，达到洁净级别要求。

相关链接

工艺卫生

①定期对洁净室进行消毒，并根据沉降菌测定结果决定消毒周期。②操作间的卫生按各自区域的清洁消毒规程进行。③生产设备按各自清洁规程进行清洁消毒。④原料进入生产区按规定程序进行清洁消毒。⑤洁净室温度控制在 18～26 ℃，相对湿度控制在 45%～65%。洁净区与非洁净区的静压差应≥10 Pa。不同级别的相邻洁净区间压差应≥5 Pa。⑥每批生产完毕，都应按清场管理规程进行清场。更换产品应进行彻底清场。

【操作步骤】

一、生产用培养基制备

将配制好的马丁肉汤培养基、马丁琼脂培养基用氢氧化钠调节 pH 为 7.4～7.6，分装后 116 ℃灭菌 30 min。将琼脂培养基在无菌条件下趁热倒入平皿内，每个平皿 20 mL，其余部分琼脂培养基冷却至 50 ℃时加入鲜血，无菌分装于试管内，放置斜面。

二、生产用菌种的制备

(1)一级种子的繁殖及鉴定　无菌条件下，将冻干菌种启封后，用马丁肉汤稀释，并用接种环划线接种于含 4%健康动物血清和 0.1%裂解血细胞全血的马丁琼脂平板上，36～37 ℃培养 16～20 h，肉眼观察，菌落表面光滑，呈灰白色；在低倍镜下，45°折光观察，菌落结构细致，边缘整齐，橘红色，边缘呈浅蓝色虹彩。选取 5 个以上典型菌落，混合于少量马丁汤肉中，接种鲜血马丁斜面若干支，置 36～37 ℃培养 24 h，作为一级种子置 2～8 ℃保存，使用期不超过 14 d。在培养基上传代，不超过 5 代。

(2)二级种子繁殖　取一级种子接种于含 0.1%裂解血细胞全血的马丁肉汤中，36～37 ℃培养 24 h，取样用马丁琼脂作纯粹检验合格后，置 2～8 ℃保存，使用期不应超过 4 d。

(3)清场和记录　工作结束后，应全面清场，对工作间、所用器具、玻璃器皿、物料及废弃物等应按规定分别进行处理。全面填写“生产工序记录”。

三、菌液培养

用培养罐或玻璃瓶通气培养，按培养器容积装入适量培养基(70%左右)及消泡剂，灭菌后按培养基量的1%～2%接种二级种子液，并加入0.1%裂解血细胞全血，已逐渐增大通气量的方法，于37～39 ℃培养14～20 h；或用连续通气培养法，在装灭菌培养基(半量)的大瓶或大罐中接入种子液，根据需要加消泡剂，经37～39 ℃通气培养14～20 h，加等量培养基继续通气培养1 h，放出半量菌液后再加半量培养基。如此循环，但最多不超过50代。

四、半成品检验

(1)纯粹检验　培养结束后取样涂片镜检，应无杂菌；同时用马丁琼脂平板培养菌液进行检验，应纯粹生长。

(2)活菌计数　取样用马丁琼脂平板培养计活菌数，作为配苗参考凭据。每羽份活菌数应不少于3 000万个。

五、配苗与分装

(1)明胶蔗糖保护剂配制　明胶16%～24%、蔗糖40%、硫脲8%～16%。先将含量为16%～24%明胶、40%蔗糖和8%～16%硫脲溶液加热溶解，116 ℃灭菌30～40 min。

(2)配苗　将检验合格菌液按容量计算，菌液7份加蔗糖明胶保护剂1份，菌液应加附加量以便考虑冻干损失。充分混合。

(3)分装　将配制好的疫苗分装于疫苗瓶内，每瓶分装2 mL，在分装过程中定期振荡使疫苗液均匀，在分装过程前、中、后分别取样进行纯粹检验。分装后进行半加塞。

六、冻干

分装后进行冷冻真空干燥，干燥制品轧盖、贴标后进入待检库。

【考核测评】

考核要素/分值比例	考核内容/分值			
专业技能测评/60%	高压灭菌锅使用/15分	条件准备/15分	细菌分离培养/15分	一级种子制备/15分
素质测评/30%	安全操作/8分	规范标准/8分	及时清场/7分	团队协作/7分
创新测评/10%	学生在完成项目任务的任何环节融入创新元素，即可得分，小组成员可根据参与度给予赋分			
考核建议：既可以过程考核，也可以随机抽考，视具体条件选择。 专业技能考核可以让学生在操作时录制视频上传，作为考核依据，也可以单独组织考核。 要求：本人出镜，完整操作。				

任务二　仔猪副伤寒活疫苗制备

【条件准备】

(1)主要器材　生化培养箱、振荡培养箱、冻干机、高压灭菌锅、显微镜、接种环、酒精灯、500 mL 中性瓶、500 mL 三角瓶、7 mL 疫苗瓶、10 mL 吸管、1 mL 吸管、试管、吸耳球、平皿、棉塞、2%蛋白胨肉汤、普通琼脂斜面、猪霍乱沙门氏菌 C500 弱毒株菌种。

(2)器材处理　按使用时间,将所需物品提前灭菌,并移入洁净工作间待用。

(3)环境要求　在工作开始前 30～40 min,按净化级别要求调整送风量,达到洁净级别要求。

【操作步骤】

一、生产用培养基制备

生产种子用培养基 2%蛋白胨肉汤、普通琼脂斜面。半成品检验用培养基 2%蛋白胨肉汤、普通琼脂。菌液培养用培养基 2%蛋白胨肉汤。

二、生产用菌种的制备

(1)一级种子的繁殖及鉴定　冻干菌种用普通肉汤稀释或培养繁殖后,接种普通平板,37 ℃培养 18～20 h,观察菌落形态,应符合菌落为圆形、边缘整齐、突起、半透明、略湿润的光滑型标准。选取中等大小的菌落 5～10 个,混合接种于普通琼脂斜面若干支,37 ℃培养 24 h,经纯粹检查,并用 1/500 吖啶黄溶液做玻片凝集试验检查合格,作为一级种子。置 2～8 ℃保存,应不超过 2 个月,此期间可移植 1～2 次。在培养基上继代,不超过 5 代。

(2)二级种子繁殖　取一级种子接种普通琼脂或普通肉汤,37 ℃培养 24 h,纯粹检查合格后,即可作为生产菌种。2～8 ℃保存,应不超过 2 d。

三、菌液培养

将合格的种子液按 1%～2%比例接种于 pH 7.2～7.6 含 2%蛋白胨的普通肉汤中,于 37 ℃通气培养 18～21 h,培养过程根据需要加入适量消沫剂,并根据 pH 升高情况加入适量 40%灭菌葡萄糖溶液以控制 pH。菌数达到高峰时停止培养。

四、半成品检验

(1)纯粹检验　取样涂片镜检,应无杂菌;同时用普通琼脂接种菌液做纯粹检验,应纯粹。

(2)活菌计数　取样用普通琼脂平板培养计活菌数,作为配苗参考凭据。每头份活菌数不少于 30 亿个。

五、配苗、分装与冻干

培养结束后立即加入经过灭菌及预热至 37 ℃的保护剂,使配制的疫苗中含 1.5%明胶及 5%蔗糖,充分混匀后定量分装、冻干、轧盖、贴标后进入待检库。

【考核测评】

考核要素/分值比例	考核内容/分值			
专业技能测评/60%	培养基制备/20 分	二级种子制备/10 分	菌苗保护剂配制/15 分	配苗与分装/15 分
素质测评/30%	安全操作/8 分	规范标准/8 分	及时清场/7 分	团队协作/7 分
创新测评/10%	学生在完成项目任务的任何环节融入创新元素，即可得分，小组成员可根据参与度给予赋分			

考核建议：既可以过程考核，也可以随机抽考，视具体条件选择。
专业技能考核可以让学生在操作时录制视频上传，作为考核依据，也可以单独组织考核。
要求：本人出镜，完整操作。

任务三　鸡传染性鼻炎灭活疫苗制备

【条件准备】

（1）主要器材　生化培养箱、振荡培养箱、高压匀浆机（胶体磨、组织捣碎机）、高压灭菌锅、显微镜、离心机、接种环、酒精灯、500 mL 中性瓶、500 mL 三角瓶、250 mL 疫苗瓶、10 mL 吸管、1 mL 吸管、试管、吸耳球、平皿、棉塞、副鸡嗜血杆菌菌种、氢氧化钠、甲醛、10 号白油、硬脂酸铝、司本-80、吐温-80、硫柳汞。

（2）器材处理　按使用时间，将所需提前灭菌，并移入洁净工作间待用。

（3）环境要求　在工作开始前 30～40 min，按净化级别要求调整送风量，达到洁净级别要求。

【操作步骤】

一、生产用培养基制备

按要求配制鸡肉汤琼脂固体培养基、鸡肉汤液体培养基，用氢氧化钠调节 pH 为 7.4～7.6，根据需要分装，116 ℃灭菌 30 min。灭菌后的琼脂培养基在无菌条件制成平板和试管斜面培养基。

二、生产用菌种的制备

（1）一级种子的制备　取菌种划线于鸡肉汤琼脂平板上，在含有 5%～10%二氧化碳环境中 37 ℃培养 16～18 h 后，挑选数个荧光性强的典型菌落接种于 5 日龄鸡胚卵黄囊内，在 37 ℃ 继续孵育，收集 30 h 内死亡的鸡胚卵黄液，经纯检合格后，作为一级种子。

（2）二级种子的繁殖　取感染的鸡胚卵黄液，划线接种鸡肉汤琼脂平板，在含有 5%～10%二氧化碳条件下 37 ℃培养 16～18 h，选荧光性强的典型菌苔或菌落接种于鸡肉汤培养基中，置 37 ℃培养 16～20 h，经纯检合格可作为二级种子。

三、菌液培养

将 5 mL 种子液加入 200 mL 鸡肉汤培养基中，在 37 ℃培养 18～20 h，其间振荡培养瓶 2 次，取样进行纯粹检验和活菌计数，经纯检确认无杂菌污染，加入 0.05%甲醛溶液，置 2～8 ℃保存。

四、浓缩与灭活

根据活菌计数结果，按体积比加入 0.15%甲醛溶液和 0.01%的硫柳汞，2～8 ℃灭菌 7 d，经检验无菌生长作为制苗的抗原。如果菌数达不到要求，可以用中空纤维超滤器将纯检合格的菌液浓缩，然后再用 pH 7.2 的 PBS 制成悬浮液，使每 1 mL 至少含有 50 亿个菌体后灭活。

五、油乳剂灭活疫苗的配制

(1)水相制备　合格浓缩菌液含量为 96%，灭菌吐温-80 含量为 4%，于灭菌的容器中充分混合即可。

(2)油相制备　注射用白油含量为 94%，司本-80 含量为 6%，硬脂酸铝含量为 1%，混合加热，完全溶解后，115 ℃灭菌 40 min。

六、乳化与分装

将油相 900 mL 加入胶体磨中，在低速搅拌的同时缓缓加入水相 400 mL 后，以 8 000 r/min 高速搅拌 1.5 min，再加入 200 mL 水相继续高速搅拌 2.5 min，油相、水相比例为 1.5∶1，即成乳白色的油乳剂灭活疫苗。定量分装，轧盖、贴标后进入待检库。

【考核测评】

考核要素/分值比例	考核内容/分值			
专业技能测评/60%	超净工作台使用/15 分	10%甲醛溶液配制/10 分	菌液灭活/20 分	乳化操作/15 分
素质测评/30%	安全操作/8 分	规范标准/8 分	及时清场/7 分	团队协作/7 分
创新测评/10%	学生在完成项目任务的任何环节融入创新元素，即可得分，小组成员可根据参与度给予赋分			
考核建议：既可以过程考核，也可以随机抽考，视具体条件选择。 专业技能考核可以让学生在操作时录制视频上传，作为考核依据，也可以单独组织考核。 要求：本人出镜，完整操作。				

职业知识链接

一、细菌类疫苗生产工艺流程

细菌类疫苗生产工艺流程见图 1-1。

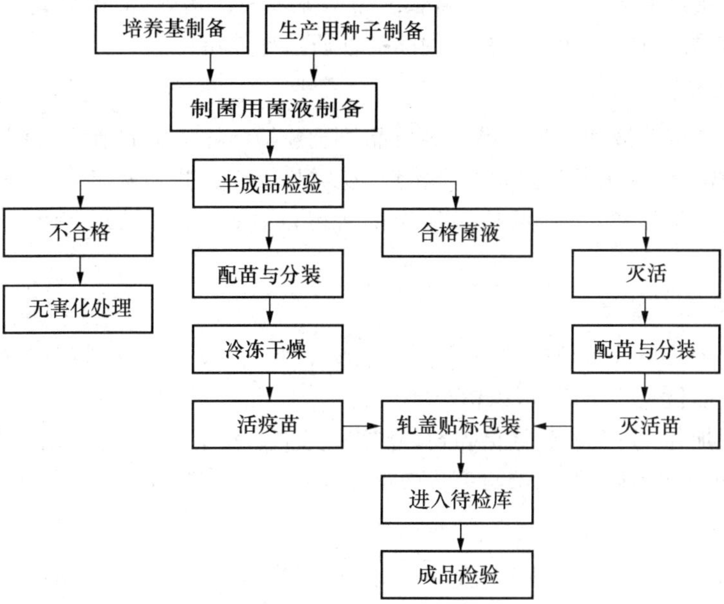

图 1-1　细菌类疫苗生产工艺流程

1. 培养基制备

培养基是人工制备的供细菌生长繁殖的一种营养物质，是维持与繁殖细菌的基础，因此也是制备细菌性疫苗的关键。根据疫苗的性质及用途不同选择适宜的培养基。按要求制备培养基，经高压灭菌后方可使用。

2. 生产用种子制备

按种子批分类，生产用菌（毒、虫）种可分为 3 级，分别采用不同的管理制度。

（1）原种　由中国兽医药品监察所或其委托的单位负责保管。

（2）基础种子　由中国兽医药品监察所或其所委托的单位负责制备、检验、保管和供应。

（3）生产种子　由生产企业自行制备、检验和保管。

以上种子如果按菌（毒、虫）种的毒力可以分为：①强毒菌（毒、虫）种：是指具有强大致病力的菌（毒、虫）种，一般免疫原性好，常用于制备某些灭活疫苗、免疫血清以及疫苗的效力检验等。②弱毒菌（毒、虫）种：是指对动物无致病力而具有一定免疫原性的菌（毒、虫）种，主要用于制备弱毒疫苗。

生产用种子是由基础种子扩繁制备而成，包括一级种子和二级种子。通常将基础种子划线接种于适宜琼脂平板培养基中，选取经分离培养后获得的典型菌落 5～10 个，混合接种于适宜琼脂斜面若干支，一般 37 ℃培养，经纯粹检验和鉴定试验，合格后，作为一级种子。在 2～8 ℃保存，应不超过 2 个月，此期间可移植 1～2 次，在培养基上继代，不超过 3～5 代；取一级种子接种适宜琼脂或液体培养基，一般 37 ℃培养，纯粹检验合格后，即可作为二级种子。在 2～8 ℃保存，应不超过 2～5 d。经纯粹检验合格后，作为生产种子，用于规模化培养。

3. 制苗用菌液制备

将合格的种子液以 1%～2%的量接种于适宜的培养基，然后依不同菌苗的要求进行培养。规模化培养细菌的方法很多，如大扁瓶固体培养基表面培养、液体静置培养、液体深层通气培养、透析培养等，可根据生产规模及制品的性质选择使用。

4. 半成品检验

上述培养获得的菌液即为半成品。半成品检验包括纯粹检验和活菌计数。如果制备灭活菌苗，菌液经纯粹检验和活菌计数检验合格后，还需用灭活剂进行灭活，灭活后还需要进行无菌检验。半成品必须纯粹，灭活菌液必须无菌才可以进行配苗。如不合格经无害化处理后弃掉。

5. 配苗与分装

将合格的半成品加入保护剂或佐剂，定量分装，制成活疫苗或灭活疫苗，轧盖、贴标、包装后入待检库。成品检验合格后，可以销售使用。

活菌苗通常加入5%明胶蔗糖保护剂，经冷冻真空干燥制成，低温冷冻保存。灭活菌苗常用佐剂为20%氢氧化铝胶，按比例与灭活菌液混匀后直接分装，低温保存。

6. 冷冻干燥

将分装好的制品放在冻干机箱搁板上，按搁板层次，由上而下，由里向外逐层装箱。通过预冻、升华干燥和解吸干燥阶段，经观察核定，各项冻干数据已全部达到预先设定的标准后，即为冻干全过程结束。如为自动加塞，就可按下搁板下降按钮，使搁板下降压好瓶塞。打开放气阀门，冻干箱内放入无菌干燥空气，制品出箱，即为成品，置－15 ℃以下保存，经检验合格后可销售。

二、培养基制备技术

(一)培养基的原料标准

培养基主要原料包括水、肉浸汁、蛋白胨、明胶、琼脂、酵母浸出汁及其他盐类。一般化学药品原则上需用化学纯(CP)以上等级的制品。动物性原材料应新鲜和无污染。还要考虑来源动物的饲养条件、年龄、健康状况、生前注射疫苗状况及给抗生素类药物状况等。这些因素都直接影响动物性原材料的质量，从而影响培养基的质量，也就影响细菌生长、繁殖、存活。

(1)水　水是制备培养基的重要原材料，是细菌生长所需营养成分的良好溶剂，并且是菌体进行营养代谢的必需介质。制备培养基用注射用水，不能用饮用水，因为饮用水中的钙、镁等与肉浸液中的磷酸盐类结合，往往在培养基消毒后形成浑浊，不清亮，或产生沉淀，影响细菌的生长和生长状况的观察。

(2)肉浸汁　肉浸汁是生产培养基的基础原料。制作方法是选用新鲜的健康牛肉，去除脂肪和筋膜后捣碎，于4 ℃条件下浸泡过夜，煮沸2 h，过滤后灭菌备用。常用的肝浸液可用猪肝、牛肝或羊肝制成；胃消化液用猪胃制成，均应新鲜、无异味、无病变、有弹性。

(3)蛋白胨　蛋白胨是蛋白质经蛋白酶或酸水解后的水解产物。质量好的蛋白胨为淡黄色或棕黄色粉末，易溶于水。制备培养基应用含胨量在75%以上的蛋白胨，1%水溶液pH应在5.0～7.0，含总氮13%～15%，含氨基氮1%～3%，加热后水溶液不发生沉淀和凝固。

(4)明胶　明胶由动物胶原组织(皮和肌腱等)加工处理制成，是一种蛋白质。具水溶性，冷却后呈半透明固体，30 ℃以上溶解。制备明胶培养基应用化学纯品，烧灼残渣在3%以下，砷含量0.000 3%以下，重金属(以Pb计)不大于0.01%。

(5)琼脂　琼脂是从石花菜等海藻类中提取的复杂多糖，为半乳糖胶。琼脂于 98 ℃溶于水中，45 ℃以下凝固，用作固体培养基的凝固剂。色泽较深和含有杂质的琼脂，使用前应用流水漂洗。

(6)酵母浸出汁　酵母浸出汁含有某些维生素与生长因子，是促进细菌生产繁殖的重要材料之一，但是与酵母的品种和浸出汁的质量有关，市售酵母浸出汁为棕褐色黏稠状，溶于水。另有酵母浸出物制成的粉，为棕黄色。

(二)培养基分类

培养基的种类很多，有多种分类方法。

1. 按原料来源分类

(1)天然培养基　以天然的动物肉、肝、胃和心等原料，或以天然植物的籽粒(如黄豆、豌豆)和块根(如马铃薯)为原料制成基础培养基，然后根据需要再加入添加物制成。天然培养基原料来源方便，成本较低，应用广泛，适用于生物制品生产，但保存期短、极易变质。

(2)人工合成培养基　用化学物质(如化学试剂、化学药品和生化试剂等)和生物制剂混合制成，也可根据需要加入少量天然物质。人工合成培养基制作简单，使用方便，现用现配，而且易于标准化和系列化，但成本高。

2. 按物理性状分类

(1)液体培养基　是生物制品最常用的培养基，包括用于细菌分离、培养、鉴定和菌种制备等。

(2)半固体培养基　呈半固体，通常于液体培养基中加入 0.3%～0.5%琼脂制成，多用于如钩端螺旋体等一些菌种保存。

(3)固体培养基　于液体培养基中加入 2%～3%琼脂或 10%～15%明胶制成，前者多用于细菌分离培养和鉴定，后者多用于细菌生化特性鉴定。

3. 按用途分类

(1)基础培养基　即肉浸出液，作为其他培养基的基础液，在兽用生物制品上应用甚广。

(2)营养培养基　指在基础培养基中加入血液(血清)、腹水和氨基酸等特殊成分制成的培养基，供一些细菌生长繁殖。

(3)选择培养基　只供某些细菌生长而抑制另一些细菌生长用的培养基，多在基础培养基或蛋白胨水中加入抑菌剂制成。如 SS 培养基中含有枸橼酸钠、硫代硫酸钠及煌绿，以抑制除沙门氏菌和志贺氏菌外的革兰氏阳性菌的生长，而加入的胆盐则能促进沙门氏菌生长。

(4)鉴别培养基　供细菌初步鉴别用的培养基。如含有乳糖和中性红指示剂的培养基能使发酵乳糖的细菌呈红色，用以鉴别大肠杆菌。

(5)增菌培养基　具有促进细菌生长的作用，如在肉肝胃消化汤培养基加入一定量吐温-80 可促进猪丹毒杆菌大量增殖。

(6)厌气培养基　于肉肝汤中加入肝块和液体石蜡制成，供厌氧菌生长繁殖用。

(7)生化培养基　通常于蛋白胨水中加入糖类、化学试剂、指示剂等制成，供细菌生化特性鉴定用。

(8)检验培养基　用于对制品进行无菌检验和支原体检验的培养基。如用于细菌和霉菌污染检验的含硫乙醇酸盐培养基(T. G)、酪胨琼脂(G. A)固体培养基和葡萄糖蛋白胨汤

(G. P)培养基,用于支原体检验的改良 Frey 氏培养基和支原体培养基。

(三)培养基制备程序

除少数特殊培养基外,一般培养基的制备方法基本一致。

1. 配制

根据培养基配方准确称取各种成分放于容器中,加少量水浸透原料后,补足水量,使原料溶解。也可用热水或加热进行溶解,并随时搅拌,防止外溢。待完全溶解后再补足水量。

相关链接

配制培养基的容器

配制培养基所需容器应为玻璃、搪瓷或不锈钢材料制成,不可用铜或铁制容器,以免金属离子进入培养基,改变培养基的渗透压,影响细菌的生长。

2. 酸碱度调整

由于细菌对酸碱度很敏感,培养基的酸碱度经过调整后才能使用。pH 可用 pH 试纸、pH 比色计测定。为防止因反复调整酸碱而影响培养基的容量,可先取少量培养基,用低浓度的碱液或酸液进行调整,然后按比例调整其余培养基。灭菌后其 pH 降低 0.1～0.2,故调整时应比实际需要的 pH 高 0.1～0.2。

3. 过滤与澄清

培养基配成后一般有沉渣或浑浊,不便于观察细菌培养特征和生长情况,须过滤澄清使其清晰透明才可使用。过滤培养基可用纱布、脱脂棉或滤纸进行过滤。用 4～5 层纱布过滤,可除去粗的沉渣,然后再用棉花或滤纸进行过滤。澄清是利用培养基中引起浑浊的胶体混悬物在高温下聚集沉淀的特性,将制好的培养基置于高压锅内 110 ℃加热 30 min 后,放置数小时,使培养基自然冷却凝固,然后取上层澄清部分进行分装。

4. 灭菌

一般培养基均用高压蒸汽灭菌。试管或三角瓶装少量培养基,可 116 ℃灭菌 30 min,大容量的固体培养基因热传导较慢,灭菌的时间应适当延长。灭菌时间应以达到预定的温度或压力时开始计算。不宜高压灭菌的培养基,可用流通蒸汽进行灭菌,通常用间歇灭菌法。

5. 无菌检验

使用前进行无菌检验。一般将制好的培养基于 37 ℃保温 24～48 h,证明无菌后方可使用。

三、细菌培养技术

细菌培养是指细菌在动物体外的人工培养基以及人工控制的环境中生长繁殖的过程。制备细菌性疫苗首先应通过细菌分离培养,获得单个细菌菌落,制备细菌菌种,再进行规模化细菌培养。

(一)细菌分离培养

细菌分离培养不仅是细菌纯化的重要手段,也是制备细菌性疫苗菌种的必备方法。分离培养常使用营养琼脂平板。根据细菌生长特点，可选用 2 种方法。

(1)划线接种法 此法最为常用，即在不同培养基平板表面上，以多种方法划线接种细菌(图 1-2)，使细菌生长成单个菌落。根据菌落特性进行鉴别和挑选单个菌落再进行纯培养，制备种子培养物(彩图 3、彩图 4)。

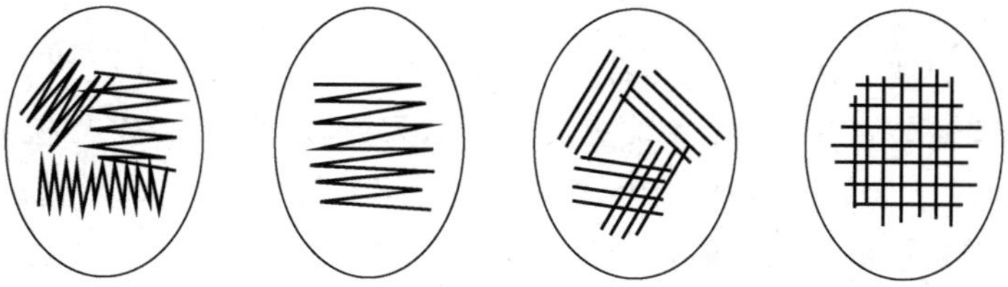

图 1-2 琼脂平板上各种划线方法

(2)倾注培养法 该法适用于深层条件下生长良好的细菌的分离培养。即先将营养琼脂培养基加热熔解，冷却至 45～50 ℃，加入适量细菌培养液，混匀后倾入灭菌培养皿内，制成平板，37 ℃培养 24～36 h 后，挑取典型菌落移植培养。

厌氧菌的分离培养，多数在含 CO_2 条件下进行。最简便的方法是用有盖玻璃容器，放入接种的培养物后，点燃蜡烛，加盖密闭容器，由于燃烧耗氧产生 CO_2，当燃烧蜡烛熄灭后，容器内含有较高浓度的 CO_2，再将容器放入适宜温度培养即可。另外，可将碳酸氢钠与硫酸钠或硫酸作用生成 CO_2。也可用二氧化碳培养箱，培养既方便效果又好，按需要调节箱内二氧化碳浓度。

(二)细菌的规模化培养

细菌规模化培养的环境条件应与细菌自然生长繁殖的要求相同或相似，在其培养基中提供必需的营养要素并使培养环境符合其必要的生长繁殖条件。细菌培养的效果，还与菌种接种剂量、培养时间和培养方法密切相关。

1. 菌种接种剂量

细菌菌种是指有一定标准的菌体增殖培养物，简称菌种。细菌培养的活菌总数除与培养基和培养环境条件密切相关外，还与菌种接种剂量和培养基比例相关。这种比例随细菌种类而异。接种剂量过少，会引起生长繁殖缓慢，影响活菌数，有时甚至出现无菌生长；接种剂量过多，就会将过多的代谢物带入培养基内，造成有害物质的抑制生长。菌种接种剂量通常为 1%～2%(彩图 5)。

2. 培养时间

最佳培养时间通常依据细菌的生长曲线而定。多数在对数繁殖后期至稳定前期之间活菌数最高，生命力最强，宜于收获。若收获过早，则活菌数少；反之，则细菌老化，死菌及代谢产物(尤其细菌毒素)增多，会造成疫苗的不安全因素，例如仔猪副伤寒活疫苗细菌存活率低于 50%时，疫苗不能注射使用，故在活菌苗生产中应注意避免。培养时间的确定既要考虑活菌数还要考虑细菌存活率。

3. 培养方法

可供规模化培养细菌的方法很多，可根据生产规模及制品的性质选择使用。目前通常采用以下方法培养细菌。

(1)固体表面培养法　常用大扁瓶(大型克氏瓶)琼脂平板,经无菌检验后,无菌接入菌种液,使其均匀分布于琼脂表面,平放静置培养,收集菌苔,制成细菌悬浮液,用于制备诊断抗原或疫苗。如炭疽芽孢苗、鸡白痢抗原和布鲁氏杆菌抗原等。本法可根据需要调节细菌浓度,但产量低,劳动强度大。

(2)液体静置培养法　适用于一般细菌性疫苗的生产。培养容器可用大玻璃瓶或培养罐(或称发酵罐),培养基装量为容器体积的 1/2～2/3,灭菌后,冷却至 37 ℃接入菌种,保持适宜温度静置培养。多用于厌氧菌培养,有些厌氧细菌的培养基中需加入肝组织,以利于厌氧菌的生长。本法简便,细菌数量一般不高。

(3)液体深层通气培养法　本法适用于需氧菌的培养,可加速细菌分裂繁殖,缩短培养时间,提高细菌数量。培养细菌时,一般在接入种子液的同时,加入定量消泡剂(如豆油等),先静置培养 2～3 h,然后通入少量过滤无菌空气,每隔 2～3 h 逐渐加大通气量。较理想的细菌培养罐应有自动控制通气量、自动磁力搅拌、自动监测和记录 pH 或溶氧浓度及消泡装置等配套设备。目前,生物制品企业多采用自动培养罐,可以密闭操作,减少污染、降低成本,使用方便。

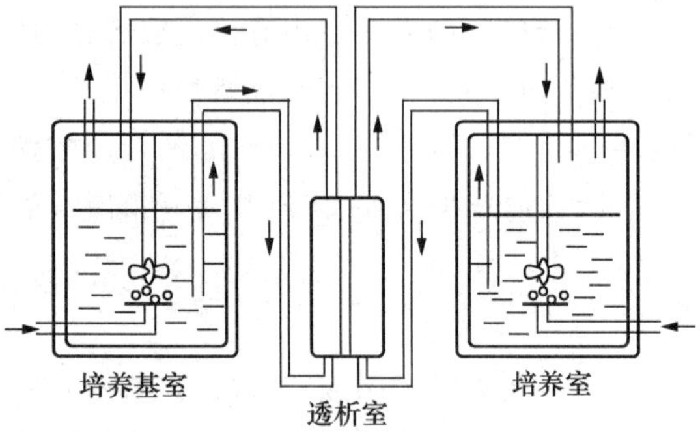

图 1-3　透析器循环系统

(4)透析培养法　透析培养是指培养室与培养基室之间隔 1 层半透膜的培养方法。该系统把培养基与培养物分开成为各自的循环系统,中间经透析器交换营养物。细菌代谢产物经透析器进入培养基室内,培养基里的营养物质经透析器进入培养室供给细菌生长繁殖所需营养。透析器是由一种丙烯树脂制成的板框,在隔离物的两侧装透析膜,用框架固定(图 1-3)。其优点是培养基室和培养室可独立控制;可以搅拌和通气;可使用任何类型的透析膜片或滤膜;液体在透析器中向上或向下流,慢流或快流均可随意掌握;可以将每个部分按比例缩小或扩大,从而获得高浓度的纯菌和高效价的毒素,极有利于制备高效价的生物制品。

4. 通气培养需注意的问题

(1)补充营养物质　根据被培养的细菌对营养的要求,在培养过程中注意补充营养物质。如适当地加葡萄糖补充碳源;适当加蛋白胨或必需氨基酸补充氮源,才能更好地发挥通气培养作用,增加菌数,提高制品的质量。

(2)控制通气量　细菌对氧的需要,在不同生长发育阶段又有所不同,各种细菌繁殖过程中需氧量亦不一样。因此,对所培养细菌的生长特性须先通过测定,掌握一定规律,再进行大量培养。最重要的是溶氧量的测定,培养基中溶解氧的能力是一定的,一般情况下培养液中溶氧低于饱和状态的临界水平时,细菌呼吸与溶氧成比例,通气量过大,超过临界水平,则不能增加溶氧量,反而应增加消泡剂,影响细菌的生长或产毒素,故通气量必须适当。

(3)控制最适 pH　深层通气培养 pH 变化较快,保持培养过程的最适 pH 很重要。一般规律是当细菌在生长繁殖对数期时 pH 下降,以后随通气量加大,pH 上升,因而除控制通气量之外,当 pH 下降时加碱(4% NaOH)调整使 pH 维持稳定。

(4)培养温度　在培养过程中要适当调节培养温度，培养罐夹层直接用蒸汽加热往往不稳定，最好用自控调节的温水循环控制温度，以使最适培养温度上下不超过 1 ℃。

(5)控制污染　主要是通入的空气处理不当、搅拌轴密封不严或底盘与进出液阀门灭菌不彻底等，为此，培养罐的罐体与部件，应以不锈钢制备，垫圈用聚四氟乙烯制品，使之密封良好，易于灭菌。此外空气滤过装置，首先是将压缩出来的空气通过油水分离，不能使有气味的空气进入培养罐内，经过棉花与活性炭滤器，再经过除菌过滤，以免通气带进杂菌，造成培养液污染。同时培养过程的排气管口也应有消毒设备，以免污染环境。

(三)细菌计数技术

细菌培养的结果是以获得细菌数量的多少来判断的，常用细菌计数的方法进行测定。

1. 活菌计数法

活菌计数法是将待测样品精确地作一系列稀释，然后再吸取一定量的某稀释度的菌液样品，用不同的方法进行培养。经培养后，从长出的菌落数及其稀释倍数就可换算出样品的活菌数，通常用菌落形成单位(CFU)表示。有倾注平板培养法、平板表面散布法和微量点板计数法等常规方法。

(1)倾注平板培养法　根据标本中菌数的多少，用普通肉汤将被检标本进行 10 倍递进稀释。取某稀释度的菌液样品 1 mL 加在灭菌平皿中，然后取预先加热熔化且冷却至 45～50 ℃的琼脂培养基分别倾入上述平皿中，立即摇匀放平，待其充分凝固后，置 37 ℃培养一定时间。统计平皿上长出的菌落数，乘以稀释倍数，即为每毫升标本中含有的活菌数。

(2)平板表面散布法　按常规方法制作琼脂培养基平板，分别取不同稀释度细菌液 0.1 mL滴加于平板上，并使其均匀散开。37 ℃培养 24～48 h，统计平皿上长出的菌落数，乘以稀释倍数，再乘以 10，即为每毫升标本中含有的活菌数(彩图 6)。

(3)微量点板计数法　本法中培养基的制备、处理及样品的稀释与平板表面散布法相同，只是每个稀释度的接种量为 0.02 mL，使其自然扩散。所以一块平板可接种 8 个标本，从而大大节省了培养基。

用平板培养法进行细菌计数，要选择适于所测细菌生长的培养基，得到的结果常小于实际值。操作时要避免细菌污染，减少人为误差。

2. 比浊计数法

其原理是菌液中含菌数多少与其浑浊度成正比。取一定稀释度的菌液与标准比浊管进行比浊，能概略计算出每毫升菌液中的菌数。方法是先将菌液做适当稀释，放入与标准比浊管管径与质量一致的试管中，然后与标准比浊管比较。比较时，可在试管后面放一有字迹的纸片，对光观察，若通过两管所见字迹的清晰度相同，即按该标准比浊管指示的菌数，得出待检菌液中的细菌数。若两管浊度不一致，需用生理盐水适当稀释后再做比较。比浊计数时，应充分摇匀。

3. 颜色改变法

其原理是在液体培养基中按 0.1%量加入 1%酚红溶液，利用支原体生长过程中产酸，使得培养基的颜色由粉红色变成黄色，从而确定支原体含量，以每毫升颜色变化单位(CCU/mL)计数。主要用于支原体培养物的菌数测定。

由于支原体生长后的液体培养基仍然是澄清透亮的，只是颜色发生变化，不像大多数细菌液体是浑浊的，因此比浊计数法和测 OD 值定量是行不通的。又由于支原体生长速度慢且菌落很小，一般要在低倍镜下观察，因此活菌平板计数法也不适用，CCU 较为简单可行，也是常用的。方法是取无菌试管，将待测菌液用支原体选择性液体培养基进行 10 倍递进稀释，置 30 ℃培养，以出现颜色改变的最大稀释度作为 CCU 的定值，如第 9 管发生颜色改变为最后一管，则支原体的活菌数为 10^9 CCU/mL。

四、保护剂、灭活剂与免疫佐剂

(一)保护剂

保护剂又称稳定剂，是指一类能防止生物活性物质在冷冻真空干燥时受到破坏的物质。从广义上讲，保护剂是指保护微生物和寄生虫等活力和免疫原及酶和激素等生物活性的一类物质。生物制品的冷冻真空干燥一般都加冻干保护剂，以使制品在冻干后仍保持有较高的生物学活性，而且能够延长制品保存期并提高耐热性。

1. 冻干保护剂的组成与作用

保护剂是兽用生物制品生产，特别是在冻干疫苗生产中的一类重要材料。冻干保护剂通常由营养液、赋形剂和抗氧化剂 3 部分组成。

(1)营养液　可使因冻干而受损伤的细胞修复，对水分子起缓解作用，并能使冻干生物制品仍含有一定量水分；还可促进高分子物质形成骨架，使冻干制品呈多孔的海绵状，增加溶解度，如脱脂乳、蛋白胨、氨基酸和糖类等，常为低分子有机物。

(2)赋形剂　主要起骨架作用，防止低分子物质的碳化和氧化，保护活性物质不受加热的影响，使冻干制品形成多孔性、疏松的海绵状结构，从而使溶解度增加，如蔗糖、山梨醇、乳糖、PVP、葡聚糖、明胶等，常为高分子有机物。

(3)抗氧化剂　可抑制冻干制品中的酶作用，增加生物活性物质在冻干后贮藏期间的稳定性，如维生素 C、维生素 E 和硫代硫酸钠等。

2. 影响保护剂效能的因素

保护剂的效能主要表现在保证生物活性物质在冻干和保存过程中的存活率。一般来说，每种微生物或生物制品均有其最佳冻干保护剂的组合，从而在冻干过程中使其失活率最低，增加制品的保存期。冻干保护剂的种类、组合、配制以及组分的浓度对其效能的影响十分明显。

(1)保护剂种类　用不同保护剂冻干的同一种微生物，在其保存过程中存活率不同。如分别用 7.5%葡萄糖肉汤和 7.5%乳糖肉汤作保护剂冻干的沙门氏菌苗，在室温保存 7 个月后的细菌存活率分别为 35%和 21%。

(2)保护剂组分浓度　保护剂组分的浓度可直接影响冻干制品细菌或病毒的成活率，必须严格掌握。如大肠杆菌“D201h”加不同浓度葡萄糖作保护剂进行冻干，测定冻干品的细菌存活率，证明用 5%～10%葡萄糖存活率最高。

(3)保护剂配制方法　配制方法不同会影响保护剂的效果，例如含糖保护剂灭菌温度不宜过高，否则由于糖的炭化而影响冻干制品的物理性状和保存效果，所以均采用 116 ℃，30 min 灭菌或间歇灭菌；又如血清保护剂就不能用热灭菌法，必须以滤过法除菌。

(4)保护剂酸碱度(pH)　保护剂的 pH 应与微生物生存时的 pH 相同或相近，过高或过低都能导致微生物的死亡。例如，明胶蔗糖保护剂的 pH 以 6.8～7.0 为最佳，否则会造成微生物大量死亡。又如含葡萄糖、乳糖保护剂经高压灭菌后能或多或少改变保护剂的 pH，从而影响保护效果，为此最好采取滤过法除菌。

因此，一种新的冻干制品在批量生产前应进行系统的最佳保护剂的选择试验，包括保护剂冻干前后的活菌数、病毒滴度或效价测定的比较试验；不同保存条件和不同保存期的比较试验。此外，任何一种制品在选择冻干保护剂时，还应选择适当的冻干曲线，使其在共熔点以下水分基本升华为原则。绝不能任意更换不明规格的材料和质量标准。即使在冻干制品投产以后，仍要根据条件的改变不断做选择试验，以改进冻干制品的质量。

对于冻干活疫苗而言，一种良好的冻干保护剂不仅能够在冻干过程中最大限度地提高疫苗微生物的存活率，而且需要提高其耐热性，延长保存期。国外的冻干活疫苗普遍采用 2～8 ℃保存。近年来，国内一些科研单位和生产企业通过筛选配方及冻干曲线，已研制出了多种针对不同活疫苗的耐热冻干保护剂，在保持原有冻干存活率和保存期的前提下，产品由原来的 −20 ℃以下保存，改为 2～8 ℃保存。这样，有利于疫苗保存、运输和使用。

3. 常用的冻干保护剂

各类微生物适用的保护剂甚多，各国的配制方法也各异，即使同一种制品所使用的保护剂组成也不一样。

(1)不同微生物适用的保护剂　由于细菌、病毒、支原体、立克次体和酵母菌等生物学特性不同，其适用的冻干保护剂也不相同。各类微生物常用的保护剂如下：

①需氧和兼性厌氧性细菌。适用的冻干保护剂有 10%蔗糖、5%蔗糖脱脂乳、5%蔗糖、1.5%明胶，10%～20%脱脂乳或含 1%谷氨酸钠的 10%脱脂乳等。

②厌氧性细菌。适用的冻干保护剂有含 0.1%谷氨酸钠的 10%乳糖、10%脱脂乳及 7.5%葡萄糖血清等。

③病毒。常以下列物质的不同浓度或按不同的比例混合组成冻干保护剂。明胶、血清、谷氨酸钠、羊水、蛋白胨、蔗糖、乳糖、山梨醇、葡萄糖和聚乙烯吡咯烷酮等。

④支原体。50%马血清、1%牛血清白蛋白、5%脱脂乳和 7.5%葡萄糖加马血清等。

⑤立克次体。常用 10%脱脂奶。

⑥酵母菌。马血清或含 7.5%葡萄糖的马血清，也可用含 1%谷氨酸钠的 10%脱脂乳等。

(2)几种兽用生物制品常用的保护剂配制

①5%蔗糖(乳糖)脱脂乳保护剂。蔗糖(或乳糖)5 g，加脱脂乳至 100 mL，充分溶解后，100 ℃蒸汽间歇灭菌 3 次，每次 30 min；或 110～116 ℃高压灭菌 30～40 min。适用于鸡新城疫、猪瘟、羊痘和狂犬病等病毒性活疫苗保护剂。

②明胶蔗糖保护剂。明胶 1%～2%、蔗糖 5%、硫脲 1%～2%。先将 12%～18%明胶液、30%蔗糖液和 6%～12%硫脲液加热溶解，116 ℃高压灭菌 30～40 min；或 100 ℃ 3 次灭菌，每次 30 min。适用于猪肺疫和猪丹毒等细菌性活疫苗保护剂。

③聚乙烯吡咯烷酮乳糖保护剂。取聚乙烯吡咯烷酮 K 30～35 g 和乳糖 10 g，加注射用水至 100 mL，混合溶解，116 ℃高压灭菌 30 min。

④SPGA 保护剂。蔗糖 76.62 g、磷酸二氢钾 0.52 g、磷酸氢二钾 1.64 g、谷氨酸钠 0.83 g、牛血清白蛋白 10 g，加注射用水至 1 000 mL，混合溶解，过滤除菌。适用于鸡马立克氏病火鸡疱疹病毒活疫苗等。

⑤喷雾干燥用稳定剂。健马血清 300 mL，营养肉汤干粉 1.3 g，葡萄糖 30 g，注射用水

1 000 mL。营养肉汤干粉和葡萄糖充分溶于注射用水中，灭菌冷却后加入血清，混合后滤过除菌。

(二)灭活剂

兽用生物制品生产中的灭活，是指破坏微生物的生物学活性、繁殖能力、致病性和毒性，但尽可能不影响其免疫原性，被灭活的微生物主要用于生产灭活疫苗；或指破坏诊断血清或待检血清中的补体活性，以避免补体对诊断试验的干扰作用。微生物的灭活不是简单地将微生物杀死，还要使微生物失去致病性和毒性，微生物灭活和微生物致弱有本质的区别。微生物致弱是指通过各种方法使病原微生物的致病性降低或丧失，但其他生物学活性以及免疫原性并未发生本质性改变。

1. 灭活方法

灭活的主要方法有 2 类，即物理学方法和化学方法。

①物理学方法。包括加热及射线照射等方法。加热灭活方法除用于血清灭活(56 ℃，30 min)外，很少用于疫苗生产，加热杀死微生物的方法比较粗糙，容易造成蛋白质变性，因而免疫原性受到明显影响。射线照射则主要通过破坏核酸来达到灭活微生物的目的，而微生物的蛋白质、脂类和多糖等有机化合物一般不受影响。因此，射线照射不破坏微生物的免疫原性，如^{60}Co 照射处理后的血清或裂解红细胞全血的质量没有发生变化，经测定 17 种氨基酸含量与非照射的血清无差异。^{60}Co 照射是目前已常用的射线照射灭活方法，但应用时应根据被照射物的容量大小选择照射物与钴源的距离和剂量。

②化学方法。该法目前采用最多。用于灭活微生物的化学试剂或药物称为灭活剂。化学灭活剂的种类很多，作用的机理也不同，而且灭活的效果受多种因素影响。

2. 常用的灭活剂

(1)甲醛溶液　甲醛是最古典的灭活剂，至今仍是生物制品研究与制备中最主要的灭活剂。2000 年农业部发布的《兽用生物制品制备及检验方法》中的 26 种灭活疫苗，均以甲醛作为灭活剂。

甲醛溶液是甲醛气体的水溶液，又称福尔马林。常用的甲醛溶液约含 37%甲醛气体(重量计)，为无色透明液体，有辛辣窒息味，对眼、鼻黏膜有强烈刺激性，较冷温度下久贮易变浑浊，形成三聚甲醛沉淀，虽加热可变清，但会降低其灭活性能，故一般商品甲醛溶液加 10%～15%甲醇，以防止其聚合。

适当浓度的甲醛可使微生物丧失增殖力或毒性，保持抗原性和免疫原性。针对不同类型的微生物，使用甲醛灭活的浓度一般为：需氧细菌 0.1%～0.2%，厌氧菌 0.4%～0.5%。病毒 0.05%～0.4%(多数为 0.1%～0.3%)。不论是杀菌或脱毒，使用甲醛或其他灭活剂，其浓度及处理时间都要根据试验结果来确定，通常以用低浓度、处理时间短而又能达到彻底灭活目的为原则，必要时可在灭活后加入硫代硫酸钠，以中断其反应。

甲醛的灭活作用机理是甲醛的醛基作用于微生物蛋白质的氨基产生羟甲基胺，作用于羧基形成亚甲基二醇单酯，作用于羟基生成羟基甲酚，作用于巯基形成亚甲基二醇。上述反应生成的羟甲基等代替敏感的氢原子，破坏生命的基本结构，导致微生物死亡。甲醛还可与微生物核糖体中的氨基结合，使两个亚单位间形成交联链，亦可抑制微生物的蛋白质合成。近些年发现，甲醛对病毒和细菌等核酸的烷化作用比对蛋白质的作用更为强大并有利于杀灭微生物。

(2)烷化剂　这类化合物的化学性质活泼，其灭活机制主要在于烷化 DNA 分子中的鸟嘌呤或腺嘌呤等，引起单链断裂或双螺旋链交联，因改变 DNA 的结构而破坏其功能，妨碍 RNA 的合成，从而抑制细胞的有丝分裂。也可与酶系统和核蛋白起作用而干扰核酸代谢。因此，这类灭活剂能破坏病毒的核酸芯髓，使病毒完全丧失感染力，而又不损害其蛋白衣壳，从而保留其保护性抗原。常用的烷化剂类灭活剂有乙酰基乙烯亚胺、二乙烯亚胺和缩水甘油醛。

①乙酰基乙烯亚胺(AEI)。为淡黄色澄明液体，有轻微氨臭味，能与水或醇任意混合。在 0～4 ℃可保存 1 年，在 −20 ℃可保存 2 年。AEI 功能基团是乙烯亚胺基，可用于灭活口蹄疫病毒生产口蹄疫灭活苗。在口蹄疫病毒培养液中加入最终浓度为 0.05%，30 ℃、8 h 后达到灭活目的，灭活结束时需加 2%硫代硫酸钠阻断灭活。

②二乙烯亚胺(BEI)。商品为 0.2%的 BEI 溶液，在 0～4 ℃可保存 1 个月，按终浓度为 0.02%加入口蹄疫病毒悬液中，37 ℃对口蹄疫病毒 A_{24} 毒株的灭活速率为每小时 10 log 10 左右。当灭活结束时，加入 2%硫代硫酸钠中断灭活。

③缩水甘油醛(GDA)。本品易挥发，水溶液含量为 15～31 mg/mL。保存于 0～4 ℃ 3 个月含量渐下降，约 6 个月失效；20 ℃只能保存 10 d。对大肠杆菌、噬菌体、新城疫病毒和口蹄疫病毒等有灭活作用，其作用机理是环氧烷基与病毒蛋白或核酸发生反应。据报告 GDA 的灭活效果优于甲醛。法国梅里厄研究所曾用本品生产牛和猪的口蹄疫灭活苗。

(3)苯酚　苯酚又名石炭酸。为无色结晶或白色熔块，有特殊气味，有毒及腐蚀性，暴露在空气中和阳光下易变红色，在碱性条件下更易促进这种变化。当不含水及甲酚时，在 4 ℃凝固，43 ℃熔化。需密封避光保存。本品对微生物的灭活机制是使其蛋白质变性和抑制特异酶系统(如脱氢酶和氧化酶等)，从而使其失去活性。生物制品的常用量为 0.3%～0.5%。

(4)结晶紫　结晶紫是一种碱性染料，又名甲基青莲或甲紫。为绿色带有金属光泽结晶或深绿色结晶状粉末，易溶于醇，能溶于氯仿，不溶于水和醚，有的商品为五甲基与六甲基玫瑰苯胺的混合物。对微生物的灭活机制与其他碱性染料一样，主要是其阳离子与微生物蛋白质带阴电荷的羟基形成弱电性化合物(如 COOH、PO_3、H_2 等)，妨碍微生物的正常代谢，也可能扰乱微生物的氧化还原作用，使电势太高不适于微生物的增殖而灭活，如猪瘟结晶紫疫苗、鸡白痢染色抗原等。

(5)β-丙酰内酯　β-丙酰内酯又名为羟基丙酸-β-内酯，是一种良好的病毒灭活剂。性状为无色有刺激气味的液体，潮气进入时缓缓分解成羟基丙酸，其水溶液迅速全部分解，水溶液有效期为 10 ℃保存 18 h，25 ℃保存 3.5 h，密封于玻璃瓶中 5 ℃保存较为稳定。水中溶解度 37%，能与丙酮、醚和氯仿任意混合。对皮肤、黏膜及眼有强刺激性，其液体对动物有致癌性。病毒灭活后，能保持良好的免疫原性，主要用于狂犬病灭活疫苗的制备。

3. 影响灭活作用的因素

(1)灭活剂特异性　在选择灭活剂时，应考虑其特异性，即应考虑其对微生物的作用范围。如酚类能抑制和杀灭大部分细菌的繁殖体，5%石炭酸溶液于数小时内能杀死细菌的芽孢。真菌和病毒对酚类不太敏感。阳离子表面活性剂抗菌谱广，效力快，对组织无刺激性，能杀死多种革兰氏阳性菌和阴性菌，但对绿脓杆菌和细菌芽孢作用弱，其水溶液不能杀死结核分枝杆菌。

(2)微生物种类与特性　不同种类的微生物对各类灭活剂的敏感性并不完全相同；细菌的

繁殖体及其芽孢对化学药物的抵抗力不同;生长期和静止期的细菌对灭活剂的敏感程度也有差别。此外细菌的浓度也会影响灭活的效果。微生物或毒素的总氮量和氨基氮含量对灭活也有一定影响。一般含氮量越高,灭活剂的消耗量就越大,灭活脱毒速度越慢。

(3)灭活剂浓度　灭活剂浓度越高,灭活脱毒越快,但抗原损失量亦较大。有人证明,加0.5%甲醛溶液脱毒的类毒素,其结合力仅相当于0.2%甲醛溶液脱毒类毒素结合力的2/3。有时可以采用分次加入灭活剂进行灭活、脱毒比较缓和的方法。即将灭活溶液分数次加入,加量由小至大,pH由低而高,温度由室温开始,逐步提高到允许的最高温度,这样对于保护抗原的免疫原性有一定好处。

(4)灭活温度　通常情况下,灭活作用随灭活温度上升而加速。温度上升,细菌死亡率可成倍增加。每升高10 ℃,金属盐类的灭菌作用增加2～5倍,石炭酸的杀菌作用增加5～8倍。但是如果温度超过40 ℃或更高,对微生物的抗原性将有不利影响。

(5)灭活时间　与灭活剂浓度和作用温度密切相关。一般随着灭活剂浓度及作用温度升高,灭活时间则缩短。在生物制品生产中,应以保证制品安全和效力,采用低灭活剂剂量、低作用温度和短时间处理为最佳。

(6)酸碱度(pH)　在微酸性时灭活速度慢,抗原性保持较好,在碱性时灭活速度快,但抗原性易受破坏。灭活初期损失较快,以后逐渐减慢,尤其甲醛溶液浓度高时,在碱性溶液中抗原性损失更大。pH对细菌的灭活作用有较大影响。pH改变时,细菌的电荷也发生改变,在碱性溶液中,细菌带阴电荷较多,阳离子表面活性剂的杀菌作用较大;在酸性溶液中,则阴离子的杀菌作用较强。同时,pH也影响灭活剂的电离度,未电离的分子一般较易通过细菌细胞膜,灭活效果较好。

(7)有机物的存在　被灭活的病毒或细菌液中,如果含有血清或其他有机物质,会影响灭活剂的灭活能力。因为有机物能吸附于灭活剂的表面或者与灭活剂的化学基团相结合。受此影响最大的为苯胺类染料、汞制剂和阳离子去污剂。一旦汞制剂与含硫氢基化合物相遇或铵盐类与脂类结合,则明显降低这些灭活剂的灭活作用。

(三)免疫佐剂

免疫佐剂是生物制品常用的物质,单独使用时一般没有免疫原性,与抗原物质混合或同时注射使用时,能非特异性增强抗原特异性免疫应答的作用。

佐剂一词来源于拉丁语,原为辅佐之意。在免疫学和生物制品学上又称为免疫佐剂。凡是可以增强抗原特异性免疫应答的物质均称为佐剂。

免疫佐剂作用:①促进抗原递呈。佐剂和抗原的联合使用,有助于抗原物质被巨噬细胞吞噬,对抗原的加工处理,赋予较强的免疫原性。②抗原寻的。指抗原传递给免疫系统中适当效应细胞的效率。佐剂对于抗原寻的涉及的一系列机制,包括吸引巨噬细胞到达组织部位、活化吞噬细胞、促进抗原与细胞受体的结合等有重要作用。可以延长抗原在组织内的贮藏时间,使抗原缓慢降解和缓释,并发挥免疫系统的细胞间协同作用。③免疫调节。免疫佐剂可以改变特异性免疫应答的本质或强度。T细胞有Th1和Th2两个亚类。同一抗原和不同佐剂一起使用能够引起不同的免疫反应。因此,通过筛选特定的佐剂,可以达到诱导正确的免疫应答的目的。

尽管目前佐剂有很多种类,但是实际应用的不多。铝盐类佐剂、油乳佐剂和蜂胶佐剂等目前比较常用。

1. 铝盐类佐剂

该类佐剂在生物制品上应用广泛，对体液免疫作用很明显，与抗原混合注射时，可显著增高抗体滴度。可溶性抗原与此类佐剂混合后成为凝胶状态，可建立一个短时的贮藏颗粒，将可溶性抗原转化为一种便于吞噬的形式，以利于巨噬细胞吸附。

(1)氢氧化铝胶佐剂　又称铝胶，其佐剂活性与质量密切相关，质优的铝胶分子细腻，胶体性良好、稳定，吸附力强，保存 2 年以上吸附力不变。铝胶可用于制备多种兽用疫苗。制备铝胶方法很多，如铝粉加烧碱合成法、明矾加碳酸钠合成法、三氯化铝与氢氧化钠合成法等。

(2)明矾佐剂　明矾有钾明矾[$KAl(SO_4)_2 \cdot 12H_2O$]和铵明矾[$AlNH_2(SO_4)_2 \cdot 12H_2O$]两种。作为佐剂用于生物制品的主要是钾明矾即硫酸铝钾。制备时，先将灭活菌液调至 pH 8.0±0.1，精制明矾制成 10%溶液，高压灭菌后冷却至 25 ℃以下备用。按苗液量加入明矾溶液 1%～2%，充分振荡即可。该法较简便，应用较广，如破伤风明矾沉淀类毒素和气肿疽明矾灭活疫苗等。

(3)磷酸三钙佐剂　在疫苗中加入氯化钙和磷酸氢二钠，使在疫苗中化合成磷酸三钙，吸附抗原后沉淀，所制出的几种疫苗免疫效果良好。此法简便，质量稳定。

2. 油乳佐剂

油乳佐剂是指一类由油类物质和乳化剂按一定比例混合形成的佐剂。该类佐剂主要在抗原寻的过程中起作用，使抗原在注射部位保持稳定，为抗原在淋巴系统中转运提供载体，增加单核细胞的形成和积聚。油乳剂疫苗的免疫效力高低，直接与乳化作用的好坏和乳剂成分的质量等有关。

(1)乳剂的概念　乳剂是将一种溶液或干粉分散成细小的微粒，混悬于另一不相容的液体中所形成的分散体系。被分散的物质称为分散相(内相)，承受分散相的液体称连续相(外相)，两相间的界面活性物质称为乳化剂。当以水为分散相，以加有乳化剂的油为连续相时，制成的乳剂为油包水(W/O)型，反之为水包油(O/W)型。W/O 型乳剂较黏稠，在机体内不易分散，佐剂活性较好，为生物制品所采用的主要剂型；O/W 型乳剂较稀薄，注入机体后易于分散，但其佐剂活性很低，生物制品一般不采用这种剂型。制成什么样的乳剂型，与乳化剂及乳化方法密切相关。

(2)乳化剂

①乳化剂的种类。乳化剂分为天然乳化剂和人工合成乳化剂两类。前者来自动植物，如阿拉伯胶、海藻酸钠、蛋黄以及炼乳等。后者为人工合成，分为离子型和非离子型。离子型乳化剂又分为阴离子型和阳离子型。阴离子类乳化剂，如碱肥皂、月桂酸钠、十二烷基磺酸钠和硬脂酸铝等，多用于乳化一般生物制剂；阳离子类乳化剂有氯化苯甲烃铵、溴化十六烷三甲基和氯化十六烷铵代吡啶等，用于制备一般的水包油生物制剂。非离子型乳化剂多数是多元醇或聚合多元醇的脂肪酸脂类或醚类物质，如月桂酸聚甘油酯、山梨醇酯和单油酸酯等。它们具有一定的亲水性和亲油性基团，为制备医药或化妆品的乳化剂。制备注射用油乳剂灭活疫苗，最适用的乳化剂有去水山梨醇单油酸酯(其中，司本-80 和 Arlacel-A 是同类产品)、聚氧乙烯去水山梨醇单油酸酯(商品名吐温-80)和硬脂酸铝等。

②乳化剂的选择。商品乳化剂的种类很多，根据使用目的不同可选择适当的乳化剂。通常可根据用途依据乳化剂的 HLB 值(亲水亲油平衡值)进行选择。乳化剂的 HLB 值与其

在水中的溶解度相关，亲水性强的乳化剂在水中溶解度大，HLB值高，容易形成水包油型油乳剂；亲油性强的乳化剂在水中溶解度小，HLB值低，易形成油包水型油乳剂。已经证明，HLB值为4～6的乳化剂适用于制备W/O型油乳剂；HLB值在8～18的乳化剂适用于O/W型油乳剂。常用的司本-80，HLB值为4.3，在水中溶解度低，不易在水中分散，溶于多种有机溶剂，性质稳定，易形成W/O型油乳剂；而吐温-80，其HLB值为15.0，易溶于水，易形成O/W型油乳剂。

(3)白油　制苗用的白油应无多环芳烃化合物、黏度低、无色、无味和无毒性。Drakocel-6VR、Marcol-52和Lipolul-4是国内外常用的制苗用白油。我国目前选用7号或10号白油和北京石油化工科学研究院的合成白油，其质量标准为：无色无味，50 ℃运动黏度7 m^2/s左右，紫外吸收值(250～350 nm)<0.1%，紫外消光系数<12×10^8；单环芳烃与双环芳烃含量低于0.5%，无多环芳烃；小鼠腹腔注射0.5 mL或家兔皮下注射2.0 mL白油，观察60 d，表现正常。

(4)乳剂配方与乳化方法　使用不同乳化剂和不同的油相和水相配合比例及乳化方法，决定了制备乳剂的性状和稳定性。

对免疫实验动物用的佐剂，可以自行配制备用。其配方按容量计为：矿物油(白油)75%～85%，乳化剂15%～25%，混合后经除菌过滤而成为弗氏不完全佐剂(FIA)；如向其中加入0.5 mg/mL死的结核分枝杆菌即为弗氏完全佐剂(FCA)。使用时，将含抗原的水相与上述任一佐剂等量混合，用力振摇即可成为均匀的乳剂。也可用9份油和1份司本-80混合后加2%吐温-80和1%～2%硬脂酸铝，经高压灭菌后备用，注射前将配好的油佐剂与抗原水相1∶1混合，强力振摇，可配制成性状良好的乳剂疫苗。

大量生产乳剂疫苗时，可将94%白油与6%司本-80混合后加1%～2%硬脂酸铝，灭菌后即为油相；将抗原液加4%吐温-80为水相。乳化时，按容量计算，将油相与水相接(3～2)∶1比例配制，先缓速混合，再通过胶体磨充分乳化，可获得稳定的油包水(W/O)乳剂苗。疫苗生产中常采用此剂型。也可以将黏稠的W/O乳剂疫苗，再加2%吐温-80生理盐水，通过搅拌或胶体磨乳化，可制成双相乳剂疫苗(水-油-水乳剂)。双相油乳剂疫苗的优点是黏度低、在注射部位易分散、局部反应轻微及佐剂效应良好等。

3. 蜂胶佐剂

(1)蜂胶的理化特性与质量标准　蜂胶是蜜蜂采自柳树、杨树、栗树和其他植物幼芽分泌的树脂，并混入蜜蜂上颚腺分泌物，以及蜂蜡、花粉及其他一些有机与无机物的一种天然物质，含有多种黄酮类、酸类、醇类、酚类、脂类、烯烃和萜类等化合物及多种氨基酸、酶、多糖、脂肪酸、维生素及化学元素，是一种优良的天然药物。

由于蜂种不同、产地不同，蜂胶的质量和成分有较大差异。供免疫佐剂用的蜂胶应为固体状黏性物，呈褐色或深褐色或灰褐带青绿色，具有芳香气味，味苦。20～40 ℃时有黏滞性，低于15 ℃变硬变脆，可以粉碎，60～70 ℃熔化。相对密度1.112～1.136。蜂蜡含量≤25%，机械杂质≤20%，酚类化合物≥30%，碘值>35.0，黄酮类化合物定性反应阳性(取蜂胶液1 mL加盐酸数滴及镁粉少许，应呈红色反应)。用作免疫佐剂的蜂胶乙醇浸出液的含量不应低于50%，呈透明的栗色溶液。70%以上为特级，66%～70%为一级，61%～65%为二级，56%～60%为三级，50%～55%为四级。其纯度测定方法为：取蜂胶粉末2.5 g，放入烧杯中，加入25 mL乙醇搅拌均匀，冷浸24 h，用已称量的滤纸过滤，再用少量乙醇将不溶物洗2次，溶物与滤纸于45 ℃干燥后称重，计算出蜂胶乙醇浸出物的百分含量。

(2)蜂胶佐剂疫苗制备方法　用市售蜂胶，放4 ℃以下低温贮藏，用前在4～8 ℃下粉碎，过筛，按1∶4加入95%乙醇，室温浸泡24～48 h，冷却，过滤或离心取上清，即得透明栗色纯净蜂胶浸液。除去干渣计算出浸液中蜂胶含量，浸液置4 ℃以下保存备用。将培养合格的菌液或病毒液，经甲醛灭活后，加入蜂胶乙醇浸液，使每毫升菌液中含蜂胶10 mg，边加边摇荡，迅即成为乳浊状，即为蜂胶佐剂疫苗。

(四)新型免疫佐剂

1. 细胞因子类佐剂

细胞因子是机体的各种细胞在其生命周期中所释放的具有不同生物学效应的物质，是免疫细胞间相互作用的调节信号。该类物质相互诱生，相互影响，构成一个巨大的细胞因子网络系统，各种细胞借助自己所释放的细胞因子完成各自的功能，在免疫应答中发挥作用。细胞因子的作用特点表现为多效性、靶细胞的多样性、多源性、高效性和快速反应性。几种重要的细胞因子为白细胞介素-1、白细胞介素-2、白细胞介素-4、白细胞介素-12、γ-干扰素。

(1)白细胞介素(IL)　白细胞介素是非常重要的细胞因子家族，现在得到承认的成员已达15个，它们在免疫细胞的成熟、活化、增殖和免疫调节等一系列过程中均发挥重要作用。

(2)γ-干扰素(γ-IFN)　干扰素是病毒进入机体后诱导宿主细胞产生的反应物，它从细胞释放后可促使其他细胞抵抗病毒的感染。根据来源的不同，干扰素可分为α、β、γ三种类型。由特异性抗原刺激T淋巴细胞可产生γ-干扰素，亦称免疫干扰素或Ⅱ型干扰素。干扰素增强免疫的机制：①调节机体的免疫监视、防御和稳定功能，使NK细胞、T细胞的细胞毒杀伤作用增强；②使吞噬细胞的活力增强；③诱导外周血液中单核细胞的2′,5′-寡腺苷酸合成酶的活性；④增加或诱导细胞表面主要组织相容复合物抗原的表达。

2. CpG DNA

CpG DNA是含有非甲基化CpG(胞嘧啶鸟嘌呤二核苷酸)基序的脱氧核糖核酸DNA。CpG基序是具有较强免疫活性的以非甲基化的CpG为基元构成的回文序列，也称为免疫刺激序列。CpG DNA能在动物体内诱生强烈的免疫反应，主要包括激活NK细胞和巨噬细胞；刺激B淋巴细胞增殖、分化及产生免疫球蛋白；诱导分泌IL-6、IL-12、TNF-α和IFN-γ等多种细胞因子；诱导抗体诱生的细胞凋亡。所以，它在诱导机体非特异性免疫应答、增强抗原特异性免疫应答及调控免疫应答类型等方面发挥着重要作用。

3. 毒素佐剂

目前，已证明经过基因突变体外表达的霍乱毒素(CT)、大肠杆菌不耐热毒素(LT)和破伤风类毒素(TT)等没有毒性，具有很好的佐剂作用。人们在不断探索新型免疫佐剂的过程中，发现细菌细胞壁成分或毒素不但能刺激机体产生免疫应答，而且在和抗原一起使用时，具有明显的佐剂效应。由于这些成分为细菌细胞壁成分或毒素，因而具有较强的毒性。人们发现，该类毒素(尤其是蛋白毒素)通过现代基因工程技术脱毒后，可以起到良好免疫佐剂的功效。

4. 免疫刺激复合物佐剂

免疫刺激复合物(ISCOM)是由抗原物质与由皂树皮提取的一种糖苷Quil A，与胆固醇按1∶1∶1混合后自发形成的一种具有较高免疫活性的脂质小泡，每个小泡直径40 nm，含10～12个分子的蛋白质。ISCOM应用于多种细菌、病毒和寄生虫病的疫苗，具有产生“全面”免疫应答的效力，可长期增强特异性抗体应答。另外，ISCOM 能有效地通过黏膜给药，从而可以用于抗呼吸道感染。目前，兽用 ISCOM 疫苗已在国外投放市场。

5. 脂质体佐剂

脂质体(LIP)是人工合成的具有单层或多层单位膜样结构的脂质小囊，由一个或多个类似细胞单位膜的类脂双分子包裹水相介质所组成，具有佐剂兼载体效应。脂质体在宿主体内可以生物降解，本身无毒性，并且能降低抗原的毒性，无局部注射反应。脂质体与弗氏佐剂或氢氧化铝胶混合使用，效果最佳。目前，LIP 和 ISCOM 被认为是制备亚单位疫苗的理想载体和免疫佐剂。

五、常用细菌类疫苗制备要点

(一)禽多杀性巴氏杆菌病疫苗

1. 疫苗简介

自巴斯德(1880)研究鸡霍乱无毒培养物接种鸡以来，鸡霍乱疫苗的研制已历经数代，先后研制和应用了灭活苗、弱毒苗及亚单位苗。灭活苗安全性较好，利用流行区分离菌株制备灭活疫苗用于免疫预防获得了较好效果。但由于体外培养不能很好地产生交叉保护因子以及灭活过程中可能造成的某些抗原物质的丢失，只能对同血清型菌株感染有一定免疫效果，且免疫期不长。自然分离或人工培育的禽霍乱弱毒菌株报道的多。国内有禽霍乱 731 弱毒株、禽霍乱 G19OE40 弱毒株、B26-T1200 弱毒株疫苗等。用于研究的禽源多杀性巴氏杆菌弱毒菌株有 P-1059 株和 833 弱毒株等。但有些弱毒疫苗接种后局部反应较重，有些则免疫期较短，为 3～4 个月。

2. 疫苗制备

(1)禽多杀性巴氏杆菌病活疫苗(G19OE40 株或 B26-T1200 株)　系采用禽多杀性巴氏杆菌弱毒株，于马丁肉汤培养基 37 ℃通气培养 8～10 h，当菌数达到高峰时停止培养，将培养物加入适宜稳定剂，经冷冻真空干燥制备而成。详见项目一的任务一。

(2)禽多杀性巴氏杆菌病蜂胶灭活疫苗　制苗用菌种为 C48-1 株、C48-2 株鸡源的 A 型多杀性巴氏杆菌。将合格的种子培养物接种于琼脂扁瓶中或通气培养获得菌液，取样进行活菌计数，每毫升菌液含菌量约 1×10^{10} CFU，菌液加入 0.1%甲醛溶液，37 ℃灭活 12 h，浓缩，以适当比例与蜂胶液混合，搅拌均匀，无菌分装，加塞，封口，贴标，入待检库。

(3)禽多杀性巴氏杆菌病油乳剂灭活疫苗　制苗用菌种为天津地区鸡源多杀性巴氏杆菌 TJ8 强毒株。将合格的菌液，按菌液量的 0.1%～0.2%加入甲醛溶液，37 ℃灭活 18～20 h，每毫升菌液含菌量为 300 亿～400 亿个。将灭菌的吐温-80 按 4%量加入灭活菌液中，混合均匀，即为水相。将 10 号白油、司本-80、硬脂酸铝按 94∶6∶2 量混合均匀，121 ℃高压灭菌 20 min，即为油相。按油相与水相 2∶1 比例，先加入油相于胶体磨中搅拌，再缓慢加入水相及适量的硫柳汞溶液使其最终浓度为 0.005%，继续搅拌 3～5 min，充分乳化混合，定量分装，加塞，封口，贴标，入待检库。

(二)鸡大肠杆菌病疫苗

1. 疫苗简介

目前，国内外对鸡大肠杆菌病的免疫预防，主要基于以黏附素免疫为基础的含单价或多价菌毛抗原的灭活菌苗、菌毛亚单位疫苗等，具有一定的保护力。5年来，国内研制的大肠杆菌灭活疫苗含多种常见O抗原，主要血清型为O78、O2、O1、O5等，使用的佐剂包括白油佐剂、氢氧化铝佐剂和蜂胶佐剂等，免疫保护力可持续3～5个月。

纤毛在致病过程中起重要作用，是大肠杆菌的一个重要致病因子。纤毛由蛋白质组成，具有良好的抗原性和免疫性。鸡致病性大肠杆菌纤毛亚单位疫苗的研究，国内外均有报道。有人用血清型O1、O2、O78的菌株制成多价纤毛油乳剂苗，鸡经2次免疫后，分别用O1、O2、O78强毒毒株攻毒，保护率分别为78.5%、73.6%和90.0%，证明纤毛具有良好的免疫原性。

2. 疫苗制备

鸡大肠埃希氏菌病灭活疫苗菌种为鸡源大肠埃希氏菌EC24、EC30、EC45、EC50、EC44五株强毒株。在无菌条件下，将基础种子启封后，用普通肉汤稀释，并用铂金耳划线接种于普通琼脂平板上，36～37 ℃培养12～16 h，选择光滑、生长致密、淡黄色、稍大的菌落5个以上，接种于普通琼脂斜面上，36～37 ℃培养20～24 h，作为一级种子。置2～8 ℃保存不超过1个月。用少量肉汤先洗下一级种子的普通琼脂斜面培养物，接种于营养肉汤中，36～37 ℃培养20～24 h，其间摇瓶2～5次，经检验纯粹后作为二级种子，于2～8 ℃保存备用，必须在48 h内应用。大生产时，在火焰控制下按培养基总量的2%接种种子，37 ℃通气培养9～15 h。将收获的菌液取样进行纯粹检验和活菌计数，作为配苗参考凭据，每毫升活菌数不低于15亿。按收获菌液总量的0.3%～0.5%加入甲醛溶液，37 ℃灭活16～24 h。经检验合格后，按菌液5份加灭菌氢氧化铝胶1份进行配苗，同时按疫苗总量的0.005%加入硫柳汞或者0.2%加入苯酚，充分振荡摇匀。定量无菌分装。

(三)鸡传染性鼻炎疫苗

1. 疫苗简介

国内外广泛使用的均为灭活疫苗，包括美国的感染鸡胚卵黄灭活疫苗、日本的氢氧化铝灭活疫苗、澳大利亚的铝胶油佐剂灭活疫苗及我国研制成的油乳剂灭活疫苗和氢氧化铝胶吸附疫苗。其中油乳剂灭活苗免疫效果优于氢氧化铝胶吸附疫苗。为了简化免疫程序，减少多次疫苗注射造成的应激反应，我国还研制成功了鸡传染性鼻炎-新城疫二联灭活疫苗。

2. 疫苗制备

(1)鸡传染性鼻炎油乳剂灭活疫苗　采用副鸡嗜血杆菌接种于适宜培养基中培养，将培养物灭活后浓缩，与矿物油佐剂混合，制备而成。详见项目一的任务三。

(2)鸡传染性鼻炎-新城疫二联灭活疫苗　采用A型和C型副鸡嗜血杆菌接种适宜培养基，收获培养的菌液经浓缩灭活后与灭活的鸡新城疫L系鸡胚尿囊液混合，再与矿物油佐剂乳化制成的油乳剂疫苗。

(四)禽支原体病疫苗

1. 疫苗简介

(1)弱毒活疫苗　国际支原体组织1986—1988年认为本病疫苗的发展应以弱毒疫苗为主。鸡毒支原体弱毒株有F、ts-11和6/85，毒力低，免疫效果好；疫苗制备简便。鸡点眼免疫后35 d保护率达85%以上，免疫期7个月以上。在大肠杆菌发病鸡场，使用疫苗后可明显减轻发病程度。

(2)灭活疫苗　据报道，以鸡毒支原体灭活苗对15～30日龄鸡免疫接种，能有效地抵抗强毒株的攻击，但用10日龄以内的小雏鸡，免疫效果不良。有人分别于19周和23周对鸡免疫接种，4周后以致病株攻击，结果表明，两次接种在控制支原体经卵传播方面具有明显的作用。免疫期可持续半年以上，该苗对控制鸡毒支原体引起的慢性呼吸道疾病有良好的作用。目前国内外已有商业性灭活油乳剂苗。

2. 疫苗制备

鸡毒支原体活疫苗菌种为鸡毒支原体F-36株。无菌条件下，将基础种子用CM_2培养基恢复原量，以1/10的量接种于CM_2培养基，37 ℃培养，待培养基pH下降0.5以上，纯检合格后作为种子，种子继代应不超过2代。在火焰控制下将合格的种子液按培养基10%的量接种，逐步扩大培养，一直到所需的量。从生产用种子到制成疫苗，菌种传代不应超过8代。每代次培养时间24～48 h。将菌液无菌取样进行检验，应无杂菌生长，其活菌数应$\geqslant 10^9$ CFU/mL。将检验合格的菌液混于同一容器中，加明胶蔗糖保护剂，使其最终含量明胶为0.8%，蔗糖为2.7%。充分摇匀后分装，冻干，加塞，封口，贴签。

(五)仔猪副伤寒活疫苗

1. 疫苗简介

国外很早就使用猪霍乱沙门氏菌灭活疫苗，但对灭活疫苗的使用价值存在2种截然不同的观点，一种认为有效，另一种认为无效。我国科技工作者曾用多批不同佐剂的灭活疫苗进行免疫试验，获得的保护率低于30%。目前，已有多种仔猪副伤寒弱毒活疫苗成为商品苗。我国在20世纪60年代初，开始了弱毒活疫苗的研究，将抗原性良好的猪霍乱沙门氏菌，接种在含有醋酸铊的培养基中传代培养，经数百代传代后，于1964年选出一株毒力弱免疫原性良好的弱毒株，命名为“C500”。

2. 疫苗制备

仔猪副伤寒活疫苗系采用猪霍乱沙门氏菌C500弱毒株，在普通肉汤37 ℃通气培养18～21 h，将培养物加入适宜稳定剂，经冻干制成。详见项目一的任务二。

(六)猪丹毒疫苗

1. 疫苗简介

猪丹毒灭活疫苗的免疫效果主要与制苗用菌株的免疫原性、培养基及佐剂的种类有关。目前应用的有氢氧化铝吸附灭活疫苗、裂解疫苗以及猪丹毒、猪肺疫氢氧化铝二联灭活疫苗。

国内外猪丹毒弱毒疫苗用菌株很多，但实际应用并不多。目前，我国猪丹毒弱毒疫苗生产中广泛使用是GC42株和G4T10两个菌株。我国在20世纪70年代研制成功了猪丹毒-猪瘟-猪肺疫三联活疫苗，简称猪三联苗。猪三联疫苗各疫病免疫力无相互干扰，接种后对于各个病原的免疫力与各单苗免疫后产生的免疫力基本一致。

2. 疫苗制备

(1)猪丹毒GC42弱毒疫苗　菌种为GC42弱毒株，由强毒通过豚鼠传370代，再继续通过雏鸡传42代而成。将合格的生产种子液，按1%量接种于含2%的血清或裂解血细胞的全血肉肝胃膜消化汤中，35～37 ℃培养20～22 h，培养过程中振荡2～3次或采用培养罐培养，测其菌数达最高时收苗。收获的菌液用马丁琼脂进行纯粹检验，应纯粹。每头份含活菌数不少于7.0亿个。将合格的菌液与明胶蔗糖保护剂按7∶1的比例混合，充分摇均，定量分装，迅速冻干。

(2)猪丹毒G4T10弱毒疫苗　菌种为G4T10弱毒株，是以G370菌株为基础，通过含0.01%锥黄素的血琼脂传代培养40代，再提高锥黄素的浓度为0.04%传10代培育而成。其制备冻干疫苗的过程与GC42株制苗的方法相同。要求G4T10株每头份含活菌数不少于5.0亿个。

(3)联合疫苗　联合疫苗中所用的菌、毒种为猪丹毒GC42株或G4T10株、猪肺疫EO630株及猪瘟兔化弱毒株。分别制备3种基础苗，用猪瘟兔化弱毒株，接种乳兔或易感细胞，收获含毒乳兔组织或细胞培养病毒液，以适当比例和猪丹毒杆菌弱毒菌液、猪源多杀性巴氏杆菌弱毒菌液混合，按7份菌(毒)液加入1份蔗糖明胶保护剂(或每3份加入1份蔗糖脱脂乳)，混合均匀后分装，经冻干制成。也可根据防疫需要配制二联苗。

(七)仔猪大肠杆菌病疫苗

1. 疫苗简介

对产毒素性大肠杆菌感染的疫苗研究，自20世纪70年代以来重点放在纤毛抗原和肠毒素方面，纤毛抗原和肠毒素在一定范围内是致病菌株中所共有的成分，可用于制备疫苗。

预防仔猪大肠杆菌性腹泻最有效的措施是采用疫苗对怀孕母猪免疫接种，目前国内外已有多种此类疫苗作为商品销售和使用。如大肠杆菌GletvaxK88菌苗，K88、K99基因大肠杆菌苗，K88-LT基因工程苗以及亚单位苗等。我国在20世纪80年代初就报道了K88抗原基因工程苗，1985年报道研制成功了仔猪腹泻基因工程K88、K99双价疫苗，1986年报道了K88灭能苗，1989年研制成功了仔猪大肠杆菌腹泻埃希菌病K88-LT双价基因工程活疫苗。中国兽医药品监察所在国内首次研制成功仔猪大肠埃希氏菌病三价灭活疫苗。各种疫苗均用于免疫接种怀孕母猪，通过初乳使新生仔猪获得保护性抗体，为仔猪肠道黏膜提供针对性产肠毒素性大肠杆菌的保护性免疫。现在推广使用的疫苗主要有全菌灭活疫苗和基因工程菌苗两类。

2. 疫苗制备

(1)全菌灭活疫苗　为仔猪大肠埃希氏菌病三价灭活疫苗。制苗用菌种系采用带有K88、K99、987P纤毛抗原的大肠埃希氏菌，为C83549、C83644、C83710菌株。将基础种子接种改良Minca汤培养后，用改良Minca琼脂平板划线分离，选取典型菌落，接种改良Minca汤三角瓶培养，作为一级种子。取一级种子按上述同样方法繁殖，革兰氏染色镜检无杂菌后，即可作为二级种子。将合格的种子分别进行连续通气培养，第一代通气培养7 h，取样检验合格，即收获，并按加入培养基的3%～5%留有种子，然后加入培养基，通气培养6～7 h，如此循环，连续通气培养，但最多不超过10代。培养温度为36～37 ℃，消泡剂为0.1%花生油。培养结束取样进行抗原单位测定，每毫升菌液中，3种纤毛抗原含量均需＞250个抗原单位可配苗。按菌液总量0.4%加入甲醛溶液，经37 ℃灭活48 h，经检验合格后按总量加入20%氢氧化铝胶配苗，每毫升成品苗中应含有K88 100个抗原单位、K99 50个抗原单位、987P 50个抗原单位、菌数≤200亿个。

(2)仔猪大肠杆菌腹泻K88-LTB双价基因工程活疫苗　该苗由中国人民解放军军事医学科学院生物工程研究所研制成功。制苗用菌种是重组的大肠杆菌K88-LTB基因构建的工程菌株，按培养基总量的4%～5%接种于适宜培养基中，37 ℃通气培养，收获菌液，经浓缩后，按每头份要求菌数配苗，加入明胶蔗糖保护剂，冻干制成。

(3)仔猪腹泻基因工程 K88、K99 双价灭活疫苗　该苗是用基因工程技术将人工构建成功的大肠埃希氏杆菌 C600/PT K88、K99 菌，接种适宜培养基通气培养，产生不含肠毒素 LT 和 ST 的 K88、K99 两种纤毛抗原，经甲醛溶液灭活后，冻干制成。

(八)猪梭菌性肠炎疫苗

1. 疫苗简介

猪梭菌性肠炎主要是由毒素引起，因此以菌体抗原进行血清学分型的意义不大。按细菌产生的主要毒素和抗毒素中和试验，可将产气荚膜梭菌分为 5 个菌型。其中 A 型菌主要产生 α 毒素，是一种卵磷脂酶，具有坏死、溶血和致死动物的作用；C 型菌产生的主要毒素除 α 毒素外，还有 β 毒素，后者对胰酶敏感，具有致死、坏死的作用。各种菌型产生的毒素均为蛋白质，均具有良好的抗原性，可经杀菌脱毒后成为类毒素。现用的仔猪梭菌性肠炎全菌疫苗中除含有菌体外，也含有类毒素。在国外，除了灭活的全菌苗外，也有用产气荚膜梭菌 C 型 β 类毒素菌苗免疫妊娠母猪，通过母猪初乳中的抗毒素抗体，可为出生后哺乳仔猪提供短期保护。

2. 疫苗制备

(1)仔猪红痢灭活疫苗　菌种为 C 型产气荚膜梭菌 C59-2、C59-37、C59-38 菌株。制苗用肉肝胃酶消化汤，应于高压灭菌后，晾至 38 ℃左右时，立即接种生产用种子，置 35 ℃培养 16～20 h 收获。于培养菌液中加入 0.5%～0.8%甲醛溶液，密封后在 37 ℃杀毒和脱毒 7～14 d，每天充分振荡 2 次。经无菌检验和脱毒检验合格的菌液，用灭菌纱布或铜纱过滤，以氢氧化钠溶液调节 pH 至 7.0，按菌液 5 份加氢氧化铝胶 1 份混合振荡后静置沉淀，弃掉全量 1/2 的上清液，然后按总量的 0.004%～0.010%加入硫柳汞，制成菌苗，定量无菌分装。

相关链接

产气梭菌脱毒检验

经杀菌脱毒的梭菌菌液，分别用离心上清液 0.4 mL 静脉注射体重 16～20 g 小鼠各 2 只，观察 24 h 均应健活。如有死亡，应继续脱毒直至小鼠不死为止。

(2)仔猪产气荚膜梭菌病 A 型和 C 型二价干粉灭活疫苗　菌种分别为 A 型产气荚膜梭菌 C55-1 菌株和 C 型产气荚膜梭菌 C58-2 菌株。将菌种分别接种于厌气肉肝汤中，置 36～37 ℃培养 16～20 h，制备生产用种子。制苗用培养基为复合培养基，按培养基总量的 1%接种生产种子，同时按培养基总量的 2%加入营养液，A 型菌 36～37 ℃静置培养 9～15 h，C 型菌 35～36 ℃静置培养 16～20 h。菌液分别经灭活脱毒后滤过，用硫酸铵提取，再经冷冻干燥制成原粉。将冻干原粉粉碎配制二价苗，在干燥无菌条件下定量分装。A 型苗每头份为 2 个兔最小免疫剂量(MID)，C 型苗每头份为 100 个兔 MID。

(九)猪传染性萎缩性鼻炎疫苗

1. 疫苗简介

目前，国外使用的主要是灭活全菌疫苗，疫苗类型有多种，有猪支气管炎败血波氏杆菌单苗、支气管炎败血波氏杆菌与多杀性巴氏杆菌 D 型或 A 型组成的二联苗。有的在二联苗的基础上加入其他成分，如大肠杆菌或猪丹毒杆菌。其他如亚单位苗、组分苗及弱毒活疫苗至今仍在研究阶段，一些弱毒或非致病活苗安全稳定性和免疫效果还欠佳，尚未达到实用水平。

认为疫苗通过免疫妊娠母猪，使新生仔猪获得被动保护，较仔猪在 7 日龄和 28 日龄直接免疫的方式更为有效。我国在 20 世纪 80 年代研制的猪支气管败血波氏杆菌（Ⅰ相菌）油佐剂疫苗，既可用于接种怀孕母猪，也可直接接种仔猪。通过对繁殖母猪连续三产进行被动及主动结合免疫，感染率由 70%～90%降低至 2.1%～3.8%。研制的支气管波氏杆菌与 D 型产毒多杀性巴氏杆菌二联苗，免疫效果又有提高。

2. 疫苗制备

猪传染性萎缩性鼻炎疫苗系采用猪支气管败血波氏杆菌Ⅰ相菌 A50-4 菌株。冻干菌种经繁殖后作生产种子。将合格的生产种子接种于改良鲍姜氏血琼脂扁瓶上，放 37 ℃潮湿环境中培养 40～45 h，经活菌平板定相检查为Ⅰ相菌者，立即收获。将培养物用金属刮子刮入有玻璃珠的定量缓冲生理盐水瓶中，充分振荡使菌体分散。按总量的 0.37%加入甲醛溶液，36～37 ℃灭活 18～20 h，再移置室温 2～3 d，每日振荡 2～3 次。经灭活检验，应无菌生长。根据取样计数结果配制成每毫升含 200 亿个菌的菌液作为制苗用菌液。与白油佐剂进行乳化制成油乳剂灭活疫苗。

(十)畜多杀性巴氏杆菌病疫苗

1. 疫苗简介

目前，国外仍以灭活疫苗为主，但也存在剂量偏大、免疫保护期短以及单一血清型疫苗难以产生理想的交叉免疫保护等不足。有效的弱毒疫苗仍在研制开发中。国内研制推广了一些弱毒活菌苗，并在生产中发挥了重要作用。

2. 疫苗制备

(1)猪多杀性巴氏杆菌病 EO630 活疫苗　菌种为 EO630 弱毒菌株，是由猪源多杀性巴氏杆菌 C44-1 强毒株通过含有海鸥牌洗涤剂的培养基连续传代 630 代育成。

无菌条件下，将基础种子用马丁肉汤稀释，接种于马丁鲜血琼脂斜面，36～37 ℃培养 16～22 h，划线接种于含 0.1%裂解血细胞全血和 4%健康动物血清的马丁琼脂平板上，36～37 ℃培养 24 h。选取典型 Fg 菌落 5 个以上，接种鲜血马丁琼脂斜面若干支，36～37 ℃培养 24 h，作为一级种子。接种于含 0.1%裂解血细胞全血的马丁肉汤中，36～37 ℃培养 24 h，取样用马丁琼脂做纯粹检验合格后，作为二级种子，使用期不应超过 3 d。生产用培养基为马丁肉汤。火焰控制下按顺序加入总量的 0.1%裂解血细胞全血，同时按 1%～2%接种生产种子液，37 ℃ 通气培养 8～10 h，当菌数达到高峰时可停止培养。取样检验，应无杂菌，活菌计数，作为配苗参考凭据。将合格菌液按容量计算，菌液 7 份加蔗糖明胶稳定剂 1 份，充分混合后，定量分装。每头份活菌不应低于 3 亿。

(2)猪多杀性巴氏杆菌病 679-230 活疫苗　菌种为 679-230 弱毒菌株，该菌株系将猪源多杀性巴氏杆菌 C44-1 强毒株在血液琼脂培养基上通过逐渐提高培养温度连续传代 39 代，再在恒温下培养传代 230 代育成。制备方法同 EO630 株，每头份不少于 3 亿个活菌。

(3)猪多杀性巴氏杆菌病 C20 活疫苗　菌种为 C20 弱毒菌株，是多杀性巴氏杆菌 89-14-20 株的简称，系将猪源荚膜血清型 B 型多杀性巴氏杆菌 C44-1 强毒株与黏液杆菌共同培养传 89 代，继而通过豚鼠 14 代，再通过鸡 20 代育成。制备方法同 EO630 株，每头份不少于 5 亿个活菌。

(4)猪多杀性巴氏杆菌病 CA 活疫苗　制苗用菌种为禽源多杀性巴氏杆菌 CA 弱毒株。用于预防由荚膜 A 型多杀性巴氏杆菌引起的猪多杀性巴氏杆菌病。制备方法同 EO630 株。疫苗每头份不少于 3 亿个活菌。

(5)猪多杀性巴氏杆菌病灭活疫苗　制苗用菌种为猪源多杀性巴氏杆菌 C44-1 强毒菌株。细菌培养方法同 EO630 株，培养的菌液按 0.10%～0.15%的量加入甲醛，37 ℃灭活 7～12 h。按 5 份菌液加入 1 份铝胶配苗，同时按总量的 0.005%加入硫柳汞或者 0.2%加入苯酚，充分振荡摇匀。定量无菌分装。轧盖、贴标后进入待检库。

(6)牛多杀性巴氏杆菌病灭活疫苗　菌种为牛源多杀性巴氏杆菌 C45-2、C46-2、C47-2 强毒株。制备方法同猪多杀性巴氏杆菌病灭活疫苗。

(十一)链球菌病疫苗

1. 疫苗简介

(1)猪链球菌病疫苗　具有乙型溶血性的多种血清群链球菌均对猪致病，如 E 群菌所致的脓包症，C、L、D 以及 R、S、T 等群菌所致的败血症、关节炎、心内膜炎和脑膜炎等。对本病的防制国内外从事免疫研究者不多，早期的研究采用铝胶灭活疫苗接种临产前母猪或仔猪预防本病曾获得一定效力，但保护力不高。近年来多注意弱毒疫苗和矿物油佐剂苗的研究。

1977 年采用自败血型猪链球菌病流行区死猪分离的乙型溶血的兰氏 C 群猪链球菌，通过敏感猪增强毒力，再取纯培养物做种子，大量接种于含 1%裂解红细胞全血及 0.2%葡萄糖的缓冲肉汤培养，制成铝胶灭活疫苗。接种 5 mL 免疫猪，可获得 66%以上的保护力。在四川此病流行区推广应用，控制了猪链球菌病的流行。以后又用此种灭活苗为基础制成油乳剂苗，增强了疫苗的免疫效力。

关于猪链球菌弱毒活疫苗，国内在 1977—1981 年用 37～45 ℃传代培养致弱通过鉴定的制苗弱毒菌株，有广西壮族自治区兽医研究所的 G10S115、佛山兽医专科学校的 ST171，分别在一定范围内应用，证明安全有效。其中生产量较大、使用范围较广的是 ST171。菌株对小鼠和家兔尚有一定毒性，但对猪安全。注射猪 75%以上获得免疫保护力，免疫期 6 个月。

猪链球菌 2 型又称荚膜 2 型猪链球菌，是一种重要的人兽共患传染病病原。该菌不但引起猪的急性败血症、脑膜脑炎、关节炎及急性死亡，成为严重影响各国养猪业发展的重要细菌性疾病，同时该病也可导致生猪从业人员感染和死亡，在公共卫生上亦显得十分重要。该病已成为我国当前人畜共患病的一种重要的新病原菌。2005 年猪链球菌 2 型灭活疫苗在我国第一次大规模成批生产运往四川灾区，农业部专家组全程参与指导了疫苗的生产过程。接受免疫注射的猪应在 15 d 内接受 2 次注射，免疫期可持续 4 个月以上。

(2)羊链球菌病疫苗　C 群兽疫链球菌是引起羊急性败血性链球菌病的病原。对羊链球菌病疫苗，国外研究很少。我国青海兽医研究所首先从流行区分离出链球菌，选出毒力强的菌株制成氢氧化铝胶灭活疫苗，接种后可使 75%以上羊可获得免疫力，免疫期 6 个月。1973 年后青海兽医研究所成功研制出弱毒活疫苗。弱毒株是用强毒羊源 C 群兽疫链球菌通过鸽子和鸡、培养基 42～45 ℃高温培养交替传代育成。弱毒苗免疫绵羊安全，使 75%以上羊可获得免疫力，免疫期达 12 个月以上。目前，这两种疫苗均在生产和使用。

2. 疫苗制备

(1)猪败血性链球菌病活疫苗　菌种为猪链球菌弱毒 ST171 株。生产用培养基为缓冲肉汤，按顺序加入 0.2%葡萄糖（制成 50%溶液灭菌后按比例加入）和 1%～4%裂解血细胞全血（或血清），同时按 10%～20%接种生产种子液，置 37 ℃培养 6～16 h，其间摇瓶 2～3 次，当菌液浑浊和 pH 下降至 6 以下时，即可停止培养。将检验合格的菌液加入经过灭菌及预热至 37 ℃的保护剂（使菌苗中含 1.5%明胶及 5%蔗糖），充分混匀后定量分装、迅速冻干。注射用每头份≥0.5 亿个。口服用每头份活菌不应低于 2 亿个。

（2）猪链球菌 2 型灭活疫苗　菌种为毒力强的 2 型 HA9801 猪链球菌毒株，菌液培养同猪败血性链球菌病活疫苗，培养物经检验合格后，用甲醛灭活，与氢氧化铝胶佐剂混合制成。用于预防荚膜 2 型猪链球菌病。

（3）羊败血性链球菌病活疫苗　菌种为羊链球菌弱毒株 F60。生产种子制备同猪败血性链球菌病活疫苗，但二级种子培养基为 5%马（牛）血清的缓冲肉汤，培养 16～20 h。菌液培养为缓冲肉汤，按总量的 0.2%加入葡萄糖和 1%血清及 0.05%水解乳蛋白，按 5%接种种子液，置 37 ℃培养 10～16 h，培养结束调节 pH 至 7.0～7.2，置 2～10 ℃保存。将纯检合格的菌液 7 份加稳定剂 1 份，混匀后，按规定头份定量分装冻干，每头份活菌不少于 200 万个。

（十二）炭疽芽孢疫苗

1. 疫苗简介

炭疽杆菌自然强毒株存在 2 种质粒，一种是 pXO_2 荚膜质粒，其调控荚膜的形成；另一种是与产生毒素有关的 pXO_1 质粒，其调控炭疽毒素的产生。毒素由水肿因子（EF）、保护性抗原（PA）和致死因子（LF）组成，均有不同程度的血清学活性和免疫原性，尤以 PA 更为显著。3 种成分单独对动物无毒性作用，但 EF 和 PA 协同作用能引起水肿；PA 和 LF 协同作用能发生致死。因此强毒菌株既能产生毒素又能形成荚膜而现出毒力。具有 pXO_2 不具有 pXO_1 是弱毒株如巴斯德Ⅱ号菌株，不具有 pXO_2 只具有 pXO_1 是疫苗菌株如印度的斯特恩（Sterne）无荚膜菌株，两者皆不具有的是无毒菌株，不能用作疫苗。随着生物技术的发展，近年来有利用基因工程技术研制炭疽疫苗，可通过 DNA 重组，将炭疽质粒 DNA 的酶切片断插入 K12 大肠杆菌 pBR322 质粒中，培养这种大肠杆菌便能生产出功能性 PA，生产出高纯度的炭疽 PA 疫苗。在生产中，目前应用深层通气培养法制备的炭疽芽孢苗，也获得了良好的效果。

2. 疫苗制备

（1）Ⅱ号炭疽芽孢苗　菌种为巴斯德Ⅱ苗菌株。将基础种子用普通肉汤稀释，并划线接种于普通琼脂平板上，36～37 ℃培养 24 h，在低倍镜下，45°折光观察，菌落边缘不整齐，呈卷发样结构。选取 5 个以上典型菌落，混合于少量普通肉汤中，接种普通琼脂斜面若干支，置 36～37 ℃培养 24 h，作为一级种子。取一级种子接种于 pH 7.2～7.4 普通肉汤中，36～37 ℃培养 24 h，经纯粹检验合格后，作为生产种子，使用期限不超过 7 d。将制备好的黄豆芽汤，116 ℃灭菌 40 min，然后冷却到 36 ℃并保持罐内正压，火焰控制下按 1%～2%接种生产种子液，并加入适量的消泡剂，置 35～37 ℃通气培养，培养中后期将温度降至 30～34 ℃，待芽孢形成达 90%以上时，停止通气，将培养物放入加有苯酚和甘油的瓶中，使其成为含 0.1%～0.2%的苯酚和 30%的甘油芽孢液，混匀后即为原苗。经纯粹检验合格原苗，用 30%甘油水或 20%铝胶水稀释成芽孢苗，使每 1 mL 甘油苗含活芽孢 1 300 万～2 000 万个，铝胶苗为 2 000 万～3 000 万个。也可采用固体培养法培养芽孢。

（2）无荚膜炭疽芽孢苗　菌种采用由印度引进的 Sterne 无荚膜菌株。制备方法与Ⅱ号炭疽芽孢苗相同,但每 1 mL 的芽孢数甘油苗 1 500 万～2 500 万个,铝胶苗 2 500 万～3 500 万个。

(3)兽用炭疽油乳剂灭活疫苗　制苗用菌株为减毒炭疽杆菌 C40-229 株。按培养量的 10%左右接种种子液,于 35～37 ℃静置培养 2 h,然后通入无菌微量空气,约为 0.1 L/min,继续培养约 12 h,当菌液的 pH 至最低点时收获,过滤除菌,同时加入 1/20 000 的硫柳汞。无菌检验合格培养液加入 4%吐温-80 为水相。按油相 3 份与水相 1 份混合乳化,定量分装,封口,贴签。

(十三)布鲁氏杆菌病活疫苗

1. 疫苗简介

研究的畜用菌苗种类很多,但其中只有少数菌苗得到广泛应用。国际上使用的菌苗主要有 4 种,分别是羊型 RCV.1 和布鲁氏菌 19 号弱毒活菌苗;2 种是死菌佐剂苗,分别是牛型 45/20 佐剂苗和羊型 53H38 佐剂苗。目前我国主要应用的有羊型 5 号菌苗和猪型Ⅱ号菌苗 2 种活疫苗。

(1)马耳他热布鲁氏杆菌 RCV.1 菌种弱毒活苗　对山羊和绵羊具有良好的免疫力,对人和孕羊毒力较强,应用规模不大,仅限于地中海某些国家。

(2)布鲁氏杆菌 19 号菌种弱毒苗　本菌苗于 1934 年由美国人提出,是世界各国普遍应用于牛的弱毒菌苗。菌种具有中等毒力,对孕牛、孕羊不安全,对人可引起轻度感染,但不发病。对牛有良好的免疫力,对山羊效力不好,对猪则完全无效。20 世纪 60 年代以后,我国开始培育出自己的菌苗,70 年代以后已被猪种Ⅱ号菌苗及羊种 5 号菌苗所取代。

(3)猪种Ⅱ号菌苗　从国内分离出的猪种Ⅰ型菌中选育出的,是一株免疫谱广、抗原性良好、弱毒性稳定、可供引水的毒株。对山羊、绵羊、猪和牛都有极好的免疫力。

(4)羊种 5 号菌苗　用羊种Ⅰ型强毒菌通过同种动物培育的可供气雾免疫的弱毒菌株,残余力弱、免疫剂量小、免疫原性好。对羊和牛都有极好的免疫力。

(5)牛种布鲁氏杆菌 45/20 油佐剂苗　牛种 45/20 菌株具有中等毒力,菌落为粗糙型。菌苗对牛有一定的免疫力,但必须注射 2 次。其免疫力不如 19 号菌苗坚强,但注射后不产生凝集素,不影响牛群检疫。

(6)强毒马耳他热布鲁氏杆菌 53H38 号菌株死菌佐剂苗　简称 H38 死菌苗,本苗已在一些国家使用,主要用于羊,也可用于牛,注射怀孕母畜,不引起流产,但不易吸收,常引起局部化脓,影响进一步推广。

2. 疫苗制备

(1)布鲁氏杆菌病活疫苗(S2 株)　菌种为猪种布鲁氏杆菌弱毒 S2 株(猪种Ⅱ号菌株)。将基础种子经培养检验合格后,作为生产种子,使用期不应超过 3 d。制苗用培养基为马丁肉汤或其他适宜培养基。将生产种子液按培养基总量的 1%～2%接种,在 36～37 ℃下通气培养 36 h,其间于第 12 h、20 h、28 h 分别按培养基总量的 1%～2%加入 50%葡萄糖溶液。培养终止时,按总量的 0.2%～0.4%加入羧甲基纤维素钠浓缩沉淀菌体,浓缩菌液加入 pH 7.0 的蔗糖明胶稳定剂。为增加疫苗的耐热性,亦可同时加入 1%～3%的硫脲。按羊经口 100 亿为 1 个头份。混匀后定量分装,冻干即成。

(2)布鲁氏杆菌病活疫苗(M5 或 M5-90 株)　菌种为羊种布鲁氏杆菌弱毒 M5 株或 M5-90 株,制备方法与猪种Ⅱ号菌苗基本相同。按羊皮下注射 10 亿的剂量确定头份。

(3)布鲁氏杆菌病活疫苗(A19 株)　菌种为牛种布鲁氏杆菌弱毒 A19 株，制备方法与猪种Ⅱ号菌苗基本相同。按羊口服 100 亿的剂量确定头份。

(十四)羊梭菌病疫苗

1. 疫苗简介

临床上梭菌菌苗的预防效果很好。开始多为单价菌苗，如气肿疽菌苗、羔羊痢疾菌苗、肠毒血症菌苗等。后来发现梭菌病多为混合感染，开始向多联苗方向发展，相继研制出了二联苗、三联苗、四联苗、五联苗、六联苗等。多联菌苗存在注射剂量大，不便于保存和运输的缺点。近年来研制成功了梭菌多联干粉菌苗，有气肿疽、快疫、猝狙、羔羊痢疾、黑疫、肠毒血症、肉毒中毒、破伤风 8 种干粉菌苗，既可单独使用，也可根据防疫需要配成各种多联菌苗。

2. 疫苗制备

(1)生产用菌种制备　系用免疫原性良好的腐败梭菌、产气荚膜梭菌 B、C、D 型、诺维氏梭菌、C 型肉毒梭菌、破伤风梭菌各 1～2 株，接种适宜培养基，于 35～37 ℃培养，腐败梭菌培养 24 h、产气荚膜梭菌培养 16～20 h、诺维氏梭菌培养 60～72 h、肉毒梭菌 72～120 h、破伤风梭菌 35 ℃培养 48 h。然后各种子分别取样，接种普通琼脂斜面、普通肉汤、厌气肉肝汤和石蕊牛奶各 2 管，每管 0.2 mL，置 37 ℃培养至少 48 h，纯粹者作为一级种子，置 2～8 ℃保存，不应超过 15 d。取一级种子分别接种适宜培养基，于 35～37 ℃培养后，分别取样做纯粹检验，应纯粹。作生产用种子，置 2～8 ℃保存，不应超过 5 d。

(2)制苗用培养基　腐败梭菌用胰酶消化牛肉汤；产气荚膜梭菌、诺维氏梭菌用肉肝胃酶消化汤或鱼肝肉胃酶消化汤；肉毒梭菌用鱼(或牛)肉胃酶消化肉肝汤；破伤风梭菌用 8%甘油冰醋酸肉汤或破伤风培养基。按容量装入适量(70%左右)培养基灭菌后迅速冷却，除破伤风梭菌在 45～50 ℃接种外，其余均在 37～38 ℃，立即接种。培养基如经存放，应在临用前煮沸驱氧。

(3)菌液培养　接种时，以培养基量计算，腐败梭菌按 2%、产气荚膜梭菌按 1%、诺维氏梭菌按 5%、肉毒梭菌按 1%～2%、破伤风梭菌按 0.2%～0.3%接种种子。接种后置 34～35 ℃培养，腐败梭菌 36～48 h、产气荚膜梭菌 16～24 h、诺维氏梭菌 60～72 h、肉毒梭菌和破伤风梭菌 5～7 d。各菌液培养完成后，取样做纯粹检验，应纯粹。同时进行毒素测定：除破伤风梭菌用滤除菌体后的滤液皮下注射小鼠外，其余均用离心上清液静脉注射。对小鼠最小致死量应分别为：腐败梭菌≤0.01 mL、B 和 C 型产气荚膜梭菌≤0.002 5 mL、D 型产气荚膜梭菌和诺维氏梭菌≤0.000 5 mL、肉毒梭菌≤0.000 02 mL、破伤风梭菌≤0.000 000 5 mL。

(4)灭活脱毒　按各菌液量加入甲醛溶液，腐败梭菌加 0.8%、产气荚膜梭菌加 0.5%～0.8%、诺维氏梭菌加 0.5%，破伤风梭菌加 0.4%、肉毒梭菌加 0.8%，并按菌液量的 0.005%加入硫柳汞。加毕密封，置 37～38 ℃灭活脱毒，腐败梭菌 3～5 d、产气荚膜梭菌 5～7 d、诺维氏梭菌 3～4 d、破伤风梭菌 21～23 d、肉毒梭菌 10 d，每日充分振荡或搅拌 1～2 次。

灭活和脱毒后，分别抽样，经无菌检验，均应无菌。脱毒检验：分别用离心上清液 0.4 mL 静脉注射体重 16～20 g 小鼠各 2 只，腐败梭菌和产气荚膜梭菌观察 24 h、诺维氏梭菌 72 h、肉毒梭菌 5 d，均应健活。如有死亡，应继续脱毒直至小鼠不死为止。破伤风梭菌用体重 15～17 g 小鼠 3 只，每只皮下注射滤液 0.5 mL，观察 21 d，无任何症状为合格。

(5)配苗　杀菌脱毒后合格的菌液，可用于配制液体菌苗，也可制成干粉菌苗。除破伤风菌液把菌体滤除以外，其他都为全菌液。配制液体苗时，把 pH 调至 7.0±0.2，加入氢氧化铝胶佐剂即成。现用佐剂除破伤风类毒素和气肿疽菌苗使用钾明矾以外，其他均用氢氧化铝胶。制备干粉菌苗时，将杀菌脱毒菌液用硫酸铵提取后，分别进行冷冻干燥成原粉。根据需要配制不同的多联干粉苗或制成单苗。配制完成后，定量分装。

(十五)破伤风类毒素

1. 疫苗简介

破伤风类毒素免疫原性良好，使用安全方便，免疫期长，坚持实施免疫接种，可取得很好的防治效果。用一般方法制备的类毒素含量往往相对较低，含有一定量的非特异性杂质。为了获得纯度较高的类毒素制品，可通过物理、化学等方法对类毒素进行精制处理。

2. 疫苗制备

菌种为破伤风梭菌 C66-1、C66-2 和 C66-6 强毒株。将菌株接种于厌气肉肝汤中，34～35 ℃培养 48 h。经鉴定合格后，作为一级种子。接种于碎牛肉肉汤中培养，34～35 ℃培养 48 h，连续移植 2 次，纯检合格作为生产种子。使用期不超过 7 d。制苗用培养基为 8%甘油冰醋酸肉汤。按培养基量的 0.2%～0.3%接种二级种子，于 34～35 ℃培养 5～7 d。滤出菌体，测定毒素的毒力。将检测合格的菌液，按总量的 0.4%加甲醛溶液，充分摇匀，置 37 ℃脱毒 21～31 d，每日摇振 2～3 次。取出静置 7～10 d，抽取上清液滤过，滤液按 0.004%加入硫柳汞，混匀，用蔡氏滤器过滤以除去菌体及沉淀。每 1 mL 类毒素至少用含有 250 个 EC。将合格的滤液加入 2%预先灭菌的精制明矾液中，边混合边搅拌，充分混匀，即为明矾沉降类毒素，分装密封，于 2～8 ℃保存。也可将破伤风类毒素进行精制，精制破伤风类毒素的纯度要求为每 1 mL 总氮含 2 000 结合力单位。

思考与练习

一、选择题与判断题

1. 培养基制备流程正确的是(　　)。(单选题)

A. 称量→溶解→调 pH→过滤分装→加塞→灭菌

B. 称量→溶解→过滤分装→加塞→包扎标记→灭菌

C. 称量→溶解→调 pH→分装→加塞→包扎标记→灭菌

D. 称量→溶解→调 pH→过滤分装→加塞→包扎标记→灭菌

2. 菌苗生产时配制培养基时应选择(　　)。(单选题)

A. 饮用水　　B. 纯化水　　C. 注射用水　　D. 灭菌注射用水

3. 制备菌苗时培养基需要调整 pH，一般为(　　)。(单选题)

A. 5.2～5.6　　B. 7.2～7.6　　C. 8.2～8.6　　D. 9.2～10.6

4. 培养基通常采用的灭菌温度和时间是(　　)。(单选题)

A. 116 ℃　10～20 min　　B. 121 ℃　10～20 min

C. 116 ℃　20～40 min　　D. 121 ℃　20～40 min

5. 制备菌苗时配制培养基所使用化学药品标准为(　　)。(单选题)

A. 无要求　　B. 普通级　　C. 化学纯　　D. 分析纯

6. 在菌苗用生产种子制备时一级种子多为(　　)。(单选题)

A. 平板分离培养物　B. 斜面纯培养物　C. 液体菌液　D. 单个菌落

7. 在菌苗用生产种子制备时二级种子多为(　　)。(单选题)

A. 平板分离培养物　B. 斜面纯培养物　C. 液体菌液　D. 单个菌落

8. 菌苗规模化生产时多采用(　　)。(单选题)

A. 固体表面培养法　B. 液体通气培养法

C. 平板分离培养法　D. 液体振荡培养法

9. 培养菌液时种子接种量一般为(　　)。(单选题)

A. 1%～2%　B. 5%　C. 10%　D. 20%

10. 活疫苗分装量一般小于(　　)。(单选题)

A. 1 mL　B. 2 mL　C. 3 mL　D. 5 mL

11. 冻干活菌苗含水量应在(　　)以下。(单选题)

A. 2%　B. 4%　C. 5%　D. 10%

12. 活菌苗生产工艺流程是(　　)。(单选题)

A. 培养基制备→接种→培养→收获→配苗与分装→冻干

B. 培养基制备→接种→培养→收获→半成品检验→分装→冻干

C. 培养基制备→接种→培养→收获→半成品检验→冻干

D. 培养基制备→接种→培养→收获→半成品检验→配苗与分装→冻干

13. 在菌苗用生产种子制备时分离培养的目的是获得疫苗菌株的典型菌落。(判断题)

14. 在菌苗用生产种子制备时分离培养的目的是获得疫苗菌株的典型菌落。(判断题)

15. 制苗用菌液经半成品检验不合格可以直接排入下水道。(判断题)

16. 灭活疫苗不需要冷冻真空干燥,活疫苗基本都是冷冻真空干燥制备。(判断题)

17. 活菌苗基本都是冷冻真空干燥制备。(判断题)

18. 制苗用菌液经半成品检验不合格不可以配苗分装冻干。(判断题)

19. 制备疫苗用菌种可以自行采集分离。(判断题)

20. 制备不同种类的菌苗所用培养基配方都是相同的。(判断题)

21. 根据微生物种类和性质疫苗有多联苗、多价苗、单苗、活疫苗、灭活疫苗之分。(判断题)

22. 菌苗的作用就是诊断疾病。(判断题)

23. 制备菌苗时,配制培养基应该使用(　　)材质容器。(多选题)

A. 铁质　B. 铝质　C. 不锈钢 316L　D. 玻璃

24. 关于活菌苗稳定剂描述正确的是(　　)。(多选题)

A. 配苗时明胶含量为总量 1%～2%、蔗糖含量为总量 5%

B. 需 116 ℃高压灭菌 30～40 min

C. 适用于细菌性活疫苗

D. 灭活疫苗也可以使用

25. 关于仔猪副伤寒活疫苗制备描述正确的是(　　)。(多选题)

A. 生产用种子需 37 ℃培养 24 h

B. 半成品需 37 ℃、培养 16～18 h

C. 根据细菌生长曲线，在对数期收获菌液生物学特征最典型

D. 大生产时采用液体通气培养法

26. 配苗与分装区空气洁净度要求是(　　)。(多选题)

A. 净化级别为百级，为最高级别

B. 尘埃粒子数、微生物数两项检测指标

C. ≥5 μm 尘粒数应为 0

D. 浮游菌 5 个/m^3、沉降菌 1 个/皿

27. 关于冻干活菌苗描述正确的是(　　)。(多选题)

A. 冻干活菌苗含水量＜4%

B. 可以延长疫苗保存期

C. 通过冷冻真空干燥技术完成水分蒸发

D. 在冻干机内完成冷冻真空干燥过程

E. 分装量通常小于 3 mL

二、简答题

1. 图示细菌性疫苗生产工艺流程。

2. 图示培养基制造程序及方法。

3. 在菌苗生产中从种子制备到成品，每个阶段都采用哪些方法培养细菌?

4. 液体深层通气培养必须注意的几个问题是什么?

5. 在菌苗生产中常以活菌数作为其配苗依据，请图示平板表面散布法的活菌计数过程与计算方法。

6. 生产中常见的活菌苗有哪些? 简述其制造要点。

7. 生产中常见的灭活菌苗有哪些? 简述其制造要点。

8. 在兽用生物制品生产过程中，必须进行无菌操作，请你说说对无菌的理解。

9. 写出 10 种常用的细菌性疫苗名称。

二维码 1-7　项目一　细菌类疫苗制备

思考与练习参考答案

项目二
病毒类组织疫苗制备

【知识目标】

1. 掌握病毒类组织疫苗生产工艺流程
2. 掌握禽胚增殖病毒技术
3. 了解动物增殖病毒技术

【技能目标】

1. 能够正确进行鸡胚尿囊腔接种与收获操作
2. 会按照 GMP 要求进行病毒类组织疫苗生产
3. 会通过各种途径查阅所需资料
4. 具备根据生产实际要求选择生产用原辅料的能力

【素质目标】

1. 通过病毒类组织疫苗制备学习，培养学生严谨的工作作风和良好的职业道德
2. 通过项目任务，培养学生的无菌意识、安全意识和团队协作能力

二维码 2-1　照蛋划线

二维码 2-2　鸡胚打孔

二维码 2-3　病毒鸡胚尿囊腔接种

二维码 2-4　鸡胚病毒液收获

二维码 2-5　鸡胚人工气室制备

任务一 鸡新城疫低毒力活疫苗制备

【条件准备】

(1)主要器材 生化培养箱、孵化器、高压灭菌锅、净化工作台、96孔V形微量板、微量移液器、10日龄SPF鸡胚、鸡新城疫低毒力毒种、生理盐水、5%碘酊、75%酒精棉、1 mL注射器、灭菌中性瓶、灭菌试管、灭菌吸管、T. G、G. A、G. P小管培养基等。

(2)器材处理 按使用时间,将所需物品提前灭菌,并移入洁净工作间待用。

(3)环境要求 在工作开始前30~40 min,按净化级别要求调整送风量,达到洁净级别要求。

【操作步骤】

一、生产用毒种制备

(1)毒种 为Ⅱ系、F或Lasota株,由中国兽药监察所鉴定、保管和供应。

(2)毒种繁殖 冻干毒种用灭菌生理盐水稀释至10^{-5}~10^{-4},尿囊腔接种10日龄SPF鸡胚,每胚0.1 mL。选接种72~120 h死亡鸡胚,收取尿囊液和羊水,装于无菌容器内。做无菌检验和血凝试验。将检验无菌、对1%鸡红细胞凝集价≥1∶640(微量法1∶512)的胚液混合,分装,-20 ℃保存。注明收获日期、毒种代次及装量。

(3)毒种鉴定

①病毒含量。将毒液用灭菌生理盐水做10倍系列稀释,取10^{-7}、10^{-8}、10^{-9} 3个稀释度,各尿囊腔内接种于10日龄SPF鸡胚5个,每胚0.1 mL。置36~37 ℃继续孵育,48 h以前死亡的鸡胚弃去不计,在48~120 h死亡的鸡胚随时取出,收获鸡胚液,同一稀释度的死胚胚液等量混合,按稀释度分别测定血凝效价,至120 h取出所有活胚,逐个收获鸡胚液,分别测定红细胞凝集价,凝集价≥1∶160(微量法1∶128)判为感染,计算EID_{50},每0.1 mL病毒含量应≥10^8 EID_{50}。

②纯净。应无细菌、霉菌、支原体和外源病毒污染。

符合以上标准的毒种作为生产用种子。

二、制苗毒液的制备

(1)制苗材料选择 选择发育良好,9~10日龄SPF鸡胚。

(2)接种 接种前,利用照蛋灯划出鸡胚气室位置,并在气室上避开胎儿及大血管划出接种区,将鸡胚置于蛋盘上,接种区用5%碘酊消毒,并用打孔器钻一小孔。取生产种子用灭菌生理盐水稀释至10^{-5}~10^{-4},每胚尿囊腔接种0.1 mL,封孔后,置36~37 ℃继续孵育,不必翻蛋。

(3)孵育和观察 接种后,将60 h前死亡的鸡胚弃去。60 h后,每隔4~8 h照蛋一次,死亡的鸡胚随时取出,至96 h或120 h,不论死亡与否,全部取出,气室向上直立,置2~8 ℃

冷却。

(4)收获病毒液　将冷却4～24 h的鸡胚取出,用碘酊消毒气室部位。然后以无菌手术剥除气室卵壳,揭去卵壳膜,剪破绒毛尿囊膜及羊膜,注意勿使卵黄破裂,收获鸡胚液,置于灭菌瓶中,留样后,加入适量抗生素,置－15 ℃冷冻保存。在收获鸡胚液的同时应逐个检查,凡胎儿腐败及鸡胚液浑浊者弃去不用。

三、半成品检验

(1)无菌检验　将收获的病毒液取样接种T.G、G.A小管各2支,每支0.2 mL,置37 ℃、25 ℃各1支;G.P小管1支接种0.2 mL置25 ℃培养。培养5 d,应无菌生长。

(2)病毒含量测定　每0.1 mL病毒含量应＞$10^{7.0}$ ELD_{50},可用于配制疫苗。

四、配苗及分装

将合格的半成品混合于同一容器内,按比例加入5%蔗糖脱脂牛奶,同时加适量抗生素,充分摇匀,定量分装。冻干后抽样进行成品检验。

【考核测评】

考核要素/分值比例	考核内容/分值			
专业技能测评/60%	照蛋划线/10分	鸡胚尿囊腔接种/15分	病毒培养/20分	收获病毒液/15分
素质测评/30%	安全操作/8分	规范标准/8分	及时清场/7分	团队协作/7分
创新测评/10%	学生在完成项目任务的任何环节融入创新元素,即可得分,小组成员可根据参与度给予赋分			
考核建议:既可以过程考核,也可以随机抽考,视具体条件选择。 专业技能考核可以让学生在操作时录制视频上传,作为考核依据,也可以单独组织考核。 要求:本人出镜,完整操作。				

任务二　鸡传染性法氏囊病活疫苗制备

【条件准备】

(1)主要器材　生化培养箱、孵化器、高压灭菌锅、净化工作台、鸡传染性法氏囊病中等毒力B87毒种、10日龄SPF鸡胚、生理盐水、5%碘酊、75%酒精棉、1 mL注射器、灭菌中性瓶、灭菌试管、灭菌吸管、T.G小瓶培养基、T.G、G.A、G.P小管培养基等。

(2)器材处理　按使用时间,将所需物品提前灭菌,并移入洁净工作间待用。

(3)环境要求　在工作开始前30～40 min,按净化级别要求调整送风量,达到洁净级别要求。

【操作步骤】

一、生产用毒种制备

(1)毒种　鸡传染性法氏囊病中等毒力 B87 株，由中国兽药监察所鉴定、保管和供应。

(2)毒种繁殖　冻干毒种用灭菌生理盐水稀释 100～1 000 倍，绒毛尿囊膜接种 10～12 日龄 SPF 鸡胚，每胚 0.2 mL。置 37 ℃孵育，选接种 48～120 h 死亡鸡胚，收取有病变胎儿及尿囊膜，装于无菌容器内，同时吸取部分鸡胚液做无菌检验。将无菌的鸡胚、尿囊膜剪碎混合，用同批尿囊液制成 5 倍稀释的乳剂，离心去渣，上清液加适量的抗生素分装，－20 ℃保存。注明收获日期、毒种代次及装量。

(3)毒种鉴定

①对鸡胚的毒力。将繁殖毒种用灭菌生理盐水稀释，绒毛尿囊膜接种 10～12 日龄 SPF 鸡胚 20 个，每胚 0.2 mL，含 1 000 个 ELD_{50}，鸡胚应在接种后 48～144 h 死亡 16 只以上，剖检胎儿全身应明显水肿，脑部充血，肝有斑驳状病变，心脏呈熟肉状灰白色。

②对雏鸡安全性。用 7～10 日龄 SPF 雏鸡 25 只，分成 2 组，第一组 15 只，每只点眼或口服接种 10 个使用剂量的病毒液；第二组 10 只，不接种病毒作为对照，2 组分别隔离饲养。接种后 72 h，每组各剖检 5 只，接毒雏鸡与对照雏鸡法氏囊不应有出血、坏死、黄色黏液样等变化。其余雏鸡继续观察至 14 d，应健活。

③病毒含量。将毒种用灭菌生理盐水做 10 倍系列稀释，以绒毛尿囊膜途径接种 10～12 日龄 SPF 鸡胚，每胚 0.2 mL，观察 168 h，计算 ELD_{50}，每 0.2 mL 病毒含量应 $\geqslant 10^{5.0}$ ELD_{50}。

④特异性。将毒种用灭菌生理盐水稀释至 $10^{3.0}$ ELD_{50}/0.1 mL，与等量抗传染性法氏囊病特异性血清混合，经室温或 37 ℃中和 60 min，以绒毛尿囊膜途径接种 10～12 日龄 SPF 鸡胚 5 个，每胚 0.2 mL；同时设病毒对照 5 个，每胚接种病毒液 0.1 mL 含 $10^{3.0}$ ELD_{50}/0.1 mL，同条件饲养观察 168 h。中和组鸡胚应全部健活，对照组鸡胚应 3/5 以上死亡，鸡胚尿囊液对鸡红细胞凝集试验(HA)阴性。

⑤纯净。应无细菌、霉菌、支原体和外源病毒污染。

符合以上标准的毒种作为生产用种子。在－10 ℃以下保存，应不超过 6 个月。继代应不超过 3 代。

二、制苗毒液的制备

(1)制苗材料选择　选择发育良好，10～12 日龄 SPF 鸡胚作为制苗材料。

(2)接种　取生产用毒种，用灭菌生理盐水稀释 50～100 倍，每胚尿囊腔或绒毛尿囊膜接种 0.1～0.2 mL，封孔后，置 37 ℃继续孵育，不必翻蛋。

(3)孵育和观察　接种后，将 36 h 前死亡的鸡胚弃去。36 h 后，每隔 4～8 h 照蛋一次，随时取出 48～168 h 内死亡鸡胚，置 2～8 ℃冷却。

(4)收获　将冷却 4～24 h 的鸡胚取出，用碘酊消毒气室部，以无菌手术除去蛋壳，收取胎儿和尿囊膜，置于无菌容器内，置－10 ℃冷冻保存。在收获的同时，应逐个检查胎儿病变，须具有传染性法氏囊病病毒 B87 株所引起的特异性病变。

三、半成品检验

(1)无菌检验　将收获的含毒组织取样接种 T.G、G.A 小管各 2 支，每支 0.2 mL，置

37 ℃、25 ℃各 1 支;G.P 小管 1 支接种 0.2 mL 置 25 ℃培养。培养 5 d,应无菌生长。

(2)病毒含量测定　将毒种用灭菌生理盐水做 10 倍系列稀释,以绒毛尿囊膜途经接种 10～12 日龄 SPF 鸡胚,每胚 0.2 mL,观察 168 h,病毒含量应≥$10^{6.0}$ ELD_{50}/0.2 mL。

四、配苗及分装

将检验合格的半成品磨碎,过滤后,按比例加蔗糖脱脂奶,同时加适量抗生素,充分搅拌均匀后,定量分装,冻干。

【考核测评】

考核要素/分值比例	考核内容/分值			
专业技能测评/60%	人工气室制备/10 分	绒毛尿囊膜接种/15 分	收获感染胚儿/20 分	冻干保护剂制备/15 分
素质测评/30%	安全操作/8 分	规范标准/8 分	及时清场/7 分	团队协作/7 分
创新测评/10%	学生在完成项目任务的任何环节融入创新元素,即可得分,小组成员可根据参与度给予赋分			
考核建议:既可以过程考核,也可以随机抽考,视具体条件选择。 专业技能考核可以让学生在操作时录制视频上传,作为考核依据,也可以单独组织考核。 要求:本人出镜,完整操作。				

任务三　鸡减蛋综合征灭活疫苗制备

【条件准备】

(1)主要器材　生化培养箱、孵化器、高压灭菌锅、净化工作台、离心机、匀浆机、96 孔 V 形微量板、微量移液器、鸡减蛋综合征病毒京 911 株、8～10 日龄易感鸭胚、5%碘酊棉、75%酒精棉、注射器、2 000 mL 三角瓶、500 mL 中性瓶、灭菌试管、灭菌吸管、16 cm 镊子、眼科镊子、眼科剪子、生理盐水、甲醛、T.G 小瓶培养基、T.G、G.A、G.P 小管培养基、10 号白油、硬脂酸铝、司本-80、吐温-80、硫柳汞等。

(2)器材处理　按使用时间,将所需物品提前灭菌,并移入洁净工作间待用。

(3)环境要求　在工作开始前 30～40 min,按净化级别要求调整送风量,达到洁净级别要求。

【操作步骤】

一、生产用毒种制备

(1)毒种繁殖　将冻干毒种用灭菌生理盐水稀释 50～100 倍,尿囊腔内接种孵化好的 8～10 日龄易感鸭胚,每胚 0.1 mL 封孔,气室朝上 37 ℃继续孵育。弃去 72 h 前死胚,收获 120 h

活胚冷却 24 h。于洁净室内依次消毒，解剖，收获胚液，15～20 个胚液为一组。检验合格后加适宜保护剂定量分装、冻干。注明日期、代次等。

(2)毒种鉴定

①血凝效价。将毒种接种鸭胚，收获胚液测血凝效价应≥1∶10 240 倍。

②纯净。将胚液毒种接种 T. G、G. A 小管培养基各 2 支，G. P 小管培养基 1 支，然后分别于 25 ℃和 37 ℃培养 5 d，应无细菌(霉菌)生长。

③特异性。种毒与特异性血清中和后接种鸭胚后不引起死亡或病变。

符合以上标准的毒种作为生产用种子。冻干毒－15 ℃保存期为 1 年，湿毒 3 个月。继代应不超过 3 代。

二、制苗毒液的制备

(1)制苗材料选择　选发育良好，8～10 日龄的易感鸭胚。

(2)接种　将生产种子用灭菌生理盐水做 50～100 倍稀释，用灭菌的 1 mL 注射器(5 号针头)每胚囊腔接种 0.1 mL，接毒后将针孔用石蜡封住，以防污染。

(3)孵育和观察　接种后置 36～37 ℃继续孵育，不必翻蛋。弃去 72 h 之前的死胚。72 h 后每 4～8 h 照蛋 1 次，死亡鸭胚随时取出。直到 120 h，不论死胚活胚均置 4 ℃冷却 12～24 h。

(4)收获　将冷却的鸭胚取出，用碘酊消毒气室部位，然后以无菌镊子剥去气室部卵壳及卵壳膜，剪破绒毛尿囊膜及羊膜，谨防卵黄破裂，吸取尿液和羊水。吸取胚液前均应注意检查，凡胎儿腐败、胚液浑浊以及有任何污染可疑者，弃去不用。将收获的胚液测定血凝效价，HA 应≥1∶10 240 倍。

三、毒液灭活

将合格的收获液以 4 层纱布及 1 层细铜纱网滤过，混合于一个大玻璃瓶内，加入 10%甲醛溶液，随加随摇，使其充分混合，甲醛溶液的最终浓度为 0.1%。加甲醛溶液后最好倾倒于另一瓶中，以避免瓶颈附近黏附的病毒未能接触灭活剂。于 37 ℃灭活 16 h(以瓶内温度达到 37 ℃开始计时)。其间振摇 3～4 次。灭活后在 2～8 ℃保存，应不超过 1 个月。

四、半成品检验

(1)无菌检验　取灭活的胚液分别接种 T. G 小瓶培养基 1 mL，置 37 ℃培养，3 d 后自小瓶吸取培养物。分别接种 T. G 小管及 G. A 斜面各 2 支，每只 0.2 mL，1 支置 37 ℃培养；另 1 支置 25 ℃培养，另取 0.2 mL，接种 1 支 G. P 小管置 25 ℃，均培养 5 d，应无菌生长。

(2)灭活检验　取灭活后的胚液，接种 8～10 日龄易感鸭胚 5 个，每个接种抗原液 0.1 mL，37 ℃培养 120 h，分别收取胚液测定对鸡红细胞的血凝性，应为阴性。认为灭活完全。如有可疑，应将可疑胚液进行重检，重检不合格者报废。

五、油乳剂灭活苗的制备

(1)油相制备　根据乳化苗量取适量 10 号白油，按 1%加入硬脂酸铝。加热至 125～130 ℃硬脂酸铝基本溶解时按 6%加入司本-80，继续进行搅拌至硬脂酸铝全部溶解。

(2)水相制备　取检验合格的灭活胚液，按 4%加入灭菌的吐温-80，边加边搅拌直到吐温-80

完全溶解为止。

(3)乳化　取2份油相放入胶体磨等乳化设备中，慢速搅拌，同时徐徐加入水相1份，加完后以10 000 r/min乳化3～5 min，在终止乳化前，加入1%硫柳汞溶液，使其最终浓度为0.01%。乳化后取3～5 mL以3 000 r/min离心15 min，若有分层现象，应重复乳化1次。

六、分装

将乳化好的疫苗定量分装、加盖密封、贴标进入待检库。

【考核测评】

考核要素/分值比例	考核内容/分值			
专业技能测评/60%	病毒液灭活/10分	水相制备/15分	油相制备/20分	乳化操作/15分
素质测评/30%	安全操作/8分	规范标准/8分	及时清场/7分	团队协作/7分
创新测评/10%	学生在完成项目任务的任何环节融入创新元素，即可得分，小组成员可根据参与度给予赋分			
考核建议：既可以过程考核，也可以随机抽考，视具体条件选择。 专业技能考核可以让学生在操作时录制视频上传，作为考核依据，也可以单独组织考核。 要求：本人出镜，完整操作。				

职业知识链接

一、病毒性组织疫苗生产工艺流程

病毒性组织疫苗生产工艺流程见图2-1。

1. 健康动物或敏感禽胚选择

禽胚质量对于病毒增殖和生物制品质量极为重要，必须进行精心选择。目前理想的禽胚是无特定病原体(SPF)鸡胚。据国家标准，SPF鸡胚不应含有鸡的特定的22种病原体，可适用于各种禽疫苗的生产。但由于SPF鸡饲养条件严格，价格昂贵，商品化种蛋供不应求，故常用非免疫鸡胚加以补充，这种蛋只用于灭活疫苗的生产，不能用于活疫苗生产。此外，不同病原对禽胚的适应性也不同，如狂犬病和减蛋综合征病毒在鸭胚中比鸡胚中更易增殖，鸡传染性喉气管炎病毒只能在鸡和火鸡胚内增殖，而不能在鸭胚和鸽胚内增殖等。因此，实际应用时应加以严格选择。目前在尚无SPF鸭胚的情况下，某些异源性疫苗生产时可选择无干扰抗体的健康鸭胚。从2008年1月1日起，农业农村部将对GMP疫苗生产企业菌(毒)种制备与鉴定、活疫苗生产以及疫苗检验要求全部使用SPF鸡胚。可根据培养的病毒种类选择制苗材料。

2. 生产毒种制备

生产毒种是由基础种子扩繁制备而成。通常将基础种子经适当稀释接种于动物或鸡胚

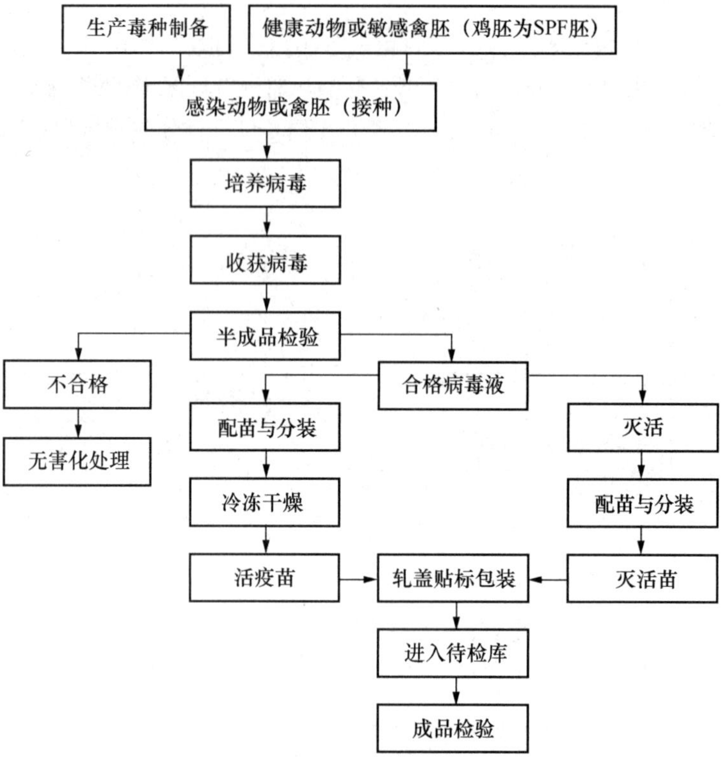

图 2-1 病毒性组织疫苗生产工艺流程

中，按规定时间和温度培养，收获含毒组织或病毒液。经毒种鉴定合格后，直接分装或加保护剂冻干，注明收获日期、代次，作为生产用毒种。置－15 ℃以下保存。毒种继代不超过 3～5 代。

3．接种、病毒培养与收获

将合格的生产用毒种经适当稀释接种于动物或鸡胚中，接种方法很多，可根据培养的病毒种类进行选择。接种后的动物或鸡胚，按各自规定的时间和温度进行培养，收获含毒组织或病毒液，即为半成品。

4．半成品检验

半成品检验包括无菌检验和病毒含量测定。如果制备灭活疫苗，经无菌检验和病毒含量测定合格后病毒液，还需用灭活剂进行灭活，灭活后需进行无菌检验。半成品必须无菌，才可以进行配苗。如不合格经无害化处理。

5．配苗与分装

将合格的半成品加入保护剂或佐剂，定量分装，制成活疫苗或灭活疫苗，轧盖、贴标、包装后入待检库。成品检验合格后，可以销售使用。

活疫苗通常加入 5%蔗糖牛奶保护剂，经冷冻真空干燥制成，低温冷冻保存。灭活疫苗常用油乳佐剂，按比例与灭活毒液混匀乳化后直接分装，低温保存。

二、动物增殖病毒技术

病毒的分离及培养是制备抗原、生产疫苗的前提。病毒是专性寄生物，自身无完整的酶系统，不能进行独立的物质代谢，必须在宿主细胞内才能存活、复制和增殖。因此，分离培养病毒的只能是活的动物、胚胎及活的组织细胞，即动物培养、禽胚培养和细胞培养。

有些病毒必须通过易感动物进行增殖。动物接种也是增殖病毒常采用的一种途径。

1. 动物的选择

动物的品质对所增殖病毒的生物学性状影响极大，从而直接或间接地干扰兽用生物制品的质量。因此选择动物的标准包括：对相应病毒有易感性高；健康，体重、年龄要基本一致，个体差别不宜过大；大动物应来源于非疫区，未接种过相应病毒疫苗的青壮年动物；家兔、小鼠、大鼠等应符合普通级或清洁级实验动物标准；鸡应属非免疫鸡或SPF级标准；犬和猫应品种明确，并符合普通级实验动物标准。

2. 接种方法

根据病毒性质和目的，可采取以下不同途径接种动物。

(1)脑内接种法　小鼠脑内接种用左手大拇指与食指固定鼠头，用碘酒消毒左侧眼与耳之间上部注射部位，然后与眼后角、耳前缘及颅前后中线所构成之位置中间进行注射。进针2～3 mm，注射量乳鼠为0.01～0.02 mL。豚鼠与家兔的脑内接种注射部位在颅前后中线旁约5 mm平行线与动物瞳孔横线交叉处。注射部位用酒精消毒，用手固定注射部位皮肤，用锥刺穿颅骨，拔锥时注意不移动皮肤孔，将针头沿穿孔注入，进针深度4～10 mm，注射量为0.10～0.25 mL。绵羊一般将羊头顶部事先剪毛，并经硫化钡脱毛后固定，碘酒消毒接种部位，在颅顶部中线左侧或右侧，用锥钻一小孔，将病毒液接种于脑内，注射剂量1 mL，接种孔立即用火棉胶封闭。

(2)皮内接种法　常用于较大动物，注射部位可选背部、颈部、腹部、耳及尾根部。剪毛消毒后，用手提起注射部位皮肤，针尖斜面向外，针头和皮肤面平行刺入皮肤2～3 mm，即可注入病毒液。注射量0.1～0.2 mL，注射部位隆起。需要注射较大量时，可分点注射。

(3)皮下接种法　注射部位选在皮肤松弛处，豚鼠及家兔可在腹部及大腿内侧，注射量为0.5～1.0 mL。小鼠可选在尾根部或背部，用左手拇指和食指捏住头部皮肤，翻转鼠体使腹部向上，将鼠尾和后脚夹于小指和无名指之间，碘酒消毒皮肤，将针头水平方向挑起皮肤，刺入1.5～2.0 cm，缓慢注入接种物0.2～0.5 mL。

(4)静脉注射法　小鼠由尾静脉注射，注射量0.1～1.0 mL。家兔由耳静脉注射，注射量1～2 mL。鸡由翅下肱静脉注射，注射量1～5 mL。马、牛由颈静脉注射病毒液规定的剂量。注射部位碘酒消毒。

(5)腹腔注射法　将被接种动物头向下，尾部向上倾斜45°角，腹部向上，针头平行刺入腿根处腹部皮下，然后向下斜行，通过腹部肌肉进入腹腔，注射病毒液。注射部位消毒。

3. 收获病毒

动物接种后应每天观察特征性变化，如体温曲线、特征性临床症状等。根据观察选出接种后出现符合所要求的反应症候的动物，按规定的时间，规定的方法剖杀，采取含毒组织或器官，各项检验合格后即可使用。

三、禽胚增殖病毒技术

鸡胚来源充足，操作简单，所以被广泛地用于病毒的分离、鉴定、抗原制备及疫苗生产等方面。除鸡胚外，鸭胚和鹅胚也可用于某些病毒的增殖。

1. 接种途径

通常应用的禽胚接种途径有 4 种，即绒毛尿囊膜接种法、尿囊腔接种法、卵黄囊接种法和羊膜腔接种法。有时可采用静脉接种法、胚体接种法或脑内接种法。根据病毒特性采用适宜的接种途径。

(1)绒毛尿囊膜接种法　多用于嗜皮肤性病毒的增殖，如痘病毒、疱疹病毒等。一种方法，选择 10～12 日龄鸡胚，划出气室，将卵气室向上直立，经消毒后于气室中央打孔，用细针头插入刺破壳膜，再退出于气室内接种 0.2 mL 病毒液，将病毒滴在气室的壳膜上，病毒即慢慢渗到气室下面的绒毛尿囊膜上，封口后将鸡胚直立培养。另一种方法，须做人工气室法，照检后划出气室和胚位，将卵横卧于蛋架上，胚胎位置向上，消毒后于气室部位和胚位的卵壳上分别钻一小孔，用吸耳球紧贴气室孔轻轻一吸，鸡胚面小孔处的绒毛尿囊膜下陷形成一个人工气室，天然气室消失。在人工气室处呈 30°角刺入针头，接种 0.1～0.2 mL 病毒液(图 2-2)，封孔，人工气室向上横卧培养。

(2)尿囊腔接种法　在生物制品中应用最广。通常选 9～11 日龄鸡胚，照检后划出气室边界，在气室边界上 2～3 mm 处避开血管做标记，用碘酒消毒后，在标记处打孔，接种病毒 0.1～0.2 mL，封口后孵育(图 2-3、彩图 7)。目前，国内有的企业在生产中已采用自动接种机接种(彩图 8)。

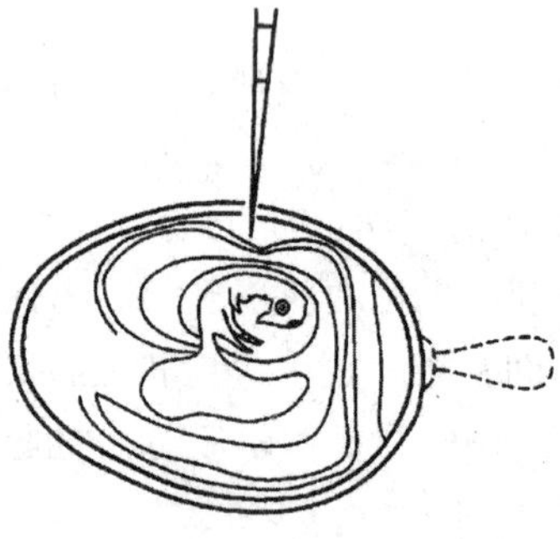

图 2-2　鸡胚绒毛尿囊膜接种法

(引自马兴树．禽传染病实验诊断技术，2006)

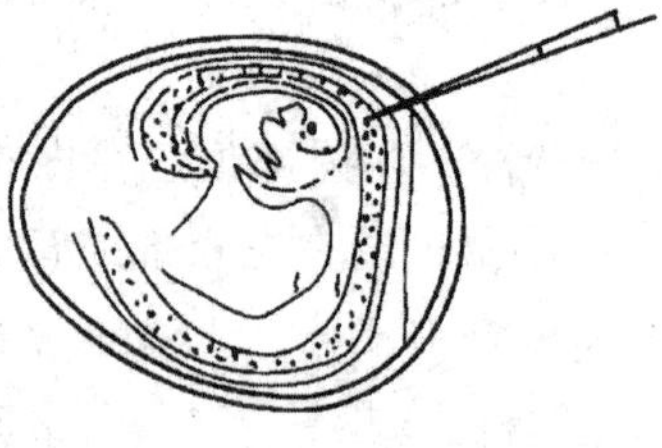

图 2-3　鸡胚尿囊腔接种法

(引自马兴树．禽传染病实验诊断技术，2006)

(3)卵黄囊接种法　通常用 5～8 日龄鸡胚，经照检后划出气室和胎位，在气室中心壳上钻一小孔，接种的针头沿胚的纵轴插入约 30 mm，注入 0.1～0.2 mL 接种物后封口孵化(图 2-4)。

(4)羊膜腔接种法　操作时须在照蛋灯下进行，成功率约 80%。先将 10～12 日龄鸡胚直立于蛋盘上，气室朝上使胚胎上浮，划出气室和胚胎位置，在气室端靠近胚胎侧的蛋壳上钻孔，在照蛋灯下将注射器针头轻轻刺向胚体，当稍感抵抗时即可注入病毒液 0.1～0.2 mL。也可将注射器针头刺向胚体后，以针头拨动胚体，如胚体随针头的拨动而动，则说明针头已进入羊膜腔，然后再注射病毒液，最后封口孵化(图 2-5)。本法可使病毒感染鸡胚全部组织，病毒且可通过胚体泄入尿囊腔。

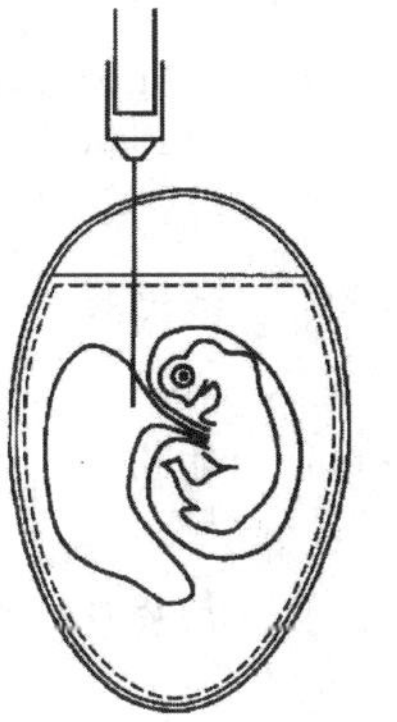

图 2-4　鸡胚卵黄囊接种法

(引自马兴树．禽传染病实验诊断技术，2006)

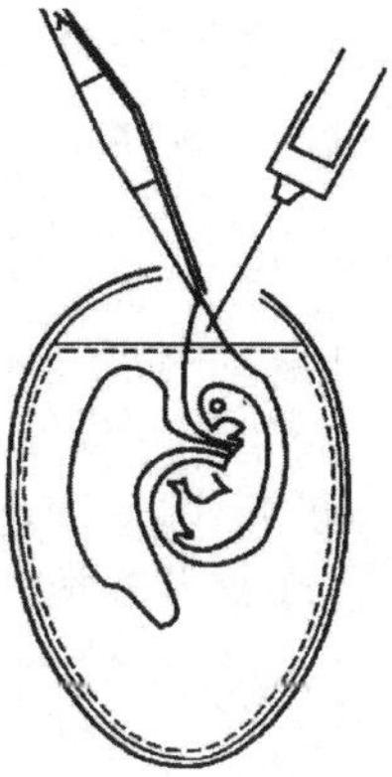

图 2-5　鸡胚羊膜腔接种法

(引自马兴树．禽传染病实验诊断技术，2006)

2．病毒培养与收获技术

接种后，一般在 37 ℃继续培养 2～7 d，不翻蛋。每日照蛋 2 次，24 h 内死胚弃去不用，24 h 后死胚和感染胚及时取出，气室向上于 4 ℃放置 4～24 h 或－20 ℃放置 0.5～1.0 h 后收获病毒。收获时将鸡胚直立于蛋盘上，碘酒消毒气室周围蛋壳，沿气室去除蛋壳和壳膜，无菌操作收获不同含毒组织。

(1)绒毛尿囊膜的收获　将整个蛋内容物倒掉，用灭菌镊子撕下整个绒毛尿囊膜，放灭菌容器中备用。经研磨制成病毒悬液。病毒在绒毛尿囊膜上可形成肉眼可见的痘斑。

(2)尿囊液的收获　用镊子压住胚体，用灭菌吸管插入尿囊腔，吸取尿囊液冷冻保存(图 2-6)。目前，部分企业已采用自动收获机收获鸡胚尿液(彩图 9、彩图 10)。

(3)羊水的收获　收获尿囊液后，用无菌镊子夹起羊膜，用灭菌吸管或注射器刺入羊膜腔，吸取羊水。

(4)卵黄囊的收获　将蛋内容物倒入平皿内，用镊子将卵黄囊及绒毛尿囊膜分开，用灭菌生理盐水冲去卵黄，取卵黄囊置灭菌瓶内低温保存备用。

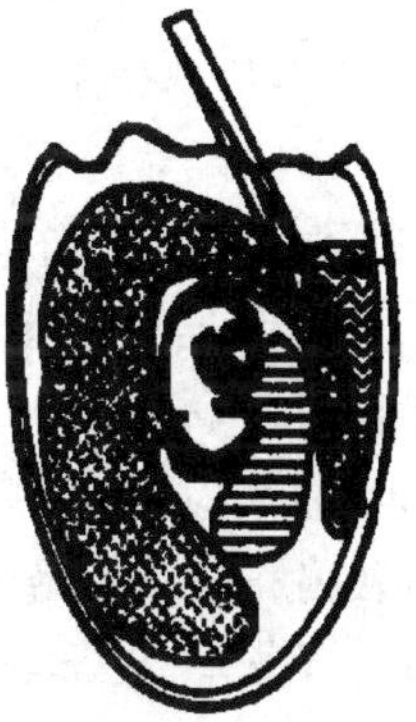

图 2-6　吸取尿囊液和羊水

(引自姜平．兽医生物制品学，2003)

(5)胚胎的收获　无菌操作撕破绒毛尿囊膜和羊膜，挑起鸡胚，置灭菌容器中。

表 2-1 列举了几种常见病毒在禽胚内的增殖变化。

3．病毒含量测定技术

增殖培养获得的病毒液其抗原性与病毒含量有平行关系，所以常用病毒含量来判定培养的病毒液是否合格，合格的病毒液方可用于配苗，不合格则无害化处理后废弃。

表 2-1 常见病毒在禽胚内的增殖变化

病毒	禽胚日龄/d	接种途径	培养温度/℃	培养时间/h	特性	收获物
禽流感病毒	9～12	尿囊腔、绒毛尿囊膜	35～37	36～72	凝集红细胞	尿囊液、羊水绒囊尿囊膜
新城疫病毒	9～11	尿囊腔、羊膜腔、卵黄囊	37	96～120	胎儿出血、凝集红细胞	尿囊液、羊水、绒毛尿囊膜
传染性支气管炎病毒	9～12	尿囊腔	37	30～36	萎缩胚	尿囊液、羊水
传染性法氏囊炎病毒	9～11	绒毛尿囊膜、尿囊腔	37	72～144	胎儿出血、水肿	绒毛尿囊膜、胚体
鸡痘病毒	11～12	绒毛尿囊膜、尿囊腔	37	96～120	尿囊膜痘斑	绒毛尿囊膜
传染性喉气管炎病毒	11～12	绒毛尿囊膜、尿囊腔	37	120	膜痘斑、包涵体	绒毛尿囊膜
鸭瘟病毒	9～12	绒毛尿囊膜	37	72～168	胎儿出血、水肿	尿囊膜、胚体
鸭病毒肝炎病毒	10～14	鸭胚尿囊腔	37	24～72	胎儿出血、水肿	尿囊液、胚体
鸡减蛋综合征病毒	8～10	鸭胚尿囊腔	37	72～120	凝集红细胞	尿囊液、羊水
小鹅瘟病毒	8	鸭胚尿囊腔	37	96～216	致死鸭胚	尿囊液、羊水

毒力或毒价单位基本上采用半数致死量(LD_{50})表示，而且 LD_{50} 的计算应用了统计学方法，减少了个体差异的影响，因此结果比较正确。以感染发病作为指标的，可用半数感染量(ID_{50})；以体温反应作指标者，可用半数反应量(RD_{50})。用鸡胚测定时，可用鸡胚半数致死量(ELD_{50})或鸡胚半数感染量(EID_{50})；在细胞培养上测定时，则用细胞培半数感染量($TCID_{50}$)。LD_{50}、ID_{5}、ELD_{50}、EID_{50} 和 $TCID_{50}$ 测定方法相似。通常将病毒原液 10 倍系列稀释，选择 4～6 个稀释度接种动物（鸡胚或细胞培养物），每个稀释度接种 4～6 只（管、瓶、孔），接种后观察记录动物（鸡胚或细胞培养物）死亡数或病变情况，计算各稀释度死亡或病变动物（鸡胚或细胞培养物）的百分率。按 Reed 和 Muench 法计算病毒半数致死（感染）量。以表 2-2 为例介绍。

表 2-2 病毒毒价滴定举例（接种剂量为 0.1 mL）

病毒稀释度	观察结果		累计结果			
	感染数	非感染数	感染数	非感染数	比例	感染率/%
10^{-4}	5	0	15	0↓	15/15	100
10^{-5}	5	0	10	0	10/10	100
10^{-6}	3	2	5	2	5/7	71.4
10^{-7}	2	3	↑2	5	2/7	28.6

表 2-2 中 10^{-6} 稀释度组病毒的累计感染率为 71.4%，而 10^{-7} 组为 28.6%，因此半数感染量在 10^{-6}～10^{-7}，可按下列公式计算：

log EID_{50}＝高于 50%死亡的稀释倍数的对数＋稀释系数的对数×距离比

距离比＝(高于 50%的死亡率－50%)/(高于 50%的死亡率－低于 50%的死亡率)

＝(71.4%－50%)/(71.4%－28.6%)＝0.5

所以

$$\log EID_{50} = -6 + (-1) \times 0.5 = -6.5$$

则

$$EID_{50} = 10^{-6.5}/0.1\ \text{mL}$$

即上述病毒的毒价为 $10^{-6.5}$ EID_{50}/0.1 mL。将病毒液做 $10^{6.5}$ 稀释后，给鸡胚接种 0.1 mL，可使 50%的鸡胚感染。

4. 影响禽胚增殖病毒的因素

(1)种蛋质量　种蛋质量直接与增殖病毒的质和量相关。最理想的禽胚是 SPF 种蛋，其次是非免疫种蛋，而普通种蛋则不适合用于兽用生物制品制造。

①病原微生物。家禽有很多疫病及病原可垂直传递于鸡胚，如白血病、脑脊髓炎、腺病毒、支原体及传染性贫血因子等。这些病原体既可污染制品本身，又可影响病毒在鸡胚内的增殖，如新城疫病毒接种 SPF 鸡胚和非免疫鸡胚，在相同条件下增殖培养，前者鸡胚液毒价比后者至少高几个滴度。

②母源抗体。鸡感染病原或使用抗原后会使其种蛋带有母源抗体，从而影响病毒在鸡胚内的增殖，如鸡传染性法氏囊病病毒强毒株接种 SPF 鸡胚，鸡胚死亡率达 100%，但接种免疫鸡胚，死亡率仅约 30%。

③禽胚污染。禽胚污染是危害病毒增殖最严重的因素之一，应严格防止。定期清扫消毒孵化室，保持室内空气新鲜，无尘土飞扬。种蛋入孵前先用温水清洗，再用 0.1%来苏尔或新洁尔灭消毒，晾干。

(2)孵化技术　为获得高滴度病毒，需有适宜的孵化条件，并加以控制，这样才会使鸡胚发育良好，有利于病毒增殖。

①温度。通常禽胚发育的适宜温度为 37.0～39.5 ℃，其适宜温度应控制在 37.8～38.0 ℃。鸭、鹅蛋大且壳厚，蛋内脂肪含量较高，故所用孵化温度比鸡蛋略高。此外，鸡胚较能忍受低温，短期降温对鸡胚发育还有促进作用，故禽胚孵化温度应严格控制，宁低勿高。有些病毒对温度比较敏感，如鸡胚接种传染性支气管炎病毒后，应严格控制孵化温度，不应超过 37 ℃。

②湿度。湿度可控制孵化过程中蛋内水分的蒸发。鸡胚孵化湿度标准为 55%～65%，水禽胚孵化湿度比鸡胚高 5%～10%。

③通风。禽胚在发育过程中吸入氧气，排出二氧化碳。因此需更换孵化机内空气。目前使用的孵化机，通常采用机械通风法吸入新鲜空气排出部分污浊气体。

④翻蛋。在孵化过程中定期翻蛋，既可使胚胎受热均匀，有利于发育；又可防止胚胎与蛋

壳粘连。翻蛋在鸡胚孵化至第4～7天尤为重要。翻蛋还可改变蛋内部压力，强制胚胎定期活动，促进胚胎发育。

(3)接种技术　不同病毒的增殖有不同的接种途径，同一种病毒接种不同日龄禽胚获得的病毒量也不同。如通常鸡胚发育至13～15日龄，鸭胚发育至15～16日龄，尿囊液含量最高，平均6～8 mL，羊水1～2 mL。因此，由尿囊腔接种病毒时，应根据不同病毒培养所需要的时间选择最恰当的接种胚龄，以获得最高量病毒液。同时，鸡胚接种时严格无菌操作，接种操作应严格按照规定，不应伤及胚体和血管，以免鸡胚早期死亡，使病毒增殖停止。

四、常用组织疫苗制备要点

(一)鸡新城疫疫苗

1. 疫苗简介

(1)活疫苗　鸡新城疫活苗所采用的毒株很多，包括弱毒力疫苗株和中等弱毒力疫苗株。弱毒力疫苗株有B1株、F株、Lasota株、V4株；中等弱毒力疫苗株有H株、Mukteswar株(Ⅰ系)、Roakin株、Komarov株等。欧盟及美国等已禁止使用中等毒力疫苗株，我国也不提倡使用。

鸡新城疫病毒株一般说来都由异质群体构成。为了提高疫苗质量，许多人利用克隆化方法选取比原始株免疫原性良好或免疫反应较小的克隆株，如荷兰英特威公司的克隆30(Clone30)，美国的N-79株都是Lasota的克隆株。我国从Ⅰ系选出的克隆83株，比原毒株的毒性大为降低，仍具有良好的免疫原性。

①B1株。1948年获得的一天然弱毒株，称为Hitchner B1株，简称HB1株或B1株。几乎无致病性，不能完全致死鸡胚，是毒力最弱的一种。主要用于雏鸡免疫，对1日龄雏鸡一般无临床反应，其免疫途径为可经点眼、滴鼻、饮水、气雾等多种途径接种免疫。我国称为Ⅱ系。

②F株。是英国学者1952年从鸡体分离的一株天然弱毒株，同B1株毒力相似，也不能完全致死鸡胚。可用于雏鸡免疫，其免疫途径与B1株苗相同。我国称为Ⅲ系。

③Lasota株。也是天然弱毒株，比B1株毒力稍强，免疫原性好，抗体效价高，可适用于各种年龄鸡只的免疫。雏鸡可用于点眼、滴鼻或饮水免疫，气雾免疫常引起呼吸道反应，尤其是感染支原体的鸡群。多用于B1株后的二次免疫。我国称为Ⅳ系。

④Uisterzc株。是从外表健康鸡的消化道分离出来的。毒力很弱，不能全部致死10日龄鸡胚。对雏鸡无致病性，但免疫原性较弱，经眼、鼻途径免疫效果较好，饮水免疫较差。

⑤V4株。是在澳大利亚从外表健康鸡的消化道分离出来的。毒力很弱。

有人用V4株和B1株及Lasota株免疫易感鸡进行比较试验。当点眼或气雾免疫时，V4株的免疫原性显著低于B1株和Lasota株；当饮水免疫时，在2次试验中有一次比B1株好。还测定了母源抗体对3种疫苗免疫原性的影响，认为Lasota受母源抗体的影响最小，V4株受母源抗体的影响最大。多数试验表明，Lasota株和F株的免疫原性比B1株好，B1株比Uisterzc株和V4株好。在致病性方面，免疫原性较好者，致病性也较强。

⑥H株。1940年用Hert's33强毒株通过鸡胚传代获得的弱毒株，对8周龄鸡一般无不良反应，对产卵鸡引起一次性产卵下降，对饲养管理较差的鸡群常引起轻瘫或瘫痪，甚至个别

死亡。免疫后 15 d 内，可从粪便分离出病毒。免疫途径为注射，用于二次免疫。

⑦Mukteswar 株。1946 年用强毒株通过鸡胚传代获得，主要用于 8 周龄以上鸡的加强免疫，是中发型弱毒株中毒力最强者。

⑧Roakin 株。1949 年从 ND 分离物中筛选出来的自然弱毒株，对 4 周龄以上鸡可用翅膜刺种或肌内注射免疫，有时有 10％以下的麻痹或死亡。

⑨Komarov 株。是 1946 年用强毒株通过雏鸭脑内传代育成，比 Mukteswar 株毒力弱，常用加强免疫，对 4 周龄以上鸡滴鼻免疫 100％保护。

中发型毒株疫苗具有较强的免疫原性，免疫期较长，一般在接种后 24～48 h 即可抵抗强毒攻击，很适于在疫区使用。

(2)灭活疫苗　自发现新城疫不久，就有人从事灭能苗的研究。目前，研制成功油佐剂苗效果很好。我国用 Lasota 株制备抗原，以甲醛做灭活剂，利用司本-80 乳化白油为佐剂可以制出效力良好的鸡新城疫油乳剂灭活苗，效力达到国际上要求的灭活苗标准。

2. 疫苗制备

我国批准生产的鸡新城疫疫苗有：鸡新城疫Ⅰ系、Ⅱ系弱毒苗、鸡新城疫 F 系弱毒疫苗、新城疫 Lasota 弱毒疫苗。

(1)鸡新城疫Ⅰ系疫苗　鸡新城疫Ⅰ系是我国的编号，原称 Mukteswar 株，简称 M 系。早于 1945 年从印度引进国内，故有人常把Ⅰ系称之印度系。毒种为 Mukteswar 株。将生产毒种 100 倍稀释，取 0.1 mL 接种在 9～11 日龄 SPF 鸡胚尿囊内，37 ℃孵化，收获 24～48 h 死亡的鸡胚胚液，每 0.1 mL 病毒含量应≥$10^{-6.5}$ ELD_{50}。合格的病毒液加 5％蔗糖脱脂乳做保护剂，同时加入适宜抗生素，充分混合后，定量分装，加塞、冻干、封口、贴标、入待检库。

(2)鸡新城疫低毒力活疫苗　系用新城疫低毒力弱毒株接种 SPF 鸡胚，收获感染胚液经冷冻干燥制成。详见项目二的任务一。

(3)鸡新城疫灭活疫苗　毒种为鸡新城疫病毒弱毒 Lasota 株。病毒液制备与鸡新城疫低毒力活疫苗相同。将合格的病毒液加入甲醛溶液使最终浓度为 0.1％，37 ℃灭活 16 h。灭活后取样，接种 10 日龄鸡胚 6 个，每胚 0.2 mL，观察 5 d，鸡胚非特异死亡不应超过 1 个，对所有胚液分别测定血凝效价，应均不出现血凝。将灭活的病毒液配成水相，与油相 1∶2 比例乳化，并加入硫柳汞溶液，使其最终浓度为 0.01％。乳化后取 3～5 mL 以 3 000 r/min 离心 15 min，若有分层现象，应重复乳化 1 次。

(二)鸡传染性支气管炎疫苗

1. 疫苗简介

(1)活疫苗　目前国内外多用鸡胚化弱毒疫苗。用于制备弱毒疫苗的毒株包括 M41 株、荷兰株、Connecticat 株、Arkansas 株、Florida 株和 JMK 株、D274 株、D1466 株及 B、C 亚株等。在美国 M41 株、荷兰株及 Connecticat 株已被广泛应用，荷兰用荷兰株、D274 株和 D1466 株，澳大利亚用 B 和 C 亚株，我国采用 H120 和 H52 株。由于传染性支气管炎病毒具有不同的血清型，各型毒株间的交互免疫效果差，因此常根据本地流行情况，选用单价苗、双价苗和多价苗。

(2)灭活疫苗　美国 1983 年灭活苗已投入商业生产。日本用鸡胚或鸡肾细胞培养物制成灭活佐剂疫苗。德国则用 H52 株制备灭活疫苗。我国用 H52 株、强毒株 F 及肾型毒株进行了灭活苗的研究。此外，我国还研制了 ND-IB 二联灭活苗、ND-EDS-IB 三联油乳剂灭活苗、ND-EDS-IB-IBD 四联油乳剂灭活苗等，实践证明，在养鸡生产中应用这些联苗，效果良好。

2. 疫苗制备

(1)鸡传染性支气管炎弱毒疫苗(H120 株和 H52 株)　毒种为 H120、H52 弱毒株。将生产毒种用生理盐水做 10^{-2}～10^{-1} 稀释，尿囊腔内接种 10～11 日龄 SPF 鸡胚，每胚 0.1 mL。置 36～37 ℃继续孵育，收集 30～36 h 活胚，取鸡胚液。鸡胚液应无菌生长，病毒含量应≥$10^{6.5}$ EID_{50}/0.1 mL，HA 应为阴性。按比例加入稳定剂，同时加适量抗生素，充分搅拌均匀后，分装冻干。

(2)鸡传染性支气管炎灭活疫苗　毒种为 H120、H52 弱毒株、强毒 F 株、M41 株及肾型毒株等。种毒经尿囊腔接种 10～11 日龄易感鸡胚，36～48 h 后收获尿囊液，加甲醛灭活，加吐温-80 为水相，以白油、司本-80、硬脂酸铝配成油相，乳化制成油包水型灭活苗。

(3)鸡新城疫、鸡传染性支气管二联活疫苗　本品用鸡新城疫病毒株(B1 株或 Lasota、Clone30 株、Ⅰ系)鸡传染性支气管炎病毒弱毒株(H120 或 H52、H94)，以不同稀释度的病毒等量混合，接种于同一 SPF 鸡胚，收获感染胚液，经检验合格后，用于配苗。每羽份病毒含量：鸡新城疫低毒力株应≥10^{6} EID_{50}；Ⅰ系≥10^{5} ELD_{50}；鸡传染性支气管炎应≥$10^{3.5}$ EID_{50}。

(三)鸡传染性法氏囊病疫苗

1. 疫苗简介

法氏囊是禽类的免疫器官，法氏囊损伤无疑会影响机体的免疫机能。预防传染性法氏囊病的发生主要依靠主动免疫，即接种各类疫苗。

(1)活疫苗

①单价弱毒疫苗。目前，在各国市场上销售的弱毒疫苗有 20 多种，根据毒力为 3 种类型。即高毒型，如初代次的 2512 株、MS 株、J-1 株、BV 株等；中毒型，如 Cu-1M、BJ836、Lukert、B2、B87、LKT、S706 等毒株；温和或低毒型，如 D78、PBG98、LZD228、K 株、IZ 株等。高毒力株对法氏囊的损伤严重，并有免疫干扰，目前各国已不再使用；中等毒力株可克服高水平的母源抗体；低毒力株对无母源抗体或母源抗体低的雏鸡有效。美国和日本曾分别对 13 种和 8 种疫苗进行测定，找出了免疫原性好而对法氏囊不造成严重损伤，又不产生免疫抑制的制苗种毒，其中 2512IEP、2512HEP、LKT、Cu-1M 等毒株制造的疫苗对法氏囊的反应轻微，且免疫原性好。试验中也发现 PBG98、PV、IZ 等经点眼接种不能保护，PBG98 经气雾免疫也不能保护。1985 年我国引进的 Cu-1M 鸡胚法氏囊病疫苗毒株，经在 CEF 细胞上培育成为 IBDBJ836 株，研制成中等毒力的 IBD 细胞毒活疫苗，此疫苗免疫原性好，不产生免疫抑制，工艺简单，成本低和使用安全，对有母源抗体的雏鸡于 2 周龄接种，无母源抗体的雏鸡于 4～7 日龄接种，添加 0.2%脱脂乳做饮水免疫，可获得更好的免疫效果。1990 年从广东地区分离获得 CN903 和 CS904 株，经鸡胚连续代致弱，对雏鸡安全性及免疫保护力均良好。

通过细胞培养将变异株 E 致弱，给雏鸡接种安全，能刺激鸡产生抵抗变异毒株和Ⅰ型 IBDV 野毒攻击。将变异株 E 制成克隆化活疫苗，该苗对预防亚临床型 IBD 比用标准Ⅰ型疫苗更为有效。用变异株 BK912 适应鸡胚成纤维细胞制备成变异株冻干疫苗，能抵抗美国标准

IBD 变异株强毒 1084A 囊毒的攻击，保护率为 100%，安全有效，对法氏囊无损伤。

②多价弱毒疫苗。美国 Select 公司选择几株免疫原性较好的 IBD 疫苗株研制成功 IBD 广谱疫苗 SVS510，该苗对 7 日龄雏鸡安全，能克服母源抗体的干扰，对 IBDV Ⅰ型野毒及变异毒株具有较好的免疫保护作用。1992 年，我国工作者用美国 IBD 血清Ⅰ型商品弱毒疫苗 BURSA-Vac，Vniras-BD 及中国广东亚型弱毒疫苗 CN903 和 CS904 混合组成的弱毒疫苗，免疫 12～24 日龄雏鸡，7 d 后产生 90%～100%的保护作用，安全性较好。1994 年将血清Ⅰ型中等毒力 BJ836 型及Ⅰ型亚型 BK912 株适应 CEF 制成二价冻干活疫苗，具有良好的免疫原性。1994 年有人将 IBDV HBD 毒种和 HD78 毒株适应 CEF，制成双价弱毒细胞苗，对强毒攻击的临床保护率为 100%，病理保护率为 90%。

③联合疫苗。1982 年美国首先研制成功 IBD-ND 二联灭活疫苗，随后开始了联苗的研究，如 IBD-IB-ND 和 IBD-ND-EDS 三联灭活疫苗，IBD-IB-ND-EDS 四联灭活疫苗，以及将 MDV、NDV、IBV 与 IBDV 组成的三联或四联活疫苗，灭活联苗多在 18～20 周龄给种母鸡免疫，子代雏鸡在 2 周内可有母源抗体。

(2)灭活疫苗　灭活疫苗主要有细胞毒、鸡胚毒佐剂灭活疫苗等。

细胞毒疫苗由日本于 1982 年研制成功，将Ⅰ·Q 株种毒接种于 CEF 细胞进行增殖培养，经甲醛灭活后，加氢氧化铝胶制成疫苗。我国于 1985 年将培育的 CJ801 株 BKF 细胞毒接种 CEF 细胞培养，加入油乳佐剂制成油乳剂灭活疫苗。鸡胚毒佐剂疫苗是将鸡胚适应毒接种鸡胚，收获死胚胚体和绒毛膜匀浆后，经甲醛灭活制成油乳剂苗。临床发病鸡囊组织可用于制备灭活苗。

2. 疫苗制备

鸡传染性法氏囊病中等毒力活疫苗系用鸡传染性法氏囊病中等毒力 B87 株、BJ836 株、K85 株、J87 株接种 SPF 鸡胚或 CEF 细胞，收获感染鸡胚组织或细胞培养液，加适宜稳定剂，经冻干制成。详见项目二的任务二。

(四)禽流感疫苗

1. 疫苗简介

目前，正式获准生产的家禽流感疫苗有全病毒抗原禽流感灭活疫苗、基因工程禽流感灭活疫苗及禽流感禽痘基因重组活疫苗，包含的血清型为 H9 亚型和 H5 亚型。

用以制造全病毒抗原禽流感灭活疫苗的病毒株通常为具有相同 H 抗原的低致病性或无致病性毒株，如 H5 亚型疫苗。用高致病性禽流感病毒株制造灭活疫苗时对生产设施的生物安全要求极高，因而并不常见。用低致病性或无致病性禽流感病毒株制备灭活疫苗时对生产设施的生物安全要求较低，如我国批准生产的 H5N2 亚型全病毒抗原禽流感灭活疫苗属于此种疫苗。基因工程禽流感灭活疫苗是先将流行于某一地区的高致病性禽流感病毒株的基因中决定禽流感高致病性的相关核酸序列人工缺失，再与其他流感病毒株进行反向基因操作，使新的流感病毒株在保持与流行地区高致病性禽流感病毒具有相同保护性抗原的同时，毒力大大降低用来制备灭活疫苗。如中国农业科学院哈尔滨兽医研究所 H5N1 型基因重组禽流感灭活疫苗属于此种疫苗。禽流感禽痘基因重组活疫苗则是采用高度安全的鸡痘病毒作为载体研制的基因重组活疫苗。如国外使用的将分离自火鸡的 H5N8 毒株中与 H5 抗原相关的基因序列重组入鸡痘病毒载体中所制备的活毒疫苗及我国哈尔滨兽医研究所研制的禽流感鸡痘载体冻干苗即属此种，也是禽流感与鸡痘二联活疫苗。

在联苗方面，我国已批准注册了新城疫-禽流感（H9 亚型）二联灭活疫苗和新城疫-禽流感（H9 亚型）-传染性支气管炎三联灭活疫苗。

2. 疫苗制备

禽流感油乳剂灭活疫苗的种毒为具有良好免疫原性的 H9 亚型禽流感病毒株或 H5 亚型重组病毒株。合格的生产种毒用 pH 7.2 磷酸盐缓冲溶液将毒种稀释至 10^3～10^4 EID_{50}/0.1 mL，经尿囊腔接种 9～10 日龄的 SPF 鸡胚或非免疫鸡胚，每胚 0.1 mL，37 ℃孵育。弃去 24 h 内死亡的胚，感染胚置 4 ℃。收获时，无菌吸取尿囊液，经无菌检验合格的病毒液用甲醛溶液灭活，灭活检验合格后加矿物油佐剂混合乳化制成。

（五）鸡减蛋综合征疫苗

1. 疫苗简介

目前，对鸡减蛋综合征（EDS-76）进行预防全部采用灭活疫苗。应用较多的是 BC14 株甲醛灭活油乳佐剂苗，接种 18 周龄左右的母鸡，肌肉或皮下接种 0.5 mL，15 d 产生免疫力，可持续到 12～16 周。近年来 EDS-76 和新城疫灭活二联苗、新城疫、传染性支气管炎和 EDS-76 三联灭活苗、新城疫、传染性支气管炎、传染性法氏囊病和 EDS-76 四联灭活苗的研究较多，效果比较满意。

2. 疫苗制备

（1）鸡减蛋综合征灭活疫苗　系用禽凝血性腺病毒接种易感鸭胚培养，收获感染胚液，灭活后制备的油乳剂疫苗。详见项目二的任务三。

（2）鸡新城疫、鸡减蛋综合征二联灭活疫苗　系采用鸡新城疫病毒接种易感鸡胚，收获感染胚液；鸡减蛋综合征病毒株接种易感鸭胚，收获感染胚液。经灭活处理并按一定比例混合加油佐剂乳化制备而成。用于预防鸡新城疫、鸡减蛋综合征。

（六）鸡传染性喉气管炎疫苗

1. 疫苗简介

鸡传染性喉气管炎（ILT）弱毒苗可以提供良好的免疫，但接种疫苗可导致鸡只带毒，故建议仅在该病流行的地区应用。目前，通过细胞传代、鸡的毛囊传代来致弱喉气管炎毒株，或选择轻型地方性流行毒株制造疫苗。

日本已商业性生产鸡传染性喉气管炎弱毒疫苗，是用细胞培养或鸡胚培养制备的冻干苗。使用弱毒苗时，绝对不能用气雾免疫的方法。我国研制的鸡传染性喉气管炎鸡胚化弱毒疫苗对 30 日龄以上鸡有良好的免疫效果。滴鼻或点眼免疫有同样的免疫效果，但点眼法更安全。此外，河南省农业科学院曾报道鸡传染性喉气管炎和鸡痘细胞弱毒二联苗的研究，将这 2 种病毒在鸡胚皮肤细胞上同时增殖，待 75％以上细胞出现病变时收获、冻融，加双抗及防腐剂配制成苗。对鸡传染性喉气管炎的保护率为 83.0％，对鸡痘为 82.8％，免疫期均为 6 个月以上，疫苗安全可靠。弱毒疫苗具有免疫期长、免疫效果好、使用方便等优点，但弱毒疫苗存在散毒的危险。因此，目前国外许多国家已开始限制性地应用弱毒疫苗。

2. 疫苗制备

鸡传染性喉气管炎活疫苗使用的毒种为 K317 株，暂由广东省生物药厂鉴定、保管和供应。将冻干毒种稀释 50～100 倍，接种于 11 日龄 SPF 鸡胚绒毛尿囊膜上，制备生产用毒种。生产毒种病毒含量应≥10^5 EID_{50}/0.2 mL。将合格的生产毒种以 30～100 倍进行稀释，接种于 10～12 日龄 SPF 鸡胚绒毛尿囊膜或尿囊腔中，每胚 0.2 mL。接种后，置 36.5～37.0 ℃孵育，不必翻蛋。每 24 h 照蛋一次，剔除 96～120 h 前死胚，将活胚置 2～8 ℃冷却致死，无菌收获有病斑的绒毛尿囊膜。将合格的绒毛尿囊膜称重后磨碎，滤过，以每克组织含 1 000 羽份计算。滤过的病毒液加入适量 5%脱脂牛奶和抗生素混匀，分装，冻干。

（七）小鹅瘟疫苗

1. 疫苗简介

（1）小鹅瘟鹅胚全毒疫苗　1961 年方定一等将扬州系小鹅瘟强毒接种 12～14 日龄非免疫鹅胚的尿囊腔继续孵育，收获在 48～120 h 死亡鹅胚的尿囊液，制成小鹅瘟鹅胚全毒疫苗。用于免疫成年鹅，免疫鹅产卵孵出的雏鹅 95%以上可获得免疫。

（2）小鹅瘟鸭胚化 GD 弱毒疫苗　是目前应用的弱毒苗。陈伯伦等 1985 年用小鹅瘟 GB（广东白沙）强毒株适应于鸭胚育成的一种毒力弱而稳定的减毒苗。此苗安全，用 1 000 个免疫量免疫母鹅无不良反应。毒种连续通过雏鹅 5 代不返强。疫苗 10^{-2} 稀释，每只母鹅肌内注射 1 mL，在以后 270 d 所产蛋孵出小鹅可得到 100%保护，270～312 d 内者可达 81.8%～88.8%保护。不能用于雏鹅。

（3）小鹅瘟鸭胚化弱毒疫苗　1992 年彭万强等用自行分离的广东石楼强毒株，经鸭胚育成的一株对雏鹅无致病性、毒力稳定、免疫原性良好的小鹅瘟鸭胚化弱毒株。毒种接种 8 日龄鸭胚尿囊腔，37 ℃孵育，收获 96～216 h 死亡的胚液制苗。皮下注射或饮水免疫雏鹅时，接种后 7 d 获得 100%保护。该疫苗用于雏鹅，也可用于成鹅免疫。

弱毒疫苗采用非免疫鸭胚生产。因此，潜在支原体和外源病毒污染的可能性。

2. 疫苗制备

小鹅瘟活疫苗：制苗用种毒为小鹅瘟鸭胚化弱毒 GD 株。将冻干毒种稀释 10 倍，尿囊腔内接种 8 日龄健康鸭胚，制备生产用毒种。生产毒种病毒含量应≥$10^{4.5}$ EID_{50}/0.3 mL。病毒含量测定方法：用灭菌生理盐水做 10 倍系列稀释，取 10^{-4}、10^{-5}、10^{-6} 3 个稀释度，各尿囊腔接种 8～10 日龄鸭胚 5 个，每胚 0.3 mL，置 37 ℃，观察 72～124 h，记录死亡情况，死胚全身充血，翅尖、趾、胸部毛孔、颈、喙旁、背部、后脑有明显出血，头部皮肤和下颌水肿，计算 EID_{50}。生产疫苗时选择 8 日龄易感鸭胚，将合格的生产种毒用灭菌生理盐水稀释 10 倍，每胚尿囊腔接种 0.2 mL，置 37 ℃孵育，收获 96～216 h 死亡的胚液，经无菌检验应无菌，每 0.3 mL 病毒含量≥$10^{4.5}$ EID_{50}，加 5%蔗糖牛奶保护剂和抗生素，定量分装，迅速冻干。该疫苗雏鹅禁用。

（八）猪瘟组织疫苗

1. 疫苗简介

自 1946 年以来，许多国家进行了猪瘟弱毒疫苗的研究，多数采取将自然强毒株通过动物或细胞培养传代途径以减弱其毒力和致病力，并保有良好的免疫原性，从而培育成对猪无毒或弱毒的疫苗毒株，至今已获得了巨大的成功。

猪瘟结晶紫疫苗，首先由 Cole(1948)创造使用，系一种组织灭活疫苗。我国于 1950 年对生产工艺作了改进，皮下注射 1 mL 可获得 80%以上的保护率，免疫产生期为 10～14 d，免疫期 3 个月以上，在 20 世纪 50 年代广泛用于猪瘟防疫，曾起到了控制流行的目的。然而，由于该疫苗免疫产生期长、抗体产生慢、免疫期短、成本高和存在散毒危险等原因，大量生产受到限制。

我国自 1950 年开始猪瘟兔化弱株的培育工作，主要研究路径是先筛选出对兔适应性强、免疫原性优良的毒株，继而进行大剂量感染、交替传代适应或采取免疫抑制诱导方法适应，最后育成了中国兔化弱毒株，即 C 株，又称 K 株。于 1956 年开始用于制造弱毒疫苗在全国推广应用。在世界多数国家使用也证明毒株毒力稳定、安全和免疫效果良好。

1964 年研制成功乳兔组织疫苗，通常 1 只乳兔可生产 1 500 头份疫苗，大大提高了产量，降低了成本，在全国推广。南方则用猪瘟兔化弱毒牛体反应疫苗，将 C 株毒接种健康牛，于接种后第 5～6 天剖杀采取脾脏和全身淋巴结，加入适量保护剂制成冻干疫苗。牛体反应苗在缺乏家兔的牧区生产使用。

猪瘟兔化弱毒细胞培养疫苗系猪瘟兔化弱 C 株毒种通过敏感细胞增殖培养制成的一类冻干疫苗。仔猪肾细胞培养苗系同源细胞苗，在 20 世纪 70 年代曾生产使用过，由于仔猪携带猪瘟病毒的可能性极大，对疫苗的安全性存在一定的潜在危险，加上 SPF 猪来源尚未获得解决，所以在 80 年代已停止生产使用。1980 年和 1982 年我国先后研制了绵羊肾细胞培养苗和奶山羊肾细胞苗，C 株毒在羊肾细胞可增殖，细胞培养毒液对兔的毒价一般可达到 5 万倍，但并不十分稳定，未能获得进一步的推广。

相关链接

疫苗致家兔热型反应

①定型热反应(++)：潜伏期 24～48 h，体温上升呈明显曲线，超过常温 1 ℃以上，至少有 3 个温次，并稽留 18～36 h。

②轻热反应(+)：潜伏期 24～72 h，体温上升有一定曲线，超过常温 0.5 ℃以上，至少有 2 个温次，并稽留 12～36 h。

③可疑反应(±)：潜伏期不到 24 h，或超过 72 h，体温曲线起伏不定，或稽留不到 12 h，或稽留超过 36 h 而不下降。

④无反应(－)：体温正常者。

犊牛睾丸细胞培养苗自 1985 年研制成功以来，已在全国普遍推广使用，成为当今猪瘟兔化弱毒细胞培养疫苗的主要苗型，这种异源细胞苗不仅可提高疫苗产量，而且在疫苗质量上也提高了一步。疫苗接种猪后 5 d 可产生坚强免疫力，免疫期为 1 年。

2. 疫苗制备

(1)猪瘟乳兔组织疫苗　毒种为我国育成的猪瘟兔化弱毒 C 株。选用营养良好体重 1.5～3.0 kg 家兔，将冻干毒种用灭菌生理盐水制成 50 倍稀释的乳剂，每兔耳静脉注射 1 mL，观察起温情况，每 6 h 测温 1 次，选择定型热反应兔。以无菌操作采取脾脏冷冻保存，作为生产用毒种。将合格的生产种子用灭菌生理盐水进行适当稀释，肌内接种 3～5 日龄乳兔，经 36～40 h 后冷冻处死，剖杀无菌采取心、肝、脾、淋巴、肾和肌肉等组织，加入适量蔗糖脱脂乳保护剂研磨、滤过，然后按含毒组织量补加保护剂，定量分装、冻干制成。通常 1 只乳兔可生产 1 500 头份疫苗。

(2)猪瘟脾淋组织疫苗　毒种为我国育成的猪瘟兔化弱毒 C 株。将合格的生产种子用灭菌生理盐水稀释 50 倍乳剂，每只兔静脉接种注射 1 mL，选择定型热和轻型热反应兔，在体温下降到常温后 24 h 内剖杀，无菌采取脾脏和淋巴结，称重、研磨、滤过，按滤过组织量补加保护剂和抗生素，混匀、定量分装、冷冻干燥，制成脾淋冻干苗。

(3)猪瘟兔化弱毒细胞苗　系用猪瘟兔化弱毒株接种易感细胞，收获细胞培养物，加适宜稳定剂，经冻干制成。详见项目三病毒类细胞疫苗制备的任务三。

(九)兔病毒性出血症疫苗

1. 疫苗简介

由于兔出血症病毒在体外组织细胞的培养问题尚未完全解决，所以有许多关于病毒分类、免疫等基本理论不十分清楚，而对细胞毒疫苗制剂也有待进一步研究。目前广泛使用的是组织灭活疫苗。灭活苗在接种后 3～4 d 即产生免疫力，免疫期半年以上。同样适用于紧急接种，效果良好。在我国，已批准注册兔出血症-兔巴氏杆菌病二联灭活疫苗和兔出血症-兔巴氏杆菌病-兔产气荚膜梭菌病三联灭活疫苗。

2. 疫苗制备

组织灭活疫苗系采用兔病毒性出血症病毒接种易感家兔，收获含毒组织制成乳剂，经甲醛灭活后制成的液体苗。

取合格生产毒种，用灭菌生理盐水做 10 倍稀释，每只家兔皮下注射 2 mL。将接种后 24～96 h 濒死或刚死亡的家兔，无菌采取有典型病例变化的肝、脾、肾、心、肺作为制苗材料，如有异常病变组织，应予废弃。采毒后立即配苗或迅速冻结保存。在－10 ℃以下保存，不得超过 15 d；－20 ℃以下，不得超过 50 d。配苗时剔除各脏器的脂肪与结缔组织，称重，加适量的磷酸盐缓冲液或生理盐水进行捣碎或研磨，用 5 号筛过滤装入无菌容器中，组织与稀释液的最终比例为 1∶19，或在稀释液中加入甘油，即组织∶甘油∶稀释液＝1∶1∶18。按乳剂总量的 0.4％加入甲醛溶液，37 ℃灭活 48 h，间隔 4～6 h 振摇 1 次。灭活后取样，用体重 1.5 kg 以上的家兔 2 只，每只皮下注射 4 mL，观察 3 d，应全部健活。应无菌生长。检验合格后，定量分装，加盖密封。抽样后进行成品检验。

五、生产用主要设备

(一)灭菌设备

1. 干热灭菌器

干热灭菌是用干热空气进行灭菌的方法，均采用电加热，可自动控温，温度调节范围在室温至 400 ℃，温差±1 ℃。干热灭菌器主要分为箱式和层流隧道箱式，按 GMP 标准要求，必须使用双扉型箱式嵌墙结构，在操作区将消毒物品装箱，灭菌后从净化区取出。

(1)类型及特点　目前的电热干燥箱都带有电热鼓风数显控温、超温报警及漏电保护装置，外壳喷塑，内胆采用耐腐蚀、易清洗的不锈钢板制造。干燥灭菌层流隧道烘箱适用于分装作业线中管瓶、安瓿等玻璃容器的干燥灭菌过程，是现代化生物药厂大规模干燥灭菌玻璃容器所必需，具有灭菌可靠、处理数量大、节省劳力的优点。

（2）使用方法　灭菌开始应把排气孔敞开，以排出冷气和潮气。灭菌器升温必须缓慢均匀，不能剧增，尤其在 130～160 ℃不宜突击加温。要保持被灭菌物品均匀升温。干热灭菌法所用的温度一般规定为 160～170 ℃，时间为 1～2 h。灭菌结束，必须让灭菌器内温度下降到 60 ℃以下，才能缓慢开门，否则可能引起棉花纸张起火、器皿炸裂。灭菌物品应放入已灭菌物品存放室，并做好记录，灭菌物品一般要求 5 d 内用完。

（3）注意事项　适用于耐高温的物品以及不能使用湿热方法灭菌、潮湿后容易分解或变性的物品。生产所用的玻璃瓶、注射器、试管、吸管、培养皿和离心管等常用干热法灭菌。玻璃瓶和各种玻璃器皿灭菌前必须完全干燥，以免破裂。装灭菌物品时要留有空隙，不宜过紧过挤。各种灭菌物品必须包扎装盒，瓶口与试管口塞好棉花塞，再用纸包扎，以保证干热灭菌后不被污染。包扎的纸张不能与干燥箱壁接触，以免烤焦，灭菌后棉花与纸张发黄但不烧焦是正常的。

2. 高压蒸汽灭菌器

高压蒸汽灭菌器有立式和卧式 2 种，按 GMP 标准要求，大型高压蒸汽灭菌器应为双扉箱式嵌墙结构，两端开门，使操作区与净化区完全隔开（彩图 11）。大量物品灭菌消毒多用卧式方型压力蒸汽灭菌器，消毒小量物品多用手提式压力蒸汽灭菌器。

（1）使用方法　准备→开饱和蒸汽→夹层预热→夹层冷凝水排出→放置待灭菌物品（装锅）→锁紧器门→用抽空器排出器内空气→蒸汽输入器室→排放器室内空气→开始灭菌（逐步增大蒸汽输入量，器内压力和温度达到要求的高度）→维持灭菌所需时间→灭菌完毕（逐步关小进汽阀门，压力和温度缓慢下降）→用抽空器抽出器室的蒸汽，使灭菌物品干燥→控制干燥所需时间→干燥完毕→关闭蒸汽总阀门→夹层蒸汽排出→器室送入空气→压力真空表指针降到“0”→开启器门→取出灭菌物品→清洗器室→器门小开，器室通风→结束灭菌工作。

（2）灭菌时间和温度　不同灭菌物品灭菌的时间和温度有不同的要求。常用的培养基、溶液、玻璃器皿、用具等，一般在 0.1 MPa、121 ℃、15～30 min 可达灭菌目的。灭菌过的物品做好“已灭菌”的标志，送入灭菌物品存放室。

（3）操作注意事项

①准备工作。详细检查灭菌器，预热，排去冷凝水，查清灭菌物品的种类、数量。按灭菌温度和时间的要求，组合装锅。

②装锅。检查物品的包装质量。培养基、溶液应及时装锅。玻瓶应垫紧靠实，灭菌物品之间应有一定的间隙，尤其是培养基、疫苗瓶、橡胶制品等更不能紧密堆压。

③增压。掌握进汽的速度和数量，逐步达到温度和压力的要求。必须采用饱和蒸汽灭菌。

④保持。要求压力与温度准确稳定。如意外减压，应记明时间，及时补足。

⑤减压。逐步减少蒸汽进入量，压力缓慢均匀下降。从增压到开盖（门），排出回水的阀门应始终微开，器室内不能积水。

⑥结束出锅。待气压表指针降到“0”时，放入空气，缓慢开盖（门），检查灭菌效果，注意校对温度、灭菌物品是否进水、破损、崩塞等现象，必须及时联系补做。

⑦记录。各种灭菌物品的品种、容器、数量、灭菌温度与时间、灭菌过程中的异常情况，以

及操作时间与负责人等都必须如实记录，及时讨论研究，总结归档。

⑧安全措施。蒸汽压力灭菌器是受压容器，务必保证设备完好，安全阀、压力表、温度计灵敏准确。用前检查，定期检修，校正仪表，技术鉴定。平时防锈，冬天防冻。

⑨灭菌物品保存期。工具、用具、器皿、工作衣帽等灭菌后保存期不超过 48 h；培养基、溶液等应保存于干燥冷暗处，最好 72 h 内使用，最长保存期不能超过 5 d。

3. 电离辐射灭菌

利用 γ 射线、X 射线或电子辐射穿透物品、杀死其中微生物的灭菌方法称为电离辐射灭菌。该方法是在常温下进行，特别适用于各种怕热物品的灭菌，最适合于大规模灭菌。目前国内外大量一次性使用的医用制品都已经采用辐射灭菌，各种 SPF 动物的饲料使用辐射灭菌后，不但其营养成分不被破坏，而且使用安全、保存期长。

辐射灭菌的优点是：①消毒均匀彻底。②价格便宜，节约能源。辐射灭菌 1 m^3 的物品比用蒸汽灭菌的费用低 3～4 倍。③可在常温下灭菌，特别适用于热敏材料。④不破坏包装，消毒后用品可长期保存。⑤消毒的速度快，操作简便。⑥穿透力强。本法唯一的缺点是一次性投资大，并要培训专门的技术人员管理。

4. 无菌室(洁净室)

目前，根据兽药 GMP 要求，开始应用净化空气进入无菌室。净化空气所用的洁净技术，系将经过调温调湿和过滤的无菌空气送入无菌室，通过排气孔循环，使室内的空气对外保持一定的压力(正压或负压)，外界的有菌空气不能进入，室内的细菌数越来越少，同时室内可以保持恒温恒湿和空气新鲜。洁净无菌室空调过滤系统的设备有空调机、循环风机、过滤机、送回风管道等，其循环流程见图 2-7。

无菌室的大小可根据操作人员和器材的多少而定。有连续工序的可以 2 个无菌室相邻接。为了有利于无菌室的清扫和消毒，平时无菌室内除放置工作台和工作凳以及必要的物品如酒精灯、消毒液等外，不应放置其他物品。在每次使用前，一般无菌室开紫外光灯照射不少于 1～2 h，照射有效距离为 1.25 m。使用后应开紫外光灯照射不少于 30 min。洁净无菌室则在工作开始前 30～40 min，即可达到无菌要求。操作人员须根据兽药 GMP 相关规定穿戴灭菌衣帽口罩进入。

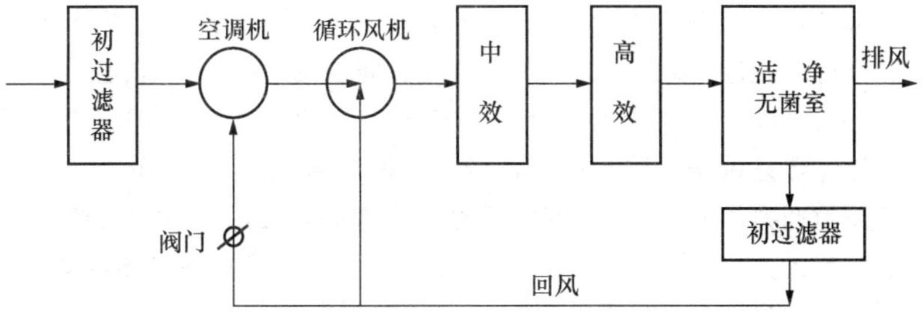

图 2-7 洁净无菌室空调过滤系统循环流程

5. 净化工作台

净化工作台应安装在无菌室或洁净室使用。其型号很多，工作原理基本相似。基本采用垂直层流的气流形式，由上部送风体，下部支承柜组成(彩图 12)。变速离心风机将负压箱内经被滤器过滤后的空气压入静压箱，再经高效过滤器进行二级过滤。从高效过滤器出风面吹出的洁净气流，以一定和均匀的断面风速通过工作区时，将尘埃颗粒和生物颗粒带走，从而形成无尘无菌的工作环境。

操作及注意事项：使用时应提前 30 min 打开紫外线杀菌灯，处理净化工作区内台面积累的微生物，30 min 后关闭杀菌灯，启动送风机。新安装或长期未使用的工作台，工作前必须对工作台和周围环境先用超净真空吸尘器或不产生纤维的工具，认真进行清洁工作，再采用药物灭菌法或紫外线灯杀菌处理。净化工作区内严禁存放不必要的物品，以保证洁净气流流型不受干扰。净化工作区内应尽量避免作明显扰乱气流流型的动作。定期(一般 3～6 个月)检测，不符合技术参数要求时应采取相应措施，使其达到最佳工作状态。

(二)微生物培养设备

1. 温室

温室是生物制品制造的必备设备。用于细菌或病毒繁育，一般为 37～38 ℃，其温度调节采用电子控温仪(热敏元件等组成)，且用导电表等仪表作为自动调温装置，以能达到自控的目的。为使温室内空气能自然交换，在温室门框上装有风扇和可以开放的通风小孔。温室的进门处应有缓冲间。为了便于清洁卫生和温室内的消毒，四墙和地板必须光洁。温室的温度有些也有特殊要求，如培养霉菌需 20～25 ℃，也有的制品检查污染的杂菌需用 30 ℃培养。温室的湿度也是随各种制品的要求而设置的。其他小型的各种温箱则是温室的缩小，但比温室具有更高的精密度。

2. 细胞培养转瓶机

细胞培养转瓶机是用于大量培养细胞的一种设备。生物制品厂、中试车间多用大型转瓶机，可在 4～6 层的架子上同时放置 18～72 个 10 L 的转瓶。这种大型转瓶机都安装在自动控温的温室中，并设有高温及低温的报警装置，转瓶机的动力由电动机提供，通过变速箱使转瓶的转速控制在 9～12 r/h。实验室及小规模生产用的转瓶机可安放在温箱中。我国生产的 HTD-Ⅱ型模块式生物细胞转瓶机，符合国际 GMP 标准的各项要求，具有可靠性高、平稳运转、拆装方便、耐酸、耐油、耐腐蚀等特点(彩图 13)。

3. 发酵培养罐

发酵培养罐可进行细菌和细胞的培养，目前各生物制品企业均用培养罐培养细菌，生产规模可观。培养罐可自动调温、调 pH，用无级调速电动机、磁搅拌、消泡、控制氧压、自动补液、换液、自动高压灭菌、自动计算呼吸熵等精密仪表，而罐体结构均为不锈钢质(彩图 14)。这种深层悬浮培养法的优点是可使细胞培养有比较一致的环境，抽样时有高度一致性，特别便于生物化学的分析及细胞动力学的研究，特别便于对单位体积内细胞数目增长情况的研究，也是一个大量生产优质疫苗的方法。目前，悬浮培养罐有 1 000 L 不锈钢培养罐，全自动装置可由电脑来控制，1 个主机可控制 12 个培养罐，操作起来既方便又准确，更可控制污染。

4. 生物反应器

用生物反应器大规模培养动物细胞比目前常用的静置培养、转瓶培养有更多的优越性。可连续进行培养，生产效率提高 200%～300%；有完善的由计算机控制的检测及培养系统，保证了运行的安全；生物反应器体积小，减少了生产车间所需的净化空间面积；可以随时采样观察，由于自动化程度高，污染率很低。动物细胞培养用生物反应器可用于培养悬浮生长或贴壁生长的动物细胞，可生产疫苗、单克隆抗体、干扰素、激素等(图 2-8)。

图 2-8　生物反应器

反应器控制系统由高性能、智能化的微机控制仪及附属功能电路和器件所组成，实现了空气、氧气、氮气和二氧化碳 4 种气体与 pH、溶氧的关联控制，能准确控制温度、转速、pH、溶解氧浓度和液位，全封闭轴向磁力驱动装置保证了抗污染的密封性能。灌注系统体积小，适于罐内安装，具有效率高的特点。应用微载体培养系统灌注速率为 15 L/d，也适用于分批的、间歇换液或连续的培养工艺。反应器与国产的"连续电热式蒸汽发生器"配套后可就地消毒灭菌。

5. 微生物浓缩装置

为有效地连续对微生物、抗体及生物制剂进行浓缩、分离，必须使用超滤器。根据不同用途、不同容量，超滤器可组成多种类型，即内压型、外压型和实验型。它们都是以中空纤维超滤膜组件为主体，辅以不锈钢离心泵、ABS 工程塑料管件、阀门、压力表、流量计和预处理部分构成。中空纤维膜为不对称半透性膜，呈毛细管状，膜的外表面和内表面存在致密层，可分别形成外压或内压。在压力作用下，原液在膜内或膜外流动。体积大于微孔的溶质截留在原液内，小于微孔的溶质则随溶剂透过膜，对微粒、胶体、细菌以及各种大分子有机物具有良好的分离作用，从而可达到物质分离、浓缩和提纯的目的。

内压型(超滤型)以获得纯净的超滤液为目的，主要用于提纯、除菌。外压型(浓缩型)以浓缩为目的，原液循环浓缩直至达到需要的浓度为止，主要用于有用物质的回收。实验型适合实验室和科学研究，装置小，为单根超滤组件，配置适当的输液泵组成。超滤前原液需进行预处理。在启动加压泵时，应将泵出口阀门关闭，浓缩阀、超滤阀、水箱阀全开，等泵运转平稳后，再缓慢开启泵出口阀放进水，使系统内压力逐渐上升，并同时调节超滤液与浓缩液流量的比值，一般浓缩型为 1∶(3～5)；超滤型为(1～7)∶1。为了提高装置的通量，抑制淤塞，必须严格地进行定时清洗。清洗液可根据超滤原液组分的不同，分别采用 0.2 mol/L 氢氧化钠或 0.2 mol/L 盐酸溶液，或过氧化氢、次氯酸钠以及各种合成洗涤剂或酶等。

6. 孵化器

按 GMP 标准的要求，易消毒、易清洗。新型孵化器多是高分子材料制造的，耐热、耐湿，抗酸碱及消毒药，供 SPF 鸡胚使用的孵化器，还具有空气过滤系统，保证进入的空气呈无菌状态(100 级)。

为保证孵化器的精确运行，要求控制器控制精确、稳定可靠、经久耐用和便于维修。控制系统包括控温系统、控湿系统、报警系统(超温、冷却、低温、高湿和低湿)及机械传动系统等。为使胚胎正常发育和操作方便，要求保温性能好，孵化器的上下、左右、前后各点的温度差应在 ±0.28 ℃范围内。箱壁一般厚 50 mm，多用聚苯乙烯泡沫或硬质聚氨酯泡沫塑料直接发泡的隔热材料制造。孵化器的门应有良好的密封性能，这是保温的关键。为使胚胎充分而均匀受热，要求蛋盘通气性能好，目前多用质量好的工程塑料制品。

图 2-9 胶体磨

(三)乳化设备

1. 胶体磨

立式胶体磨是制造油佐剂疫苗的工具之一，但由于其耐磨性较差及受电压影响大的缺点，从而影响了灭活疫苗的质量，如果掌握及调试得好，还是可以作为油乳剂制造及抗原与油预混合的设备。立式胶体磨是通过转齿和定齿作相对运动，将油佐剂与抗原通过其间隙时受到强大的剪切力、摩擦力、离心力和高频振动，从而使佐剂与抗原乳化，其乳化的液珠直径在 1～5 μm(图 2-9)。实验室或小剂量制备乳剂灭活苗可使用胶体磨，没有条件也可用组织捣碎机替代。

2. 高压匀浆泵

随着油佐剂灭活疫苗推广应用，其制苗的乳化设备已由原来应用胶体磨，改用高压匀浆泵。这是一种制备超细液-液乳化物或液-固分散物的通用设备，其主要加工部件具有极高的耐腐蚀性和良好的耐磨性，对加工乳化的油佐剂、抗原均不会产生不良影响。

如国产的 GYB30-6D 型高压匀浆泵由高压往复柱塞泵和匀质器组成，疫苗的乳化加工是在匀质阀内进行。油佐剂及抗原在高压下进入可调节的间隙，使油乳剂和抗原获得极高的流速(200～300 m/s)，从而在匀质阀里形成一个巨大的压力下跌，产生空穴效应；湍流和剪切力的作用，将原先粗糙的油佐剂和抗原加工成极细微的颗粒，仅 0.25～2.00 μm。该机匀质阀的压力可在 0～60 MPa 范围内任意选择。每小时最大制苗量为 30 L，最高压力为 60 MPa。

3. 乳化装置

用于规模化油乳剂疫苗生产，由贮油罐、油相制备罐、水相制备罐、剪切泵、乳化罐及贮苗罐组成(彩图 15)。

操作步骤：先打开油相制备罐通向乳化罐的阀门，并打开贮油罐压缩空气阀门，给贮油罐加压，再打开乳化罐的无菌呼吸器的阀门，然后缓慢打开乳化罐上的进油阀门。油相进入乳化罐后，启动搅拌电机，使电机缓慢搅拌。关闭贮油罐上控制压缩空气的手动球阀。打开冷却水循环的手动球阀。打开水相罐通往乳化罐的阀门，并打开水相罐压缩空气的阀门，给水相罐加压，打开乳化罐上的无菌呼吸器的手动隔膜阀，慢慢开启乳化罐上的水相进入的阀门，使流量计的指针缓慢上升。将水相输入乳化罐内。从乳化罐加样口按比例加入 1%的硫柳汞溶液，硫柳汞的最终浓度为万分之一。然后打开乳化罐的出料阀门同时开启乳化机，开始乳化，打开贮苗罐的进料阀门将乳化好的乳剂苗输入贮苗罐中。

(四)分装与包装设备

1. 自动灌装半加塞联动机

此类机规格型号很多,但都具有分装精度高、速度快的特点,所有接触疫苗部分的零部件均为优质不锈钢制造,利于清洗和灭菌消毒,符合 GMP 标准的要求。如国产 DG 系列自动灌装半加塞联动机,适用于冷冻干燥制品在冻干前的灌装、半加塞工序。其工作程序是将灭菌瓶传送到转盘上,由送瓶转盘送入间隙运动的星形拨盘上进行定位分装、半加塞,然后装入冻干盘内。本机适用的瓶子为 2 mL、7 mL、10 mL 及 25 mL 等各种药用玻璃瓶。

2. 瓶装液体制剂分装包装设备

瓶装液体制剂分装包装设备种类很多,主要设备有工作台、灌装机、加塞机、加铝帽(轧盖)机、贴签机(彩图 16、彩图 17)、装盒或装箱机,如组成自动生产线,还应包括洗瓶机、干燥灭菌机。

安瓿的针剂包装比较复杂而精细,因为要在分装后马上封口,要有热源供应,传送系统要轻而稳。由于瓶装液体制剂包装设备与安瓿针剂包装设备有很多共同的部分,同时灌装机又较安瓿灌封机构造简单,因而德国 Bosch 公司将两套设备联合组成了安瓿和管子瓶联合灌装封口机,不但减少了占地面积,而且可一机多用。

(五)冷冻真空干燥设备

1. 冻干机

冷冻真空干燥设备,简称冻干机。冻干机由制冷系统、真空系统、加热系统和控制系统 4 部分组成,包括冻干箱、冷凝器(或称水汽凝集器、冷阱)、真空泵组、制冷压缩机组、加热装置、控制装置等(彩图 18)。

冻干箱内设有若干层搁板,冻干的制品在搁板上,搁板内置有冷冻管和加热管,分别对制品进行冷冻和加热。冷凝器内装有螺旋状冷凝蛇管数组,其操作温度应低于干燥箱内制品的温度,工作温度可达－60～－45 ℃,其作用是将来自制品所升华的水蒸气进行冷凝,以保证冻干过程的进行。真空泵组对系统抽真空,冻干箱中绝对压力应保持在 0.13～13.30 Pa。小型冷冻干燥机组通常采用罗茨真空泵或滑片泵等组成;大型机组可采用多级蒸汽喷射泵组成。制冷压缩机组对冻干箱中的搁板及冷凝器中的冷冻盘管降温,冻干箱中的搁板可降至－40～－30 ℃。常用的冷冻剂有氨、氟利昂、二氧化碳等。加热装置供制品在升华阶段时升温用,应能保证干燥箱中搁板的温度达到 80～100 ℃,加热系统可采用电热、辐射加热或循环油间接加热。控制装置是利用计算机输出程序控制整个工作系统正常运转。控制装置先进程度最能体现整机水平。

新型冻干机冻干箱内的板层上有液压装置,箱内可通入高压热蒸汽,能够实现箱内自动压瓶塞和在线高压消毒。

2. 冻干程序

冷冻真空干燥又称冷冻干燥,简称冻干。它是物质干燥的一种方法。是将物料或溶液在较低的温度下冻结成固态,然后在真空下将其中水分不经液态直接升华成气态而脱水的干燥过程。真空冷冻干燥在生物制品方面的应用十分广泛,干燥后的制品水分被排出了 96%以上,易于长期保存。生物制品冷冻干燥的程序:冻干箱进行空箱降温→液状制品装箱→预冻→

升华干燥→解析干燥→结束冻干→加塞封口。

(1)预冻　在干燥之前，先将溶液物质在低温下冻结称为预冻。预冻是将溶液中的自由水固化，使干燥后产品与干燥前有相同的形态，防止真空干燥时起泡、浓缩、收缩和溶质移动等不可逆变化产生。

预冻温度必须低于产品的共熔点温度，各种产品的共熔点温度是不一样的，必须认真测得。溶液达到全部凝固冻结的温度称为凝固点或共晶点，实质上物质的凝固点也是该物质的熔化点，故又称此温度为共熔点。共熔点的测定是一对白金电极和一支温度计浸入待测样品溶液中，并将电极、温度计、仪表与记录仪连接，然后将溶液冷冻到－40 ℃以下，直至电极达到无穷大，随后缓慢升温至电阻突然降低的温度，即为该溶液的共熔点温度。实际制定工艺曲线时，一般预冻温度要比共熔点温度低 5～10 ℃。装量通常为容器容量的 1/5～1/4，厚度不宜大于 15 mm。生物制品一般预冻时间为 3～4 h，即可开始升华。

(2)升华干燥　升华干燥也称第一阶段干燥。将冻结后的产品置于密闭的真空容器中加热，其冰晶就会升华成水蒸气逸出而使产品脱水干燥。干燥是从外表面开始逐步向内推移的，冰晶升华后残留下的空隙变成升华水蒸气的溢出通道。当全部冰晶除去时，第一阶段干燥就完成了，此时除去全部水分的 90%左右，所需时间约占总干燥时间的 80%。此阶段冻干箱内的压强(真空度)一般为 10～30 Pa。

(3)解析干燥　解析干燥也称第二阶段干燥。在第一阶段干燥结束后，在干燥物质的毛细管壁和极性基团上还吸附有一部分水分，这些水分是未被冻结的，会给微生物的生长繁殖和某些化学反应提供了条件，必须对制品进一步干燥。对于吸附水，由于其吸附能量高，如果不给它们提供足够的能量，它们就不可能从吸附中解析出来。因此，该阶段产品的温度迅速上升到该制品最高容许温度，并在该温度一直维持到冻干结束为止。制品最高容许温度视制品的品种而定，病毒性制品为 25 ℃，细菌性制品为 30 ℃，血清和抗生素等可高达 40 ℃。箱内必须是高真空，压强(真空度)一般为 15～30 Pa 以下，使解析出来的水蒸气溢出产品。第二阶段干燥后，产品内残余水分的含量一般在 0.5%～4.0%。

(4)加塞与压盖　冻干程序结束，干燥制品进行加塞、压盖，入待检库。加塞可采用箱内加塞法和箱外加塞法 2 种方式。目前，几乎所有生物制品企业冻干制品都采用箱内加塞法。冻干箱配有液压或气压压塞的动力装置，在真空下或放入惰性气体下，将安置在冻干瓶口上的四叉胶塞进行自动压塞。该方法可从根本上防止干燥制品受空气中水分和氧气的影响。

冻干的总时间是指预冻时间、升华时间和第二阶段干燥时间总和。一般为 18～24 h，有些特殊的制品需要几天时间。

(六)冷藏设备

1. 冷库

冷库可分中、小型 2 类。小型只设冷藏间或活动冷库。中型冷库房一般由主体建筑和附属建筑 2 部分组成。主体建筑包括冷藏库和空调间；附属建筑包括包装间、真空检验室、准备间、机房、泵房、配电房等。

保温性能应符合生物制品贮藏保管的最基本要求。①空调间(又称高温库)，其最高库温不能超过 15 ℃。最低在 0 ℃以上，一般用冷风机作冷却设备。②冷藏间(又称低温库)，要求在－15 ℃ 以下，作制品保管。为保证库温恒定，在建筑结构上，必须在其外墙、地坪、平顶设置连续的隔热层，要有足够的厚度，以阻止冷气从室内散逸；做好保温层的防潮设施，低温库要采用电动冷库门。

使用注意事项：①新冷库初次投产时，不应降温过快，避免结构内部结冰膨胀。当库温在 4 ℃ 以上时，每天降温不得超过 3 ℃；当库温降至 4 ℃应维持 5～7 d；库温在 4 ℃以下时，每天降温不得超过 3 ℃，直至到达设计要求为止。②冷库在使用后，要保持温度的稳定性，即高温库(10±5) ℃；低温库(－18±3) ℃。③严格防水、汽渗入构造保温层；低温库内不得做多水物品的作业。④合理使用库容，合理安排货位和堆放高度，保持库内地坪受荷均匀。

2. 冷藏运输设备

为保证生物制品的使用效果，在运输过程中必须使用具有隔热车体及降温装置的冷藏车。这类车按性能来说可分为机器冷藏车与冰箱冷藏车。目前，我国使用的冷藏汽车多数是冰箱冷藏车，这种车造价低，使用维修方便。无论任何类型的冷藏车，都必须具有：①运行平稳，具有良好的隔热车体，减少车内与外界的热交换。②设有制冷降温装置，适应生物制品的保存条件。③设有空气循环装置，以保证车内温度的均衡。④设有温度指示，最好有自动控制仪表，以控制车内温度。

保温箱无制冷系统，以软木、玻璃纤维和聚氨酯泡沫塑料为保温材料。内外层常用镀锌钢板和铝板为保护层。不能自动降温至冰点以下，而是使用时将冷冻干燥的生物制品置于箱内，并加入一定的冰块，严密加盖。箱内可保持 20 多小时不解冻，能维持运输途中的低温保存。目前，国内兽用冷冻干燥制品的运输，多使用这种简便的保温箱。

3. 液氮罐

液氮罐是专供贮藏液氮用的容器，液氮的温度可达－196 ℃，属超低温，因而是保存活细胞、活组织、生物制品、冷冻精液、微生物等理想容器。液氮罐的构造和玻璃热水瓶一样，能防止热的传导、辐射和对流。液氮罐都是双壁的，两壁之间有一夹层。夹层空隙越大，真空度越高，蓄冷的时间也越长(彩图 19)。目前生产的生物容器蓄冷时间为 180～210 d，真空度一般为 0.000 000 133～0.000 133 Pa。液氮罐使用年限一般为 5～10 年。

新罐或使用后液氮已挥发净和清洗后待用的容器，在使用前，先加入适量液氮预冷 30 min 左右，然后加满其余的液氮，充装后的液面应略低于颈管。液氮充满后，液氮出现沸腾不止或罐的上半部结霜，证明此缸的性能已不正常。放入或提取罐内的贮藏物时，要迅速浸入或离开液氮面，取出被保存物的动作要快、准、稳。搬运或移动液氮容器应提起把手，不得推拉，要轻拿轻放。运输中应防止过大的震动特别是突然颠簸。贮藏物贮藏于液氮罐，应对贮藏的目的和内容进行编号，存放数量、制作日期等进行详细登记，以防混乱。应按时补充液氮，液氮量不能低于容器贮量的 2/3(下限)。取用贮藏物以竹制镊子最为理想，切忌使用金属制品。

(七)污物处理设备

由于生物制品都是用病原体进行制造和检验的，如果排放到外界，会造成环境污染，引起动物疫病流行，甚至危害人类健康。根据国家有关环境保护法规和农业农村部发布的《兽用生物制品制造及检验规程》(以下简称《规程》)中“防止散毒办法”的各项具体规定，制定严格的防止散毒措施是非常重要的。

1. 污水处理

生物制品企业产生的污水，需经无害化处理，检验合格后才能排放。

通常采用高压热蒸汽灭菌法。生产和检验的污水直接排放到污水储罐中，当收集于污水储罐中的污水达到一定量时，用泵向储罐夹层中通入蒸汽，待罐内温度达到 100 ℃，煮沸 60 min，关闭蒸汽阀，降温后经检测合格后排放。强毒舍产生的污水排入污水管网集中到污水池，高压蒸汽灭菌，经检测合格后排放到污水处理站进行二次处理。

污水排放标准。①生化需氧量(5 d、20 ℃)：达到 60 mg/L，生化需氧量越高，表示水中有机污染物越多。②化学需氧量：重铬酸钾法达到 100 mg/L，氧化剂也可用高锰酸钾。③动物检测：根据生产生物制品种类选用下列动物，每月对污水监测 1 次，注射的动物观察 10 d，应全部健活。家兔 2 只，皮下注射 2 mL；豚鼠 2 只；肌内注射 1 mL；小鼠 2 只，皮下注射 0.5 mL；鸽子 2 只，肌内注射 1 mL；鸡 2 只，肌内注射 1 mL；猪 2 头，皮下注射 10 mL。

2. 粪便及垫草处理

采用生物发酵法进行。原则是每池装满后能自然发酵 2 年以上。发酵池的内外墙除用水泥沙浆粉刷外，还应涂沥青防水层，防止池内污水渗漏，池外地表、地下水渗入影响发酵效果。这种发酵池为了便于清除，应一半设在强毒区内，一半设在隔离区外，以便发酵彻底后，启盖清出粪便和残渣、垫草的腐烂物。强毒区试验研究和质检过程中产生的废弃物和污物、动物粪便、垃圾要经高压无害处理后移出工作区，对不宜高温处理的应做消毒液浸泡消毒处理。

3. 动物尸体处理

所有感染疫病死亡的动物以及检验耐过的动物，试验结束后须宰杀，将尸体用高压蒸汽(121 ℃、30 min)消毒、焚尸炉焚烧或化制后，按粪便残渣处理办法进行生物发酵处理，安全可靠。

思考与练习

一、选择题与判断题

1. 病毒灭活苗的作用是(　　)传染病。(单选题)

A. 预防　　B. 诊断　　C. 治疗　　D. 中和

2. 病毒性组织灭活苗生产工艺流程正确的是(　　)。(单选题)

A. 禽胚选择→接种→培养病毒→收获病毒→灭活→乳化分装

B. 禽胚选择→接种→培养病毒→收获病毒→半成品检验→乳化分装

C. 禽胚选择→接种→培养病毒→收获病毒→半成品检验→灭活→分装

D. 禽胚选择→接种→培养病毒→收获病毒→半成品检验→灭活→乳化分装

3. 病毒性组织活疫苗生产工艺流程正确的是(　　)。(单选题)

A. 禽胚选择→接种→培养病毒→收获病毒→半成品检验→配苗与分装 →冷冻干燥

B. 禽胚选择→接种→培养病毒→收获病毒→配苗与分装→冷冻干燥

C. 禽胚选择→接种→培养病毒→收获病毒→半成品检验→乳化分装

D. 禽胚选择→接种→收获病毒→半成品检验→配苗与分装→冷冻干燥

4. 组织病毒苗半成品制备流程正确的是(　　)。(单选题)

A. 禽胚选择→接种→培养病毒→收获病毒→半成品

B. 禽胚选择→接种→培养病毒→半成品

C. 禽胚选择→接种→收获病毒→半成品

D. 禽胚选择→接种→培养病毒→收获病毒→灭活→半成品

5. 病毒性组织活疫苗制备必须使用（　　）。（单选题）

A. 易感种蛋　B. SPF 种蛋　C. 普通种蛋　D. 普通鸡蛋

6. 病毒性组织灭活疫苗制备选择（　　）。（单选题）

A. 易感种蛋　B. SPF 种蛋　C. 普通种蛋　D. 普通鸡蛋

7. 制备病毒性灭活疫苗用生产毒种必须使用（　　）。（单选题）

A. 易感种蛋　B. SPF 种蛋　C. 普通种蛋　D. 普通鸡蛋

8. 制备病毒性活疫苗用生产毒种必须使用（　　）。（单选题）

A. 易感种蛋　B. SPF 种蛋　C. 普通种蛋　D. 普通鸡蛋

9. 制备新城疫灭活苗时，使用灭活剂是（　　）。（单选题）

A. 苯酚　B. 硫柳汞　C. 甲醛　D. β-丙酰内酯

10. 制备病毒类灭活苗时，甲醛灭活的浓度一般为（　　）。（单选题）

A. 0.1%～0.2%　B. 0.4%～0.5%　C. 0.05%～0.4%　D. 1%

11. 禽流感灭活苗规模化生产时多采用（　　）。（单选题）

A. 人工接种鸡胚　B. 人工收获病毒液　C. 人工培苗分装　D. 完全自动化

12. 油乳剂灭活疫苗外观是（　　）。（单选题）

A. 白色液体　B. 澄清液体　C. 淡黄色液体　D. 干燥固体

13. SPF 鸡胚不应含有鸡的特定的 22 种病原体，可适用于各种禽疫苗的生产。（判断题）

14. 常用病毒含量来判定培养的病毒液是否合格，合格的病毒液方可用于配苗，不合格直接废弃。（判断题）

15. 动物增殖病毒需选择符合要求的反应症候的动物，按相关规定剖杀，采取含毒组织或器官，检验合格后即可配苗。（判断题）

16. 灭活是指破坏微生物的生物学活性、繁殖能力、致病性和毒性，但基本不影响其免疫原性。（判断题）

17. 制苗用病毒液经半成品检验不合格不可以配苗。（判断题）

18. 制备疫苗用毒种可以自行采集分离。（判断题）

19. 制备不同微生物种类的病毒苗都使用鸡胚制备。（判断题）

20. 动物增殖病毒接种方法有（　　）。（多选题）

A. 脑内接种法　B. 皮内接种法　C. 皮下接种法

D. 静脉注射法　E. 腹腔注射法

21. 影响禽胚增殖病毒的因素（　　）。（多选题）

A. 种蛋质量　B. 接种途径　C. 孵化技术

D. 接种剂量　E. 禽胚日龄

22. 配对选择，半数致死量（　　）、鸡胚半数致死量（　　）、鸡胚半数感染量（　　）。（多选题）

A. LD_{50}　B. ELD_{50}　C. ID_{50}　D. EID_{50}

23. 关于动物增殖病毒描述正确的是（　　）。（多选题）

A. 动物对相应病毒易感性高、健康，体重、年龄要基本一致

B. 大动物应来源于非疫区，未接种过相应病毒疫苗的青壮年动物

C. 家兔、小鼠、大鼠等应符合普通级或清洁级实验动物标准
D. 实验用鸡应属非免疫鸡或SPF级标准
E. 犬和猫应品种明确，并符合普通级实验动物标准
24. 制备新城疫灭活苗时，制苗用毒液为接种培养后鸡胚的(　　)。(多选题)
A. 绒毛尿囊膜　　B. 尿囊液　　C. 羊水
D. 卵黄囊　　E. 胚胎
25. 关于病毒性灭活疫苗描述正确的是(　　)。(多选题)
A. 包括油相、水相、乳化剂
B. 油相与水相通过高压匀浆乳化完成灭活苗制备
C. 水相与油相比例多为1∶2或1∶3
D. 合格病毒液用甲醛进行灭活
E. 油相一般使用白油
26. 灭活苗根据佐剂不同分为(　　)。(多选题)
A. 油乳剂灭活苗　　B. 铝胶盐类灭活苗　　C. 蜂胶佐剂灭活苗
D. 冻干疫苗　　E. 基因工程疫苗

二、简答题

1. 图示病毒类组织疫苗生产工艺流程。
2. 简述鸡新城疫疫苗的种类及特点。
3. 简述鸡新城疫活疫苗(Lasota系)的制备。
4. 简述传染性支气管炎种类及其特点。
5. 简述鸡传染性法氏囊疫苗的制备要点。
6. 写出10种常见组织疫苗名称。
7. 举例说明鸡胚半数感染量(EID_{50})的测定方法。
8. 简述常用设备使用方法及注意事项。

二维码2-6　项目二　病毒类组织疫苗制备
思考与练习参考答案

项目三
病毒类细胞疫苗制备

【知识目标】

1. 掌握病毒类细胞疫苗生产工艺流程
2. 掌握细胞培养病毒方法
3. 了解常用细胞苗的生产制造要点

【技能目标】

1. 能够操作传代细胞消化与培养
2. 能够操作鸡胚成纤维细胞的制备与培养
3. 会按照 GMP 要求进行病毒性细胞疫苗生产
4. 会按照要求配制培养细胞用各种溶液

【素质目标】

1. 通过病毒类细胞苗制备学习，培养学生严谨的工作作风和良好的职业道德
2. 通过项目任务，培养学生的无菌意识、安全意识和团队协作能力

二维码 3-1　细胞消化

二维码 3-2　细胞传代

二维码 3-3　细胞静置培养

二维码 3-4　细胞转瓶培养

二维码 3-5　细胞悬浮培养

二维码 3-6　健康细胞显微镜观察

任务一 鸡痘细胞活疫苗制备

【条件准备】

(1)主要器材 生化培养箱、冻干机、高压灭菌锅、显微镜、37 ℃恒温水浴锅、酒精灯、500 mL中性瓶、500 mL三角瓶、500 mL量杯、20 mL培养瓶、7 mL疫苗瓶、10 mL吸管、1 mL吸管、试管、吸耳球、平皿、棉塞、眼科剪子、眼科镊子、手术剪子、研钵、漏斗、纱布、乳汉液、0.25%胰酶消化液、双抗溶液、7.5%碳酸氢钠溶液、犊牛血清、10日龄鸡胚、鸡痘毒种。

(2)器材处理 按使用时间,将所需物品提前灭菌,并移入洁净工作间待用。

(3)环境要求 在工作开始前30~40 min,按净化级别要求调整送风量,达到洁净级别要求。

【操作步骤】

一、生产用毒种制备

(1)毒种 为鸡痘鹌鹑化弱毒株,由中国兽药监察所鉴定、保管和供应。

(2)毒种繁殖 将毒种用灭菌生理盐水稀释至10^{-3}~10^{-2},接种于发育良好的11~12日龄SPF鸡胚绒毛尿囊膜上,每胚0.2 mL,选接种后96~120 h死胚和120 h活胚,无菌采集有水肿或痘斑胚的全部或部分绒毛尿囊膜,置无菌容器内。注明收获日期、毒种批号及代次,冷冻保存。

(3)毒种鉴定

①鸡胚的最小感染量。将毒种做10倍系列稀释,取10^{-4}、10^{-5}、10^{-6}三个稀释度,各接种12日龄SPF鸡胚5个,每胚绒毛尿囊膜上接种0.2 mL,观察120 h。绒毛尿囊膜呈明显水肿增厚,并有灰白色痘斑,判为感染。最小感染量≤10^{-5}/0.2 mL。

②最小发痘量。用2~4月龄鸡3只涂抹毛囊或刺种。涂抹毛囊鸡局部毛囊红肿、结痂(不融合),涂部皮肤有轻微水肿,2~3周康复,不引起全身痘及其他反应;刺种部位有硬肿、结痂,2~3周结痂应脱落。最小发痘量≤10^{-4}/0.2 mL。

③纯净。毒种无细菌、霉菌、支原体及外源病毒污染。

符合以上标准的毒种作为生产用种子。在-15 ℃以下保存,不超过12个月。继代应不超过3代。

二、制苗用毒液的制备

选取生长良好的单层CEF细胞,按培养液量的0.1%~0.3%接入毒种,将pH调至7.4,继续培养。接种后观察细胞病变,待75%以上的细胞出现特异性病变时,将细胞培养液全部弃去,按10 000 mL细胞瓶加新鲜的含3%~5%血清的乳汉液150~200 mL或将原培养液留下150~200 mL或全部留下,进行反复冻融3次,收获与灭菌容器内,在-15 ℃以下保存,应不超过1个月。

三、半成品检验

(1)无菌检验 将收获的病毒液取样接种T.G、G.A小管各2支,每支0.2 mL,置37 ℃、

25 ℃各 1 支；G.P 小管 1 支接种 0.2 mL 置 25 ℃培养。培养 5 d，应无细菌和霉菌生长。

（2）细胞毒液毒价测定　将收获的细胞毒液分别取样等量混合，以灭菌生理盐水做 10 倍系列稀释，以 10^{-5} 接种 11 日龄 SPF 鸡胚 5 个，每胚绒毛尿囊膜上接种 0.2 mL，接种后 96～120 h，全部鸡胚绒毛尿囊膜应水肿、增厚或有痘斑，方可用于配苗。

四、配苗、分装及冻干

将合格的细胞毒液沉淀的细胞团块捣散均匀后，集中于混合瓶内，按 1∶1 比例加入 5% 蔗糖脱脂奶制成乳剂，同时加入适量的抗生素充分混匀，定量分装并进行冻干。轧盖、贴标后进入待检库。

【考核测评】

考核要素/分值比例	考核内容/分值			
专业技能测评/60%	细胞培养液制备/20 分	健康细胞观察/10 分	细胞接毒与培养/15 分	细胞病变观察/15 分
素质测评/30%	安全操作/8 分	规范标准/8 分	及时清场/7 分	团队协作/7 分
创新测评/10%	学生在完成项目任务的任何环节融入创新元素，即可得分，小组成员可根据参与度给予赋分			
考核建议：既可以过程考核，也可以随机抽考，视具体条件选择。 专业技能考核可以让学生在操作时录制视频上传，作为考核依据，也可以单独组织考核。 要求：本人出镜，完整操作。				

任务二　传代细胞培养技术

【条件准备】

（1）主要器材　培养箱、小培养瓶、中培养瓶、灭菌吸管、废液缸、吸耳球、Hank's 液、0.5% 乳汉液、0.5%乳欧液、犊牛血清、谷氨酰胺溶液、E-MEM、EDTA-胰酶分散液、7.5%碳酸氢钠、抗生素（双抗）。

（2）器材处理　按使用时间，将所需物品提前灭菌，并移入洁净工作间待用。

（3）环境要求　在工作开始前 30～40 min，按净化级别要求调整送风量，达到洁净级别要求。

【操作步骤】

一、生长液配制

由于生长液中各成分都经过无菌处理，因此生长液的配制要严格无菌操作，必须在万级下局部百级洁净级别环境下配制。用于传代细胞培养的生长液有 2 种：一是 0.5%乳汉液中加入 1%双抗、10%犊牛血清、1%谷氨酰胺溶液、1%E-MEM、用 7.5%碳酸氢钠调整 pH 7.2～7.4，即为生长液。MDCK、F81、MA-104、PK(15)、BHK21 等细胞的培养采用此生长液。二是 0.5%乳欧液中加入 1%双抗、10%犊牛血清、1%谷氨酰胺溶液、1%E-MEM、用 7.5%碳酸氢钠调整 pH 7.2～7.4，即为生长液。Vero 等细胞的培养采用此生长液。

二、传代细胞消化

①选择长成致密单层且细胞形态好的培养瓶，倒掉培养液，用 Hank's 液将细胞面洗 2 次，洗液倒入废液缸。

②用无菌吸管加入 EDTA-胰酶分散液少许，能以细胞单层面铺上一薄层为度，消化数分钟至数十分钟，随细胞种类而不同，如有条件可置 37 ℃，消化时间会缩短。其间注意观察细胞变化，当细胞单层出现疏松拉网时，轻轻将培养瓶倒置，沿着无细胞生长的一侧倾去消化液，继续放置 3～5 min。

③先加入少量的生长液，用吸管吸吹数次使细胞分散，直至贴壁细胞完全吹打下来，再按培养瓶原液量的 3～5 倍加入新的生长液。

④混匀并分装成 3～5 瓶，置 37 ℃左右静置培养 3～4 d 即可长成致密单层。

三、传代细胞换液

如果培养只是为了传代保存细胞，则应于换液后 24～48 h，即细胞处于生命旺盛时进行下一次培养传代。换液，通常是将旧液全部换为新液，但细胞生长缓慢而且形态不正常时，可只换入一部分新液，保留 1/4～1/2 的旧液。

四、细胞运输

当细胞形成单层时，将生长液装满培养瓶，以防液体振荡冲脱细胞。如为细胞悬液，其浓度应为 100 万个细胞/mL，装于冰盒保持温度在 15～25 ℃。

【考核测评】

考核要素/分值比例	考核内容/分值			
专业技能测评/60%	滤器使用/10 分	胰酶滤过/15 分	细胞消化传代/20 分	细胞培养与观察/15 分
素质测评/30%	安全操作/8 分	规范标准/8 分	及时清场/7 分	团队协作/7 分
创新测评/10%	学生在完成项目任务的任何环节融入创新元素，即可得分，小组成员可根据参与度给予赋分			
考核建议：既可以过程考核，也可以随机抽考，视具体条件选择。 专业技能考核可以让学生在操作时录制视频上传，作为考核依据，也可以单独组织考核。 要求：本人出镜，完整操作。				

任务三　猪瘟细胞活疫苗制备

【条件准备】

(1)主要器材　生化培养箱、冻干机、高压灭菌锅、显微镜、37 ℃恒温水浴锅、酒精灯、500 mL中性瓶、500 mL三角瓶、500 mL量杯、20 mL培养瓶、7 mL疫苗瓶、10 mL吸管、1 mL吸管、试管、吸耳球、平皿、棉塞、眼科剪子、眼科镊子、手术剪子、研钵、漏斗、纱布、玻璃珠、乳汉液、0.25%胰酶消化液、EDTA-胰酶分散液、双抗溶液、7.5%碳酸氢钠溶液、犊牛血清、犊牛睾丸、猪瘟毒种、家兔。

(2)器材处理　按使用时间,将所需物品提前灭菌,并移入洁净工作间待用。

(3)环境要求　在工作开始前30～40 min,按净化级别要求调整送风量,达到洁净级别要求。

【操作步骤】

一、器材的处理

(1)玻璃器材的处理　采购新进的玻璃器材均需经酸碱处理,具体步骤如下:常水冲洗→干燥→8% NaOH液浸泡12～16 h→常水冲洗→洗涤净刷洗→冲洗干燥→硫酸清洁液浸24 h→热水冲洗数次→注射用水冲洗3～4次→干燥备用,反复使用过的一般不经碱处理,只用洗涤净洗刷干净后,经注射用水冲洗3～4次,干燥后即可使用。

(2)胶塞、管道的处理　胶塞、胶管必须无毒、耐酸、耐碱、耐高温、耐高压,弹性强,一般步骤如下:常水冲洗→4% NaOH水煮沸30 min→常水冲洗→3% HCl水煮沸30 min→常水冲洗→纯化水煮沸30 min→注射用水浸泡数小时→干燥备用。反复使用的管道、胶塞用后马上常水冲干净,再经注射用水冲洗3～4次,晾干备用。

二、细胞培养液的配制

(1)细胞生长液的配制　Hank's液中含水解乳蛋白0.5%、犊牛血清10%、双抗液1%、7.5% $NaHCO_3$溶液0.3%,使溶液pH为7.2～7.4。

(2)细胞维持液的配制　Hank's液中含水解乳蛋白0.5%、犊牛血清5%、双抗液1%、7.5% $NaHCO_3$溶液1.5%,使溶液pH为7.6左右。

三、生产用毒种制备

(1)毒种　为猪瘟兔化弱毒株,由中国兽药监察所鉴定、保管和供应。

(2)毒种繁殖

①脾毒的繁殖。选用营养良好,体重1.5～3.0 kg的健康家兔。家兔在接种前,至少应测温观察3 d,每天上、下午测体温各1次,选用体温正常、温差波动不大的健康家兔。将冻干毒种用灭菌生理盐水制成20～50倍稀释的乳剂,每只兔耳静脉注射1 mL。家兔接种后,上、下

午各测体温1次，24 h后，每隔6 h测体温1次。选择定型热反应兔，从体温下降及其以后的24 h内剖杀，以无菌操作采取脾脏冷冻或冻干保存，作为生产用毒种。各脏器可以有轻度充血、出血，脾脏及淋巴结（简称脾淋）可能有不同程度的肿胀。如发现有异样病变或任何时期死亡的兔，均不得使用。

②细胞毒的繁殖。用细胞维持液，将新鲜脾毒制成0.3%～0.5%的病毒悬液，接种生长良好的牛睾丸单层细胞，置36～37 ℃继续培养。每隔4～5 d收获换液1次，取二收、三收细胞培养毒液作为生产用毒种。

(3)毒种鉴定

①对细胞的感染性。毒种接种牛睾丸或羊肾细胞均不致细胞病变。

②对家兔的感染性。毒种接种家兔仅产生特异性热反应，不致死家兔。

③病毒含量。毒种对家兔的最小感染量为$\leqslant 10^{-5}$/mL。

④安全性。脾毒用无菌生理盐水做10倍稀释，细胞毒用原液接种无猪瘟中和抗体的健康敏感猪4头，每头肌内注射5 mL，观察21 d，应无异常反应。

⑤纯净。毒种应无细菌、霉菌、支原体及外源病毒污染。

⑥特异性。将毒种用抗猪瘟病毒特异性血清37 ℃水浴中和1 h后，接种家兔2只，在96 h内不引起热反应及发病死亡。

符合以上标准的毒种作为生产用种子。−15 ℃以下保存，脾毒不超过25 d。

四、制苗用毒液的制备

(1)接种　取已形成良好单层的牛睾丸次代细胞培养瓶，弃去营养液，接种含3%～5%生产用细胞毒种或0.2%～0.3%脾毒种的维持液，置36～37 ℃继续培养。

(2)收获　接毒后5 d做第一次收获换液，以后每隔4 d收获换液1次。收毒的次数依细胞生长状况而定，一般收毒在6次左右。收获的毒液置−15 ℃以下保存，应不超过3个月。

五、半成品检验

(1)无菌检验　应无细菌和霉菌生长。

(2)病毒含量测定　各收次病毒培养液分别用家兔测定，每1 mL病毒含量≥50 000个家兔感染量，方可用于配苗。

六、配苗、分装与冻干

将检验合格的细胞毒液混合在同一容器内，按1∶1比例加入5%蔗糖脱脂奶冻干稳定剂制成乳剂，同时加入适量的抗生素充分混匀，定量分装并进行冻干。每头份细胞毒液应不少于0.015 mL。

【考核测评】

考核要素/分值比例	考核内容/分值			
专业技能测评/60%	玻璃器材处理/10分	细胞生长液的配制/15分	配苗与分装/20分	疫苗冻干/15分
素质测评/30%	安全操作/8分	规范标准/8分	及时清场/7分	团队协作/7分
创新测评/10%	学生在完成项目任务的任何环节融入创新元素,即可得分,小组成员可根据参与度给予赋分			
考核建议:既可以过程考核,也可以随机抽考,视具体条件选择。 专业技能考核可以让学生在操作时录制视频上传,作为考核依据,也可以单独组织考核。 要求:本人出镜,完整操作。				

职业知识链接

一、病毒类细胞疫苗生产工艺流程

病毒类细胞疫苗生产工艺流程见图3-1。

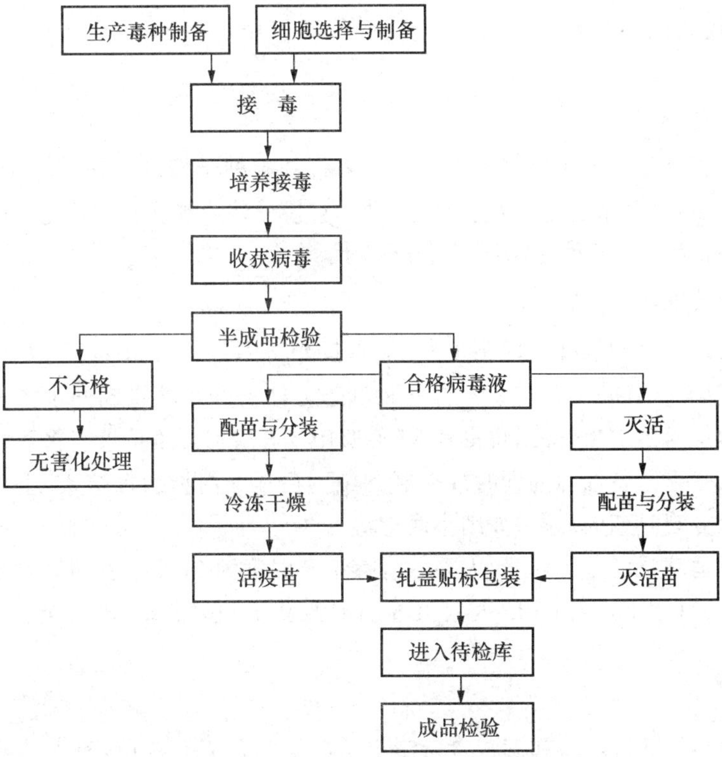

图3-1　病毒类细胞疫苗生产工艺流程

1. 细胞选择与制备

可根据培养的病毒种类选择敏感细胞。选择的依据是病毒的适应性强、毒价高;细胞来源方便、制备简单、生命力强。培养病毒用细胞分为原代细胞和传代细胞,原代细胞是将动物组织经胰酶消化后制备的;传代细胞由中国兽医药品监察所负责制备、检验、保管和供应。按GMP要求生产用细胞必须建立细胞库,并对细胞系进行质量控制。

(1)细胞库的建立　生物制品生产用细胞应建立细胞种子库系统。包括原始细胞库、主细胞库及工作细胞库。各级细胞均经检定证明适用于生物制品生产与检验,定量分装,保存于液氮或−100 ℃以下备用。工作细胞库可用于相应疫苗或诊断制剂的生产制备。

用于生产的原代细胞株,由于原代细胞不能独立发展成性能稳定的传代细胞系,故对原代细胞不要求建立三级细胞库系统。

(2)细胞系质量要求

①原代细胞。生产用禽源原代细胞应来自健康家禽(鸡为SPF)的正常组织,生产用非禽源原代细胞应来自健康动物的正常组织,每批细胞均应进行支原体检验、细菌和霉菌检验、外源病毒检验。任何一项不合格者,不得用于生产,已用于生产的,产品应予以销毁。

②细胞系。细胞来源、传代史、培养液等清楚、记录完整;按规定制备的各代细胞至少各冻结保留3瓶,以便随时检验;对每批细胞的镜检特征、生长速度、产酸等可见特征进行监测;每次传代后的细胞、半成品或产品需进行支原体检验、细菌和霉菌检验、外源病毒检验、致细胞病变和红细胞吸附性病毒检查;被检物至少应含有75 cm^2 的活性生长细胞或相当于75 cm^2 的细胞培养物,应有代表性。以上任何一项不合格者,不得用于生产,已用于生产的,产品应予以销毁。

2. 生产毒种制备

生产毒种是由基础种子扩繁制备而成。通常将基础种子按规定在易感动物、禽胚或敏感细胞继代培养,经检验合格后,作为生产用毒种。直接分装或加保护剂冻干,注明收获日期、代次,置−15 ℃以下保存。毒种继代不超过3～5代。

3. 病毒接种、培养与收获

将合格的生产用毒种接种于细胞单层,病毒接种一般按维持液的1%～10%量接入。科学的接种剂量应以 $TCID_{50}$ 为依据。病毒接种细胞方法有异步接毒和同步接毒2种。异步接毒是细胞长成单层后倒去生长液,将毒种37 ℃吸附1 h后加入维持液。多数病毒采用该接毒方式。同步接毒是在制备细胞的同时或在制备细胞后4 h内将病毒接入,主要用于病毒复制发生在细胞有丝分裂时期的病毒,如细小病毒等。

接毒后选择适宜温度进行培养,大多数病毒增殖温度为37 ℃。病毒在敏感细胞内增殖一般会产生细胞病变(CPE),当CPE达75%左右时收获细胞培养物,即为半成品,−20 ℃保存(彩图20)。

4. 半成品检验

半成品检验包括无菌检验和病毒含量测定。如果制备灭活疫苗,经无菌检验和病毒含量测定合格后病毒液,还需用灭活剂进行灭活,灭活后需进行无菌检验。半成品必须无菌,才可以进行配苗。如不合格经无害化处理。

5. 配苗与分装

将合格的半成品加入保护剂或佐剂，制成活疫苗或灭活疫苗，入待检库。成品检验合格后，可以销售使用。

活疫苗通常加入5%蔗糖牛奶保护剂，经冷冻真空干燥制成，低温冷冻保存。灭活疫苗常用油乳佐剂，按比例与灭活毒液混匀乳化后直接分装，低温保存。

二、细胞制备技术

细胞体外培养已成为增殖病毒的主要方法。细胞增殖病毒技术的原理主要是为病毒易感的组织细胞提供良好的体外生长环境，使细胞适应并繁殖，从而为病毒增殖提供宿主进行复制。

（一）细胞类型

根据培养细胞的染色体和繁殖特性，细胞可分原代细胞、次代细胞和传代细胞3类。

（1）原代细胞　是指由新鲜组织经胰酶消化后，将细胞分散制备而成，如鸡胚成纤维细胞（CEF）。原代细胞对病毒的检测最为敏感，但制备和应用不方便。

（2）次代细胞　原代细胞长成单层后用胰酶从玻璃瓶壁上消化下来后，再作培养的细胞称次代细胞，又称继代细胞。它保持原来细胞的理化特性不变，可在体外传代几代到几十代，最后不可避免地逐渐衰老死亡。次代细胞形态和染色体与原代细胞基本相同。如犊牛睾丸三代细胞。

经过严格检查，染色体的数目和形态正常，并且没有污染的继代细胞，称二倍体细胞株。如猪睾丸细胞（ST）、非洲绿猴肾细胞（Vero）等。

（3）传代细胞　是指从原代细胞经传代培养后得来的可以长期连续传代的细胞。包括细胞株和细胞系。

细胞系是指从原代细胞经传代培养后得来的一群不均一的细胞，可以长期连续传代。细胞系又分为有限细胞系和无限细胞系，有限细胞系在体外传代是有限的，无限细胞系能在体外无限传代，其染色体数目及增殖特性均类似于恶性肿瘤细胞，且多来源于癌细胞，如RAG细胞系（鼠肾腺癌细胞）、RAT-1等，有致癌性，故不能用于疫苗制备，多用于病毒的分离鉴定。

细胞株是由细胞系克隆获得的、具有特殊遗传、生化性质或特异标记的细胞群，其生物学性质、生化性质呈现均一性。细胞株又分有限细胞株和连续细胞株。有限细胞株的大多数染色体为二倍体，又称亚二倍体细胞，猪肾细胞（PK15）、牛肾细胞（MDBK）等，能连续传很多代（50～100代），但为有限生命；没有肿瘤原。广泛适用于病毒性生物制剂制备（如疫苗生产），安全可靠。连续细胞株可以连续传代，如HeLa细胞株（人子宫颈癌细胞）。

（二）细胞培养液的配制

配制细胞培养液和各种溶液，应使用分析纯级化学药品和灭菌的注射用水。

1. 生理平衡盐溶液

（1）Hank's平衡盐溶液（汉克氏液）　10倍浓缩液。甲液含氯化钠80 g、氯化钾14 g、硫酸镁（含7个结晶水）2 g、无水氯化钙1.4 g。乙液含磷酸氢二钠（含12个结晶水）1.52 g、磷酸二氢钾0.6 g、葡萄糖10 g、1%酚红溶液16 mL。甲、乙液分别用注射用水溶解，其中氯化钙应单独用注射用水100 mL溶解，其他试剂顺序溶解后，再加入氯化钙溶液。将乙液倒入甲液，补足水量至 1 000 mL，置 4 ℃保存。使用时，以注射用水稀释 10 倍，116 ℃ 灭菌 15 min。室温贮藏。

(2)Earle's 平衡盐溶液(欧氏液) 10 倍浓缩液。每 1 000 mL 含氯化钠 68.5 g、氯化钾 4 g、氯化钙 2 g、硫酸镁(含 7 个结晶水)2 g、磷酸二氢钠(含 1 个结晶水)1.4 g、葡萄糖 10 g、1%酚红溶液 20 mL。其中氯化钙应单独用注射用水 100 mL 溶解，其他试剂顺序溶解后，再加入氯化钙溶液，然后补足注射用水至 1 000 mL。使用时，用注射用水稀释 10 倍，116 ℃ 灭菌 15 min。

以上 2 种溶液在使用前，以 7.5%碳酸氢钠溶液调 pH 至 7.2～7.4，加入一定量的抗生素。用于冲洗动物组织和细胞、配制细胞营养液及维持液等，具有等掺和一定的酸碱缓冲作用。

2. 7.5%碳酸氢钠溶液

碳酸氢钠 7.5 g，溶于 100 mL 注射用水，121 ℃灭菌 15～20 min，分装小瓶，4 ℃或结冻保存。也可用滤器滤过除菌。

3. 细胞分散液

(1)0.25%胰蛋白酶溶液 胰蛋白酶(1∶250)1 g、汉克氏液 400 mL。在室温充分溶解后，用 0.2 μm 的微孔滤膜或 G6 型玻璃滤器滤过除菌，分装后－20 ℃保存。

(2)EDTA-胰酶分散液 氯化钠 80 g、氯化钾 4 g、葡萄糖 10 g、碳酸氢钠 5.8 g、胰蛋白酶(1∶250) 5 g、乙二胺四乙酸(EDTA)2 g、1%酚红溶液 10 mL。各成分依次溶解于注射用水中，最后加注射用水至 1 000 mL，用 0.2 μm 的微孔滤膜或 G6 型玻璃滤器滤过除菌。分装小瓶，－20 ℃保存。使用时，用注射用水稀释 10 倍。经 35～37 ℃预热，用 7.5%碳酸氢钠调 pH 至 7.6～8.0。

4. 指示剂

(1)1%酚红溶液 取澄清的氢氧化钠饱和液 56 mL，加新煮沸过的冷双蒸水使成 1 000 mL，即得 1 mol/L 氢氧化钠液。称酚红 10 g 加氢氧化钠溶液(1 mol/L) 20 mL 搅拌，溶解并静置片刻，将已溶解的酚红溶液倾入 1 000 mL 刻度容器内。未溶解的酚红再加氢氧化钠溶液(1 mol/L) 20 mL，重复上述操作。如未完全溶解，可再加少量氢氧化钠(1 mol/L)溶液，但总量不得超过 60 mL。补足注射用水至 1 000 mL，116 ℃灭菌 15 min 后，置 2～8 ℃保存。

(2)0.1%中性红溶液 氯化钠 0.85 g、中性红 0.1 g、注射用水 100 mL。溶解后分装，116 ℃ 灭菌 15 min，2～8 ℃保存。

5. 营养液

(1)0.5%乳汉液 水解乳蛋白 5 g、汉克氏液 1 000 mL。完全溶解后分装，116 ℃灭菌 20 min，2～8 ℃保存。用于配制细胞生长液，培养健康细胞。

(2)0.5%乳欧液 水解乳蛋白 5 g、欧氏液 1 000 mL。完全溶解后分装，经 116 ℃灭菌 15 min，2～8 ℃保存备用。用于配制细胞维持液，培养接毒后的细胞。

(3)合成培养液 由已知化学物质组合而成，适应多种细胞营养需求。市场有粉剂出售，来源方便，成分稳定。如 Eagle 氏液、E-MEM 培养基、199 培养基、RPMI-1640 培养基等，各有其特点和适用范围。Eagle 氏液主要成分为 13 种必需氨基酸、8 种维生素、糖和无机盐等成分。E-MEM 培养基含有 13 种氨基酸、9 种维生素和多种无机盐。199 培养基含有 21 种氨基酸、17 种维生素、21 种其他成分，营养比较齐全，适合于培养多种细胞。RPMI-1640 培养基由含有 20 种氨基酸、11 种维生素、6 种无机盐和 3 种其他成分组成。均有商品出售，使用时按说明配制，但临用前另加谷氨酰胺溶液。

(4)3%谷氨酰胺溶液　*L*-谷氨酰胺 3 g、注射用水 100 mL。溶解后，经滤器滤过除菌，分装小瓶，−20 ℃保存备用。使用时，每 100 mL 细胞营养液中加 3%谷氨酰胺溶液 1 mL。

6. 血清

血清是细胞生长的必需的营养成分，多用犊牛血清。由颈动脉无菌放血。采血前先向瓶内加些等渗盐溶液湿润瓶壁，采血后置室温或 37 ℃温箱内待血液完全凝固后，用灭菌玻棒将血块自瓶壁分离。再置室温或 4 ℃冰箱内 1 d，即可吸取血清，如有少量红细胞可离心沉淀除去。经滤过除菌，分装，置−20 ℃冻存。

血清是细胞污染支原体、病毒等的重要来源。因此，对血清的质量控制尤为重要。血清必须无菌，不得有支原体污染，不得有牛黏膜病毒等外源病毒污染，血清中细菌内毒素含量应不高于 10 EU/mL。

7. 抗生素溶液

一般应用青、链霉素。取青霉素配成 100 万 IU，双氢链霉素硫酸盐 100 万 μg，溶于 100 mL 灭菌注射用水中，使每 1 mL 含青霉素 10 000 IU 和链霉素 10 000 μg，滤过除菌定量分装，−20 ℃冻结保存。使用时每 1 mL 培养液抗生素的浓度为 100 IU(μg)。

(三)细胞制备方法

1. 原代细胞

首先选取适当组织或器官，如鸡胚体、乳鼠肾脏或犊牛睾丸等，采用机械分散法如剪碎、挤压等使之成为约 1 mm^3 小块，然后用 0.25%胰酶(pH 7.4～7.6)消化掉细胞间的组织蛋白，消化的时间长短与温度、组织的来源及大小等有关，一般 37 ℃消化 10～50 min，4 ℃消化需要 12 h 左右。消化好的组织块去掉胰酶经吹打成分散的细胞，加上营养液进行培养。

(1)鸡胚成纤维细胞(CEF)制备　选用 9～10 日龄发育良好 SPF 鸡胚。在气室部用 5%碘酊消毒，无菌手术取出胚胎，放入灭菌的玻璃平皿内，去头、四肢和内脏，用汉克氏液洗 2～3 次，用镊子挑入灭菌的烧杯中，用灭菌剪子剪成 1～2 mm 大小的组织块。将组织块倒入灭菌的三角烧瓶中，加入预热至 37 ℃的 0.25%胰酶液，每个胚约 4 mL，在 37.5～38.5 ℃水浴中消化 10～30 min，弃去胰酶液。将汉克氏液倒入三角瓶中，静置片刻，倾去上清液，如此洗 2～3 次后，摇动三角烧瓶使细胞分散。加入适量的生长液，通过 6～8 层纱布的漏斗滤过，将滤液制成每 1 mL 含活细胞数 100 万～150 万个的细胞悬液，分装于培养瓶中。37 ℃静置或旋转培养。一般在 24 h 内形成单层，即可接种。

(2)犊牛睾丸细胞(BTC)制备　犊牛应来源于非猪瘟疫区，无口蹄疫、黏膜病等传染病地区。犊牛经体表消毒，无菌采取牛睾丸，放入含适宜抗生素的汉克氏液中，浸泡 30～40 min。无菌操作除去被膜、附睾，将组织剪成 1～2 mm 小块，用汉克氏液反复冲洗，至上清液清亮为止。加入 5～8 倍的 0.25%胰酶溶液，塞紧瓶口，置 37 ℃水浴消化 40～50 min，不含预热时间，中间每隔 10 min 轻摇 1 次，消化完毕除去胰酶溶液。用汉克氏液反复冲洗 2～3 次，再加入营养液，以玻璃珠振摇法或吹打法分散细胞，反复进行 3～4 次，用 6～8 层纱布滤过，收集细胞悬液。通常 1 对犊牛睾丸可制成 1 000 mL 细胞悬液，分装于培养瓶中，装量为瓶容积的 1/10，36～37 ℃进行静置或旋转培养，3～5 d 长成致密单层。

牛睾丸原代细胞长成单层后，用 EDTA-胰酶细胞分散液消化，以 1∶(3～5)制成次代细胞悬液(彩图 21)，继续培养 3～5 d，形成良好单层。根据需要接毒或继续进行传代。

(3)仔猪(或胎猪)肾细胞的制备　仔猪应来自猪细小病毒病洁净区。将仔猪体表消毒，无菌采取仔猪肾，放在含适宜抗生素的汉克氏液或欧氏液中浸泡 30～40 min。把组织剪成 1～2 mm 小块，反复冲洗至上清液清亮为止。将组织块放入消化瓶中，加 5～8 倍 0.25%胰酶溶液。置 37 ℃水浴消化 30～50 min。在消化过程中，每隔 10 min 轻摇 1 次，消化完毕除去胰酶溶液。反复冲洗 2～3 次，再加入营养液，以玻璃珠振摇法或吹打法分散细胞，反复进行 3～4 次。用 8～10 层纱布将细胞过滤，收取细胞悬液，分装于培养瓶中，置 36～37 ℃进行旋转培养，转速为 10～12 r/h，3～5 d 长成单层。

2. 传代细胞

多采用 EDTA-胰酶消化法，胰酶浓度为 0.05%，其作用是消化细胞间的组织蛋白；EDTA 浓度为 0.01%，其作用是螯合维持细胞间结合的钙、镁离子和细胞与细胞瓶间的钙镁离子，使细胞易脱落和分散。取已长成单层的传代细胞，倾去营养液；加入 37 ℃预热的 EDTA-胰酶溶液；待细胞开始脱落时倾去胰酶；加入少量细胞生长液，轻轻吹打使细胞分散，加入剩下生长液，分装培养，48 h 即可长成单层。某些半悬浮培养或悬浮培养的细胞，不需消化液消化，采用机械吹打即可形成单层。

3. 细胞冻存与复苏

细胞株与细胞系均需保存于液氮中(－196 ℃)。为保持细胞最大存活率，一般采用慢冻快融法。常用冷冻速度为每分钟下降 1～2 ℃，当温度达－25 ℃时，速度可增至 5～10 ℃/min，到－100 ℃时则可迅速浸入液氮中。也可采用如下程序：取对数生长期细胞消化后离心，将细胞沉淀用冻存液(10% DMSO，20%犊牛血清，70% MEM)悬浮至 200 万～500 万个/mL 细胞数，分装于细胞冻存管后 4 ℃放置 1 h，然后－20 ℃放置 2 h，再放入－70 ℃冰箱 4～6 h 后放入液氮保存。复苏时要求快速溶解以防止损害细胞。通常将取出的细胞管置 37～40 ℃水浴 40～60 s 溶解，离心后除去冻存液，然后将细胞悬浮于培养液中培养。必要时待细胞完全贴壁后换液 1 次，以防止残留的 DMSO 对细胞有害。细胞在液氮可贮藏 3～5 年。通常每冻存 1 年应再复苏 1 次。

(四)细胞培养方法

随着生物技术的发展，细胞体外培养方法也日益增多，目前在兽用生物制品上适用的有下列几种方法。

(1)静置培养　培养瓶和营养液都静止不动，细胞沉降后贴附在培养瓶内面上生长分裂，3～5 d 形成细胞单层。静置培养是最常用的细胞培养方法。

(2)转瓶培养　将培养瓶放在转瓶机上，使营养液和培养瓶作相对运动，转瓶转速一般为 9～11 r/h，使贴壁细胞不始终浸于培养液中，有利于细胞呼吸和物质交换。可在少量的培养液中培养大量的细胞来增殖病毒，多用于生物制品生产。

(3)悬浮培养　是通过振荡或转动装置使细胞始终处于分散悬浮于培养液内的培养方法，培养瓶不动营养液运动。主要用于一些在振荡或搅拌下能生长繁殖的细胞，如生产单克隆抗体的杂交瘤细胞。对正常细胞(贴壁依赖性细胞)、某些传代细胞等不适用,这些细胞在悬浮下会很快死亡。

(4)微载体培养　微载体是以细小的颗粒作为细胞载体,通过搅拌悬浮在培养液内,使细胞在载体表面繁殖成单层的一种细胞培养技术,兼有单层和悬浮细胞培养的优点。微载体带有正电荷,负电荷的细胞很容易贴附。微载体培养的容器为特制的生物反应器,有自动化装置。该培养方法完全可以实现自动化和工业化,可满足大量生产疫苗的需要。

(五)细胞培养要素

(1)培养液　不同培养液适用于不同细胞,乳汉液多用于鸡胚成纤维细胞培养;Eagle氏液适用于各种二倍体细胞,是最常用的培养液;199培养基多用于原代肾细胞培养;RPMI-1640培养基和DMEM培养基主要用于肿瘤细胞和淋巴细胞培养。

(2)血清　血清中除含有细胞生长的部分必需氨基酸外,还有促进细胞生长和贴壁的成分。因此在细胞培养中必须加入一定量的血清方能获得成功。目前,国内多用犊牛血清,使用前56 ℃水浴中灭活30 min。细胞培养时血清含量为营养液的10%,接毒后血清含量不超过5%。

(3)细胞接种量　在适宜的培养条件下,需要有一定量活细胞才能生长繁殖,这是因为细胞在生长过程中分泌刺激细胞分裂的物质,若细胞量太少,这些物质分泌量少,作用也小。此外,细胞接种量和形成单层的速度也有关,接种细胞数量越大,细胞生长为单层的速度越快,但细胞过多对细胞生长也不利。一般CEF细胞为100万个/mL,小鼠或地鼠肾细胞为50万个/mL,猴肾细胞量为30万个/mL,传代细胞为10万～30万个/mL。

(4)pH　细胞生长的pH为6.6～7.8,但最适pH为7.0～7.4。细胞代谢产生的各种酸性物质可使pH下降,因此要使用缓冲能力强的培养液。

(5)温度　细胞培养的最适温度应与细胞来源的动物体温一致,在此基础上,如升高2～3 ℃,则对细胞产生不良影响,甚至在24 h内死亡。低温对细胞影响较小,在20～25 ℃时细胞仍可缓慢生长。

此外,成功的细胞培养还需要严格的无菌操作及洁净的培养器皿。

(六)细胞培养污染与控制

细胞培养污染是指细胞培养过程中,有害的成分或异物混入细胞培养环境中,包括微生物(如细菌、真菌、支原体、病毒和原虫等)、化学物和异种细胞等。但微生物的污染最常见,化学物污染较少,而细胞交叉污染近几年来随细胞种类的增多也有发生。

(1)细菌污染　多见于消毒不彻底、操作不严格和环境污染所致,表现为营养液很快浑浊和pH下降,随之细胞死亡脱落。常见的污染菌有大肠杆菌、假单胞菌和葡萄球菌等。应用抗生素预防或处理污染细胞有一定的效果。

(2)真菌污染　也与消毒不彻底和操作不严格有关。在培养液中可见白色或黄色小点状悬浮物,镜检时可见菌丝结构。念珠菌或酵母菌污染后镜检可见卵圆形菌分散于细胞周边和悬浮于营养液内有折光性。真菌污染时可用两性霉素或制霉菌素处理,但效果不理想。

(3)支原体污染　支原体在细胞培养中最常见,不易察觉,危害较大。目前,细胞支原体污染率为50%～60%,主要来源于犊牛血清、实验人员、细胞原始材料及已污染的细胞。支原体污染可多方面影响细胞的功能和活力,如引起细胞产生病变、竞争细胞的营养、抑制或刺激淋巴细胞转化、造成细胞染色体缺损及促进或抑制病毒增殖等。

迄今尚无消除支原体污染的简便方法。目前多用以下方法:①抗生素(如四环素、金霉素、卡那霉素、泰乐霉素、新生霉素)处理;②41 ℃处理 18 h;③加入特异性抗支原体高免血清等。这些方法在一定程度上能降低支原体在细胞培养中的滴度,但很难彻底清除。

(4)病毒污染 病毒污染是指细胞培养中出现非目的病毒。其来源有:①组织带毒。如鸡胚成纤维细胞常有禽呼肠孤病毒;在某些细胞株和细胞系内也有潜在病毒污染,如 PK15 细胞常有猪圆环病毒污染。②培养液带毒。主要是在病毒污染实验室中,培养液配制过程中受到污染。病毒污染后细胞往往出现病变。有些病毒虽不出现病变,却干扰目的病毒的增殖。细胞一旦污染病毒,就很难排除。因此主要以预防为主,如选择 SPF 动物组织、营养液配制用水和器皿应消毒后使用等。

(5)胶原虫污染 在犊牛血清中,有时会发现一种新的对细胞培养有害的胶原虫,一经污染就难以消除。目前,唯一的方法是将犊牛血清 37 ℃培养 1 个月以上,然后高速离心取沉淀物镜检胶原虫。此外,对某些肿瘤细胞可腹腔注射小鼠,利用巨噬细胞杀死部分胶原虫,然后再抽取细胞进行培养检验。

传代细胞一旦污染支原体、病毒和胶原虫,很难消除。因此,只能重新引进纯净的细胞,建立细胞库。

三、细胞增殖病毒技术

1. 细胞的选择

病毒须在敏感的宿主细胞中增殖,病毒培养的宿主细胞一般选择相应易感动物的组织细胞(表 3-1)。但非敏感动物的细胞有时也能使病毒生长,如鸭胚成纤维细胞可培养马立克氏病毒。通常病毒的细胞感染谱是通过试验获得的,同一病毒在不同敏感细胞增殖后其毒价不尽相同。

表 3-1 常见病毒细胞感染谱

病毒	敏感细胞
口蹄疫病毒	BHK21、PK15、IBRS21 细胞,牛、猪、羊肾原代细胞
狂犬病病毒	BHK21、W126 细胞、鸡胚成纤维细胞
伪狂犬病病毒	猪、兔肾原代细胞,鸡胚成纤维细胞,BHK21
日本乙型脑炎病毒	鸡胚成纤维细胞、仓鼠肾细胞
猪瘟病毒	PK15 细胞、猪肾细胞、犊牛睾丸细胞
猪水疱病病毒	PK15 细胞、IBRS21 细胞、猪肾细胞
猪传染性胃肠炎病毒	猪肾、猪甲状腺细胞、唾液腺细胞
猪繁殖与呼吸障碍综合征病毒	MARC145、CL2621、猪肺泡巨噬细胞
猪圆环病毒	PK15 细胞
猪细小病毒	ST 细胞、猪肾细胞
牛病毒性腹泻-黏膜病病毒	牛肾细胞、牛睾丸细胞
马传染性贫血病毒	驴、马白细胞
鸡传染性喉气管炎病毒	鸡胚肾细胞
鸡痘病毒	鸡胚成纤维细胞、鸡胚肾细胞

续表3-1

病毒	敏感细胞
鸡传染性法氏囊病病毒	鸡胚成纤维细胞
鸡马立克氏病病毒	鸡、鸭胚成纤维细胞
鸭瘟病毒	鸡、鸭、鹅胚成纤维细胞
小鹅瘟病毒	鹅胚成纤维细胞
犬瘟热病毒	鸡胚成纤维细胞、犬肾细胞、Vero 细胞
犬传染性肝炎病毒	MDCK 细胞、犬睾丸细胞、肾细胞
犬细小病毒	MDCK 细胞、FK81 细胞、犬猫胚肾细胞
犬副流病毒	Vero 细胞，犬、猴肾细胞
猫泛白细胞减少症病毒	FK81 细胞、NLFK 细胞、CRFK 细胞、FLF31 细胞、猫肾细胞
水貂传染性肠炎病毒	FK81 细胞、NLFK 细胞、CRFK 细胞，猫、水貂肾细胞

2. *病毒增殖指标与收获*

细胞接种病毒后，在适宜温度下培养，多数病毒在敏感细胞内增殖可引起细胞代谢等方面的变化，发生形态改变，即细胞病变，显微镜下主要表现为(图 3-2)：①细胞圆缩。如痘病毒和呼肠孤病毒等。②细胞聚合。如腺病毒。③细胞融合形成合胞体。如副黏病毒和疱疹病毒。④轻微病变。如正黏病毒、冠状病毒、弹状病毒和反转录病毒等。包涵体和血凝性也可作为检查病毒增殖的指标。有些病毒在细胞上增殖并不产生 CPE，如猪瘟病毒和猪圆环病毒等。一般在 CPE 达 75%左右时收获细胞培养物，低温冷冻保存。

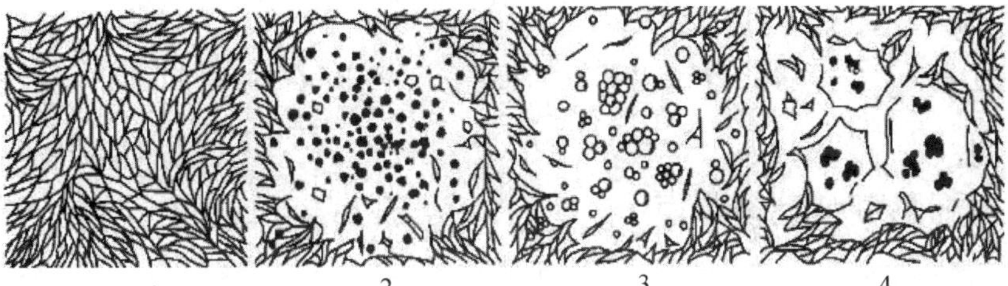

1. 正常细胞　2. 细胞崩解碎片　3. 细胞肿大形成团块　4. 形成合胞体

图 3-2　病毒所致细胞病变的模式

(引自马兴树. 禽传染病实验诊断技术，2006)

3. *细胞培养病毒要素*

病毒在敏感细胞上增殖需要一定条件，只有在最佳条件下，病毒才能大量增殖，毒价才会最高。

(1)血清　细胞培养必须加一定量血清以维持细胞的生长。但是，血清中存在一些非特异性抑制因子，它们对某些病毒的生长和增殖有抑制作用，经 56 ℃、30 min 不能被灭活。为了克服血清中非特异性抑制因子的作用，病毒维持液内血清含量一般不超过 5%。目前，已有无血清培养液可替代，以维持细胞活力并避免血清中某些物质对病毒增殖的抑制作用。

相关链接

无血清培养液

由基础培养液和血清替代因子组成。常用的基础液为MEM、199、DMEM、F12、RPMI-1640、DMEM+F12(1∶1,称SFFD)和RPMI-1640+DMEM+F12(2∶1∶1,称RDE)等。血清替代因子有激素和生长因子(如胰岛素、上皮生长因子)、结合蛋白(如转铁蛋白)、贴壁因子(如鱼精蛋白、聚赖氨酸)和微量元素(如硒)4类几十种,其中有些是主要而且必需的,有些为辅助作用因子。多数无血清培养液需补加3~8种血清替代因子。

(2)温度　病毒细胞培养的温度多数为37 ℃,此温度有利于病毒吸附和侵入细胞,如口蹄疫病毒于37 ℃可在3~5 min内使90%的敏感细胞发生感染,而在25 ℃时需要20 min,15 ℃以下则很少引起感染。但有些病毒的最适温度或高于37 ℃或低于37 ℃。

(3)pH　pH一般在7.2~7.4才能防止细胞过早老化,有利于病毒增殖。如果维持液pH下降过快或过低,也可用7.5% $NaHCO_3$液调整。

(4)接毒量　接种量小,细胞不能完全发生感染,会影响毒价;接种量过大,会产生大量无感染性缺陷病毒,如水疱性口炎病毒。为获得培养液中典型病毒和高度感染性,接种时必须用高稀释度的病毒液,如应用高浓度的病毒液传代,在第3~4代时会出现明显的缺陷病毒,发生自我干扰现象,病毒滴度下降。

(5)接毒方法　应根据病毒特点选择异步接毒和同步接毒,以获得高效价病毒。

(6)支原体污染问题　支原体污染不仅消耗维持液的营养,从而影响细胞生长;同时,也可以影响病毒的增殖。如痘病毒、犬瘟热病毒、马立克氏病毒和新城疫病毒等,均能被鸡毒支原体所抑制。

四、常用细胞疫苗制备要点

(一)鸡马立克氏病疫苗

1. 疫苗简介

马立克氏病毒分为3个血清型。血清Ⅰ型对鸡具有致病性和致瘤性;血清Ⅱ型对鸡无致病和致瘤性,又称自然无毒力株;血清Ⅲ型属于火鸡疱疹病毒(HVT)。马立克氏病毒疫苗免疫又以细胞免疫为主,体液免疫为辅。因此马立克氏病疫苗有很多种类,而且都是活疫苗。我国批准使用的疫苗有HVT疫苗(FC126株)和鸡马立克氏病814弱毒疫苗。

(1)血清Ⅰ型弱毒疫苗　由强毒株致弱而成或天然弱毒株。如MD11/75C株,1982年美国学者从HVT疫苗免疫失败鸡群中分离的超强毒株,经细胞培养传代78代后培育而成。接种于无母源抗体的鸡群能有效抵抗超强毒感染。又如荷兰的CVI988克隆C株,经蚀斑挑选纯化,并在CEF上传65代培育而成,目前已在一些国家广泛应用,我国某些地区也在使用。这些毒株都是紧密与细胞结合的,如细胞崩溃破坏,病毒即死亡。因此这类疫苗必须保存于－196 ℃液氮罐中。

(2)血清Ⅱ型自然弱毒疫苗　在鸡群中分离到的，对鸡无致病力的马立克氏病毒株。如美国的 SB-1 株和 301B 株疫苗。它们的免疫效果很好，特别是抵抗超强毒的感染，并且十分安全。属于细胞结合性病毒，需保存在－196 ℃液氮中。我国研制成功的鸡马立克氏病 814 弱毒疫苗，属于天然弱毒株。

(3)血清Ⅲ型 HVT 疫苗　目前，世界各国分离的毒株不下千种之多，但效果最好的是 FC126 株。HVT 不真正属于马立克氏病毒，对鸡不致病，只能防止 MD 的发生，不能阻止 MDV 的感染和传播。HVT 虽然也是细胞结合性病毒，但在细胞内复制的病毒颗粒大部分有囊膜，加入 SPGA 稳定剂后可将其裂解冻干，在 4 ℃下保存，免疫时无须依赖活细胞。目前是世界上应用最广的疫苗之一。

(4)马立克氏病毒多价疫苗　目前国际市场上主要推广应用二价苗。世界各国研究了各种组合的二价苗，结果认为血清Ⅱ型毒株与血清Ⅲ型毒株的组合最好。我国也研制试用了 SB-1＋HVT，Z4＋HVT 二价苗，免疫效果良好。此外，还研制推广了三价苗，如 MD11/75C＋SB-1＋HVT，MD11/75C＋301B＋HVT 等。这种疫苗十分安全，有较好的保护力，无致病性和免疫抑制作用，对抵抗超强毒感染特别有效。

2. 疫苗制备

(1)鸡马立克氏病活疫苗　毒种为马立克氏病毒自然低毒力 814 株。取液氮保存的毒种，于鸡胚皮肤细胞单层上复壮继代 1～2 代。选培养 48～72 h 细胞病变达 70％者收获细胞，分装于小安瓿中封口。保存于－196 ℃液氮中，经检验合格后为大量生产用种毒。生产疫苗用 9～10 日龄 SPF 鸡胚 CEF，培养 24 h 长成细胞单层；弃去细胞生长液，加入一定量含毒细胞和 199 维持液，继续培养至 70％以上细胞出现典型 CPE 时即可收获；弃去维持液，细胞用胰酶消化，离心收集沉淀细胞；将收集的细胞按原培养液量的 10％加入冷冻保护液，使细胞均匀分散，定量分装到安瓿中封口。保存于－196 ℃液氮中。先在 2～8 ℃预冷 1 h 左右，再徐徐放入液氮面上，30 min 后放进液氮中。

(2)鸡马立克氏病火鸡疱疹病毒活疫苗　毒种为火鸡疱疹病毒 FC126 毒株。取冻干或液氮保存的毒种，接种于 CEF 上复壮 1～2 代。选择培养 48～72 h、CPE 达 70％以上者收获，分装于小安瓿后封口保存，或于收获的细胞中加入 SPGA 稳定剂，经超声波裂解后冻干保存。生产时以毒种细胞与健康细胞 1∶(60～100)的比例接毒于 CEF；一般在接毒后 48～72 h，待 70％以上细胞出现典型 CPE 时，即可收获；倒去培养液，细胞用胰酶消化，加入适量营养液后离心收集沉淀细胞；沉淀细胞加入适量 SPGA 稳定剂，用超声波裂解器进行裂解，释放病毒后即为原苗；原苗收集混合，加入 SPGA，过滤，分装，冻干，即为冻干苗。每羽份应≥2 000 PUF。

(二)鸡痘疫苗

1. 疫苗简介

目前，预防鸡痘用的疫苗都是弱毒活疫苗，种毒有鸡痘病毒、鸽痘病毒或火鸡痘病毒，用细胞培养或 SPF 鸡胚培养。

我国有 2 种鸡痘弱毒苗已批准生产，即鸡痘鹌鹑化弱毒疫苗和鸡痘鸡胚化弱毒疫苗。鸡痘鹌鹑化弱毒株是将自然鸡痘病毒 102 株感染成年鹌鹑的皮肤，连续传代适应后，可规律地出现局部痘疱反应，重者可散发全身痘，并可继续适应鸡胚，产生绒毛尿膜病变和痘斑。系统检查不同代次的鹌鹑化痘毒对鸡的安全性，通过强毒攻毒试验，证明对各种日龄鸡的免疫性是坚强的。鸡痘鸡胚化弱毒株是将鸡痘病毒通过鸡胚致弱培育而成的弱毒株。

2. 疫苗制备

(1)鸡痘鹌鹑化弱毒疫苗　毒种为鸡痘鹌鹑化弱毒株，接种于 SPF 鸡胚或 CEF 培养，收获后加入稳定剂，经冻干制成。详见项目三的任务一。

(2)鸡痘鸡胚化弱毒疫苗　毒种为鸡痘病毒汕系弱毒株。制苗时选择发育良好的 9～12 日龄 SPF 鸡胚，生产用种毒接种于鸡胚绒毛尿囊膜或尿囊腔中，置 37 ℃孵育，取接种后 96～144 h 的死胚和 144 h 的活胚，无菌采集有水肿或痘斑胚的绒毛尿囊膜，混合称重，加适量 5%蔗糖脱脂奶制成匀浆，并加入适量抗生素，经冻干制成。

(三)鸭瘟疫苗

1. 疫苗简介

弱毒疫苗目前在国内外使用广泛且免疫效果确实。主要有鸭瘟鸡胚化弱毒疫苗、鸭瘟鸡胚化弱毒细胞苗、鸭瘟自然弱毒株疫苗、鹅源性鸭瘟弱毒疫苗。

(1)鸭瘟鸡胚化弱毒疫苗　1965 年南京药械厂自行培育成功 C-KCE 弱毒株。病毒通过鸭胚 9 代，在鸡胚绒尿膜上传 8 代，适应于鸡胚，再传 20 余代后致弱而成。此苗安全，大剂量注射，200 头份/只，成鸭无反应，不影响产卵量，不散毒，不返祖。本疫苗适用于 2 月龄以上的鸭，注苗后 3～4 d 即可产生免疫力，免疫期为 9 个月。

(2)鸭瘟鸡胚化弱毒细胞苗　湖南生物药厂在鸭瘟鸡胚化弱毒苗基础上研制成功的。所用细胞为鸡胚成纤维细胞(CEF 细胞)。目前国内许多生物药厂生产此种疫苗。

(3)鸭瘟自然弱毒株疫苗　美国科研人员于 1983 年从加州一次小规模鸭瘟暴发中，利用鸭胚成纤维细胞从濒死鸭中分离到一株鸭瘟病毒(Sheridan-83 株)。该毒株对易感鸭无致病作用，可刺激机体产生坚强免疫力，免疫力持续 2 个月以上。

(4)鹅源性鸭瘟弱毒疫苗　鸭用鸭瘟弱毒疫苗对鹅的免疫原性较弱，经鹅连续传代后可增强对鹅的免疫原性，在鹅胚上传至第 90 代后可完全保护小鹅抵抗强毒的攻击。我国 1991 年研制成功鹅源性鸭瘟和小鹅瘟二联弱毒疫苗，对小鹅具有良好的安全性和免疫原性。

灭活疫苗有鸭瘟脏器灭活苗、鸭胚灭活苗和鸡胚灭活苗。鸭瘟脏器苗由于产量低、成本高使用受到限制。鸭胚苗和鸡胚苗材料来源广泛，疫苗的安全性和免疫效力较好。

2. 疫苗制备

将冻干毒种用灭菌生理盐水稀释 50～100 倍，绒毛尿囊膜接种 9～10 日龄 SPF 鸡胚，每胚 0.2 mL。取接种后 48～120 h 死亡的鸡胚胚液，经检验合格后作为生产种子。制备细胞苗时选择发育良好 CEF。按培养液量的 0.75%～1.00%接入合格的种子，pH 调制 7.2 左右，接毒后观察，待 75%以上的细胞出现圆缩、色暗不透明，似颗粒状时，即可收获。经检验合格后用于配苗。按比例加入冻干稳定剂，同时加适量抗生素，充分搅拌均匀后，定量分装，冻干。

也可以使用 10 日龄 SPF 鸡胚制备病毒液，将种毒稀释 50～100 倍，绒毛尿囊膜上接种 0.2 mL，收获 48～120 h 鸡胚液用于配苗。每羽份含组织毒不少于 0.005 g。

(四)猪繁殖与呼吸障碍综合征疫苗

1. 疫苗简介

猪繁殖与呼吸障碍综合征又称蓝耳病，是20世纪80年代末期出现的一种新病。美国1987年首次报道了这种不明原因的病毒性疾病，它的症状主要表现为流产、早产、死胎、木乃伊、仔猪成活率急剧下降和育成猪呼吸道症状等。随后加拿大、日本、法国、西班牙、荷兰、丹麦等也先后报道了该病的发生。1990—1991年仅在欧洲所暴发的毁灭性流行，就造成了100万头以上猪的死亡，给养猪业及其产品贸易带来严重威胁。1991年欧盟提出将该病命名为猪繁殖和呼吸障碍综合征(PRRS)，该提议于1992年得到了国际兽疫局的认可，并将其列为需要通报的B类传染病。

1995年PRRS在我国北京地区暴发，随即在我国华北、华东地区部分猪场发生类似PRRS的疾病，并从血清学上证实了PRRS的存在；1996年从发病猪场分离到该病病原。并鉴定其为PRRS病毒，从而确定了PRRS在我国的存在。为预防PRRS的发生，各国都在进行有效的疫苗研究。目前我国生产和使用的猪繁殖与呼吸障碍综合征(蓝耳病)灭活疫苗为临时生产文号，尚未正式注册。

相关链接

PRRSV 灭活检验

将灭活病毒液10倍稀释后接种于已长成良好单层的MARC-145细胞，每个样品接种4瓶，每瓶1 mL，孵育1 h后弃去接种液，加维持液培养5 d，同时设未接种的MARC-145细胞做空白对照。5 d后盲传1代，继续培养5 d，应无细胞病变出现。

2. 疫苗制备

生产用毒种为猪繁殖与呼吸综障碍合征病毒NVDC-JXAl株。选择生长良好的MARC-145细胞，弃去培养基，按5%接种生产种毒，吸附1 h，加入维持液继续培养。当CPE达70%以上时收获，反复冻融2次，经离心或过滤除去细胞碎片，-20 ℃以下保存。每1 mL病毒含量应不低于$10^{6.0}$ $TCID_{50}$。将合格的病毒液按0.1%浓度加入甲醛溶液，置37 ℃灭活18 h取出，2～8 ℃保存，应不超过2周。经灭活检验合格的病毒液制成水相，与油相按1∶1.5乳化，并加入1%硫柳汞溶液，使其最终浓度为0.01%，乳化至取10 mL以3 000 r/min离心15 min无分层现象为止。定量分装，进入待检库。

(五)猪细小病毒病疫苗

1. 疫苗简介

本病目前尚无有效治疗方法，公认使用疫苗是预防猪细小病毒(PPV)、提高母猪繁殖率的唯一方法。除美国和日本有3个弱毒疫苗外，其余均为灭活疫苗，并都已成为商品化生产苗。免疫期一般在4～6个月，而弱毒苗的免疫期要比灭活苗长，一般能达到7个月以上。美国生产的弱毒疫苗是细胞弱毒苗，是先经胎猪肾原代细胞(FPK)培养数代，然后转到猪睾丸(ST)传代细胞上传代而培育出来的，其疫苗的感染滴度为 10^7 $TCID_{50}$/0.2 mL，血凝价为 512/0.5 mL。日本学者于 1979 年和 1982 年各培养出一株温度变异弱毒株。

目前，国内有 2 种猪细小病毒灭活疫苗供预防本病。一种是氢氧化铝灭活疫苗，另一种是油佐剂灭活疫苗。猪注射疫苗后 7～14 d 产生免疫，免疫期为 7～12 个月。母源抗体的持续期为 16～24 周，仔猪母源抗体的持续时间与母猪抗体滴度呈正相关。一般认为注射疫苗后血凝抑制抗体效价大于 1∶80 倍时，即可抵抗 PPV 的感染，但血清抗体转阴后 1 周的猪对 PPV 又具有易感性。

2. 疫苗制备

猪细小病毒油乳剂灭活疫苗制苗用毒种为 PPV S-1 毒株细胞适应毒。

选择生长良好的 ST 细胞或仔猪肾细胞，接毒量为培养液量的 10%。37 ℃继续转瓶培养。接毒后的 6～8 d，待 80%的细胞出现圆缩、细胞结构不清、拉网并脱落时，即可进行病毒的收获，收获的病毒液经 3 次冻融后，置－20 ℃以下保存。病毒含量应不低于 $10^{6.0}$ $TCID_{50}$/mL，其 HA 价应＞1 024。将合格的病毒液按终浓度为 0.1%加入甲醛溶液，37 ℃灭活 24 h，其间振摇 3～4 次，在 2～8 ℃保存，应不超过 1 个月。将灭活检验合格的病毒液加入 4%吐温-80 制成水相。与油相 2 份进行乳化制成油包水单相苗，并加入 1%硫柳汞溶液，使其最终浓度为 0.01%，定量分装，进入待检库。

相关链接

猪细小病毒液灭活检验

将灭活的病毒液经细胞连续传 3 代，用细胞病变（CPE）观察法或荧光抗体检测（FA）法进行灭活检测，不应出现 CPE 或 PPV-FA 阳性。

(六)猪传染性胃肠炎疫苗

1. 疫苗简介

猪传染性胃肠炎（TGE）灭活疫苗由于不能产生乳汁免疫而很少应用，继而出现了活苗-灭活苗并用法。继之研究最多的是弱毒疫苗，国内外现已培育成的弱毒疫苗逐渐增多，下面介绍几种具有代表性的疫苗。

(1)华毒株疫苗　由中国哈尔滨兽医研究所研制的。本疫苗株是通过胎猪肾细胞传代致弱的，疫苗毒价 $10^{5.0}$ $TCID_{50}$/0.3 mL 以上。对妊娠母猪于产前 45 d 及 15 d 左右进行肌肉、鼻内各接种 1 mL，被动免疫的保护率达 95%以上，接种母猪对胎儿无侵袭力。对 3 日龄哺乳仔猪主动免疫的安全性为 90%以上。

(2)浮羽株疫苗　由日本化学及血清疗法研究所研制的。本疫苗株在猪肾细胞传 68 代，克隆纯化后，又传 22 代致弱。在猪肾细胞上增殖制备疫苗，毒价为 $10^{4.0}$ $TCID_{50}$/mL。妊娠母猪产前 5 周及 2 周皮下各接种 2 mL。张联欣等(1977)用本疫苗对 300 头妊娠母猪皮下接种免疫是安全的，抽样 10 窝仔猪做强毒攻击，发病率为 5.9%，死亡率为 1.2%；对照组的发病率及死亡率分别为 85.4%和 34.1%。还对 3 日龄不吃初乳仔猪皮下接种 2 mL 及分别经口接种 0.2 mL、0.02 mL 是安全的，与健康仔猪同居不感染。

(3)H-5 株疫苗　由日本生物科学研究所研制的。本疫苗的原始毒株经猪肾细胞传代 120 代致弱，而后进行 4 次克隆纯化。在肾皮质细胞的 100～150 代传代细胞上增殖制苗。采用弱毒苗和灭活苗并用法免疫。第一次给妊娠 6 周内母猪鼻内喷雾接种弱毒苗 1 mL，第二次在产前 2～3 周肌内注射灭活苗 1 mL。弱毒苗的毒价在 $10^{7.0}$ $TCID_{50}$/mL 以上，灭活苗在灭活前的毒价应在 $10^{8.3}$ $TCID_{50}$/mL 以上。对 3 日龄哺乳仔猪攻击强毒均安全，对 12～23 日龄仔猪攻毒，约 3/4 无反应，有反应的仔猪也是一过性的，体重不减，恢复后发育正常，其间母乳中 IgA 为 4～16 倍。这是日本生物科学研究所提出的 L-K 免疫法，即活苗-灭活苗并用法。

(4)TO-163 株疫苗　是日本培育的弱毒株疫苗，用于新生仔猪的主动免疫，但免疫效果受环境温度和初乳的影响较大。

除上述疫苗外，美国的 TGE-vae 株、小空斑变异株(Woods)及 TGE 和轮状病毒弱毒联苗，德国的 B1-300 疫苗株和 Rims 弱毒苗，独联体的 TGE 弱毒苗，保加利亚的 TGE 弱毒苗及匈牙利的 CKP 弱毒苗等，都是目前培育的 TGE 弱毒苗。

2. 疫苗制备

(1)猪传染性胃肠炎-流行性腹泻二联灭活疫苗　猪传染性胃肠炎毒株为经胎猪肾细胞传至 83 代转 PK15 细胞系传代后的华毒株。猪流行性腹泻毒株为 CV777 毒株适应 Vero 细胞系的传代后毒株。猪传染性胃肠炎基础毒种代次为 85～97 代，猪流行性腹泻基础毒种代次为 70～85 代，生产种毒应不超过 5 代。

将合格的毒种接种已生长良好的 PK15 或细胞单层的培养瓶中培养。当细胞病变达 80%以上时，即可收获，经 3 次冻融后，置－40 ℃保存。猪传染性胃肠炎与猪流行性腹泻病毒含量均应≥$10^{7.0}$ $TCID_{50}$/mL。将 2 种病毒液等量混合，加入甲醛溶液灭活。将灭活检验合格的病毒液与等量的氢氧化铝胶盐水均匀混合，在室温下沉淀，加入硫柳汞溶液，充分混合，即制成二联灭活疫苗，定量分装。

(2)猪传染性胃肠炎-流行性腹泻二联活疫苗　制苗用种毒与制备方法与灭活苗一样，工艺基本相同，配苗时加冻干保护剂，冷冻干燥制成。

(七)口蹄疫疫苗

1. 疫苗简介

目前，应用的口蹄疫弱毒苗，除经济、免疫效果好等优点外，还存在一些不容忽视的缺点。例如疫苗株的致弱程度常随动物种类而不同，如对牛没有毒力或很低的疫苗株，对猪有致病力，使接种动物发生病毒血症；各组织中的疫苗株不易与流行毒株相区别；弱毒株在多代通过易感动物后可能出现的毒力增强——返祖，这更是一个不可忽视的危险。因此，现在有些地区和国家明令禁用弱毒疫苗。

灭活疫苗具有安全、稳定和不致散毒等优点。口蹄疫多价灭活疫苗已被成功应用，特别是口蹄疫在欧洲的控制和扑灭，其中部分应归功于 O 型、A 型、C 型口蹄疫三价灭活疫苗的有效应用，常规灭活疫苗仍然是当前世界口蹄疫免疫控制的最主要疫苗。目前，绝大多数的疫苗是用廉价的、稳定的传代细胞，特别是 BHK21 转瓶单层或发酵罐悬浮培养大规模生产病毒抗原，可进一步纯化、浓缩。使用 AEI 或 BEI 灭活病毒，制备安全高效的灭活疫苗。目前，多用氢氧化铝胶和矿物油为佐剂。认为双相油佐剂疫苗效果最好，能够用于所有的动物。

2. 疫苗制备

口蹄疫细胞灭活苗毒种为具有良好免疫原性的牛源或猪源强毒株。选择 BHK21 细胞，接毒量常为维持液量的 5%～10%，37 ℃吸附 0.5～2.0 h，加入维持液继续培养，当细胞单层 CPE 达 90%以上时，收取含毒细胞液，病毒含量应≥$10^{8.0}$ $TCID_{50}$/mL，即可用于配苗。经离心或滤过除去细胞碎片，加入 0.02%乙酰乙烯亚胺（AEI）或二乙烯亚胺（BEI）灭活剂，于 36～37 ℃灭活 24 h。经灭活安全性检验合格后浓缩、加佐剂配制成单价、二价、三价或多价疫苗。

在生产口蹄疫细胞灭活苗过程中，除用 BHK21 细胞外，还可应用 IBRS-2 细胞或 IFFA3 细胞。培养方法除用单层细胞培养外，还可用悬浮细胞培养。

（八）狂犬病疫苗

1. 疫苗简介

由于狂犬病病毒感染后一般潜伏期较长，可用人工自动免疫获得良好的保护作用。既可在狂犬病发生前预防接种，又可在暴露后接种疫苗防止发病。用疫苗来预防疾病，狂犬病疫苗是应用最早的一种。1882 年巴斯德用从病牛中分离到的狂犬病病毒，在家兔脑内连续传代，获得毒力减弱的固定毒，并试制疫苗，于 1885 年 7 月在一个被狂犬严重咬伤的小孩身上试用，成功地使小孩免于发病。以后国际上用类似的方法获得了许多固定毒株，用来制备不同的狂犬病疫苗，主要有禽胚疫苗和细胞培养疫苗。细胞培养疫苗不含神经组织，其他杂质含量也很少，不良反应轻微，是迄今最安全的疫苗。

（1）禽胚疫苗　Flury 属于此类疫苗。1948 年从狂犬病致死女孩脑内分离的毒株，以死者名命名为“Flury”株，在 1 日龄雏鸡脑内传代成为固定毒。又将其连续通过鸡胚卵黄囊传代，致病力进一步减弱，制成含有大量病毒的鸡胚悬浮液疫苗，称为 Flury 疫苗。它又分为 2 种：一种是低鸡胚传代株（LEP），指在鸡胚中传至 68 代前的毒株；另一种是高鸡胚传代株（HEP），即在鸡胚上传 130 代以上，通常是用传至 180 代的毒株。其制作程序是，将种毒接种于 6～7 日龄鸡胚卵黄囊，培养 9 d 后收获鸡胚胎，制成 33%乳剂便可。以 LEP 制备的疫苗，毒性较大，只适用于成龄犬、猫和家兔；曾有对牛只免疫无效的报道，并认为注射后可能引起牛的狂犬病。以 HEP 制备的疫苗，毒力显著减弱，用于牛可获得坚强免疫力，对人也安全，但效果不理想，因此未得到大规模推广使用。

（2）BHK21 细胞苗　1977 年郑州兽用生物药品厂从国外引入 Flury/LEP 株，经适应 BHK21 细胞后作为制苗用种毒，用 BHK21 传代细胞生产疫苗。该苗仅限用于犬，保护率为 87.5%，但不适用于 2 月龄以下幼犬。

（3）ERA 株弱毒苗　该毒株系 1935 年在美国亚拉巴马州的传染病中心（CDC）实验室从一只患狂犬病死亡的犬脑中分离得到。经小鼠脑中传代，得到一株命名为 SAD 的著名固定毒。1960 年起 Paul Fenje 等经地鼠肾细胞、鸡胚和犬、牛、猪肾细胞多次传代，培育成功一株毒力减弱的细胞适应毒，为纪念 E. Gayor、Rokitniki 和 Abelseth 3 人的工作而命名为 ERA 株。用 ERA 株制成的弱毒疫苗可以免疫各种动物。ERA 病毒及其生产方法已于 1969 年申请了美国专利，从 20 世纪 70 年代起广泛在世界各地使用。1983 年中国兽药监察所从国外引进 ERA 毒株，通过 BHK21 细胞和猪肾原代细胞开始复制病毒。肌内注射于成牛、山羊、绵羊、犬和家兔，安全性良好，其毒力较 Flury/LEP 株弱。

近 20 年来，狂犬病灭活疫苗有了新的发展。我国用 Flury/LEP 株，接种 BHK21 细胞，制备狂犬病灭活疫苗，用于预防犬、猫的狂犬病，1 次肌内注射，免疫期 1 年以上。

2. 疫苗制备

(1)狂犬病弱毒疫苗　毒种为犬用 Flury/LEP 弱毒株或兽用 ERA 弱毒株。取生长良好的 BHK21 单层细胞，弃去生长液，按细胞维持液 0.5%～1.0%接种量接毒，置 34～36 ℃静置或旋转培养，接毒后每天观察细胞 1～2 次，应无异常，4～6 d 即可收获，置－15 ℃以下冻结保存。病毒含量≥$10^{4.0}$ LD_{50}/0.03 mL。将合格的半成品，按比例加入 5%蔗糖脱脂牛奶稳定剂，同时加入适量抗生素，充分搅匀，定量分装并冻干。

(2)狂犬病灭活疫苗　毒种为狂犬病 Flury/LEP 弱毒株，接种 BHK21 细胞，将病毒培养物反复冻融 2 次，－15 ℃以下保存，应不超过 30 d，病毒含量应≥$10^{5.0}$ LD_{50}/0.03 mL。合格病毒液超滤浓缩 50～60 倍，加入 β-丙内酯灭活后，置 2～8 ℃保存。将灭活安全性检验合格的病毒液纯化、根据纯化后蛋白质含量结果，按一定比例加入保护剂，充分混匀，定量分装并冻干。

(九)伪狂犬病疫苗

1. 疫苗简介

关于疫苗研制的报道很多，包括灭活疫苗和弱毒疫苗。目前的动向主要是发展弱毒疫苗。但有些学者认为这 2 种疫苗注射猪后，只能抑制发病，而不能阻止感染强毒在体内的复制和排毒。还有学者认为在疫区还是应该使用疫苗免疫猪群，以控制疫情发展，降低死亡损失。

(1)灭活疫苗　在欧洲有 2 种灭活疫苗受到重视。一种是用氢氧化铝佐剂制成；另一种是加油佐剂制成。对接种氢氧化铝佐剂疫苗的仔猪人工攻毒，其保护率为 85%，而油佐剂疫苗则达 100%。可见，油佐剂疫苗免疫效果好。

我国于 1964 年研制成功牛、羊伪狂犬病灭活疫苗。用“闽 A 株”伪狂犬病强毒通过 CEF 细胞培养，灭活后制成。专供牛、羊免疫用。该疫苗不能用于猪。1998 年华中农业大学采用自然分离猪伪狂犬病毒鄂 A 强毒株研制成猪伪狂犬病油乳剂灭活疫苗。

(2)弱毒疫苗　自 20 世纪 60 年代以来，许多国家采用不同的方法培育出不少伪狂犬病弱毒株。目前，已广泛应用的具有代表性的弱毒株有布加勒斯特株、TK200 株、BUK 株和 K61 株。

①布加勒斯特株。罗马尼亚布加勒斯特兽用研究所用伪狂犬病强毒通过鸡胚尿囊膜培养继代，至 200 代以后毒力减弱而育成。用弱毒株通过鸡胚制取弱毒疫苗。只用于妊娠 2 个月的母猪和 9 日龄以上的仔猪，免疫效果良好。但对兔、豚鼠及小鼠仍有较强的毒力。

②TK200 株和 BUK 株。都是在布加勒斯特株基础上，在鸡胚或 CEF 细胞继续传代培育而成。2 株弱毒疫苗对猪都是安全的，但对其他动物毒力尚强。

③K61 株。匈牙利科学院兽用研究所于 1961 年用猪伪狂犬病强毒，通过猪肾原代细胞培养继代 50 代，然后降为 32 ℃又培养 20 代，并挑选 1～2 mm 的小蚀斑连续选斑而培育成。制

苗时用40代种毒通过原代猪肾细胞1～2代复壮，挑小斑，再经CEF培养制苗。用于猪、牛、羊及免疫接种，效果良好。牛、羊及犬主要是由于猪的排毒而被感染，当牛、羊、犬与猪舍相近时，才考虑给牛、羊或犬注苗。我国于1979年引进了K61弱毒株，改进试制成功伪狂犬病弱毒冻干疫苗。本苗仅限用于疫区和周围受威胁区，亦可用于紧急预防接种。

(3)基因工程疫苗　美国已研制成猪伪狂犬病病毒TK基因缺失弱毒疫苗，并以投入市场使用。该疫苗能极大地减少对兔、豚鼠、小鼠和绵羊的亲神经性和毒力，对猪不仅无毒，而且免疫原性良好。也可以采用血清学方法将接种该疫苗的猪与自然感染猪区别。

2. 疫苗制备

(1)伪狂犬病活疫苗　毒株为伪狂犬病毒Bartha-K61弱毒株。将生长良好的CEF，倒去生长液，换以含有1%生产毒种的细胞维持液，置37 ℃旋转培养。接毒后，每日观察细胞病变情况，当75%的细胞出现聚集融合与萎缩变圆时收获，置−15 ℃以下保存。病毒含量应≥$10^{4.5}$ $TCID_{50}$/0.1 mL。将合格的细胞毒液移置室温，溶解后轻轻振摇，使细胞完全脱落、分散后，混合于同一灭菌容器内，并按细胞毒液7份加入稳定剂1份，混合均匀，定量分装后冻干，每头份不低于5 000 $TCID_{50}$。该苗用于预防猪、绵羊和牛伪狂犬病。

(2)伪狂犬病灭活疫苗　种毒为伪狂犬病闽A强毒株，接种CEF培养，收获物加氢氧化铝磷酸盐缓冲液，充分混匀后，调pH，加入甲醛溶液灭活制成。该苗专供预防牛、羊伪狂犬病，不能用于猪。

(3)猪伪狂犬病油乳剂灭活疫苗　种毒为猪伪狂犬病毒鄂A株，接种于BHK21细胞单层，加入适宜培养液，置37 ℃孵育。当细胞病变达80%以上时，终止培养，反复冻融3次，无菌操作收取病毒液，加入甲醛溶液灭活，灭活液经检验合格后乳化，定量分装，加塞、密封、贴签。

(十)马传染性贫血疫苗

1. 疫苗简介

马传染性贫血简称马传贫，是由马传贫病毒引起的马、驴及骡的一种慢性传染病。探讨能有一种有效的疫苗预防马传贫的发生，历史上曾有许多人在这方面做了大量工作。从20年代到60年代，先后研制过结晶紫、甲醛、吐温-80、乙醚处理，γ-射线处理，中草药处理等灭活苗50余种均未成功，所以70年代以前对马传贫疫苗的研制认为困难很大。

关于马传贫弱毒苗的研制，自1961年日本小林和夫首次报道马传贫病毒能在离体培养的马白细胞中生长、繁殖后，1969年甲野等就自马白细胞毒用临界稀释法选出了弱毒株(V26)研制了疫苗，接种马匹测出了补体结合抗体、中和抗体，用同源强毒攻击，获得保护，但以异源强毒攻击后却全部发病。1976年，哈尔滨兽医研究所将强毒株通过驴体传代培育成强毒株，再将该毒在驴白细胞上传代，成功地育成了马传贫白细胞弱毒株，以此研制成的疫苗可以抵抗同源毒和异源强毒的攻击。目前，我国马传贫疫苗已打入国际市场。

2. 疫苗制备

本品系用马传贫弱毒接种驴白细胞培养，收获细胞培养物经冷冻干燥制成。

选择生长良好的驴白细胞作为制苗材料。在无菌条件下，用动脉完全放血法或活体循环采血法，将驴血液采集到装有抗凝剂(肝素或枸橼酸钠液)的容器中(一边采血，一边摇动)。放室温静置20～30 min后，用虹吸法，将析出的上层血浆吸入离心管，以800～1 000 r/min离心10 min。弃上清液，用赛氏液混悬后，重复离心1次。收集沉降在离心管底部的白细胞，用细胞培养液（含适量抗生素的赛氏液与等量牛血清的混合液）悬浮，分装，于37 ℃静置培养。24～48 h后，换以新鲜培养液。必要时，可将多头驴的白细胞混合培养。选择生长良好的驴白细胞，吸去培养液后，换以含1%～2%种子液的新鲜培养液，置37 ℃继续培养。5～7 d后，约有75%的细胞出现病变，并与对照细胞差异显著时，即可收获，－20 ℃以下保存，补反效价应≥3.2。把检验合格的半成品混合在同一容器内，按一定比例加入5%蔗糖脱脂乳冻干稳定剂、适量抗生素，充分混匀。进行分装和冻干。

相关链接

赛氏液配制

氯化钠7.65 g、氯化钾0.20 g、醋酸钠1.50 g、磷酸二氢钠0.05 g、磷酸二氢钾0.10 g、碳酸氢钠0.70 g、葡萄糖1 g、抗坏血酸0.003 g、注射用水1 000 mL，待完全溶解，混合均匀，116 ℃灭菌10 min，2～8 ℃保存。

（十一）羊痘疫苗

1. 疫苗简介

（1）灭活苗　由于使用剂量大，成本高，免疫期短，因此未能广泛应用。

（2）绵羊痘鸡胚化弱毒苗　1957年用绵羊痘病毒通过鸡胚培养继代育成的，简称鸡胚毒。将其接种于绵羊，仅在接种局部皮肤形成丘疹，不出现典型的发痘过程，用静脉接种方法也不出现全身痘反应。其毒力显著减弱，却保持了良好的免疫原性。

（3）绵羊痘鸡胚化弱毒羊体反应苗　将鸡胚毒以皮内接种法通过绵羊体继代，一般不超过8代，选用适当代数的发痘绵羊的丘疹组织配制疫苗，即为羊体反应苗。平均1只羊能制成10万头份疫苗。1958年在我国推广应用。由于绵羊品种不同，易感性不同，因而在生产中出现毒力时强时弱的现象，较难掌握。曾用预防山羊痘，但效果不理想。

（4）组织培养细胞苗　包括绵羊痘细胞苗和山羊痘细胞苗。自20世纪50年代始，已有一些学者陆续将绵羊痘病毒连续通过组织培养物培育弱毒株。1976—1978年我国科研工作者以绵羊痘鸡胚化弱毒羊体反应毒作为种毒，分别通过羔羊睾丸细胞和肾细胞生产细胞苗，取得满意结果，已在1978年推广使用。自1980年开始，中国兽药监察所已将绵羊痘细胞毒作生产疫苗用种毒。我国从1980年开始，以青海株山羊痘病毒通过山羊睾丸细胞培育4代，又适应绵羊睾丸细胞42代，再在30 ℃低温培育30代以上，获得了低温弱毒株。接种不同品种、性别、年龄和孕羊，证明无不良反应，安全性好。

1984年在全国推广使用。1984—1986年进行了山羊痘弱毒疫苗免疫绵羊抗绵羊痘的试验，试验证明，用山羊痘弱毒疫苗免疫绵羊，具有良好的抗绵羊痘的交互免疫作用。在我国牧区，山羊和绵羊多有混群饲养的习惯，因此，使用山羊痘弱毒疫苗免疫可以起到一苗防两病的作用。

2. 疫苗制备

(1)山羊痘活疫苗　系用山羊痘弱毒接种于易感细胞,收获细胞培养物,加适量稳定剂,经冻干制成,用于预防山羊痘及绵羊痘。

选用生长形成良好单层的绵羊睾丸原代或次代细胞,倒去生长液后,换含1%～2%种毒的细胞维持液,置37 ℃进行培养。一般在接毒后第4天出现病变,待病变细胞(圆缩细胞)达75%左右,即可收获,置－15 ℃以下保存。每1 mL病毒含量应≥$10^{6.0}$ $TCID_{50}$方可用于配苗。按一定比例加入蔗糖脱脂乳及适量抗生素,充分混匀。每头份细胞毒液应不少于0.01 mL。定量分装,迅速冻干。

(2)绵羊痘活疫苗　毒种为绵羊痘鸡胚化弱毒,接种绵羊或易感细胞,采集含毒组织或收获细胞培养物,加适量稳定剂,经冻干制成,用于绵羊痘。

(十二)犬瘟热弱毒疫苗

1. 疫苗简介

犬瘟热疫苗有灭活疫苗和弱毒活疫苗2类。灭活疫苗多为组织灭活苗,系用自然强毒感染动物的组织制备,如犬脑组织灭活疫苗、犬(雪貂)肝脾组织灭活疫苗等,由于免疫剂量大、免疫期短等缺点,临床应用较少。犬瘟热活疫苗使用比较广泛。

(1)犬瘟热雪貂组织弱毒疫苗　将犬瘟热病毒经过雪貂多次传代,培育了适应雪貂的弱毒株,对银狐和犬失去致病性。制成雪貂脾脏组织弱毒苗,免疫犬和狐能产生高度免疫力。使用时,按每千克体重肌内注射4～6 mg。

(2)鸡胚化弱毒疫苗　将犬瘟热雪貂弱毒株通过鸡胚传代做进一步的致弱培育而成。接种7～8日龄鸡胚绒毛尿囊膜后产生水肿、灰白色斑点,于第7天病毒增殖达高峰时收获制成疫苗。免疫犬可获得良好的效果,广泛地在欧美一些国家推广使用。

(3)鸡胚化弱毒细胞培养疫苗　将鸡胚弱毒株于CEF细胞传代适应,并在CEF细胞上增殖培养制成细胞苗。用以免疫犬和水貂,安全有效,此外还用于配制犬的联苗,广泛用于预防犬的犬瘟热。近几年已在欧美国家广泛用于水貂犬瘟热的免疫预防,我国生产使用的也属这类疫苗。

(4)犬肾细胞弱毒疫苗　以犬瘟热强毒通过犬肾原代细胞传代致弱,育成了犬肾细胞弱毒株,接种3～5月龄健康犬肾原代细胞增殖,制成冻干苗。使用时,9周龄以上犬接种$10^{3.5}$ $TCID_{50}$以上的病毒量。

(5)多联疫苗　多联疫苗的研制进展甚快,目前美国已有犬瘟热-肉毒梭菌类毒素二联苗,犬瘟热-传染性肠炎-肉毒梭菌类毒素-钩端螺旋体四联苗商品疫苗问世,开始用于犬、水貂、狐、貉、熊猫、虎、狮等动物犬瘟热病的免疫预防。

2. 疫苗制备

犬瘟热弱毒活疫苗毒种为犬瘟热鸡胚化弱毒株。按细胞维持液的1%～2%将毒种接种CEF,置37 ℃培养,观察3～5 d,待75%细胞出现细胞肿大、聚集如星芒状、拉网变圆,脱落时收获。病毒含量应>$10^{3.5}$ $TCID_{50}$/mL方可用于配苗。根据需要分别加入佐剂或稳定剂,制成湿苗或冻干苗。

(十三)水貂病毒性肠炎疫苗

1. 疫苗简介

目前,国内外使用的疫苗较多,包括灭活苗和弱毒菌,有同源毒和异源毒之分,生产中主要为细胞菌。

(1)同源毒组织灭活疫苗　采取人工感染发病貂的肺、心和血液制成匀浆,用甲醛灭活制成,接种貂后可获得 6 个月的免疫期。我国使用的毒株为 SMPV-11 毒株。

(2)同源细胞培养灭活疫苗　将毒力强、免疫原性优良的毒株,通过猫肾原代细胞或 FK、NLFK 等传代细胞增殖培养,加入甲醛灭活和氢氧化铝胶佐剂制成。其免疫效果优于组织灭活苗。

(3)异源细胞培养灭活疫苗　将猫肠炎病毒株于猫肾原代细胞或 FK、NLFK 等传代细胞增殖,细胞毒液经冻融处理后加入灭活剂和佐剂制成。我国研制的一种泛白细胞减少症病毒(FNF8)毒株细胞培养 BEI 灭活苗,接种貂后血凝抑制抗体显著增高及明显的免疫应答。

(4)异源弱毒活疫苗　将猫肠炎病毒通过猫肾细胞多次传代育成弱毒株,通过猫肾细胞增殖培养制成疫苗。水貂在注苗后 3 d 即产生对肠炎病毒坚强的抵抗力,而且适应于暴发流行区的紧急接种。

(5)多联疫苗　已有多种混合疫苗在国外被广泛采用。给水貂注射猫泛白细胞减少症病毒-肉毒梭菌 C 型类毒素或绿脓杆菌灭活苗,一次注射的免疫期至少可达 1 年。此外,貂传染性肠炎-犬瘟热-肉毒梭菌类毒素三联苗的效果也十分可靠。

2. 疫苗制备

水貂病毒性肠炎灭活疫苗毒种为水貂肠炎病毒 SMPV18 株。将合格的生产毒种,通过猫肾原代细胞或 CRFK、NLFK 等传代细胞增殖培养,待 CPE 达 85%以上时收获。病毒含量应 $\geqslant 10^{6.0}$ $TCID_{50}$/0.1 mL,其 HA 应≥1∶32。将检验合格的病毒液按总量的 0.2%加入甲醛溶液,37 ℃灭活 48 h,其间第 1 天每 2 h 摇动 1 次,第 2 天每 4 h 摇动 1 次。将灭活检验合格的病毒液按 9∶1 比例加入氢氧化铝胶佐剂,用 7.5% $NaCO_3$ 调节 pH 至 7.6,加硫柳汞终浓度为 0.01%,混匀,定量分装,封瓶、贴签。

五、疫苗制备新技术

动物疫苗总体可分为传统疫苗和生物技术疫苗两大类。以技术水平可分为“第一代传统完整病原体疫苗、第一代传统亚单位疫苗、第二代生物工程疫苗”三大类。传统疫苗目前应用最广泛。生物技术疫苗包括基因工程疫苗、遗传重组疫苗、合成肽疫苗、抗独特型抗体疫苗和转基因植物疫苗等,目前这类疫苗在实际生产中的应用数量和种类有限。

(一)基因工程疫苗

基因工程疫苗属于新一代疫苗,也称遗传工程疫苗,是使用重组 DNA 技术克隆并表达保护性抗原基因,利用表达的抗原产物或重组体本身制成的疫苗。主要包括基因工程亚单位疫苗、基因工程活载体疫苗、核酸疫苗、基因缺失活疫苗等。

1. 基因工程亚单位疫苗

基因工程亚单位疫苗又称生物合成亚单位疫苗或重组亚单位疫苗,是指将保护性抗原基因在原核或真核细胞中表达,并以基因产物,即蛋白质或多肽制成疫苗。首次报道成功的是口蹄疫基因工程疫苗，此外还有预防仔猪和犊牛下痢的大肠杆菌菌毛基因工程疫苗。用于亚单位疫苗生产的表达系统主要有大肠埃希氏菌、枯草杆菌、酵母、昆虫细胞、哺乳类细胞、转基因植物、转基因动物。比较成功的亚单位疫苗是乙型肝炎表面抗原疫苗。该疫苗优点是安全性高、纯度高、稳定性好、产量高、可用于病原体培养或有潜在致癌性，或有免疫病理作用的疫苗研究；缺点是免疫效果较差、纯化工艺复杂。增强其免疫原性的方法：①调整基因组合使之表达成颗粒性结构；②在体外加以聚团化，包入脂质体或胶囊微球；③加入有免疫增强作用的化合物作为佐剂。

2. 基因工程活载体疫苗

基因工程活载体疫苗是指用基因工程技术将病毒或细菌（常为疫苗弱毒株）构建成一个载体（或称外源基因携带者），把外源基因（包括重组多肽、肽链抗原位点等）插入其中使之表达的活疫苗。目前主要的病毒活载体有牛痘病毒、禽痘病毒、金丝雀痘病毒、腺病毒、火鸡疱疹病毒、伪狂犬病病毒等，主要的细菌活载体包括 BCG、沙门氏菌、枯草杆菌、李斯特氏菌、大肠杆菌、乳酸杆菌、志贺氏菌。如痘病毒的 *TK* 基因可插入大量的外源基因，大约能容纳 25 kb，而多数的基因都在 2 kb 左右，因此可在 *TK* 基因中插入多种病原的保护性抗原基因。制成多价苗或联苗，一次注射可产生针对多种病原的免疫力。国外已研制出以腺病毒为载体的乙肝疫苗、以疱疹病毒为载体的新城疫疫苗等。活载体疫苗具有传统疫苗的许多优点，它具有活疫苗的免疫效力高、成本低及灭活疫苗的安全性好等优点，而且又为多价苗和联苗的生产开辟了新路，是当今与未来疫苗研制与开发的主要方向之一。

3. 核酸疫苗

核酸疫苗也称 DNA 疫苗或基因疫苗，使用能够表达抗原的基因本身，即核酸制成的疫苗。通常将编码外源性抗原的基因插入含真核表达系统的质粒上，然后将质粒直接导入人或动物体内，让其在宿主细胞中表达抗原蛋白，诱导机体产生免疫应答，以达到预防和治疗疾病的目的。基因疫苗具有明显的优点：①制备简单；②稳定性好，易于保存和运输；③外源基因在体内不断表达蛋白，持续给免疫系统提供刺激，因此免疫效果较持久；④质粒载体本身没有免疫原性；⑤诱导细胞免疫能力强；⑥不存在其他疫苗在机体免疫能力低下时不能使用的限制。

目前，人们对核酸疫苗的研究日益深入，其中艾滋病和 T 细胞淋巴瘤的核酸疫苗已进入了临床前阶段，前列腺癌、肺癌、乳腺癌等核酸疫苗也正处于研究阶段。美国 FAD 已批准乙肝疫苗等 10 余种 DNA 疫苗进入临床试验，这预示核酸疫苗在 21 世纪将成为人类和动物与各种疾病抗争的有力武器，也显示出核酸疫苗的巨大潜力和应用前景。但是，人们对 DNA 免疫的作用机理和如何提高免疫水平仍然需要进一步研究。如外源 DNA 进入体内后，就无法认定控制其免疫途径，外源 DNA 在体内各器官是否表达，摄入 DNA 后如何进行抗原呈递？如何增强其免疫应答水平？同时 DNA 疫苗的构建以及生产方面还存在需要改进的地方。尽管核酸疫苗接种后引进的宿主细胞发生恶性转化的可能性很少，但在短期内很难代替目前大量使用的传统疫苗。

4. 基因缺失活疫苗

基因缺失活疫苗是通过基因工程技术，将病原微生物致病性基因进行修饰、突变或缺失，使其成为缺损病毒株，所制成的一类疫苗。该苗安全性好、不易返祖；其免疫接种与强毒感染相似，机体可对病毒的多种抗原产生免疫应答；免疫力坚强，免疫期长，尤其是适于局部接种，诱导产生黏膜免疫力，因而是较理想的疫苗。目前已有多种基因缺失疫苗问世，例如霍乱弧菌 A 亚基基因中切除 94% 的 $A1$ 基因，保留 $A2$ 和全部 B 基因，再与野生菌株同源重组筛选出基因缺失变异株，获得无毒的活菌苗；将大肠杆菌 LT 基因的 A 亚基基因切除，将 B 亚基基因克隆到带有黏着菌毛（K88、K99、987P 等）大肠杆菌中，制成不产生肠毒素的活菌苗。我国已成功地研制出去掉了决定伪狂犬病病毒毒力的显性胸腺核苷酸激酶基因（TK gene）的伪狂犬病胸腺核苷激酶（TK）缺失苗，用于猪伪狂犬病的防治，收到了良好效果。

（二）遗传重组疫苗

遗传重组疫苗是指使用遗传重组方法获得的重组微生物制成的疫苗。通常是将对机体无致病性的弱毒株和强毒株（野毒株）混合感染，弱毒株和野毒株之间发生基因组片段交换造成重组，然后使用特异方法筛选出对机体不致病但又含有野毒株强免疫原性基因片段的重组毒株。包括同源重组、位点特异重组、转座作用和异常重组四大类。是生物遗传变异的一种机制。1977 年美国科学家首次用重组的人生长激素释放抑制因子基因生产人生长激素释放抑制因子获得成功。此后，运用基因重组技术生产医药上重要的药物以及在农牧业育种等领域中取得了很多成果。如胰岛素、干扰素、乙型肝炎疫苗等，都是通过以相应基因与大肠杆菌或酵母菌的基因重组而大量生产的。

（三）合成肽疫苗

合成肽疫苗是一种仅含免疫决定簇组分的小肽，即用人工方法按天然蛋白质的氨基酸顺序合成保护性短肽，与载体连接后加佐剂所制成的疫苗，是最为理想的安全新型疫苗，也是目前研制预防和控制感染性疾病和恶性肿瘤的新型疫苗的主要方向之一。最早报道（1982 年）成功的是口蹄疫疫苗。合成肽疫苗的优点是可在同一载体上连接多种保护性肽链或多个血清型的保护性抗原肽链，这样只要一次免疫就可预防几种传染病或几个血清性型。目前研制成功的合成肽疫苗还不多，但越来越受到人们的重视，相信该类疫苗在未来的生产实践中能发挥重要的作用。

（四）抗独特型抗体疫苗

抗独特型抗体（简称抗 Id 抗体）疫苗是 20 世纪 70 年代后期发展起来的一种新型免疫生物制剂，该疫苗是以抗病原微生物的抗体（Ab1）作为抗原来免疫动物，抗体的独特型决定簇可刺激机体产生抗独特型抗体（简称抗 Id 抗体，或 Ab2），抗独特型抗体是始动抗原的内影像，可刺激机体产生对始动抗原的免疫应答，从而产生保护作用。当用这种疫苗接种时，动物虽然没有直接接触病原微生物抗原，却能产生对相应病原微生物抗原的免疫力，故又将这种抗体疫苗称为内在抗原疫苗，尽管这种内在抗原疫苗的性质是抗体，但仍可以看成是自动免疫，因为这种抗体是模拟抗原在起作用，从而打破了用抗原免疫称为自动免疫，用抗体免疫称为被动免疫的传统观念。制备抗独特型抗体有 2 种途径：即用传统免疫血清制备法和单克隆抗体制备法。它们各有特点，多克隆抗 Id 型抗体制备简单，和所获内影像抗 Id 型抗体（即针对抗体结合部位的独特型决定簇的抗体）含量较低；单克隆抗 Id 型抗体制备较繁，但一旦获得内影像抗 Id 型抗体，其产量是无限的。与传统疫苗相比该疫苗有异种蛋白的副作用，二是免疫原性弱，单独或辅以佐剂应用，诱导产生的抗体反应均不及天然抗原分子的免疫效力。

（五）转基因植物疫苗

该苗用转基因方法将编码有效免疫原的基因导入可食用植物细胞的基因中，免疫原即可在植物的可食用部分稳定的表达和积累，人类和动物通过摄食达到免疫接种的目的。常用的植物有番茄、马铃薯、香蕉等。如用马铃薯表达乙型肝炎病毒表面抗原已在动物实验中获得成功。这类疫苗尚在初期研制阶段，它具有安全、生产成本低廉、使用方便等优点。

思考与练习

一、选择题与判断题

1. 病毒性细胞活疫苗的作用是(   )传染病。(单选题)

A. 预防　　B. 诊断　　C. 治疗　　D. 中和

2. 病毒性细胞活疫苗生产工艺流程正确的是(   )。(单选题)

A. 细胞选择制备→接毒→收获→半成品检验→配苗与分装→冻干

B. 细胞选择制备→接毒→培养→半成品检验→配苗与分装→冻干

C. 细胞选择制备→接毒→培养→收获→半成品检验→配苗与分装→冻干

D. 细胞选择制备→接毒→培养→收获→灭活→配苗与分装→冻干

3. 病毒性细胞灭活疫苗生产工艺流程正确的是(   )。(单选题)

A. 细胞选择制备→接毒→培养→收获→半成品检验→灭活→冷冻干燥

B. 细胞选择制备→接毒→培养→收获→半成品检验→灭活→乳化分装

C. 细胞选择制备→接毒→培养→收获→半成品检验→乳化分装

D. 细胞选择制备→接毒→收获→半成品检验→灭活→乳化分装

4. 细胞病毒苗半成品制备流程正确的是(   )。(单选题)

A. 细胞选择制备→接毒→培养病毒→收获病毒→半成品

B. 细胞选择制备→接毒→收获病毒→半成品

C. 细胞选择制备→接毒→培养病毒→收获病毒→灭活→半成品

D. 禽胚选择→接毒→培养病毒→收获病毒→半成品

5. 制备鸡痘活疫苗时，使用(   )培养鸡痘病毒。(单选题)

A. 地鼠肾细胞　　B. 鸡胚成纤维细胞

C. 犊牛睾丸细胞　　D. 非洲绿猴肾细胞

6. 制备猪瘟细胞活疫苗时，使用(   )培养猪瘟病毒。(单选题)

A. 地鼠肾细胞　　B. 鸡胚成纤维细胞

C. 犊牛睾丸细胞　　D. 非洲绿猴肾细胞

7. 制备鸡痘细胞活疫苗时，培养健康细胞常用是(   )。(单选题)

A. 胰酶溶液　　B. 0.5%乳汉液

C. 抗生素溶液　　D. 注射用水

8. 将合格的生产用毒种接种于细胞单层，病毒接种一般按维持液体积的(   )接入。(单选题)

A. 0.1%～0.2%　　B. 1%～3%

C. 5%　　D. 10%

9. 接毒后选择适宜温度进行培养，大多数病毒增殖温度为(   )。(单选题)

A. 40 ℃　　B. 39 ℃　　C. 37 ℃　　D. 35 ℃

10 病毒活疫苗保护剂通常选择(　　)。(单选题)

A. 2%明胶　B. 5%蔗糖　C. 2%明胶蔗糖　D. 5%蔗糖牛奶

11. 新采购的玻璃、橡胶器材经水冲洗干净后就可以使用。(判断题)

12. 细胞培养用胶塞、胶管必须无毒、耐酸、耐碱、耐高温、耐高压,弹性强。(判断题)

13. 悬浮培养是通过振荡或转动装置使细胞始终处于分散悬浮于培养液内的培养方法,培养瓶不动营养液运动。(判断题)

14. 细胞培养时血清含量为营养液的 5%,接毒后血清含量不超过 10%。(判断题)

15. 微载体培养是以细小的颗粒作为细胞载体,通过搅拌悬浮在培养液内,使细胞在载体表面繁殖成单层的一种细胞培养技术,兼有单层和悬浮细胞培养的优点。(判断题)

16. 根据培养细胞的染色体和繁殖特性,细胞可分原代细胞、次代细胞和传代细胞三类。(判断题)

17. 病毒须在敏感的宿主细胞中增殖,因此不同种类的细胞苗可以选择不同种类的细胞制备。(判断题)

18. 制苗用病毒液经半成品检验不合格可以配苗。(判断题)

19. 制备不同种类的病毒细胞苗都使用鸡胚成纤维细胞。(判断题)

20. 病毒性细胞灭活疫苗的作用是(　　)传染病。(单选题)

A. 预防　B. 诊断　C. 治疗　D. 中和

21 制备鸡痘细胞活疫苗时,使用的溶液有(　　)。(多选题)

A. 7.5%碳酸氢钠溶液　B. 0.25%胰蛋白酶溶液

C. 生理平衡盐溶液　D. 犊牛血清　E. 抗生素溶液

22. 关于病毒性细胞活疫苗制备描述正确的是(　　)。(多选题)

A. 可以选择传代细胞培养病毒

B. 可以制备原代细胞培养病毒

C. 病毒在敏感细胞内增殖一般会产生细胞病变(CPE)

D. 当 CPE 达 75%左右时收获细胞培养物,即为半成品

E. 合格半成品经配苗、分装、冻干即为活疫苗

23. 细胞培养方法包括(　　)。(多选题)

A. 静置培养　B. 转瓶培养　C. 悬浮培养　D. 微载体培养

24. 细胞培养要素包括(　　)。(多选题)

A. 犊牛血清　B. pH　C. 温度　D. 营养液　E. 无菌操作

25. 细胞培养污染因素包括(　　)。(多选题)

A. 细菌污染　B. 真菌污染　C. 支原体污染　D. 病毒污染　E. 人员操作

26. 细胞接种病毒后,发生形态改变,即细胞病变,显微镜下主要表现为(　　)。(多选题)

A. 细胞崩解碎片　B. 细胞圆缩

C. 细胞融合形成合胞体　D. EID_{50}

27. 常用细胞培养液有(　　),适应多种细胞营养需求。(多选题)

A. 0.5%乳汉液　B. 0.5%乳欧液　C. MEM 培养基

D. 199 培养基　E. RPMI-1640 培养基

二、简答题

1. 图示病毒类细胞疫苗生产工艺流程。
2. 举例说明细胞类型及其应用。
3. 简述原代细胞和传代细胞的制备方法。
4. 简述疫苗生产中常用的细胞培养方法及应用特点。
5. 细胞培养需要哪些营养液？简述其质量标准。
6. 细胞运输时为什么要将生长液装满培养瓶？
7. 目前我国临床上应用的猪瘟疫苗有哪两种？简单说明各自的制备方法。
8. 如果企业生产的半成品病毒含量不合格，根据学过的知识，应该从哪几方面查找原因？
9. 简述传统疫苗与基因工程疫苗的区别。

二维码 3-7　项目三　病毒类细胞疫苗制备

思考与练习参考答案

项目四
诊断用生物制品制备

【知识目标】

1. 掌握诊断抗原的种类和制备方法
2. 了解诊断抗体的种类和制备方法
3. 了解常用诊断制剂的生产制备要点

【技能目标】

1. 会按照 GMP 要求进行诊断抗原生产
2. 会通过各种途径查阅所需资料
3. 具备根据生产实际要求选择使用设备与器具的能力

【素质目标】

1. 通过诊断制剂制备学习，培养学生严谨的工作作风和良好的职业道德
2. 通过项目任务，培养学生的无菌意识、安全意识和团队协作能力

任务一　鸡白痢鸡伤寒多价染色平板凝集试验抗原制备

【条件准备】

(1)主要器材　离心机、高压蒸汽灭菌器、振荡培养箱、生化培养箱、滤器、标准型和变异型鸡白痢鸡伤寒沙门氏菌各 1 株、沙门氏菌因子血清 O9、O122、O12、试管架、载玻片、硫代硫酸钠琼脂扁瓶、漏斗、三角烧瓶、玻璃珠、普通肉汤、普通琼脂平板、普通琼脂斜面、生理盐水、甲醛溶液、pH 7.0～7.2 磷酸盐缓冲盐水、标准阳性血清。

(2)器材处理　按使用时间，将准备好的各种物品提前灭菌，并移入洁净工作间待用。

(3)环境要求　在工作开始前 30～40 min，按净化级别要求调整送风量，达到洁净级别要求。

【操作步骤】

一、菌液制备

(1)菌种　标准型冻干菌株 C79-1、变异型冻干菌株 C79-7。

(2)菌种繁殖　选用硫代硫酸钠琼脂培养基。将合格的种子划线接种于琼脂扁瓶，于 37 ℃培养 44～48 h，逐瓶检查，污染杂菌弃去。

二、灭活

每瓶中加入含 2%甲醛溶液的磷酸盐缓冲盐水适量，洗下培养物，收集于带玻璃珠的灭菌玻瓶中，经振荡打碎菌块，37 ℃灭活 48 h。无菌检验合格后，用灭菌的棉花纱布漏斗滤过菌液，滤液加入约 2 倍量的 95%乙醇，沉淀 3 d 以上，离心，弃上清液，离心沉淀物加含 1%甲醛溶液的磷酸盐缓冲盐水悬浮，用 1 号耐酸滤器滤过，然后按麦氏比浊管第一管(相当于 3 亿个/mL)为标准进行比浊，确定其菌液浓度。

三、抗原配制

(1)抗原浓度标定　将标准型和变异型菌株制成的菌液，取样分别稀释成每 1 mL 含 100 亿个、125 亿个、150 亿个、175 亿个和 200 亿个 5 种浓度，各以 0.05 mL 与等量含 0.5 IU 抗标准型和变异型国家标准血清作平板凝集试验，选与抗标准型和变异型血清出现不低于 50%凝集的菌液浓度，作为配制抗原的浓度。

(2)抗原组分用量计算　假设标准型浓菌液 270 亿个/mL，配制抗原的浓度为 150 亿个/mL；变异型浓菌液 480 亿个/mL，配制抗原的浓度为 125 亿个/mL。配制抗原量标准型和变异型各 500 mL，要求含 0.03%结晶紫和 10%甘油。计算：

标准型菌液量　500×150÷270＝277.7(mL)

变异型菌液量　500×125÷480＝130.2(mL)

甘油　(500＋500)×10%＝100(mL)

1%结晶紫乙醇溶液　1 000×0.03%÷1%＝30(mL)

1%甲醛溶液缓冲盐水量　1 000－277.7－130.2－100－30＝462.1(mL)

(3)配制　按上例计算出配制抗原所需各组分的用量，先将所需的 1%甲醛溶液缓冲盐水量和 1%结晶紫乙醇溶液在匀浆机中以 7 000 r/min 均质 3～4 min，然后加入甘油，继续均质 3～4 min，最后加入菌液 2 000 r/min 均质 2 min 即成。

四、半成品检验

(1)无菌检验　应无菌生长。

(2)抗原效价测定　在平板上分两处各滴抗原 1 滴，每滴 0.05 mL，然后分别滴上抗标准型和变异型血清各 0.05 mL，混合后，在 2 min 内出现不低于 50%凝集者为合格。

考核测评

考核要素/分值比例	考核内容/分值			
专业技能测评/60%	所需器材处理/10分	制备环境要求/10分	抗原浓度标定/20分	抗原组分用量计算/20分
素质测评/30%	安全操作/8分	规范标准/8分	及时清场/7分	团队协作/7分
创新测评/10%	学生在完成项目任务的任何环节融入创新元素，即可得分，小组成员可根据参与度给予赋分			
考核建议：既可以过程考核，也可以随机抽考，视具体条件选择。 专业技能考核可以让学生在操作时录制视频上传，作为考核依据，也可以单独组织考核。 要求：本人出镜，完整操作。				

任务二　鸡白痢鸡伤寒多价染色平板凝集试验阳性血清制备

【条件准备】

(1)主要器材　离心机、高压蒸汽灭菌器、振荡培养箱、生化培养箱、标准型和变异型鸡白痢鸡伤寒沙门氏菌各1株、抗标准型和变异型鸡白痢鸡伤寒沙门氏菌血清国家标准品、标准比浊管、试管架、硫代硫酸钠琼脂或普通琼脂扁瓶、漏斗、试管、三角烧瓶、玻璃珠、0.01%硫柳汞生理盐水或0.5%苯酚生理盐水、1%甲醛溶液、pH 7.0～7.2磷酸盐缓冲盐水。

(2)器材处理　按使用时间，将准备好的各种物品提前灭菌，并移入洁净工作间待用。

(3)环境要求　在工作开始前30～40 min，按净化级别要求调整送风量，达到洁净级别要求。

【操作步骤】

一、动物选择

成年健康羊或家兔，对鸡白痢鸡伤寒沙门氏菌凝集试验阴性，无其他传染病。

二、免疫原制备

用凝集原良好的标准型及变异型鸡白痢鸡伤寒沙门氏菌分别接种普通琼脂扁瓶或硫代硫酸钠琼脂培养基。于37 ℃培养48 h，逐瓶检查，污染杂菌弃去。每瓶用含1%甲醛溶液的磷酸盐缓冲盐水适量，洗下培养物，收集于带玻璃珠的灭菌玻瓶中，经振荡打碎菌块，37 ℃灭活48 h。经无菌检验合格后，然后按麦氏细菌比浊标准管(10亿个/mL)为标准确定其菌液浓度，使每1 mL含菌100亿个。2～8 ℃保存备用。

三、动物免疫

2种型血清分别制备。静脉注射免疫原4～5次。免疫剂量：羊为1 mL、2 mL、3 mL、5 mL、5 mL；家兔0.5 mL、1 mL、2 mL、3 mL、3 mL。每次间隔4～5 d，末次注射后7 d试血，如效价不足，再用最后剂量注射，试管凝集效价达到 1∶1 600 以上方可采血。

四、效价测定

①将抗标准型和抗变异型血清分别稀释成 1∶400，1∶600，1∶800，…，1∶2 200 等各稀释度；同法稀释抗标准型和变异型鸡白痢鸡伤寒沙门氏菌血清国家标准品。吸取每个稀释度的血清加入试管中，每管 1 mL，每管加入相对应菌株制成的抗原 1 mL，抗原浓度为 10 亿个/mL。

②另用仅加生理盐水 1 mL 的小管 2 支，1 支加入标准型菌株抗原，另 1 支加入变异型菌株抗原各 1 mL 作为对照，2 种抗原浓度均为 10 亿个/mL，观察是否有自凝现象。

③上述各组试管，振摇混匀后，置 37 ℃反应 20 h，在室温放置 20 h，评定结果。

④测得的血清效价，按下列公式计算出待测定血清的国际单位。

$$\text{待测定血清所含国际单位}=\frac{\text{国际标准血清所含国际单位}\times\text{待测定血清凝集价}}{\text{国家标准血清凝集价}}$$

计算举例：如国家标准血清含 1 000 IU，其凝集价为 1∶400，待测定血清凝集价为 1∶3 200，代入公式计算，即待测定血清含 800 IU/mL。

五、血清制备

①将抗标准型血清和抗变异型血清按等价混合成多价血清。

②多价血清效价调整方法。系采用弱阳性（每 1 mL 含 10 IU）和强阳性（每 1 mL 含 500 IU）2 种效价的血清，假如原血清效价为 1 000 IU/mL，用 0.01%硫柳汞生理盐水或 0.5%苯酚生理盐水做如下稀释：

弱阳性血清 1 000÷10＝100，即阳性血清 1 mL 加入硫柳汞盐水或苯酚盐水 99 mL。

强阳性血清 1 000÷500＝2，即阳性血清 1 mL 加入硫柳汞盐水或苯酚盐水 1 mL。

③分装。将稀释好的 2 种阳性血清复核合格后，检验无菌，即可定量分装。

【考核测评】

考核要素/分值比例	考核内容/分值			
专业技能测评/60%	动物免疫程序/10 分	动物免疫接种方法/15 分	血清效价测定/20 分	血清效价计算/15 分
素质测评/30%	安全操作/8 分	规范标准/8 分	及时清场/7 分	团队协作/7 分
创新测评/10%	学生在完成项目任务的任何环节融入创新元素，即可得分，小组成员可根据参与度给予赋分			

考核建议：既可以过程考核，也可以随机抽考，视具体条件选择。
专业技能考核可以让学生在操作时录制视频上传，作为考核依据，也可以单独组织考核。
要求：本人出镜，完整操作。

职业知识链接

诊断用生物制品是指利用微生物、寄生虫及其代谢产物，或动物血液、组织制备的，专供诊断动物疫病、监测动物免疫状态及鉴定病原微生物的制品，又称诊断制剂或诊断液。诊断制剂包含诊断抗原和诊断抗体两大类。诊断用生物制品所以能起诊断作用，是基于抗原与抗体能特异地结合这一基本原理。即以已知的抗原检出未知的抗体；或以已知的抗体检出未知的抗原。

一、诊断抗原制备

诊断抗原是以经挑选鉴定合格的微生物或其他生物材料，经繁育、传种或精制提纯加工处理等步骤制造而成。按性质分为颗粒性抗原、可溶性抗原2种，颗粒性抗原主要用于凝集性反应，可溶性抗原可用于沉淀性反应及其他种类的诊断试验。按照诊断试验的种类可分为凝集反应抗原、沉淀反应抗原、补体结合反应抗原、变态反应抗原及中和试验抗原等。

(一)凝集反应抗原制备

凝集反应抗原有直接凝集反应抗原和间接凝集反应抗原2种。

1. 凝集反应抗原制备方法

一般选择符合要求的合格菌株，若型别不同，则根据需要选择使用。接种于适宜培养基培养。用含福尔马林生理盐水洗下培养基上的细菌，经一定时间灭活，或用生理盐水洗下后加热灭活。将灭活的菌液过滤，除去大颗粒，离心弃上清，将沉淀用福尔马林生理盐水或石炭酸生理盐水稀释成每毫升含规定菌数。经无菌检验、特异性检验和标化合格者即为浓菌液。间接凝集抗原制备使用的载体多为红细胞。先取可溶性抗原，然后将抗原按量吸附于双醛化的载体红细胞上，使红细胞致敏，即为间接凝集抗原。

2. 常用的凝集反应抗原

目前应用的有鸡白痢鸡伤寒多价染色平板凝集试验抗原、布鲁氏杆菌试管凝集反应抗原（试管、平板和全乳环状凝集反应抗原）、马流产凝集反应抗原、猪萎缩性鼻炎凝集反应抗原、鸡毒支原体平板凝集试验抗原、伊氏锥虫病凝集抗原、日本血吸虫病凝集抗原等。鸡白痢鸡伤寒多价平板凝集试验抗原和布鲁氏杆菌试管凝集试验抗原应用较广，具有一定的代表性，其生产方法如下。

(1)鸡白痢鸡伤寒多价染色平板凝集试验抗原　系用标准型和变异型鸡白痢鸡伤寒沙门氏菌各1株，分别接种适宜培养基培养，培养物用含2%甲醛溶液的磷酸盐缓冲盐水制成菌液，用乙醇处理，加结晶紫乙醇溶液和甘油制成。其制备方法详见项目四的任务一。

(2)布鲁氏杆菌试管凝集反应抗原

①抗原制备。选择抗原性良好的猪种和牛种布鲁氏菌菌株作为菌种，菌落需为光滑型。将合格的种子培养物，接种于胰蛋白胨琼脂培养或接种于马丁肉汤进行通气培养，分别繁殖各型菌液，经70～80 ℃杀菌1 h，将检验合格的各型菌液等量混合，离心弃上清液，将菌体悬浮于0.5%苯酚生理盐水中，使其浓度比参照抗原略大，此即为浓菌液，低温保存。取样用标准阳性血清进行标化，根据标化结果稀释抗原，定量分装。

②标化。用0.5%苯酚生理盐水将浓菌液稀释为6个稀释度：1∶20、1∶24、1∶28、1∶32、1∶36、1∶40，将标准阳性血清稀释为5个稀释度：1∶300、1∶400、1∶500、1∶600、1∶700。将稀释的抗原和血清排成方阵进行试管凝集试验，每只反应管中加抗原和血清各0.5 mL，37 ℃作用24 h观察结果。

在有标准抗原对照下，当标准阳性血清对标准抗原凝集价为1∶1 000“＋＋”时，在血清1∶1 000稀释度呈现“＋＋”，1∶1 200呈现“－”、“±”或“＋”的凝集现象的抗原最小稀释度，即为浓菌液应稀释的倍数。然后以同法再次测定，如果2次测定结果一致，则按测出的抗原最小稀释度稀释使用。如表4-1中，浓菌液应稀释的倍数为1∶28，此即为标化抗原的测定结果。则该批浓菌液做1∶28倍稀释，即为使用液。出厂的抗原原液应比使用液浓20倍。

表4-1 不同浓度抗原对标准阳性血清的凝集反应结果

原稀释度	血清最初稀释度				
	1∶300	1∶400	1∶500	1∶600	1∶700
	加入抗原后血清最后稀释度				
	1∶600	1∶800	1∶1 000	1∶1 200	1∶1 400
1∶20	＋＋＋	＋＋	＋	－	－
1∶24	＋＋＋	＋＋	＋	－	－
1∶28	＋＋＋＋	＋＋＋	＋＋	－	－
1∶32	＋＋＋＋	＋＋＋	＋＋	－	－
1∶36	＋＋＋＋	＋＋＋	＋＋	±	±
1∶40	＋＋＋＋	＋＋＋	＋＋	±	±
标准抗原1∶20	＋＋＋＋	＋＋＋	＋＋	－	－

在本例中，先计算出每1 mL浓菌液可以配制多少抗原原液，然后按比例作适当稀释。

计算公式：

$$X=B/20$$

式中：X为浓菌液1 mL可以配制抗原原液的量；B为在本次测定中浓菌液应稀释的倍数。如将本例测定结果代入式中则为：$X=28/20=1.4$ mL。即取浓菌液1 mL，加苯酚生理盐水至1.4 mL，即为抗原原液。

(二)沉淀反应抗原制备

根据使用方法不同，沉淀反应抗原可分为环状反应抗原、絮状反应抗原、琼脂扩散反应抗原和免疫电泳抗原等。根据其病原体的不同和制备材料的不同，沉淀抗原制备方法也不一致。主要的是细菌沉淀抗原和病毒沉淀抗原。

1. 沉淀抗原制备方法

(1)细菌沉淀抗原制备　选择适宜菌种接种于合适的培养基上培养。培养完毕后收集细菌培养物，灭菌、研磨成菌粉，按一定比例加入0.5%石炭酸生理盐水浸泡，过滤后的滤液即为沉淀抗原。也可将收集的细菌培养物直接加入一定量的福尔马林或酒精，静置一定时间；或加入一定量的醋酸，100 ℃水浴 30 min；或用裂解菌体等方法提取抗原，然后离心，收集上清（有时也可使用离心沉淀物），必要时浓缩即成为沉淀抗原。

（2）病毒沉淀抗原制备　选用适宜的动物组织或细胞培养病毒。收获含毒高的动物组织制成匀浆，加入缓冲液或生理盐水，裂解细胞，置于 40 ℃浸毒。高速离心取上清，灭活后即成沉淀抗原。也可进一步提取，加入硫酸铵后离心、取沉淀，加缓冲液或生理盐水使沉淀溶解，再进一步用免疫吸附柱吸附病毒，然后洗脱病毒，透析即成。采用细胞培养方法制备抗原，接毒后使用不含血清的维持液培养，收集培养物，裂解细胞，3 000 r/min 离心取上清液，浓缩即成。也可用硫酸铵进一步沉淀、纯化制取抗原。

2. 常用的沉淀反应抗原

鸡法氏囊病琼脂扩散反应抗原、马立克氏病琼脂扩散反应抗原、标准炭疽抗原、小鹅瘟病沉淀抗原、山羊痘沉淀抗原、禽脑脊髓炎琼脂扩散沉淀抗原等。以标准炭疽抗原的制备方法为例介绍沉淀反应抗原的制备。

炭疽沉淀反应标准抗原系用不同地区及不同动物分离的炭疽菌种 8～12 株，其毒力标准：24 h 肉汤培养物 0.5 min 注射 1.5～2.0 kg 的家兔或 0.25 min 注射 250～300 g 的豚鼠，应于 96 h 内致死。将菌种分别用肉汤培养作为种子液，接种普通琼脂，37 ℃培养 24 h，用蒸馏水洗下菌苔，121 ℃、30 min 灭菌后烘干，用乳钵磨碎制成菌粉。称重后加入 100 倍的 0.5%石炭酸生理盐水，置 8～14 ℃浸泡 24 h，或置 37 ℃浸泡 3 h，滤过使浸出液透明，即为 1∶100 抗原。

（三）补体结合反应抗原制备

补体结合反应是一种广泛应用的经典检测抗原抗体的方法，补体结合反应抗原主要用于检测相应抗体。分为细菌性和病毒性补体结合反应抗原，其制备方法也不同。

1. 补体结合反应抗原制备方法

（1）细菌性抗原制备　先将合格的菌株在培养基上大量培养，然后用 0.5%石炭酸生理盐水冲下，收集菌液，高压灭菌或加温水浴灭活，或加福尔马林灭活，然后离心除去上清液，将沉淀悬浮于 0.5%石炭生理盐水中，置冷暗处浸泡一段时间，收集上清液即为抗原。

（2）病毒性抗原制备　病毒在细胞上大量增殖后，收获病毒液，冻融 3 次，30 000 r/min 离心 30 min，收集上清，经适当处理即为抗原。

2. 常用的补体结合反应抗原

鼻疽补体结合试验抗原、布鲁氏菌病补体结合试验抗原、马传染性贫血补体结合试验抗原、副结核补体结合试验抗原、钩端螺旋体病补体结合试验抗原等。以鼻疽补体结合试验抗原为例介绍其制备方法。

鼻疽补体结合试验抗原系用 1～3 株抗原性良好的鼻疽杆菌制造。将冻干菌种接种在 4%甘油琼脂上，37 ℃培养 2 d，作为一级种子。再接种培养，经检查生长典型和无杂菌污染后，用生理盐水洗下即为生产种子。合格的种子培养物接种于甘油琼脂扁瓶，37 ℃培养 3～4 d，用灭菌的 0.5%石炭酸生理盐水洗下，经 121 ℃、30 min 灭菌，置 2～15 ℃浸泡 2～4 个月，吸取上清，即为抗原。

（四）变态反应抗原制备

细胞内寄生菌，如鼻疽杆菌、结核分枝杆菌、布鲁氏菌等，在感染过程中引起以细胞免疫为主的变态反应，即感染机体再次遇到同种病原菌或其代谢产物时出现一种具有高度特异性和敏感性的异常反应，据此，临床上常用以诊断某些传染病。引起变态反应的抗原物质又称为变应原。

1. 变态反应抗原制备方法

变态反应抗原的制备分为粗变态反应抗原和提纯变态反应抗原2种方法。

(1)粗变态反应抗原制备　选择抗原性良好的病原菌，接种于甘油肉汤培养基上培养2～4个月，收集培养物，然后高压灭菌，过滤，滤液即为粗变态反应抗原。结核菌素还可用合成培养基制备，此培养基不含蛋白质，可减少非特异性物质。

(2)提纯变态反应抗原制备　将菌种接种于合成培养基(不含蛋白质)上，培养2～4个月，高压灭菌，过滤，在滤液中加入4%三氯醋酸，使蛋白沉淀，去上清液，把沉淀物悬浮于1%三氯醋酸中，离心洗涤3次，将沉淀物溶于pH 4.0磷酸盐缓冲液中，测定蛋白含量，分装备用或冻干保存。

2. 常用的兽用变态反应抗原

鼻疽菌素、结核菌素和布鲁氏菌病水解素等。布鲁氏菌病水解素专用于绵羊和山羊布鲁氏菌病的变态反应诊断，对污染羊群检出率高于血清学方法检测结果。其制造方法如下。

(1)布鲁氏菌病水解素　菌种为布鲁氏菌猪种2号菌株。将合格的种子培养物接种于胰蛋白培养基上，37 ℃培养48～72 h，加入适量的0.5%石炭酸生理盐水，将培养物洗下，即为菌液，也可用液体通气培养法培养菌液。将洗下的培养物在70～80 ℃水浴中加热灭菌1 h。离心沉淀弃上清液，菌体悬浮于0.5%石炭酸生理盐水中。再离心弃上清液，菌体悬浮于0.5%硫酸溶液中，使悬液菌浓度约800亿个/mL。121 ℃高压灭菌30～40 min，促使菌体水解。然后室温或2～8 ℃放置12～24 h，使未水解部分下沉。吸取上清液，用NaOH溶液调整pH至6.8～7.0。再静置4 h，上清液用蔡氏滤器滤过，75～80 ℃水浴1 h。按总氮量的多少，用灭菌蒸馏水稀释滤液，使其最终含总氮量为0.4～0.5 mg/mL或与水解素参照品相等。

(2)结核菌素变态反应抗原　系用1～2株牛型或禽型结核菌株，牛型结核分枝杆菌C68001、C68002株；禽型C68201、C68202、C68203株。经适宜培养基培养、灭活、滤过除菌、提纯或浓缩制成老结核菌素或提纯结核菌素。将冻干菌种接种于P氏固体培养基，置37 ℃培养10～20 d，生长良好后，接种于小三角烧瓶的4%甘油肉汤液面进行驯化，生长出菌膜后即为生产用种子。将培养驯化好的结核菌膜，接种于苏通培养基或4%甘油肉汤培养基，37 ℃培养45～60 d。将污染者弃去。从每批培养物中抽取2～3瓶，121 ℃灭活30 min，滤纸过滤，用蒸馏水洗下滤纸上的菌膜。菌膜60～80 ℃烤干，定期称其重量，直到重量不变为止。计算每100 mL培养基中的平均菌膜量。甘油肉汤培养基菌膜量达到2.5 mg/mL以上，苏通培养基菌膜量达到4 mg/mL以上为合格。如菌膜量达不到要求，可继续培养15 d。如菌膜量仍不增加，此批培养物应废弃。将合格的同批培养瓶取出，121 ℃灭活30 min，以数层纱布过滤，得滤液倒入大容器中。以低于100 ℃的温度蒸发浓缩至接种时培养基总体积的1/10。121 ℃灭菌1 h，置2～8 ℃保存。将几批浓缩的结核菌素混合，组成一大批，用赛氏滤器过滤，121 ℃灭菌1 h，即为半成品老结核菌素。

二、诊断抗体制备

诊断抗体是一类是利用体外抗原抗体反应来诊断疫病或鉴别微生物的生物制剂，包括诊断血清和单克隆抗体。诊断血清通常用已知的合格抗原免疫动物，采取含有该抗体的动物血清制成。含有多型或多群抗体的称为多价诊断血清，含有一种抗体的称为单价诊断血清。单含有鞭毛抗体成分的称为 H 血清。还有针对菌毛和荚膜的均称为 K 血清，以及抗毒素血清和抗病毒血清等。血清中的抗体一般是由多个抗原决定簇刺激不同 B 细胞克隆而产生的，故称为多克隆抗体。而由一个 B 细胞克隆所分泌的抗体称为单克隆抗体。诊断抗体主要用于菌(毒)种的鉴定、分型、标化生物制品和实验室诊断等。

诊断血清的制备方法在项目五治疗用生物制品制备中介绍。

(一)炭疽沉淀素血清制备

本品系用炭疽杆菌弱毒株菌培养物为抗原，多次接种马，当血清中抗体效价达到标准时采血、分离得血清，加适宜防腐剂制成。用于沉淀反应诊断炭疽。

1. 抗原制备

菌种为 C40-214、C40-215、C40-217、C40-218 株，任选 1～3 株。将生产种子分别接种普通琼脂斜面，置 35～37 ℃培养 24 h，经检查纯粹后，将其接种在豆汤琼脂扁瓶上，35～37 ℃培养 15～16 h。弃去凝结水，用生理盐水将菌苔洗下，收集于带玻璃珠瓶中，摇碎菌丝，用纱布铜纱滤过。用生理盐水将菌液稀释成每 1 mL 含菌 9 亿～24 亿个(比浊管 3～8 管浓度)，即为免疫抗原。

2. 免疫与采血

按表 4-2 免疫程序进行。先用炭疽芽孢苗作基础免疫，在第 10 次抗原注射后，少量采血，分别测定血清效价，血清效价达到标准的马匹，正式采血。每次采血量按 1 kg 体重 10 mL 左右，由颈静脉采血，血液收集于灭菌玻璃筒中，注明采血日期及动物编号。

表 4-2　炭疽沉淀素血清制备马匹免疫程序

注射次数	间隔日数	免疫原种类	注射部位	注射量/mL	备注
1		炭疽芽孢苗	皮下	2	
2	9	炭疽芽孢苗	皮下	4	
3	5	自备抗原	静脉	5	
4	3	自备抗原	静脉	10	
5	5	自备抗原	静脉	15	
6	3	自备抗原	静脉	20	
7	3	自备抗原	静脉	25	
8	3	自备抗原	静脉	30	
9	3	自备抗原	静脉	35	
10	5	自备抗原	静脉	40	第 10 次注射后 9～10 d 第 1 次采血测效价，效价不合格的马匹再连续 3～5 次
11	3	自备抗原	静脉	45	
12	4	自备抗原	静脉	50	
13	3	自备抗原	静脉	50	
14	3	自备抗原	静脉	50	
15	3	自备抗原	静脉	50	

3. 血清提取

用常规方法分离血清，按总量的0.5%加入苯酚或0.01%加入硫柳汞，充分摇匀，密封瓶口，2～8 ℃静置45 d以上。静置后的血清，弃沉淀，上清液用蔡氏滤器滤过，即为半成品。

4. 半成品检验

无菌检验应无菌生长，效价测定应逐瓶检验，做沉淀反应，应在60 s内显阳性反应。将检验合格的血清，组批分装，置2～8 ℃保存。经成品检验合格后可以使用。

(二)产气荚膜梭菌病定型血清制备

本品系用免疫原性良好的A、B、C、D型产气荚膜梭菌标准菌株的类毒素和毒素，分别多次免疫动物后获得的高免血清，加适当防腐剂制成。用于产气荚膜梭菌病的诊断与细菌定型。

1. 免疫原制备

菌种为A、B、C、D型产气荚膜梭菌，分别为C57-1、C58-2、C59-2、C57-2、C60-2等菌株。

①第一免疫原。为各型菌的类毒素。A型菌用厌气肉肝汤35～37 ℃培养24 h；B、C、D型菌用肉肝胃酶消化汤，B、C型菌35 ℃培养16～20 h，D型菌培养16～24 h。按菌液总量的0.5%～0.8%加入甲醛溶液灭活脱毒后，用蔡氏滤器滤过，即为免疫原。

②第二免疫原。为各型菌的外毒素。制备方法同第一免疫原，只是不加甲醛溶液灭活脱毒。

2. 免疫与采血

用体重30 kg以上，2～3岁健康绵羊，按表4-3免疫程序进行。在第12～14次抗原注射后，7～12 d少量采血，经检验，效价合格的绵羊采血或放血。采血量按1 kg体重10～14 mL，采血前应停饲12 h，但照常饮水。血液收集于灭菌玻璃筒中，注明采血日期及动物编号。

表4-3 产气荚膜梭菌病定型血清制备免疫程序

注射次数	间隔日数	免疫原种类	注射部位	注射量/mL	备注
1		炭疽芽孢苗	皮下	10	
2	5～7	炭疽芽孢苗	皮下	15	
3	5～7	自备抗原	静脉	20	
4	5～7	自备抗原	静脉	0.5	
5	5～7	自备抗原	静脉	2	
6	5～7	自备抗原	静脉	5	
7	5～7	自备抗原	静脉	10	
8	5～7	自备抗原	静脉	20	
9	5～7	自备抗原	静脉	30	
10	5～7	自备抗原	静脉	40	
11	5～7	自备抗原	静脉	40	
12	5～7	自备抗原	静脉	40	第12次免疫后7～12 d第1次采血测效价，效价不合格的羊再进行免疫
13	5～7	自备抗原	静脉	40	
14	5～7	自备抗原	静脉	40	

3. 血清提取

用常规方法提取血清，按总量的加入 0.01%硫柳汞，充分摇匀，密封瓶口，2～8 ℃静置 1～2 个月。静置后的血清，用蔡氏滤器滤过，即为半成品。

4. 半成品检验

每瓶血清进行无菌检验及效价测定，将合格的血清按型混合均匀，定量分装。置 2～8 ℃保存，经成品检验合格后可以使用。

三、诊断制品制备新技术

(一)免疫标记技术

免疫标记技术就是利用荧光素、放射性核素、酶、胶体金、电子致密物质或化学发光物质等标记抗原或抗体作为试剂，检测标本中相应的抗体或抗原。免疫标记技术不仅特异、敏感、快速，而且能定性、定量和定位，因此目前广泛应用于科研、临床实验室中。

1. 荧光免疫技术

荧光免疫技术又称荧光抗体技术，是免疫标记技术中发展最早的一种，将荧光素如异硫氰酸荧光素(FITC)或四乙基罗丹明(RB200)等以共价键的形式标记到抗体上，荧光素是一种染料，在紫外光、蓝紫光等短光波照射下而被激活释放出可见光，称为荧光。故在与相应的抗原结合后，在荧光显微镜下，荧光物质受荧光显微镜中紫外线的照射，标记抗体上的荧光素发出荧光，可测知抗原存在及部位。依荧光强弱也可测知抗原量的差异。在临床试验中用于细菌、病毒和寄生虫的检验，在基础科研中常用于组织、细胞等标本中抗原的鉴定与定位。以猪瘟荧光抗体为例介绍荧光抗体制造技术。

猪瘟荧光抗体制造。取对猪瘟兔化弱毒中和效价不低于 1∶5 000 的猪瘟病毒高免血清，用盐析法提取 γ-球蛋白，并通过葡聚糖凝胶 G50 柱层析脱盐纯化，然后用 2%的 γ-球蛋白液，按 80∶1 与硫氰酸荧光素在 10 ℃左右结合 6～8 h，并经葡聚糖凝胶 G50 柱层析，除去未结合的游离荧光素，即为荧光抗体(浓液)。取浓液作连续对倍稀释染色，以其最高有效染色稀释度，为荧光抗体效价。其蛋白浓度应不高于 0.125 mg/mL，然后按测定效价的 4 倍浓度调剂分装冻干。

2. 酶免疫技术

酶免疫技术是一种将抗原与抗体的免疫反应与酶的高效催化作用结合在一起的免疫标记技术。将酶与抗原或抗体用交联剂结合起来，这种酶可以标记组织内的抗原或抗体或固相载体上的抗原或抗体发生特异性反应，加入相应酶底物，底物被酶催化生成有色产物，根据成色的深浅判定检测抗原或抗体的浓度或活性。用于标记的酶有辣根过氧化物酶(HRP)，碱性磷酸酶(AP)，β-半乳糖苷酶和葡萄糖氧化酶，多采用 HRP。HRP 常用底物有邻苯二胺(OPD)、邻联甲苯胺(OT)和二氧基联苯胺(DAB)。用于标记的抗体要求纯度高、效价高、与抗原亲和力强。酶标记抗体常用的方法有戊二醛一步法、戊二醛二步法和过碘酸钠氧化法 3 种。

(1)碘酸钠氧化法标记步骤

①称取 5 mg HRP 溶解于 1.0 mL 新配的 0.3 mol/L pH 8.2 $NaHCO_3$ 溶液中。②滴加 0.1 mL 1% 2,4-二硝基氟苯无水乙醇溶液，室温避光轻搅 1 h。③加入 1.0 mL 0.06 mol/L 过碘酸钠($NaIO_4$)水溶液，室温轻搅 30 min。④加入 1.0 mL 0.06 mol/L 乙二醇，室温避光轻

搅 1 h,装入透析袋中。⑤于 1 000 mL pH 9.5 0.01 mol/L 碳酸盐缓冲液透析,4 ℃过夜。⑥吸出透析袋中的液体,加入含 IgG 5 mg 的 pH 9.5 0.01 mol/L 碳酸盐缓冲液 1 mL,室温避光轻轻搅拌 2 h。⑦加硼氢化钠 5 mg,置 4 ℃ 2 h 或过夜。⑧在搅拌下逐滴加入等体积饱和硫酸铵溶液,置 4 ℃ 1 h。4 000 r/min 离心 15～30 min,弃上清液。沉淀物用半饱和硫酸铵洗 2 次,最后沉淀物溶于少量 pH 7.4 0.01 mol/L 的 PBS 中。⑨上述溶液装入透析袋中,用 pH 7.4 的 PBS 透析至无铵离子(用萘氏试剂检测),10 000 r/min 离心 30 min,上清液即为酶标记抗体,分装后,冰冻保存。

(2)猪瘟酶标记抗体制造

①制造。提取对 50 个兔感染量的猪瘟兔化毒中和效价在 1∶5 000 左右猪瘟高免血清的 IgG。制成与辣根过氧化物酶的结合物,并透析到液中无硫酸根离子为止。然后将透析后的结合物与等体积的非免疫健康猪的血细胞泥混合,在 37 ℃吸收 30 min,离心后吸取上清液,再按 1 mL加 150 mg 健康猪的组织粉(猪肾粉和脾粉各半)的比例,在 37 ℃吸收 30 min(组织粉吸收结合物前,应用 PBS 浸泡 1 夜),离心吸取上清液即为猪瘟酶标记抗体。

②最佳使用浓度的测定。用 PBS 将酶标记抗体做 5、10、15 倍稀释,分别用已知的猪瘟阳性和阴性肾脏触片,做酶标记抗体试验。显色后,阳性片(细胞的胞质染成棕黄色)和阴性片(细胞的胞质不显色)对比最明显的结合物稀释度,即为酶标记抗体的最佳使用浓度。分装,每支 0.1 mL 冻干。冻干时升华温度不应超过 20 ℃。置 4～15 ℃保存。

3. 放射性同位素免疫技术

放射免疫分析(RIA)是由美国生物学家于 1959 年创建的一种体外放射分析技术,将某种放射性同位素与抗体标记起来,具有高灵敏度、精确性特异性。目前多使用同位素碘作标记,^{125}Ⅰ具有半衰期较长(60 d)、同位素丰度大、辐射损伤小和计数率较高的优点。碘化 IgG 程序:先将提纯的免疫抗体 IgG 与同位素^{125}Ⅰ置试管中,再加入氯胺 T,由于碘化反应进行很快,故碘和氯胺 T 必须在搅拌下加入,以免碘化不全;约 5 min 后加入还原剂偏重亚硫酸钠,阻断氯胺 T 作用以终止碘化反应;再加入碘化钾作为碘离子的载体,以减少蛋白质分子吸附试剂中数量不稳定的放射性碘离子;最后用葡聚糖 G-50 柱等方法将游离碘及其他放射性杂质与标记抗体分开。

4. 胶体金标免疫技术

胶体金免疫技术是以胶体金作为示踪标志物应用于抗原抗体的一种新型的免疫标记技术。胶体金是由氯金酸($HAuCl_4$)在还原剂如抗坏血酸、枸橼酸钠、鞣酸等作用下,被还原成为特定大小的金颗粒悬液,并由于静电作用成为一种稳定的胶体状态,称为胶体金。这种胶体金能与抗体等蛋白质大分子物质结合,胶体金与抗体结合后不影响抗体和抗原特异性结合的功能,因此可以用胶体金作为标记物来检测标本中的抗原或抗体。典型的颗粒方法有斑点金免疫渗滤试验和斑点免疫层析试验(ICA)等。目前在兽医临床上应用最多的是斑点免疫层析试验。

斑点免疫层析试验是以硝酸纤维素膜为载体,并利用微孔膜的毛细管作用,滴加在膜条一端的液体慢慢向另一端渗移,犹如层析一般。免疫金复合物干片黏贴在近硝酸纤维素膜条下端(C),膜条上测试区(T)包被有特异性抗体(或抗原),当试纸条下端浸入液体标本中或在加样孔中加入待检样品,下端吸水材料吸取液体向上端移动,流经 C 处时使干片上的免疫金复合物复溶，并带动其向膜条渗移。如标本中有特异性抗原（或抗体）时，可与金标抗体（或金标抗原）结合，形成的金标抗原-抗体复合物流至测试区被固相抗体所获，形成抗体-抗原-金标抗体（抗原-抗体-金标抗原）复合物，在膜上（T）显出红色线条。该试验简便、快速、单份测定，除试剂外无需任何仪器设备，且试剂稳定，因此特别适用于临床的快速检测。

（二）单克隆抗体技术

1975 年德国科学家 Kohler 等用杂交瘤技术制备单克隆抗体获得成功，单抗与抗原的结合比多抗具有更高的特异性且重复性好，在基础研究、临床诊断及治疗、免疫预防等领域发挥了重要作用。为此两位发明者于 1984 年获诺贝尔生理学或医学奖。

单克隆抗体技术是将产生抗体的单个 B 淋巴细胞同肿瘤细胞杂交，获得既能产生抗体，又能无限增殖的杂种细胞，并以此生产抗体的技术。其原理是 B 淋巴细胞能够产生抗体，但在体外不能进行无限分裂；而瘤细胞虽然可以在体外进行无限传代，但不能产生抗体。将这 2 种细胞融合后得到的杂交瘤细胞具有 2 种亲本细胞的特性。其基本程序为：将抗原免疫小鼠，过量免疫的供体中获取脾细胞，再与带有遗传标记并已适应于组织培养的骨髓瘤细胞融合，然后测定杂交细胞混合群体分泌抗体的能力，最后对单个细胞进行克隆建株。

1. 抗原提纯与动物免疫

在动物免疫中，应选用高纯度抗原。动物一般选择 BALB/C 健康小鼠，鼠龄在 8～12 周，雌雄不限。免疫过程和方法与多克隆抗血清制备基本相同，免疫间隔一般为 2～3 周。末次免疫后 3～4 d，分离脾细胞融合。

2. 骨髓瘤细胞制备

选择瘤细胞株的最重要的一点是与待融合的 B 细胞同源。如待融合的是脾细胞，各种骨髓瘤细胞株均可应用，但应用最多的是 Sp2/0 细胞株。骨髓瘤细胞株在融合前应先用含 8-氮鸟嘌呤的培养液做适应培养，在细胞融合的前 1 d 用新鲜培养基调细胞浓度为 2×10^5 个/mL。

3. 细胞融合

将骨髓瘤细胞与免疫脾 B 细胞按一定比例混合，比值可从 1∶2 到 1∶10 不等，常用 1∶4 的比例，混合后离心弃上清液，缓慢加入融合剂，间隔 1 min 后，缓慢滴入无血清培养液，经洗涤去除融合剂后加入细胞培养液，置板孔中继续培养。

4. 筛选阳性株

一般选用的骨髓瘤细胞为 HAT 敏感细胞株，所以只有融合的细胞才能持续存活 1 周以上。融合细胞呈克隆生长，经有限稀释后（一般稀释至 0.8 个细胞/孔），按 Poisson 法计算，应有 36％的孔为 1 个细胞/孔。细胞培养至覆盖 10％～20％孔底时，吸取培养上清用 ELISA 检测抗体含量，选高分泌特异性细胞株扩大培养。选出的阳性细胞株应及早冻存。冻存的温度越低越好。二甲亚砜（DMSO）是普遍应用的冻存保护剂，冻存细胞复苏后的活性多在 50％～95％。

5. 单克隆抗体制备

抗体制备有体外培养和动物体内诱生 2 种方法。

①体外培养法。将杂交瘤细胞在体外培养，在培养液中分离单克隆抗体。该法需用特殊

的仪器设备，一般应用无血清培养基。

②动物体内诱生法。先用降植烷或液体石蜡行小鼠腹腔注射，1 周后将杂交瘤细胞接种到小鼠腹腔中去。通常在接种 1 周后即有明显的腹水产生，每只小鼠可收集 5～10 mL 的腹水，有时甚至超过 40 mL。该法制备的腹水抗体含量可达数毫克甚至数十毫克水平。此外，腹水中的杂蛋白也较少，便于抗体的纯化。

6. 单克隆抗体保存

提纯的单克隆抗体，冷冻干燥后于 2～8 ℃下保存 2 年，溶解后放置 4 ℃下保存 1 个月。短期使用的腹水抗体，4 ℃ 3～4 个月仍保持稳定，培养上清加 0.1% NaN_3，－20 ℃保存，2 年不失活性。

思考与练习

一、选择题与判断题

1. 诊断制剂的作用是(　　)传染病。(单选题)

A. 预防　　B. 诊断　　C. 治疗　　D. 中和

2. 抗体主要存在血清中，故诊断抗体主要成分是(　　)。(单选题)

A. IgG　　B. IgA　　C. IgD　　D. IgE

3. 诊断用生物制品所以能起诊断作用，是基于抗原与抗体能特异地结合这一基本原理。(判断题)

4. 用已知的抗原可以检出未知的抗体或未知的抗原。(判断题)

5. 诊断制剂包含诊断抗原和诊断抗体两大类。(判断题)

6. 免疫血清又称高免血清，根据用途不同，可分为抗血清和诊断血清两类。(判断题)

7. 根据免疫原不同，抗血清可分为抗病血清和抗毒素两类。(判断题)

8. 关于诊断抗原描述正确的是(　　)。(多选题)

A. 诊断抗原有细菌类抗原、病毒类抗原和抗体

B. 诊断抗原是指利用微生物、寄生虫及其代谢产物制备的制品

C. 诊断抗原可以检测相应未知抗体

D. 诊断抗原都是灭活制剂

E. 诊断抗原主要用于传染病的实验室诊断

9. 关于诊断抗体描述正确的是(　　)。(多选题)

A. 诊断抗体可以检测相应未知病原体

B. 诊断抗体是一类利用体外 Ag-Ab 反应来诊断疫病或鉴别微生物的生物制剂

C. 诊断血清通常用抗原免疫动物，采取含有该抗体的动物血清制成

D. 主要用于菌(毒)种的鉴定、分型、标化生物制品和实验室诊断等

E. 诊断抗体包括抗血清、诊断血清和卵黄抗体

10. 某种场为确诊某传染病需要送检病料，如果送检的是病变组织则属于(　　)，如果送检的是血清则属于(　　)。(多选题)

A. 待检抗原　　B. 已知抗原　　C. 待检抗体　　D. 已知抗体　　E. 母源抗体

11. 关于免疫血清描述正确的是(　　)。(多选题)

A. 免疫血清可分为抗血清和诊断血清两类

B. 抗血清通常在疫区使用,具有治疗相应传染病作用

C. 诊断血清具有诊断相应传染病的作用

D. 一种免疫血清只对相应的一种病原微生物或毒素起作用

E. 卵黄抗体可以替代某些抗血清

二、简答题

1. 解释诊断抗原、诊断制剂、单克隆抗体。
2. 诊断制剂应具备哪些特性?
3. 诊断制剂有哪些种类?各有何用途?
4. 简述诊断抗原的种类及制备要点。
5. 简述鸡白痢鸡伤寒多价染色平板抗原制备的生产工艺。

二维码 4-1　项目四　诊断用生物制品制备

思考与练习参考答案

项目五

治疗用生物制品制备

【知识目标】

1. 掌握免疫血清的生产工艺流程
2. 掌握卵黄抗体的生产工艺流程
3. 了解抗血清和卵黄抗体的生产要点

【技能目标】

1. 会按照 GMP 要求进行免疫血清生产
2. 能够按照要求制备卵黄抗体
3. 具备根据生产实际要求选择使用设备与器具的能力

二维码 5-1
高免卵黄抗体制备

【素质目标】

1. 通过治疗制剂制备学习，培养学生严谨的工作作风和良好的职业道德
2. 通过项目任务，培养学生的无菌意识、安全意识和团队协作能力

任务一　小鹅瘟抗血清制备

【条件准备】

（1）主要器材　小鹅瘟疫苗或分离的强毒株、健康成鹅、小鹅瘟琼扩抗原、对照血清、生理盐水、碘酊棉球、酒精棉球、1 mL 注射器、孵化箱、灭菌培养基、灭菌试管、灭菌吸管等。

（2）器材处理　按使用时间，将准备好的各种物品提前灭菌，并移入洁净工作间待用。

（3）环境要求　在工作开始前 30～40 min，按净化级别要求调整送风量，达到洁净级别要求。

【操作步骤】

一、动物选择

健康成鹅或 1～2 岁健康山羊。

二、免疫原制备

GD 株、21/486 株、W 株或本地流行的 GPV 强毒株，在无菌条件下 100 倍稀释，经尿囊腔接种 12 日龄鹅胚，每只 0.2 mL，取接种后 48～144 h 死胚尿囊液，经无菌检查合格后，冷冻保存备用。

三、免疫接种

成鹅每只皮下注射 100 倍稀释免疫原 1 mL，间隔 10 d，进行第 2 次免疫，每只注射原液 1 mL；山羊免疫 2 次，间隔 7～10 d，颈静脉注射，剂量分别为 2 mL、10 mL。第 2 次注射后 7～10 d 试血，如效价不足，再用最后剂量注射，用琼脂扩散试验检测小鹅瘟抗血清效价，效价在 1∶16 以上方可采血。

四、收集血清

成鹅无菌放血致死，山羊则由颈动脉无菌采血，分离血清，将采集的免疫血清全部混匀后，加入 0.5%石炭酸或 0.01%硫柳汞防腐，分装、低温保存。经成品检验合格后，方可使用。

【考核测评】

考核要素/分值比例	考核内容/分值			
专业技能测评/60%	动物免疫程序/10 分	动物免疫接种方法/15 分	血清效价测定/20 分	血清分离/15 分
素质测评/30%	安全操作/8 分	规范标准/8 分	及时清场/7 分	团队协作/7 分
创新测评/10%	学生在完成项目任务的任何环节融入创新元素，即可得分，小组成员可根据参与度给予赋分			
考核建议：既可以过程考核，也可以随机抽考，视具体条件选择。 专业技能考核可以让学生在操作时录制视频上传，作为考核依据，也可以单独组织考核。 要求：本人出镜，完整操作。				

任务二　鸡传染性法氏囊病卵黄抗体制备

【条件准备】

(1)主要器材　鸡 IBDV 弱毒疫苗、鸡 IBDV 灭活疫苗、1 mL 注射器、5 mL 注射器、6 号针头、无菌三角烧瓶、碘酊棉球、酒精棉球、新洁尔灭溶液、离心机、冰箱、电热恒温培养箱、组织捣碎机。

(2)器材处理　按使用时间，将所需各种物品提前灭菌，并移入洁净工作间待用。

(3)环境要求　在工作开始前 30～40 min，按净化级别要求调整送风量，达到洁净级别要求。

【操作步骤】

一、动物选择

选择健康的产蛋鸡群，或 2～4 周后开产蛋鸡群。

二、动物免疫

免疫 3 次，肌内注射，免疫间隔 7～14 d，首免用 5～10 倍量的传染性法氏囊弱毒疫苗，以后使用灭活疫苗，注射剂量为 3 mL/只，最后 1 次免疫后第 7 天开始，每隔 3 d 抽样测定高免鸡蛋黄中 IBDV 抗体效价，琼扩抗体效价达≥1∶128 时收集高免蛋。

三、抗体制备

将合格的高免蛋用 0.2%～0.5%新洁尔灭溶液洗净蛋壳表面，无菌操作弃蛋清取卵黄，用组织捣碎机充分捣匀，在卵黄液中加入等量的无菌生理盐水，4 000 r/min 离心 20 min，用灭菌纱布过滤出去杂质，取其上清液，加入 0.01%的硫柳汞及 1 000 IU(μg)/mL 的青霉素、链霉素，即得卵黄抗体，于 4 ℃贮藏。经成品检验合格后使用。

四、抗体提纯

无菌取出卵黄，加入 2 倍量的灭菌生理盐水中，搅拌均匀后加入等量的氯仿，充分混匀，在室温条件下静置。待卵黄及氯仿沉淀，收集上清液，经过浓缩，即为卵黄抗体提纯液。

【考核测评】

考核要素/分值比例	考核内容/分值			
专业技能测评/60%	效价测定用品准备/10 分	抗体效价测定与判断/20 分	收集卵黄/10 分	抗体提纯/20 分
素质测评/30%	安全操作/8 分	规范标准/8 分	及时清场/7 分	团队协作/7 分
创新测评/10%	学生在完成项目任务的任何环节融入创新元素，即可得分，小组成员可根据参与度给予赋分			
考核建议：既可以过程考核，也可以随机抽考，视具体条件选择。 专业技能考核可以让学生在操作时录制视频上传，作为考核依据，也可以单独组织考核。 要求：本人出镜，完整操作。				

职业知识链接

治疗用生物制品又称抗血清，是指用于治疗动物传染病的制品。一般是指利用微生物及其代谢产物等作为免疫原，经反复多次注射同一动物体，所生产的一类高效价抗体，主要包括免疫血清、卵黄抗体和牛奶抗体等。免疫血清又称高免血清，根据用途不同，可分为抗血清和诊断血清 2 类。根据免疫原不同，抗血清可分为抗病血清和抗毒素血清 2 类。

抗血清通常在疫区使用，当动物已感染某种病原微生物发生传染病时，注射大量抗病血清，血清中的抗体可抑制动物体内的病原体继续繁殖，并协助体内正常防御机能，消灭病原微生物，使病畜逐渐恢复健康。对疫区内未发病动物可进行紧急预防接种，其优点是注射后立即产生免疫，免疫力持续时间一般 1～2 周，因此，在注射血清后 1～2 周仍需再免疫疫苗，以获得较长时间的抗传染能力。一种血清只对相应的一种病原微生物或毒素起作用。

一、免疫血清制备

（一）免疫血清制造程序与方法

抗血清生产工艺流程与免疫血清相同，见图 5-1。

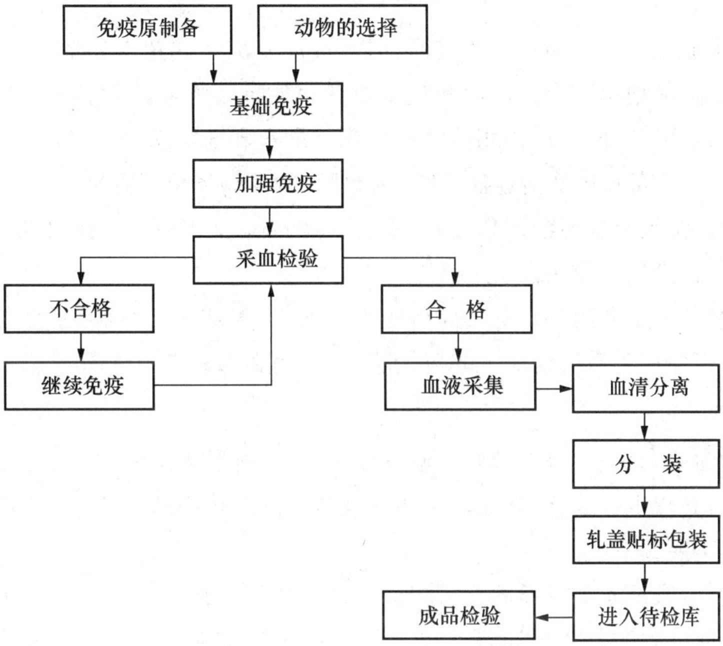

图 5-1　免疫血清生产工艺流程

1. 免疫动物的选择

制备免疫血清的动物有马、牛、山羊、绵羊、猪、兔、犬、鸡和鹅等。用同种动物生产的称同源血清，用异种动物生产的称异源血清。为了避免疫病的传播，制备抗血清时，一般要求用异种动物，通常用马和牛等大动物制备。生产中制备免疫血清用马较多，因为血清渗出率较高，外观颜色较好。也可使用多种动物（如马、牛、羊 3 种动物）制备 1 种抗毒素血清，以避免发生过敏反应或血清病。由于动物存在个体免疫应答能力差异，所以选定动物应有一定的数量，一个批次应用多头动物。

通常选择体型较大、性情温顺、体质强健的青壮年动物为宜。同时，需对相应的动物传染病进行检疫。马以年龄 3～8 岁、体重 350 kg 以上者为宜；牛以 3～10 岁、体重 300～400 kg 及以上者为宜；猪以 50 kg 以上，年龄 6～12 月龄为宜；家兔体重需达 2 kg 以上为好。在生产过程中，若发现健康状况异常或有患病可疑时，应停止注射抗原和采血，并进行隔离治疗。

2. 免疫抗原的制备

制造免疫血清的抗原，一般是用微生物体或其毒素，或微生物的提取物等纯化的完全抗原。根据需要，有时可加合适的免疫佐剂。

(1)细菌免疫原制备　基础免疫用抗原多为疫苗或死菌，而加强免疫的抗原，一般选用毒力较强的菌株。多价抗病血清用的抗原，要求用多血清型菌株。菌种接种于最适生长的培养基，按常规方法进行培养。通常活菌抗原需用新鲜培养菌液，并按规定的浓度使用，培养时间较死菌抗原稍短为好，多用 16～18 h 培养物，经纯粹检查，证明无杂菌者，即可作为免疫抗原。为减少由培养基带来的非特异性成分，可通过离心，弃上清液，再将菌体制成一定浓度的细菌悬液，作为免疫原。

(2)病毒免疫原制备　以病毒为免疫原，需通过反复冻融或超声裂解方法，将病毒从细胞中释放出来，并尽可能地提高病毒滴度和免疫原性。如抗猪瘟血清，基础免疫的抗原，可用猪瘟兔化弱毒疫苗；加强免疫抗原，则用猪瘟血毒或脾淋毒乳剂等强毒。猪接种猪瘟强毒发病后 5～7 d，当出现体温升高及典型猪瘟症状时，由动脉放血，收集全部血液，经无菌检验合格后即可作为抗原使用。接种猪瘟强毒的猪，除血中含有病毒外，脾脏和淋巴结也有大量的病毒，可采集并制成乳剂，作为抗原使用。

(3)抗毒素血清免疫原制备　免疫原可用类毒素、毒素或全培养物(活菌加毒素)，但后两者只有在需要加强免疫刺激的情况下才应用，一般多用类毒素作免疫原。

3. 免疫程序

免疫程序分为 2 个阶段，第 1 阶段为基础免疫，第 2 阶段为加强免疫。从被免疫动物初次接受免疫原刺激，到产生少量抗体，这段时间在制造程序中称为基础免疫。基础免疫对第 2 阶段的加强免疫有重要关系。

(1)基础免疫　通常先用本病的疫苗按预防剂量作第 1 次免疫，经 1～3 周再用较大剂量的灭活苗或活菌或特制的灭活抗原再免疫 1～3 次，即完成基础免疫。基础免疫大多数 1～3 次即可，抗原无须过多过强，可为加强免疫产生有效的回忆应答打下基础。

(2)加强免疫　加强免疫亦称高度免疫。一般在基础免疫后 2～4 周开始进行。注射的抗原可采用灭活抗原，也可采用强毒微生物。微生物的毒力越强，一般免疫原性越好。免疫剂量逐渐增加，每次注射抗原间隔时间多为 5～7 d，加强的注射次数要视血清抗体效价而定。有的只要大量注射 1～2 次强毒抗原，即可完成加强免疫；有的则要注射 10 次以上，才能产生高效价的免疫血清。在用强毒微生物进行加强免疫时，必须在强毒动物舍或负压隔离器中进行，并采取严格的控制措施，以防散毒。

(3)免疫途径　免疫原注射途径一般采用皮下或肌内注射。如果免疫剂量大，应采用多部位注射法，尤其在应用油佐剂抗原时更应该注意。

4. 血液采集与血清提取

按照免疫程序完成免疫的动物，经采血检验(试血)，血清效价达到合格标准时，即可采血。

不合格者，再度免疫，多次免疫仍不合格者淘汰。

(1)采血次数和方法　一般血清抗体的效价高峰在最后一次免疫后的7～10 d。采血可以全放血或部分采血，即一次采集或多次采集，尽可能做到无菌操作。多次采血者，按每千克体重采血约10 mL，经3～5 d第2次采血，第2次采血后经2～3 d，再注射免疫原，如此循环注射免疫原和采血。全放血者，在最后一次高免之后的8～11 d进行放血。放血前，动物应禁食24 h，但需饮水以防止血脂过高。豚鼠由心脏穿刺采血；家兔可以从心脏采血或颈静脉、颈动脉放血，少量采血可通过耳静脉采取；马由颈动脉或颈静脉放血；羊可以从颈静脉采血或颈动脉、颈静脉放血；家禽可以心脏穿刺采血或颈动脉放血。

(2)血清的分离　采血时一般不加抗凝剂，全血在室温中自然凝固。待血液凝固后进行剥离或者将凝血切成若干小块，并使其与容器剥离。先置于37 ℃ 1～2 h，然后置于4 ℃冰箱过夜，次日离心收集血清。如果采集的血量较大时，可采用自然凝固加压法。即将动物血直接采集于用生理盐水湿润的灭菌玻璃筒内，置室温自然凝2～4 h，有血清析出时，采血筒中加入灭菌的不锈钢压砣，经24 h后，将血清吸入灭菌瓶中，加入0.5%石炭酸或0.02%硫柳汞防腐。抽样进行无菌检验，无菌的血清，组批分装，保存于2～8 ℃待检库，待抽检合格后交成品库保存。

(二)常用抗血清制备要点

目前，生产较多的抗血清有抗炭疽血清、抗羔羊痢疾血清、抗猪瘟血清、破伤风抗毒素、抗气肿疽血清、抗小鹅瘟血清、抗犬瘟热血清等，其中，破伤风抗毒素血清的效果最佳，应用最广。

1. 抗炭疽血清

选择健壮马匹，先用炭疽疫苗(无毒炭疽芽孢苗或Ⅱ号炭疽芽孢苗)于第1、6、12、18天共进行4次基础免疫，然后进行高度免疫。于第24、30、36、42、48、54天共高免6次，剂量由1～20 mL不等。高度免疫可用炭疽强毒，也可用炭疽疫苗，两者在免疫程序上略有差别。最后一次免疫后的第7～8天采血，测定血清效检。血清效检合格的马匹，即可正式采血，不合格的马匹，可按最后一次免疫剂量再注射1～3次，再行试血。按每千克体重约10 mL采血量采血，间隔3～5 d再注射免疫原。注后10 d左右再次采血，如此循环进行。采得的血液用自凝法、加压法或离心法分离提取血清，加适量防腐剂，经无菌检验合格后，于2～8 ℃静置1～2个月，然后去其沉淀物，上清液组批分装。

2. 抗羔羊痢疾血清

用免疫原性良好的B型产气荚膜梭菌菌株的类毒素、毒素和强毒菌液，分别多次接种绵羊后，采血，分离血清，加适当防腐剂制成。

免疫原制备。第一免疫原为B型产气荚膜梭菌的灭活菌液。用2～3株产气荚膜梭菌接种于厌氧肉肝汤中，在34～35 ℃培养16～20 h。按总量的0.5%～0.8%加入甲醛溶液脱毒制成。第二免疫原为B型产气荚膜梭菌的毒素。菌株分别接种于肉肝胃酶消化汤中，置34～35 ℃培养16～20 h。将各菌液等量混合，离心滤过制成。第三免疫原为B型产气荚膜梭菌的活菌液，其制造方法与第二免疫原相同，培养物不经滤过，置2～8 ℃保存，限72 h内使用。本品制造时，一般选择体重40 kg以上，2～3岁健康绵羊。按表5-1免疫程序进行。注射第11次

(或第 12 次)免疫原后 8～10 d,抽 3～5 只羊采血,分离血清,混合,测定效价。如血清 0.1 mL 能中和 B 型毒素 1 000 MLD 以上时,再经 1 次免疫注射后 9～11 d 放血(或采血)。如中和效价达不到标准时,可追加免疫注射 1～2 次,再采血测试效价。采得的血液用自然凝结加压法或离心法分离提取血清,并按总量的 0.004%～0.010%加入硫柳汞或 0.5%加入苯酚防腐,经无菌检验合格后,分装并冷藏保存。

表 5-1 抗羔羊痢疾血清制备免疫程序

注射次数	间隔日数	免疫原种类	肌内注射量/mL	备注
1		第一免疫原	7～8	
2	7	第一免疫原	15	
3	7	第二免疫原	2	
4	7	第二免疫原	5	
5	7	第二免疫原	10	
6	10	第三免疫原	1	
7	10	第二免疫原	4	
8	10	第二免疫原	8	
9	10	第二免疫原	15	
10	10	第二免疫原	30	
11	10	第二免疫原	40	注射后 8～10 d 第 1 次采血测效价
12	10	第二免疫原	40	注射后 8～10 d 第 2 次采血测效价
13	10	第二免疫原	40	中和效价达 1 000 MLD 时可放血。低于此标准时,可追加免疫 1～2 次
14	10	第二免疫原	40	
15	10	第二免疫原	40	

3. 抗猪瘟血清

选用 60 kg 左右,健康、营养良好的猪,使用前隔离观察 7 d 以上。先注射猪瘟兔化弱毒疫苗 2 mL 作为基础免疫,间隔 14～21 d 后进行加强免疫。加强免疫程序:第 1 次肌内注射猪瘟强毒血毒抗原 100 mL;第 2 次肌内注射血毒抗原 200 mL;第 3 次肌内注射血毒 300 mL。每次间隔 10 d。10 d 后采血测定抗体效价,如不合格,继续注射血毒抗原 300 mL,合格后采血。如不剖杀放血,可定期采血并注射抗原,但从免疫完成到最后放血不超过 12 个月为宜。此外,也可将猪瘟康复猪注射血毒抗原后 10～14 d 采血,或经基础免疫后 7～10 d 再大量注射猪瘟猪组织抗原后 16 d 采血。分离血清,加入 0.5%石炭酸防腐,经检验合格后,分装并冷藏保存。

4. 破伤风抗毒素

系用马经基础免疫后,再用产毒力强的破伤风梭菌制备的免疫原进行加强免疫,采血、分离血清,加适当防腐剂制成或经处理制成精制抗毒素。

(1)动物选择　选择5～12岁体型较大的健康马匹，在隔离期间进行必要的检疫。

(2)类毒素制备　菌种为C66-1、C66-2和C66-6菌株，接种于甘油冰醋酸肉汤或破伤风培养基，在34～35 ℃培养5～7 d。灭活脱毒。滤过精制破伤风类毒素。与灭菌无水羊毛脂及液体石蜡按比例混合，置2～8 ℃备用。使用前应放30 ℃温箱预热。

(3)免疫程序

①基础免疫。一般注射抗原2次，第1次注射精制破伤风类毒素佐剂免疫原1 mL，第2次注射2 mL；第2次注射后，经10～14 d采血，测定抗毒素的量(IU)，供以后高免时参考，并可休息1～3个月再进行高度免疫。

②加强免疫。按照表5-2免疫程序进行。第1程一般注射5～8次，各次的间隔时间是：1～4次为2～3 d，5～8次为4～6 d，抗原剂量第1次从1 mL开始，以后每次逐渐增加1～2 mL，最后一次为8～12 mL。并从第4次起，每次注射的同时进行试血，测定每匹马血清中的抗毒素单位；在第1程采血休息14～16 d的马匹，即可进行第2程以及各程的高免，一般注射3次，每次间隔5～7 d，抗原剂量可以根据前程血清效价增减，一般第1次注射3～5 mL，第2次注射4～6 mL，第3次注射5～7 mL。接种部位以身躯两侧为主，轮换注射，每次注射点的剂量不宜过多。

(4)抗毒素的制造

①采血。每程高免结束后的第6天或第7天进行第1次采血，隔1 d进行第2次采血，由颈静脉采血。

②血清的提取。将血液收集于盛有1%～5%氯化钠溶液润湿的玻璃筒内。采得的血液放于20～25 ℃中，待全部凝固并有血清析出时，加入灭菌的压砣。加压砣后48～72 h，以无菌手术分别提取每匹马血清，同时加0.5%氯仿和0.003 5%硫柳汞，加塞密封充分摇匀。静置于2～15 ℃冷暗处沉淀澄清。经半成品检验合格后，组批，定量分装，入待检库。

(5)血清的精制　为提高抗血清的效价及减轻过敏反应，提取的血清可以进一步精致。将血清混合于同一容器内，加入2倍蒸馏水，充分搅拌均匀，用2 mol/L盐酸调整pH为3.5±0.1，然后按总量每毫升加入6～9单位胃酶和0.2%的甲苯，在29～31 ℃中消化2～24 h，消化期间要经常搅拌。消化完毕之溶液按量加入15%的硫酸铵，溶解后用2 mol/L氢氧化钠调整pH为4.6±0.1，然后用水浴方法加温，使之达到(57±1) ℃保持30 min，待溶液冷却至43 ℃以下时，用帆布滤过，收集滤液，沉淀废弃。滤液用2 mol/L氢氧化钠调pH为7.2±0.1后，按20%加入硫酸铵，充分搅拌使之溶解，然后用帆布过滤，收集沉淀，清液废弃。收集的沉淀称重，按量加入5～6倍的蒸馏水，溶解后，按总量加入10%的明矾溶液使明矾含量为1%，用2 mol/L氢氧化钠调整pH为7.7～7.8，静置2～4 h沉淀，然后用帆布过滤，沉淀经水洗压干后废弃。将透明清液混合于同一容器，按量加入38%硫酸铵，经搅拌溶解后用帆布过滤，上清废弃，沉淀压干后用透析袋分装，每包200～250 g，加少许氯仿，放置在流水槽内进行透析48～72 h。收集袋内血清，按量0.5%加入氯仿、0.85%加入氯化钠、0.003 5%加入硫柳汞，充分溶解后在无菌条件下用0.22 μm膜过滤，然后于5～15 ℃静置沉淀。检验合格后分装。

表 5-2　破伤风抗毒素血清制备加强免疫程序

程次	日龄	注射次序	注射剂量/mL	备注
1	1	1	1	
	3	2	2	
	5	3	3	
	8	4	4	
	11	5	5～6	试血
	15	6	6～7	试血
	20	7	7～8	试血
	25	8	8～10	试血
	1			采血
	3			采血
	4			
	5			程次间隔 14～16 d
2	18～20	4		程次间隔 5～7 d
	23～25	5		第二程后第 6 天、第 8 天
	28～30	3		第 7 天、第 9 天采血

二、卵黄抗体制备

卵黄抗体生产工艺流程见图 5-2。

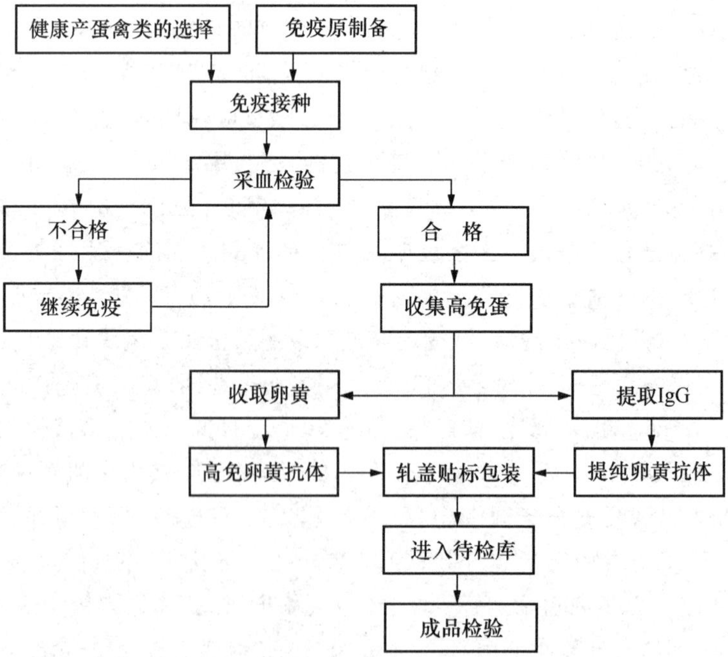

图 5-2　卵黄抗体生产工艺流程

产蛋的禽类感染某些病原后，其血清和卵黄内均可产生相应的抗体，而且，卵黄中的抗体水平同样也随抗原的反复刺激而升高。因此，通过免疫注射产蛋鸡，即可由其生产的蛋黄中提取相应的抗体，与高免血清一样只限用于相应疫病的治疗和紧急预防接种。该类制剂称为卵黄抗体(IgY)。近几年来，在某些动物疫病的防治中 IgY 已成为免疫血清有效的替代品，而且越来越受到人们的重视，IgY 具有用同批动物连续生产的优点，可以在一定程度上克服血清抗体成本较高、生产周期较长的弱点。但是卵黄抗体有潜伏野毒的危险，对生产用鸡应做认真的检疫。目前临床上常见的卵黄抗体有鸡传染性法氏囊病卵黄抗体、鸭病毒性肝炎卵黄抗体等。

1. 鸡传染性法氏囊病卵黄抗体

本品系用 IBD 油佐剂灭活苗，经免疫健康的产蛋鸡群，收集高免蛋的卵黄制成。详见项目五的任务二。

2. 新城疫高免卵黄抗体

选取健康无主要传染病，特别是无鸡白痢、沙门氏菌病的高产鸡群，将鸡新城疫灭活油佐剂苗皮下注射 2 mL/只，免疫 4 次，间隔 10～14 d 后，最后一次免疫后，采集血清测定效价，血凝抑制价平均达到 1∶128 以上，即可收集高免鸡蛋。如不合格，可继续加强免疫。将鸡蛋水洗后，浸入 0.5%石炭酸水中消毒 0.5 h，捞出后，置无菌室紫外线照射 20 min。无菌操作去蛋壳，收取卵黄，加入灭菌的含 1%石炭酸生理盐水，搅拌，以 2 层纱布过滤，滤液即为鸡新城疫高免卵黄抗体。定量分装，2～8 ℃保存。卵黄抗体 HI 价应达 1∶128 以上为合格。

3. 鸭病毒性肝炎卵黄抗体

选用 E52、FC34、QL79、E85 或 A66 等弱毒株或本地流行的 DHV 强毒株，接种于鸡胚，收获 24～96 h 内死亡胚尿囊液、尿囊膜和胚体，加入适量 PBS 混合研磨，毒价应达 10^6 ELD_{50}/mL 以上，加入青霉素、链霉素 100 IU(μg)/mL，制成匀浆，即为免疫原。将一定量免疫原肌内注射接种于健康产蛋母鸡进行免疫，间隔 7～10 d，重复免疫 3 次，待卵黄抗体达到一定效价时收集高免蛋，在无菌操作下取出蛋黄，加入适量灭菌生理盐水置组织捣碎机内捣碎，再加入适量防腐剂和抗生素，定量分装，于 2～8 ℃保存。中和效价应在 $2^{8.5}$ 以上为合格。

三、抗体制备新技术

基因工程抗体又称重组抗体，是应用基因工程技术将目的抗体基因重组并克隆到表达载体中，在适当的宿主中表达并折叠成有功能的抗体分子，又称为第三代抗体。由于目前制备的单克隆抗体均为鼠源性，临床应用时，对机体是异种抗原，重复注射可使机体产生抗鼠抗体，从而减弱或失去疗效，并增加了超敏反应的发生，因此，在 20 世纪 80 年代早期，人们开始利用基因工程制备抗体，以降低鼠源抗体的免疫原性及其功能。目前研制的基因工程抗体主要包括嵌合抗体、人源性抗体、完全人源抗体、单链抗体、双特异性抗体等。

1. 嵌合抗体

嵌体抗体是最早制备成功的基因工程抗体。它是由鼠源性抗体的 V 区基因与人抗体的 C 区基因拼接为嵌合基因，然后插入载体，转染骨髓瘤组织表达的抗体分子。因其减少了鼠源成分，从而降低了鼠源性抗体引起的不良反应，并有助于提高疗效。

2. 人源性抗体

将人抗体的CDR代之以鼠源性单克隆抗体的CDR，由此形成的抗体，鼠源性只占极少，称为人源化抗体。

3. 完全人源化抗体

采用基因敲除术将小鼠Ig基因敲除，代之以人Ig基因，然后用Ag免疫小鼠，再经杂交瘤技术即可产生大量完全人源化抗体。

4. 单链抗体

将Ig的H链和L链的V区基因相连，转染大肠杆菌表达的抗体分子，又称单链抗体(ScFv)。ScFv穿透力强，易于进入局部组织发挥作用。

5. 双特异性抗体

将识别效应细胞的抗体和识别靶细胞的抗体联结在一起，制成双功能性抗体，称为双特异性抗体。如由识别肿瘤抗原的抗体和识别细胞毒性免疫效应细胞(CTL细胞、NK细胞、LAK细胞)表面分子的抗体(CD3抗体或CD16抗体)制成的双特异性抗体，有利于免疫效应细胞发挥抗肿瘤作用。

目前在临床试验中基因工程抗体约占生物制剂的30%。重组抗体的体积越来越小，或被重新构建成多价分子，或与其他分子相融合，如放射性核素、毒素、酶、脂质体和病毒。重组技术的出现使筛选、人源化、抗体的生产得到革新，并取代杂交瘤技术，从而使以抗体为基础的药剂设计成为可能。

思考与练习

一、选择题

1. 抗血清具有(　　)传染病的作用。(单选题)

A. 预防　　B. 诊断　　C. 治疗　　D. 中和

2. 抗体主要存在血清中，故抗血清主要成分是(　　)。(单选题)

A. IgG　　B. IgA　　C. IgD　　D. IgE

3. 某鹅场雏鹅发生了小鹅瘟，最有效的治疗手段是(　　)。(单选题)

A. 中药　　B. 抗生素　　C. 抗病毒药　　D. 小鹅瘟抗血清

4. 关于抗血清制备描述正确的是(　　)。(多选题)

A. 免疫动物通常选择体型较大、性情温顺、体质强健的青壮年动物

B. 免疫程序分为基础免疫和加强免疫两个阶段

C. 免疫途径一般采用皮下或肌内注射。如果免疫剂量大，应采用多部位注射法

D. 采血可以全放血或部分采血，即一次采集或多次采集，尽可能做到无菌操作

E. 采血时一般不加抗凝剂，全血在室温中自然凝固，次日收集血清

二、简答题

1. 免疫血清包括哪些种类？

2. 解释免疫血清、抗毒素、卵黄抗体概念。

3. 图示免疫血清、卵黄抗体的制备流程。

4. 简述抗毒素的基本制造过程。
5. 高免卵黄和高免血清制备时有何异同点？
6. 想一想为什么不提倡用免疫血清来防治动物疫病？
7. 对比传统抗体、单克隆抗体、基因抗体的优缺点。

二维码 5-2　项目五　治疗用生物制品制备
思考与练习参考答案

项目六
微生态制剂制备

【知识目标】

1. 了解微生态制剂的种类及其作用原理
2. 掌握微生态制剂生产工艺
3. 掌握微生态制剂在动物生产上的应用

【技能目标】

1. 会按照 GMP 要求进行芽孢菌液的培养
2. 会通过各种途径查阅所需资料

【素质目标】

1. 通过微生态制剂制备学习，培养学生严谨的工作作风和良好的职业道德
2. 通过项目任务，培养学生的无菌意识、安全意识和团队协作能力

任务一　枯草芽孢杆菌饲用益生菌制备

【条件准备】

(1)主要器材　控温摇床、生化培养箱、电子天平、pH 测定仪、无菌操作台、高压蒸汽灭菌器、接种环、酒精灯、250 mL 三角瓶、10 mL 吸管、1 mL 吸管、试管、吸耳球、平皿、枯草芽孢杆菌菌种、氢氧化钠、葡萄糖、蛋白胨、琼脂粉等。

(2)器材处理　按使用时间，将所需物品提前灭菌，并移入洁净工作间待用。

(3)环境要求　在工作开始前 30～40 min，按净化级别要求调整送风量，达到洁净级别要求。

【操作步骤】

一、培养基制备

液体种子培养基：葡萄糖 20 g/L，蛋白胨 15 g/L、氯化钠 5 g/L、磷酸二氢钾 2 g/L、磷酸

氢二钾($3H_2O$) 4 g/L,121 ℃灭菌 20 min。

固体培养基:在液体培养基中加入琼脂 20 g/L,调 pH 至 7.0,制成斜面培养基、平板培养基,灭菌后备用。

液体培养基:葡萄糖 10 g/L、蛋白胨 7 g/L、氯化钠 5 g/L、磷酸二氢钾 2 g/L、磷酸氢二钾($3H_2O$)4 g/L,121 ℃灭菌 20 min。

二、菌种的制备

(1)菌种纯化　将枯草芽孢杆菌菌种接种于琼脂平板培养基,置 37 ℃培养 24 h 后,挑选表面粗糙不透明、污白色或微带黄色的典型菌落,接种于斜面培养基,37 ℃培养 24 h。

(2)种子液制备　将纯化的菌种接入液体培养基中,置 37 ℃,160 r/min 振荡培养 24 h。

三、菌液制备

将种子液按 5%～10%比例,接入液体培养基中,置 37 ℃培养 24 h,200 r/min,振荡培养箱或发酵罐培养。

四、冷冻真空干燥

将培养的菌液倒入灭菌的金属盘中,置冷冻真空干燥机进行冻干,48 h 后取出,将干燥后形成的芽孢制剂分装、密封、干燥保存。冷冻干燥可促进芽孢的形成。

五、成品检验

(1)活芽孢计数　每批(组)随机抽取样品 3 个,各取 1 g 用灭菌生理盐水 10 倍系列稀释至 10^{-10},取适当稀释度,每个稀释度做 3 个重复,每个平皿接种 0.1 mL,37 ℃培养 18～24 h,计数平皿上的菌落数。以 3 个样品中最低芽孢数为该批制剂的菌数,每克制剂含活芽孢数不少于 1 亿个。

(2)安全检验　用 5～10 日龄雏鸡 10 只,每天每只投服本制剂 1 g,连服 3 d。或用体重 18～22 g 小鼠 10 只,每只口服制剂 0.1 g,观察 10 d,应健活。

【考核测评】

考核要素/分值比例	考核内容/分值			
专业技能测评/60%	振荡培养箱使用/10 分	菌种纯化/15 分	活芽孢计数/20 分	画出菌剂制备流程图/15 分
素质测评/30%	安全操作/8 分	规范标准/8 分	及时清场/7 分	团队协作/7 分
创新测评/10%	学生在完成项目任务的任何环节融入创新元素,即可得分,小组成员可根据参与度给予赋分			
考核建议:既可以过程考核,也可以随机抽考,视具体条件选择。 专业技能考核可以让学生在操作时录制视频上传,作为考核依据,也可以单独组织考核。 要求:本人出镜,完整操作。				

职业知识链接

一、微生态制剂认知

动物微生态制剂是指在动物微生态学理论的指导下，采用有益微生物或微生物代谢产物，经培养、发酵、干燥、加工等特殊工艺制成的生物制剂或活菌剂。用于调整动物微生态平衡，以达到抗病和提高动物生产性能的目的。目前微生态制剂已被应用于饲料、农业、医药保健和食品等各领域中。

（一）动物微生态制剂的种类

动物微生态制剂种类较多，根据不同的分类依据分成以下几类。

1. 根据用途分类

根据微生态制剂的用途可分为微生态兽药、微生物饲料添加剂、生物发酵剂、生物净化剂4类。

（1）微生态兽药　微生态兽药又称为药用微生态制剂，是利用不同的微生态制剂调整失去平衡的菌群以达到治疗疾病目的。主要用于腹泻、肠炎、消化不良等消化道疾病，也用于治疗其他部位细菌感染，如乳腺炎、子宫炎等。目前此类产品有调痢生、宫康素、乳孕生等。

（2）微生物饲料添加剂　微生物饲料添加剂又称饲用微生物添加剂，是添加入饲料的微生态制剂，利用制剂中的微生物发挥对病原菌的拮抗作用、促进饲料消化和吸收、合成营养、刺激免疫等机制，达到提高饲料利用率、维持健康、提高生产性能的目的。

（3）生物发酵剂　生物发酵剂是用不同种类的微生物组合而成，主要用于有害饲料原料（如棉籽粕）的发酵脱毒、粗饲料（如秸秆）发酵、青贮饲料制备等。

（4）生物净化剂　利用多种微生物合理配比，用于分解或消除动物排泄物或环境中有害物质，改善动物的生存环境，利于动物健康。

2. 根据组成分类

根据微生态制剂的组成可分为益生菌、益生元和合生素3类。

（1）益生菌　益生菌又称益生素，是动物正常生理菌群的成员，经过选种和人工繁殖，制成的活菌制剂。通过改善宿主肠道菌群生态平衡而发挥有益作用，提高动物生产力和健康水平。目前常用的益生菌有双歧杆菌、乳杆菌、肠球菌、枯草杆菌、蜡样芽孢杆菌等。

（2）益生元　益生元是指能够选择性地促进宿主肠道内原有的一种或几种有益细菌生长繁殖的物质，通过有益菌的繁殖增多，抑制有害细菌生长，从而达到调整肠道菌群，促进机体健康的目的。最早发现的益生元是双歧因子，后来又发现多种不能被消化的寡糖也可作为益生元，如乳果糖、低聚果糖、低聚麦芽糖及棉籽低聚糖等。

（3）合生素　合生素是益生菌和益生元同时并存的制剂，此类制品服用后到达肠腔可使进入的益生菌在益生元的作用下，再行繁殖增多，使之更有利于发挥抗病、保健的有益作用。这类产品的发展前景非常广阔。

3. 根据微生物的种类分类

根据微生物的种类可分为乳酸菌制剂、芽孢杆菌制剂和酵母类制剂等。

(1)乳酸菌制剂　此类菌属是动物肠道中的正常微生物，作为饲料添加剂应用较多的是嗜酸乳杆菌、双歧杆菌和粪链球菌等，其中包括乳酸菌发酵饲料、乳酸菌粉及乳酸菌提取物。该类制剂应用最早，种类最多，但该类制剂因都是厌氧菌，活菌存活率低。由于生产技术，工艺水平的限制，在产品加工和贮运过程中，易受干燥、高温、高压、氧化等不良环境的影响，导致产品贮藏期短，质量不稳定，进而影响饲喂效果。

(2)芽孢杆菌制剂　此类菌属在动物肠道中存在数量极少，目前应用的主要是蜡样芽孢杆菌、枯草芽孢杆菌、巨大芽孢杆菌和地衣芽孢杆菌等。芽孢杆菌产品以内生孢子的形式存在，能耐受胃内酸性环境，对饲料加工、贮运过程的干燥、高温、高压、氧化等不良环境因素的抵抗力强，稳定性高，并有很强的蛋白酶、脂肪酶、淀粉酶活性，能降解植物饲料中一些复杂的化合物。

(3)酵母类制剂　该类菌属在动物肠道内存在也极少，目前常用制品主要有啤酒酵母、假丝酵母等培养物。它可为动物提供蛋白质，帮助消化，刺激有益菌的生长，抑制病原微生物的繁殖，提高机体免疫力和抗病力，对防治畜禽消化道系统疾病起到有益作用。此类制剂也易受干燥、高温、高压、氧化等不良环境因素的影响，造成活菌数下降，产品的贮藏期短，质量不稳定，影响饲喂效果。

(4)复合菌制剂　活菌制剂根据菌株的组成又可分为单一菌剂和复合菌剂，单一菌剂的研究和开发较多，目前的发展趋势是研制复合菌剂。复合菌剂能适应多种条件和宿主，比单一菌制剂更能促进畜禽的生长和提高饲料转化率。

(二)动物微生态制剂的作用机理

动物体内正常微生物群与宿主的免疫、营养、生物拮抗、肿瘤、急性和慢性感染都有非常密切的联系。使用微生态制剂的目的是使动物体内的正常菌群恢复或尽快建立，用于防病治病、增强免疫功能，微生态制剂还可以促进动物生长、提高饲料利用率、净化环境、发酵饲料、脱毒、解毒和提高饲料的营养成分等。由于各种微生态制剂中所含微生物的种类有差异，因此，作用机理不尽相同。

1. 生物夺氧，维持肠道厌氧环境

在动物体的微生态系统中，动物体内的优势种群起决定性作用。研究证明肠道微生态系统优势菌为厌氧菌，占99%以上，而需氧菌及兼性厌氧菌只占1%。厌氧菌中类杆菌、双歧杆菌和乳酸杆菌、消化球菌等为主要的优势种群。畜禽下痢时优势种群发生更替，类杆菌、乳酸杆菌等专性厌氧菌显著减少，兼性厌氧菌中的大肠杆菌等显著增加。使用微生态制剂，如好氧芽孢杆菌等进入动物胃肠道后生长繁殖，消耗肠道内的氧气，造成厌氧环境，利于厌氧菌等有益微生物的定植和生长，排斥好氧致病菌的繁殖，恢复肠道菌群平衡，达到防治疾病目的。

2. 产生代谢物消灭致病微生物

微生态制剂中有的微生物在肠道中生长繁殖的同时会产生生理活性代谢产物如细菌素、有机酸、过氧化氢等，能抑制和杀死肠道病原菌，控制病害发生。

3. 增强动物免疫功能

有益微生物是一种非特异免疫增强剂，它可以促进动物免疫系统的发育，使黏膜产生分泌型 IgA 的能力增加，促进胸腺、法氏囊、脾脏等免疫器官的发育和功能的发挥。研究证明，一些微生态制剂可促进初生动物较早建立免疫系统，而微生态原籍菌的存在对分泌型 IgA 的产生也具有刺激作用。

正常菌群能促进肠道相关淋巴组织发育，有助于维持这些淋巴组织处于高度反应的"准备状态"，这在普通动物与无菌动物得到证实。普通动物与无菌动物相比，黏膜基底层细胞增加，出现淋巴细胞、组织细胞、巨噬细胞和浆细胞浸润，细胞吞噬功能增强，机体免疫特别是局部免疫提高，分泌型 IgA 的分泌增加，从而抵御感染。乳酸杆菌在幼龄动物免疫能力的发展中起重要作用，特别是当针对抗原的保护引起炎症反应时。在传统饲养的猪饲料中加入乳酸杆菌发酵产物轻微增加血清免疫球蛋白 G 的浓度；通过口服或腹腔注射乳酸杆菌的小鼠淋巴细胞和巨噬细胞活性增强。刘克琳等(1994)用鸡微生物饲料添加剂饲喂肉鸡，采集 1、3、6 周龄鸡的胸腺、法氏囊、脾脏及盲肠扁桃体等材料，进行光镜和电镜观察。结果表明：试验组免疫器官较对照组生长迅速和成熟快，6 周龄时，试验组胸腺、法氏囊、脾脏的重量分别比对照组提高了 83.15%、4.46%和 74.82%，盲肠扁桃体面积较对照组增大 1.77%；在胸腺、脾脏、法氏囊和盲肠扁桃体黏膜固有层、黏膜下层分布大量的淋巴细胞和一些浆细胞；试验表明，在生长育肥猪的日粮中添加 0.1%的益生素(主要成分为芽孢杆菌)，可使猪体血液中的中性粒细胞吞噬细菌的百分比由 74%上升到 91%，吞噬指数由 7.11%上升为 11.64%，差异显著；淋巴细胞转化百分比由 66.0%上升为 79.5%，差异显著，脾及颌下淋巴的重量分别增加 13.75%、11.30%。

4. 产生多种酶类，提高消化酶活性

多种微生态制剂可产生促进消化的酶类，如蛋白酶、淀粉酶、脂肪酶，同时还具有降解植物饲料中某些复杂碳水化合物的酶，如果胶酶、葡聚糖酶、纤维素酶等，大大提高饲料的利用率，促进动物增重。

5. 改善动物体内外生态环境，降低疾病的发生

一些正常微生物能显著降低肠道中大肠杆菌、沙门氏菌数量，使机体肠管内有益微生物增加而潜在致病微生物减少，因而排泄物、分泌物中的有益微生物数量增多，致病性微生物减少，从而净化了体内外环境，减少疾病的发生。某些微生态制剂还可降低排泄物中的氨浓度。例如，微生态制剂的嗜胺菌可以利用动物消化道内游离的氨、胺及吲哚等有害物质，使肠道粪便与血液中氨的浓度降低，并减少向外界排泄，改善了动物的生活环境，降低了动物的发病率。

二、微生态制剂的应用

(一)动物微生态制剂在动物生产中的应用

1. 作为生物兽药

多采用乳酸杆菌、双歧杆菌、蜡状芽孢杆菌等活菌制剂，用于防治畜、禽、鱼的消化道、泌尿道疾病，微生态制剂解决了临床上一些抗菌药物达不到治疗目的的难题。

2. 作为饲料添加剂

可以预防疾病或改善动物的生产性能。多以乳酸杆菌和蜡样芽孢杆菌为主，活菌饲料添加剂的使用不仅降低发病率、死亡率，而且显著地提高饲料转化率、增重率、禽类的产蛋量和奶牛的产奶量，可代替抗生素，减少有毒物质在体内的残留量。近几年来，微生态制剂已经在逐

步地取代传统的添加剂。

3. 作为发酵剂

用于饲料发酵。

4. 用于环境净化

进行粪尿污染的处理及水质净化。

(二)影响动物微生态制剂应用效果的因素

1. 菌种因素

由于多数微生态制剂是以活菌的形式发挥作用的，如双歧杆菌、芽孢杆菌、乳酸菌、酵母菌类，它们大多数要通过消化道途径发挥作用，这也决定其必须经过胃的酸性环境和十二指肠上部的胆汁分泌区。所以，筛选耐受性更好，功能更强的菌株，一直是益生菌使用技术领域一重要课题。同时可以采取适当和科学的措施，通过改变微生态制剂的剂型，来提高制剂抵制胃酸杀伤的能力。

2. 宿主因素

(1)宿主的年龄或饲养阶段　宿主因素对微生态制剂的影响也是多方面的，宿主的生理性状改变，例如年龄的改变(幼龄期、断奶期、育成期、孕期、泌乳期和老龄期)等都会影响微生态制剂的应用效果。实际生产中，应根据动物的生理特点、生长阶段及不同功用选择合理的微生态制剂。如防治 1～7 日龄仔猪腹泻首选植物乳酸杆菌、乳酸片球菌、粪链球菌等产酸的制剂；促进仔猪生长发育，提高日增重和饲料报酬则选择双歧杆菌等菌株；反刍动物则选用真菌类，以曲霉较好，可加速纤维素的分解。预防动物常见疾病主要选用双歧杆菌、乳酸菌、片球菌等产乳酸类的细菌效果更好；促进动物快速生长、提高饲料效率则可以选用乳酸菌、芽孢杆菌、酵母菌和霉菌等制成的微生态制剂。

(2)宿主动物的饲料成分　饲料成分对微生态制剂功效的发挥也有很大的影响。某些食物成分可以使胃酸或胆汁分泌增加，影响微生态制剂在经过胃或十二指肠时的存活率。目前动物饲料中常规成分对微生态制剂应用效果影响的研究较少，与其他饲料添加剂配伍使用的研究较多，如与酸化剂、寡糖、中草药、肽等配伍使用效果很好。在使用过程中，一方面，应注意对微生态制剂菌株酸化剂、寡糖、中草药、肽等的种类进行筛选，使之能协同发挥作用；另一方面，应注意配伍双方的比例要适合，使其达到最佳的配伍使用效果。

(3)宿主的肠道菌群状态　宿主肠内的微生物菌群对微生态制剂发挥功效有很大影响。通常宿主肠道的正常菌群对外来菌群具有强烈的定植抗力，作为非宿主原有正常菌群成员的微生态制剂很难在宿主肠道中黏附定植。如果宿主处于菌群失调状态，微生态制剂就很容易发挥作用，效果也更明显。

3. 生产因素

生产工艺条件对微生态制剂发挥功效具有很大影响，如菌株在发酵时的生长条件及发酵结束的时间，都会影响菌体的存活率。同一初始菌株，由于发酵的条件不同，其终端代谢产物也不同，作为微生态制剂的作用效果也会有很大的不同。可以重点考虑使用真空冷冻干燥技术和微胶囊技术，制剂采用真空包装或充氮气包装。

4. 评价因素

服用剂量、服用间隔时间、服用方式等都会影响微生态制剂的应用效果。一般认为，在饲料中添加微生态制剂用于促进生长和预防疾病，至少每千克饲料应含 10^6 个有效活菌，否则难以发挥明显的功效。避免与抗菌类药物合用，微生态制剂是活菌制剂，而抗菌药物具有杀菌作用，一般情况下不同时使用。但是当消化道病原体较多，而微生态制剂又不能取代肠道微生物时，可以先用抗菌药物消灭大量的致病菌，再应用微生态制剂进行调理，使非病原菌及微生态制剂中的有益菌成为肠道内的有益菌群，从而恢复肠道正常功能。

三、微生态制剂的生产工艺

(一)动物微生态制剂生产菌种

1. 生物兽药菌种

1996 年我国农业部正式批准蜡样芽孢杆菌、枯草芽孢杆菌、乳酸杆菌、粪链球菌、酵母菌、噬菌蛭弧菌 6 种生物兽药投入工厂化生产。

2. 饲料添加剂菌种

目前，我国允许用于添加剂的微生物有地衣芽孢杆菌、枯草芽孢杆菌、双歧杆菌、粪肠球菌、屎肠球菌、乳酸肠球菌、嗜酸乳杆菌、干酪乳杆菌、乳酸乳杆菌、植物乳杆菌、乳酸片球菌、戊糖片球菌、产朊假丝酵母、酿酒酵母、沼泽红假单胞菌、保加利亚乳杆菌等 16 种。1989 年美国发布了可以直接饲喂动物的有益微生物菌种有 42 种。

(二)微生态制剂生产工艺

1. 生产工艺

目前，益生菌的生产工艺主要有 2 种：固体表面发酵法和大罐液体发酵法。

(1)固体表面发酵法　是把固体表面培养的菌泥与载体按比例混合经干燥制成。此法产量低，劳动强度大，易受杂菌污染，不适于工业化生产，但投资少。

(2)大罐液体发酵法　其工艺流程为：菌种接种培养(玻瓶振荡培养)→种子罐培养(一级种子罐培养和二级种子罐培养)→生产罐培养→排放培养液加入适量载体→干燥→粉碎→过筛→质检→益生素产品。此法适于工业化生产，便于无菌操作，但成本高。

2. 加工处理技术

芽孢杆菌、乳酸菌、酵母菌等不同菌种对环境因素的耐受力不同，但其作为益生菌产品中的活性成分，效能各有特色，难以取舍。人们已研究一些保护方法，如包埋、微囊化等，取得了令人满意的结果。但成本增高，生产过程也复杂。目前，应用较多、效果较好的是以芽孢杆菌为主的复合型益生菌。即使制粒过程中如乳酸菌、酵母菌等活菌大部分损失，但培养物中的乳酸、B 族维生素及优质蛋白仍可与芽孢杆菌一起发挥良好的功效。随基因工程的发展，将芽孢菌中的芽孢移植到无芽孢的乳酸菌属上，使之变成耐高温的菌种，或者从菌种的组合和筛选方面考虑以芽孢杆菌属替代乳酸菌属，便可以从根本上解决制粒过程中微生物受到破坏的问题。

3. 生产质量控制系统

目前，我国微生态制剂产业化的生产质量控制可概括为以下 5 个系统。

(1)能源系统　该系统主要提供蒸汽，其次为电。

(2)空气压缩净化系统　空气→空气压缩机→贮气罐→灭菌罐→总过滤器→分过滤器→无菌空气→培养罐，通过此系统为嗜氧菌在大罐内生长繁殖提供无菌空气。若生产厌氧菌则不需用该系统。

(3)大罐发酵培养控制系统 由自动控制系统对培养过程中的培养温度、pH、空气流量、罐内气压、每分钟搅拌次数等参数进行控制。

(4)干燥系统 该系统是除去发酵液中水分的过程。可通过连续离心、板框过滤、低温真空浓缩等方法去掉发酵液中大部分水分,然后与载体混合后干燥,也可将发酵液加载体直接进行干燥。干燥的方法有:气流干燥、喷雾干燥等。

(5)检验系统 检验系统是5个系统的中枢机构,主要作用是承担种子培养,保证菌种纯净,按时检测发酵液中有益菌的生长情况,半成品和成品检验等。主要测定每克菌粉所含的活菌数及水分等。

四、我国批准生产的微生态制剂种类及质量标准

(一)蜡样芽孢杆菌活菌制剂(Ⅰ)

该制剂的菌种是蜡样芽孢杆菌的DM423菌株。经液体培养后加适宜赋形剂,干燥制成的粉剂或片剂。粉剂为灰白色或灰褐色干燥粗粒状;片剂外观完整光滑,类白色,色泽均匀。每克制剂含非病原菌应不超过1 000个。

1. 活芽孢计数

每批(组)随机抽取3个样品,各取1 g用灭菌生理盐水做100倍稀释,然后10倍系列稀释至10^{-10},接种鲜血马丁琼脂平板2个,每个接种0.1 mL,37 ℃培养24 h,计算平均菌数。以3个样品中最低芽孢数为该批制剂的菌数,每克制剂含活芽孢数不少于5亿个。

2. 鉴别检验

用本品培养选出的蜡样芽孢杆菌接种鲜血琼脂平板培养,呈现β溶血;取其菌落与用本菌制的抗血清混合,应发生凝集;与用SA38菌株制的抗血清混合不发生凝集。

3. 安全检验

①用5~10日龄雏鸡10只,每天每只投服本制剂1 g(菌数不少于5亿个),连服3 d。另取同条件雏鸡10只作对照,同时饲养观察10 d。均应健活。或试验组和对照组合计死亡数不超过3只,且试验组的死亡数不超过对照组,为合格。

②用体重18~22 g小鼠10只,每只口服制剂0.1 g,观察10 d,应健活。

室温干燥处保存,有效期1年。用于雏鸡、仔猪、犊牛、家兔和羔羊等幼小动物的腹泻,并促进其生长。

(二)蜡样芽孢杆菌活菌制剂(Ⅱ)

本制剂应用的菌种为蜡样芽孢杆菌SA38,剂型为粉剂或片剂,粉剂为灰白色或灰褐色的干燥粗粉,片剂外观完整光滑、类白色或白色片。产品的活芽孢计数、安全检验方法同蜡样芽孢杆菌活菌制剂(Ⅰ),鉴别检验类似于蜡样芽孢杆菌活菌制剂(Ⅰ),但本菌在血琼脂平板上不溶血,与DM菌株制的抗血清混合不发生凝集。

(三)嗜酸乳杆菌、粪链球菌和枯草杆菌活菌制剂

本制剂用嗜酸乳杆菌、粪链球菌和枯草杆菌经适宜培养后加入赋形剂,冷冻真空干燥制成

混合菌粉，加载体制成的粉剂或片剂。粉剂为灰白色或灰褐色干燥粗粉或颗粒状；片剂外观完整光滑，类白色，色泽均匀。每克制剂含非病原菌应不超过 10 000 个。

1. 活菌计数

①每克制剂应含活嗜酸乳杆菌 1 000 万个以上。取样品 1 g 用灭菌脱脂奶做 10 倍系列稀释至第 10 管。置 37 ℃培养 24～28 h，第 8 管（即 1 亿倍稀释管）以前各管应均匀生长并凝固。

②每克制剂应含活粪链球菌 100 万个以上。取上述稀释培养管的第 5 管（即 10 万倍稀释管）涂片染色镜检有粪链球菌菌体即可判为合格。或者取样品 1 g 用灭菌生理盐水做 1 万倍稀释，接种 2 个含 2%乳糖牛心汤琼脂平板，各 0.1 mL，置 37 ℃培养 48 h，2 个平板上粪链球菌菌落总数应不少于 20 个。

③每克制剂应含活枯草杆菌 10 000 个左右。取样品 1 g，用灭菌生理盐水做 100 倍稀释，接种 2 个普通营养琼脂平板，各 0.1 mL，置 37 ℃培养 48 h，2 个平板上枯草杆菌菌落总数应不少于 20 个。

2. 安全检验

用 5～10 日龄雏鸡 10 只，抽取 3 个样品混合，取 20 g 混入饮水或饲料中，当日服完，连服 3 d，每只鸡服 5 g 左右，观察 10 d。同时设立条件相同的对照组。对照组死亡数应不超过 3 只，试验组死亡数不得超过 1 只。

检验合格的制品在 25 ℃以下保存，有效期为 1 年。用于治疗沙门氏菌及大肠杆菌引起的下痢，如雏鸡白痢、仔猪黄白痢、犊牛下痢。并有调整肠道菌群失调，促进畜禽生长的作用。

（四）蜡样芽孢杆菌和粪链球菌活菌制剂

本制剂为饲料添加剂。用无毒性链球菌和蜡样芽孢杆菌分别培养后，培养物加适宜赋形剂经干燥制成。为灰白色干燥粉末。每克制剂含芽孢数应不少于 5 亿个，链球菌应不少于 100 亿个。杂菌检验和安全性检验同蜡样芽孢杆菌制剂（Ⅰ）。杂菌病原性鉴定同嗜酸性乳杆菌、粪链球菌和枯草芽孢杆菌活菌制剂。

本品不得与抗菌药物和抗菌药物添加剂同时使用；勿用 50 ℃以上热水溶解。避光室温保存，有效期 6 个月。

（五）脆弱拟杆菌、粪链球菌和蜡样芽孢杆菌活菌制剂

本制剂用脆弱拟杆菌、粪链球菌和蜡样芽孢杆菌适宜培养后加适宜赋形剂，经抽滤干燥制成的白色或黄色干燥粗粉或颗粒。每克制剂含非病原菌应不超过 10 000 个。

1. 活菌计数

①每克制剂含活脆弱类杆菌应不少于 100 万个。取本品 10 g，用 PBS 做 10 倍系列稀释到第 5 管，接种 2 个血平板，各 0.1 mL，置 37 ℃厌氧培养 48 h。2 个平板上脆弱拟杆菌菌落总数应不少于 20 个。

②每克制剂应含活粪链球菌 1 000 万个以上。检验方法见上述。

③每克制剂应含活蜡样芽孢杆菌 1 000 万个以上。取本品 10 g，用灭菌生理盐水做 10^{-6} 稀释，接种于 2 个 GAM 平板上，各 0.1 mL，置 37 ℃培养 24～48 h，2 个平板上蜡样芽孢杆菌

菌落总数应不少于 20 个。

2. 安全检验

同蜡样芽孢杆菌活菌制剂(Ⅰ)。

室温保存,有效期为 1 年。用于沙门氏菌和大肠杆菌引起的细菌性下痢,如雏鸡白痢、仔猪白痢、仔猪黄痢等的防治。

相关链接

GAM 琼脂培养基配制

蛋白胨 1.0%、大豆胨 0.3%、酵母浸膏 0.5%、牛肉膏粉 0.02%、磷酸二氢钠 0.25%、氯化钠 0.3%、可溶性淀粉 0.5%、牛肝膏粉 0.12%、琼脂 1.5%,调节 pH 至 7.4,113 ℃灭菌 20 min 后,待晾至 50 ℃倾注平板。

思考与练习

一、选择题与判断题

1. 动物微生态制剂是采用(　　)制备的。(单选题)

A. 有害微生物　　B. 有益微生物　　C. 抗生素　　D. 人工合成方法

2. 目前,应用较多、效果较好的是以(　　)为主的复合型益生菌。(单选题)

A. 双歧杆菌　　B. 乳杆菌　　C. 肠球菌　　D. 芽孢杆菌

3. 目前微生态制剂已被应用于(　　)等各领域中。(多选题)

A. 饲料　　B. 农业　　C. 医药保健　　D. 食品

4. 根据动物微生态制剂的用途可分为(　　)。(多选题)

A. 微生态兽药　　B. 微生物饲料添加剂　　C. 生物发酵剂　　D. 生物净化剂

5. 根据微生态制剂的组成可分为(　　)。(多选题)

A. 益生菌　　B. 益生元　　C. 合生素　　D. 细菌

6. 目前常用的益生菌有(　　)、蜡样芽孢杆菌等。(多选题)

A. 双歧杆菌　　B. 乳杆菌　　C. 肠球菌　　D. 枯草杆菌

7. 最早发现的益生元是双歧因子,后来又发现多种不能被消化的寡糖也可作为益生元,如(　　)及棉子低聚糖等。(多选题)

A. 乳果糖　　B. 低聚果糖　　C. 低聚麦芽糖　　D. 淀粉

8. 合生素是(　　)同时并存的制剂。(多选题)

A. 益生菌　　B. 益生元　　C. 细菌素　　D. 抗生素

9. 我国批准生产的微生态制剂种类(　　)。(多选题)

A. 蜡样芽孢杆菌活菌制剂

B. 蜡样芽孢杆菌和粪链球菌活菌制剂

C. 嗜酸乳杆菌、粪链球菌和枯草杆菌活菌制剂

D. 脆弱类似杆菌、粪链球菌和蜡样芽孢杆菌活菌制剂

10. 益生菌又称益生素，是动物正常生理菌群的成员，经过选种和人工繁殖，制成的活菌制剂。(判断题)

11. 益生菌通过改善宿主肠道菌群生态平衡而发挥有益作用，降低动物生产力和健康水平。(判断题)

12. 益生元是指能够选择性地促进宿主肠道内原有的一种或几种有益细菌生长繁殖的物质。(判断题)

13. 益生元通过有益菌的繁殖增多，抑制有害细菌生长，从而达到调整肠道菌群，促进机体健康的目的。(判断题)

14. 合生素可使进入肠腔的益生菌在益生元的作用下，繁殖增多，使之更有利于发挥抗病保健的作用。(判断题)

二、简答题

1. 图示微生态制剂的生产工艺流程。
2. 微生态制剂在畜牧养殖方面有哪些应用？
3. 目前我国批准生产的微生态制剂有哪些？如何检验其质量？
4. 影响动物微生态制剂应用效果的因素有哪些及解决方法是什么？
5. 简述枯草芽孢杆菌饲用益生菌制备要点。
6. 简述蜡样芽孢杆菌活菌制剂制备要点。

二维码 6-1 项目六 微生态制剂制备
思考与练习参考答案

模块二

兽用生物制品质量检验技术

项目七
细菌类疫苗质量检验

【知识目标】

1. 掌握细菌类活疫苗检验程序与方法
2. 掌握细菌类灭活疫苗检验程序与方法
3. 了解常用细菌类疫苗质量标准

【技能目标】

1. 熟练操作疫苗的活菌计数检验
2. 会按照 GMP 要求进行细菌类疫苗质量检验
3. 会通过各种途径查阅所需资料
4. 会正确选择和使用检验器具及材料

【素质目标】

1. 通过细菌类疫苗质量检验学习，培养学生严谨的工作作风和良好的职业道德
2. 通过项目任务，培养学生的无菌意识、安全意识和团队协作能力

二维码 7-1
物理性状检验

二维码 7-2
活菌计数

任务一　仔猪副伤寒活疫苗质量检验

【条件准备】

(1)主要器材　培养箱、隔离器、高压灭菌锅、净化工作台、仔猪副伤寒活疫苗、家兔、普通肉汤、普通琼脂、T. G、G. A、G. P 小管培养基、注射器、吸管、试管等。

(2)器材处理　按使用时间，将所需物品提前灭菌，并移入洁净工作间待用。

(3)环境要求　在检验开始前 30～40 min，按净化级别要求调整送风量，达到洁净级别要求。

【操作步骤】

一、物理性状

灰白色海绵状疏松团块，易与瓶壁脱离，加稀释液后迅速溶解。

二、纯粹检验

在无菌条件下进行，取样品 5～10 瓶，用灭菌的生理盐水或普通肉汤将其恢复原量，分别接种 T. G、G. A 小管各 2 支，每支 0.2 mL，置 37 ℃、25 ℃各 1 支；G. P 小管 1 支接种 0.2 mL 置 25 ℃培养。培养 5 d 应纯粹。

三、活菌计数

按瓶签注明头份，用普通琼脂平板做活菌计数。要求每头份活菌数不少于 30 亿个。检验方法和结果计算参考二维码 7-2。

四、安全检验

按瓶签注明头份，用普通肉汤或蛋白胨水稀释，皮下注射体重 1.5～2 kg 兔 2 只，每只 1.0 mL(含 2 头份)，在隔离器内饲养与观察 21 d，应存活。

五、剩余水分测定

每批任抽样品 4 瓶，各样品剩余水分均应不超过 4.0%。

六、真空度测定

使用高频火花真空测定器测定其真空度。如果疫苗瓶内出现白色、粉色和紫色辉光，则真空度为合格。

【考核测评】

考核要素/分值比例	考核内容/分值			
专业技能测评/60%	器材准备/10 分	疫苗性状检验/15 分	活菌计数/20 分	疫苗头份数核定/15 分
素质测评/30%	安全操作/8 分	规范标准/8 分	及时清场/7 分	团队协作/7 分
创新测评/10%	学生在完成项目任务的任何环节融入创新元素，即可得分，小组成员可根据参与度给予赋分			
考核建议：既可以过程考核，也可以随机抽考，视具体条件选择。 专业技能考核可以让学生在操作时录制视频上传，作为考核依据，也可以单独组织考核。 要求：本人出镜，完整操作。				

任务二　禽多杀性巴氏杆菌病活疫苗质量检验

【条件准备】

(1)主要器材　培养箱、隔离器、高压灭菌锅、净化工作台、禽多杀性巴氏杆菌病活疫苗、易感鸡、鸭、鹅、硫乙醇酸盐培养基(T. G)、酪胨琼脂(G. A)固体培养基、葡萄糖蛋白胨汤(G. P)培养基、灭菌注射器、针头、镊子、吸管、试管、碘酒棉、酒精棉等。

(2)器材处理　按使用时间,将所需物品提前灭菌,并移入洁净工作间待用。

(3)环境要求　在检验开始前 30～40 min,按净化级别要求调整送风量,达到洁净级别要求。

【操作步骤】

一、物理性状

疫苗为淡褐色海绵状疏松团块,易与瓶壁脱离,加稀释液后迅速溶解。

二、纯粹检验

取样品 5～10 瓶,分别检验,在无菌条件下进行,将样品接种于 T. G、G. A 小管各 2 支,每支 0.2 mL,放置 37 ℃、25 ℃各 1 支;再取样品 0.2 mL 接种 G. P 小管 1 支,置 25 ℃。均培养 5 d,应纯粹生长。

三、鉴别检验

在接种含 0.1%裂解血细胞全血的改良马丁琼脂平板,36～37 ℃培养 16～22 h,肉眼观察,菌落表面光滑,微蓝色。在低倍显微镜下,45°折光观察,菌落结构细致,边缘整齐,呈灰蓝色,无荧光。

四、安全检验

将疫苗用 20%铝胶生理盐水稀释为 1 mL 含 100 羽份,用 3～4 月龄的健康易感鸡 4 只,各只肌内注射 1 mL,应在隔离器内饲养与观察。

五、活菌计数

取疫苗 3 瓶,按瓶签注明的羽份,进行 10 倍比稀释,取适宜稀释度 0.1 mL 接种含 0.1%裂解血细胞全血的改良马丁琼脂平板,36～37 ℃培养 16～22 h,每羽份活菌,鸡不少于 2 000 万个、鸭 6 000 万个、鹅 1 亿个。

六、效力检验

按瓶签注明的羽份,将疫苗用 20%铝胶生理盐水稀释为 1 mL 含 1 羽份,用 3～4 月龄的健康易感鸡 4 只,各只肌内注射 1 mL。14 d 后,连同条件相同的对照鸡,各只肌内注射致死量的强度液，观察 10～14 d，对照鸡全部死亡，免疫鸡至少保护 3 只为合格。应在隔离器内饲养与观察。

七、剩余水分测定

每批任抽样品 4 瓶，各样品剩余水分均应不超过 4.0%。

八、真空度测定

使用高频火花真空测定器测定其真空度。如果疫苗瓶内出现白色、粉色和紫色辉光，则真空度为合格。

【考核测评】

考核要素/分值比例	考核内容/分值			
专业技能测评/60%	检验用培养基制备/15 分	纯粹检验/15 分	鉴别检验/20 分	安全检验/10 分
素质测评/30%	安全操作/8 分	规范标准/8 分	及时清场/7 分	团队协作/7 分
创新测评/10%	学生在完成项目任务的任何环节融入创新元素，即可得分，小组成员可根据参与度给予赋分			
考核建议：既可以过程考核，也可以随机抽考，视具体条件选择。 专业技能考核可以让学生在操作时录制视频上传，作为考核依据，也可以单独组织考核。 要求：本人出镜，完整操作。				

任务三　鸡传染性鼻炎灭活疫苗质量检验

【条件准备】

（1）主要器材　培养箱、隔离器、高压灭菌锅、净化工作台、鸡传染性鼻炎灭活疫苗、健康易感鸡、鸡肉汤培养基、T. G 小瓶培养基、T. G、G. A、G. P 小管培养基、注射器、吸管、试管等。

（2）器材处理　按使用时间，将所需物品提前灭菌，并移入洁净工作间待用。

（3）环境要求　在检验开始前 30～40 min，按净化级别要求调整送风量，达到洁净级别要求。

【操作步骤】

一、物理性状

（1）外观　为乳白色乳剂，久置后下层有少量水。

（2）剂型　呈油包水或水包油型。

（3）稳定性　在 2～8 ℃保存，有效期内应不出现分层和破乳现象（下层有少量水，但上层无油出现，为正常）。

(4)黏度 用 1 mL 吸管(出口内径 1.2 mm)吸取 25 ℃左右的疫苗 1 mL,令其垂直自然流出,记录流出 0.4 mL 所需时间,在 5 s 内为合格。

二、无菌检验

在无菌条件下进行,先将样品 1 mL 接种于 50 mL T.G 培养基小瓶,放置 37 ℃培养,3 d 后移植 T.G、G.A 小管各 2 支,每支 0.2 mL,放置 37 ℃、25 ℃各 1 支;再取样品 0.2 mL 直接接种 G.P 小管 1 支,置 25 ℃。均培养 5 d,应无菌生长。

三、安全检验

用 2～3 月龄的健康易感鸡 8 只,每只皮下注射疫苗 1 mL,观察 14 d,应无异常反应。

四、效力检验

用 2～3 月龄的健康易感鸡 8 只,每只皮下注射疫苗 0.5 mL。1 个月后,连同条件相同的对照鸡 4 只,各眶下窦内注射 C-HPG-8 菌株鸡肉汤 16 h 培养物 0.2 mL(50 万～100 万个活菌)观察 14 d,对照鸡全部发病(面部出现一侧或两侧眶下窦及周围肿胀并有流鼻涕或兼有流鼻涕),免疫鸡至少保护 6 只,或对照鸡 3 只发病,免疫鸡至少保护 7 只为合格。

五、甲醛残留量测定

制品中残余甲醛含量不得超过 0.2%甲醛溶液量(参考第 158 页进行检验)。

六、硫柳汞残留量测定

制品中硫柳汞含量应不超过 0.01%(参考第 158 页进行检验)。

【考核测评】

考核要素/分值比例	考核内容/分值			
专业技能测评/60%	剂型检验/10 分	黏度检验/15 分	稳定性检验/20 分	画出灭活疫苗检验流程图/15 分
素质测评/30%	安全操作/8 分	规范标准/8 分	及时清场/7 分	团队协作/7 分
创新测评/10%	学生在完成项目任务的任何环节融入创新元素,即可得分,小组成员可根据参与度给予赋分			
考核建议:既可以过程考核,也可以随机抽考,视具体条件选择。 专业技能考核可以让学生在操作时录制视频上传,作为考核依据,也可以单独组织考核。 要求:本人出镜,完整操作。				

职业知识链接

一、细菌类疫苗质量检验程序与方法

细菌类活疫苗和灭活疫苗质量检验程序见图 7-1、图 7-2。

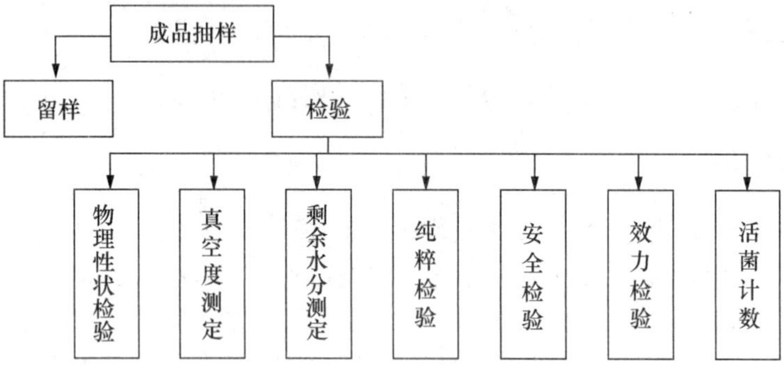

图 7-1　细菌类活疫苗质量检验程序

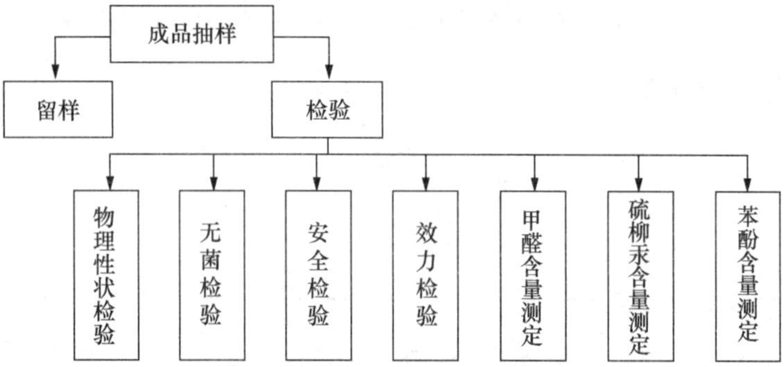

图 7-2　细菌类灭活疫苗质量检验程序

(一)抽样

兽用生物制品在成品质量检验前，需按照《中华人民共和国兽药典》有关规定进行随机抽样。液体制品，从分装的开始、中间、最后 3 个阶段随机抽取样品；冻干制品，在冻干完成后，从每柜的上、中、下各层的四角和中央 5 个位置分别随机取样。所抽样品均应贴上标签，注明制品名称、生产日期、取样部位、规格、批号、数量、必要的取样说明和取样人签名。每批抽取样品数量为检验用数量的 3 倍，除用于各项检验外，其余样品，加盖留样印章，按制品要求的条件，由质量管理部门封存，用于复检和本单位留样观察。一般冻干活疫苗每批抽样 60～80 瓶。

(二)物理性状检验

冻干疫苗为海绵状疏松团块，注意检查冻干团块的大小，质地是否均一，表面有无塌陷，是否与瓶壁粘连，有无杂质。打开 1～2 瓶产品加入稀释液，注意观察团块溶解速度和溶解后的溶液有无不溶物质。冻干疫苗多为淡黄色、灰白色或乳白色，组织疫苗多呈淡红色或暗赤色。液体产品注意检查在静置时和振摇后的状态，各种液体疫苗均各有其规定的外在和内在的性状，凡变质、装量不足、外观污秽不洁和标签不符合者均应废弃（彩图 22）。

灭活苗多为油乳剂灭活苗、铝胶盐类及蜂胶佐剂灭活苗。铝胶盐类灭活疫苗静置后，上层为淡黄色（或黄褐色）澄明液体，下层为灰白色沉淀，振摇后呈均匀悬液。油乳剂苗呈乳白色乳剂。油乳剂灭活疫苗的物理形状检查还包括黏度和稳定性。稳定性检查即疫苗于 37 ℃贮藏 21 d 不破乳。黏度检查是用 1 mL 吸管（出口内径 1.2 mm）吸取 25 ℃左右的疫苗 1.0 mL，令其垂直自然流出，记录流出 0.4 mL 所需的时间，单相苗应在 8 s 以内为合格（彩图 23、彩图 24）。

（三）无菌检验或纯粹检验

按照《中华人民共和国兽药典》的有关规定进行。

除另有规定者外，生物制品都不应有外源微生物污染。因此，各类生物制品必须按规定对每个批次进行无菌检验或纯粹检验，每批按生产瓶数的 1% 抽样，但不能少于 5 瓶，最多不超过 10 瓶，逐瓶进行检验。全部操作应在无菌条件下进行。

1. 检验用培养基

硫乙醇酸盐培养基（T.G），适用于厌氧性及需氧性细菌检验，酪胨琼脂（G.A）固体培养基用于需氧性细菌检验，葡萄糖蛋白胨汤（G.P）培养基用于霉菌及腐生菌检验，均按说明配制成小瓶和小管培养基（彩图 25、彩图 26）。

2. 检验方法

（1）不含防腐剂、抗生素的制品或稀释液　将备检样品接种 T.G、G.A 小管各 2 支，每支 0.2 mL，置 37 ℃、25 ℃各 1 支；G.P 小管 1 支接种 0.2 mL 置 25 ℃培养。细菌类制品检验时可用 2 支适宜本菌生长的琼脂斜面培养基替代 T.G 和 G.A，培养 5 d，纯粹生长（彩图 27）。

（2）含甲醛、苯酚、汞类等防腐剂和抗生素的制品　先将样品 1 mL 接种于 50 mLT.G 培养基小瓶，放置 37 ℃培养，3 d 后移植 T.G、G.A 小管各 2 支，每支 0.2 mL，放置 37 ℃、25 ℃各 1 支；再取样品 0.2 mL 直接接种 G.P 小管 1 支，置 25 ℃。均培养 5 d，应无菌生长（彩图 28、彩图 29）。

3. 结果判断

每批抽检的样品必须全部无菌或纯粹生长。细菌类制品应纯粹，其他制品应无菌生长。如发现个别瓶有杂菌或结果可疑时，可重检，如无菌或无杂菌生长可通过。如仍有杂菌，可抽取加倍数量的样品重检，个别瓶仍有杂菌，则作为不合格处理。

如制品允许有一定量非病原菌生长，应进一步做杂菌计数和病原性鉴定。

（1）杂菌计数　每批有杂菌污染的制品至少抽样 3 瓶，用肉汤或蛋白胨水分别按头份数做适当倍稀释，接种于含 4% 血清及 0.1% 裂解血细胞全血的马丁（或 G.A）琼脂平板上，每个样品接种平板 2 个，置 36 ℃培养 48 h 后，再移置室温 24 h，数杂菌菌落，然后分别计算杂菌数。任何 1 瓶每头份疫苗含非病原菌应不超过规定。如污染霉菌时，也作为杂菌计算。

（2）病原性鉴定　杂菌数没有超过标准时，做病原性鉴定。检查需氧菌时，将污染需氧性杂菌管培养物移植 1 支 T.G 管或马丁汤，置同条件下培养 24 h，取培养物用蛋白胨水稀释 100 倍，接种体重 18～22 g 小鼠 3 只，每只皮下注射 0.2 mL，观察 10 d。检查厌氧菌时，将杂菌管培养时间延长至 96 h，取出置 65 ℃水浴加热 30 min 后移植 T. G 或厌气肉肝汤 1 支，在同条件下培养 24～72 h。如有细菌生长，将培养物接种体重 350～450 g 的豚鼠 2 只，每只肌内注射 1 mL，观察 10 d。如发现制品同时污染需氧性及厌氧性细菌，则按上述要求同时注射小鼠及豚鼠。小鼠、豚鼠均应健活，注射部位不应出现化脓或坏死判为合格。如有死亡或局部化脓、坏死，证明有病原菌存在时，判定该批制品不合格。

(四)安全检验

各种制品的安全检验，除另有规定外，每批任抽 3 瓶混合后，按《规程》中各自的规定进行检验和判定。

1. 安全检验要点

成品的安全检验主要用动物进行，所有的实验动物为普通级或清洁级动物，有的制品要求使用 SPF 动物。凡能以小动物作出正确判断者，则多用试验小动物。禽用疫苗则多以使用对象动物做安全检验。安全检验剂量应大于使用剂量，通常高于免疫剂量的 5～10 倍，以确保疫苗的安全性，必要时还要用同源动物进行复检。

2. 安全检验判断

①安全检验期内死亡的动物经解剖明确非制品所致者可以重检，如检验结果可疑难以判定时，应以加倍头数的该种动物重检。

②凡规定用多种动物进行安检的制品，多种动物都要合乎检验标准，如有一种动物安检结果不合格，不得出售。

③用小动物检验不合格者，有的规定可用使用对象动物重检。但用使用对象动物检验不合格者，不能再以小动物重检。

(五)效力检验

各种制品的效力检验，除另有规定外，每批任抽 1 瓶，按照各自的规定进行检验。同批疫苗分为若干亚批分装时，效力均按亚批检验，不应以检验一个亚批代表其他或几个亚批混合效检的方法进行。

1. 生物制品效力检验方法

生物制品效力检验方法有如下 4 种。

(1)动物保护力试验　这是生物制品最常用的检验方法。所用动物依制品而异，但检验用的敏感小动物应与使用的对象动物有平行关系者，禽类疫苗一般均使用对象动物做检验，当小动物检验难以判断者，可使用对象动物检验。但使用对象动物检验不合格者不能再用小动物重检。有的制品没有相应的小动物，就只能使用对象动物检验，如羊痘疫苗只能用羊检验。动物保护试验的方法虽有许多种，但凡需攻毒者，均应设立同批动物作为对照组，并必须在特设的隔离强毒动物舍内进行。

(2)定量免疫定量强毒攻击法　以待检制品接种动物，经 2～3 周后，用相应的强毒攻击。观察动物接种后所建立的自动免疫抗感染水平，即以动物的存活或不受感染的情况来判定制品的效力。此法多用于活菌苗或类毒素的效检。如禽多杀性巴氏杆菌病活疫苗效力检验时，用健康易感鸡 4 只，每只肌内注射含 1 羽份疫苗 1 mL，14 d 后，肌内注射致死量的强毒菌液，对照鸡全部死亡，免疫鸡至少保护 3 只为合格。

(3)定量免疫变量强毒攻击法　此法也称为保护指数测定法。动物经抗原免疫后，其耐受相应强毒攻击相当于未免疫动物耐受量的倍数，称为保护指数。免疫动物均用同一剂量的制品接种免疫，经一定时间后，与对照组同时用不同稀释倍数强毒攻击，比较免疫组与对照组的存活率。按 LD_{50} 方法计算，如对照组攻击 10^{-4} 稀释度强毒有 50%动物死亡，而免疫组攻击 10^{-2} 稀释度强毒有 50%动物死亡，即免疫组动物对强毒的耐受力比对照组高 100 倍，表明免疫组有 100 个 LD_{50} 保护力，即该疫苗的保护指数为 100。狂犬病灭活疫苗的效力按此法检验（彩图 30）。

(4)变量免疫定量强毒攻击法　此法也称半数保护量（PD_{50}）测定法。即将疫苗稀释为各种不同的免疫剂量，并分别接种动物，间隔一定时间待动物的免疫力建立以后，各免疫组均用同一剂量的强毒攻击，观察一定时间，用统计学方法计算能使 50%的动物得到的免疫剂量。如口蹄疫灭活疫苗效力检验时，疫苗分为 1 头份、1/3 头份、1/9 头份 3 个剂量组，每组注射 5 头猪。28 d 后，各注射强毒 1 mL，观察 10 d。根据免疫猪的保护数计算疫苗 PD_{50}。每头份疫苗至少含 3 PD_{50}。

2. 活菌计数测定

活菌苗多以制品中抗原菌的存活数表示其效力。活疫苗的菌数与保护力之间有密切而稳定的关系，因此可以不用动物来测保护力，只需要进行细菌计数。活菌数能达到使用剂量规定要求者，即可保证其免疫效力。

按《中华人民共和国兽药典》规定，每批冻干菌苗抽样 3 瓶，恢复原量，充分溶解混匀，液体活菌苗用原苗进行。取适宜稀释度接种于最适宜生长的琼脂培养基，37 ℃培养，计算菌落形成单位（CFU）。以 3 瓶中的最低数作为判定标准，低于规定判为不合格。如布鲁氏杆菌 19 号液体苗的活菌数每毫升应含 $(1.2\sim1.6)\times10^{10}$；无毒炭疽芽孢苗计活芽孢数，判定标准为每毫升含活芽孢 1 500 万～2 500 万个。

(六)剩余水分测定

按照《中华人民共和国兽药典》的有关规定进行。冻干制品都要求测定水分含量。每批任抽样品 4 瓶，各样品剩余水分均不应超过 4.0%。其测定方法有真空烘干法和卡式测定法 2 种。

1. 真空烘干法

取样品置于含有五氧化二磷的真空烘箱内，抽真空度达 133.322～666.610 Pa，加热至 60～70 ℃干燥 3 h，2 次烘干到达恒重（恒重指物品连续 2 次干燥后重量差异在 0.5 mg 以下的）为止，减失的重量即为含水量。

含水率＝(样品干前重量－样品干后重量)/样品干前重量×100%

2. 卡式测定法

卡式测定法又称费休氏法，是利用化学方法来测定制品的含水量。其原理为碘和二氧化硫在吡啶和甲醇溶液中能与水起定量反应。碘变为碘化物，溶液由原来的棕红色变为无色。因此，可用肉眼来观察终点，根据碘和二氧化硫的用量计算制品的含水量。

(七)真空度测定

按照《中华人民共和国兽药典》的有关规定进行。对于采用真空密封，并用玻璃容器盛装的冻干制品，可以使用高频火花真空测定器测定其真空度。如果容器内出现白色、粉色和紫色辉光，则真空度为合格。注意放电火花不应指向容器内的制品部分，否则会损伤制品。

(八)甲醛含量测定

制品中残余甲醛含量不得超过0.2%甲醛溶液量。

(1)对照品溶液的制备　取已标定的甲醛溶液适量,配成每1 mL含甲醛1 mg的溶液,精密量取5 mL于50 mL量瓶中,再加水至刻度,摇匀,即得。如被测样品为油乳剂疫苗,需再加20%吐温-80乙醇溶液10 mL。

(2)供试品溶液的制备　用5 mL刻度吸管量取本品5 mL,置50 mL量瓶中,加水稀释至刻度,强烈振摇,静置分层,下层液如不澄清,过滤,弃去初滤液,取澄清滤液,即得。如被测样品为油乳剂疫苗,需要加20%吐温-80乙醇溶液10 mL,分次洗涤吸管,洗液并入50 mL量瓶中。

(3)检验法　精密吸取对照品溶液和供试品溶液各0.5 mL,分别加醋酸-醋酸铵缓冲液10 mL,乙酰丙酮试液10 mL,置60 ℃恒温水浴15 min,冷水冷却5 min,放置20 min后,按《紫外分光光度法标准操作规程》进行,在410 nm的波长处测定吸收度,计算,即得。

$$\text{甲醛溶液(40\%)含量}=0.25\times\frac{\text{供试品溶液的吸收度}}{\text{对照品溶液的吸收度}}\times100\%$$

(九)苯酚含量测定

制品中苯酚含量应不超过0.5%。

(1)对照品溶液的制备　取苯酚适量,加水制成每1 mL含0.1 mg的溶液,即得。

(2)供试品溶液的制备　取供试品1 mL,置50 mL量瓶中,加水稀释至刻度,摇匀,即得。

(3)检查法　分别精密量取对照品溶液和供度品溶液各5 mL,置100 mL量瓶中,加水30 mL,分别加醋酸钠试液2 mL,对硝基苯胺、亚硝酸钠混合试液1 mL,混合,再加碳酸钠试液2 mL,加水至刻度,充分混匀,放置10 min后,照《紫外分光光度法标准操作规程》进行,在550 nm的波长处测定吸收度,计算即得。

$$\text{苯酚含量}=0.5\times\frac{\text{供试品溶液的吸收度}}{\text{对照品溶液的吸收度}}\times100\%$$

(十)硫柳汞含量测定

1. 制品中硫柳汞含量应不超过0.01%

对照品溶液的制备　精密称取干燥至恒重的二氯化汞0.135 4 g,置100 mL量瓶中,加硫酸液(0.5 mol/L)使溶解并稀释至刻度,摇匀,每1 mL溶液中含1 mg的汞,即为汞浓溶液。精密量取汞浓溶液5 mL于100 mL量瓶中,用硫酸液(0.5 mol/L)稀释至刻度,摇匀,即为每1 mL溶液中含50 μg的标准汞溶液。

2. 测定法

(1)油乳剂疫苗消化　精密量取摇匀的本品1 mL,置25 mL凯氏烧瓶(瓶口加小漏斗)中,加硫酸3 mL、硝酸溶液(1→2)0.5 mL,小心加热,待泡沸停止,稍冷,加硝酸溶液(1→2)0.5～1.0 mL,再加热消化,如此反复加硝酸溶液(1→2)0.5～1.0 mL消化,加热达白炽化15 min后,溶液与上次加热后的颜色无改变为止,放冷,加水20 mL,放冷至室温,即得。

(2)其他疫苗消化　精密量取摇匀的本品(相当于汞25～50 μg)置25 mL凯氏烧瓶(瓶口

加小漏斗)中,加硫酸 2 mL、硝酸溶液(1→2)0.5 mL,加热沸腾 15 min,如溶液颜色变深,再加硝酸溶液(1→2)0.5～1.0 mL,加热沸腾 15 min,放冷,加水 20 mL,放冷至室温,即得。

(3)滴定　将上述消化液移入 125 mL 分液漏斗,用水分多次洗涤凯氏烧瓶,使总体积为 80 mL,加 20%盐酸羟胺试液 5 mL,摇匀,用 0.001 25%双硫腙滴定液滴定,开始时每次滴定 3 mL左右,以后逐渐减少,至每次 0.5 mL,最后可少至 0.2 mL,每次加入滴定液后,强烈振摇 10 s,静置分层,弃去四氯化碳层,继续滴定,直至双硫腙的绿色不变,即为终点。

(4)对照品滴定　精密量取对照品溶液 1 mL(含汞 50 μg),置 125 mL 分液漏斗中,加硫酸 2 mL,水 80 mL,20%盐酸羟胺试液 5 mL,用双硫腙滴定液滴定,操作同上。

$$\text{汞类含量}=\frac{\text{供试品滴定毫升数}}{\text{对照品滴定毫升数}}\times\frac{0.010\,1}{\text{供试品毫升数}}\times 100\%$$

上式用于非油乳剂疫苗。油乳剂疫苗应为上述计算公式结果再除以 0.6。

二、常用细菌类活疫苗质量标准

按照《中华人民共和国兽药典》有关规定进行,这里重点介绍安全检验与效力检验方法与质量标准。

(一)禽多杀性巴氏杆菌病活疫苗

本品为禽多杀性巴氏杆菌弱毒株,冷冻真空干燥制品。

(1)安全检验　按瓶签注明的羽份,用 20%铝胶生理盐水稀释为 1 mL 疫苗含 100 羽份。选择 2～4 月龄(G190E40 株选择 3～4 月龄)的健康易感鸡 4 只,皮下或肌内注射 1 mL,观察 10～14 d,应全部健活。

(2)效力检验　按瓶签注明的羽份,用 20%铝胶生理盐水稀释为 1 mL 含 1 羽份。选择 2～4 月龄(G190E40 株使用 3～6 月龄)的健康易感鸡 8 只,每只肌内注射 1 mL,14 d 后,连同条件相同的对照鸡 2 只,每只肌内注射致死量的 C48-1 强毒菌液,观察 10～14 d,对照鸡全部死亡,免疫鸡至少保护 6 只合格。

(二)猪丹毒杆菌病活疫苗

菌种为猪丹毒杆菌弱毒 GC42 株或 G4T10 株,每头份 G4T10 活菌数不低于 5×10^8 CFU,GC42 活菌数不低于 7×10^8 CFU。

(1)鉴别检验　用明胶培养基穿刺培养,G4T10 有细而短的分支,GC42 呈线状生长。

(2)安全检验　用 20%铝胶生理盐水稀释,皮下注射体重 20～22 g 小鼠 10 只,每只 2 头份,观察 14 d,注射 GC42 疫苗应全部健活,注射 G4T10 疫苗者至少 8 只健活。否则,可用小鼠重检 1 次,若仍不符合标准,可用猪安检 1 次。

(3)效力检验　用 20%铝胶生理盐水稀释成每 1 mL 含 0.1 头份,皮下注射体重 16～18 g 小鼠 10 只,每只 0.2 mL(含 1/50 头份)。14 d 后,连同对照小鼠 6 只,其中 3 只对照小鼠和免疫小鼠各皮下注射 1 000 MLD 的猪丹毒 1 型和 2 型(各 1 株)强毒菌的混合菌液,另 3 只对照小鼠各皮下注射 1 MLD 的猪丹毒杆菌强毒的混合菌液。观察 10 d,注射 1 000 MLD 的对照小鼠应全部死亡,注射 1 MLD 对照小鼠至少死亡 2 只,免疫小鼠至少保护 8 只。也可用猪检验,攻毒后对照猪发病至少 80%,死亡至少 40%,免疫猪全部健活;或对照猪全部死亡,免疫猪至少保护 80%。

(三)猪多杀性巴氏杆菌病活疫苗

菌种为多杀性巴氏杆菌弱毒679-230株或EO630株,冻干制品。每头份活菌数应不少于3×10^8 CFU。

(1)安全检验

①679-230株。下列方法任择其二:用体重18~22 g小鼠5只,各皮下注射用生理盐水稀释的疫苗0.2 mL,含1/30个头份;或用体重300~400 g豚鼠2只,各皮下或肌内注射2.0 mL,含疫苗15个头份;或用体重15~30 kg猪2头,各口服100个头份。均观察10 d,应全部健活。

②EO630株疫苗。用1.5~2.0 kg家兔2只,每只皮下注射用20%铝胶生理盐稀释的疫苗1.0 mL,含10个头份,观察10 d,应全部健活。

(2)效力检验

①679-230株疫苗。用体重16~18 g的小鼠10只,各皮下注射20%铝胶生理盐水稀释的疫苗0.2 mL,含1/150头份,14 d后,连同对照小鼠3只,各皮下注射C44-1强毒菌液30~40 MLD;另用对照鼠3只,各皮下注射1 MLD,观察10 d,注射30~40 MLD的对照小鼠全部死亡,注射1 MLD的对照小鼠至少死亡2只,免疫鼠至少保护8只。也可用猪检验,攻毒后对照猪全部死亡时,免疫猪至少保护75%,或对照猪死亡50%,免疫猪全部保护。

②EO630株疫苗。下列方法任择其一。a. 用体重16~18 g的小鼠10只,各皮下注射0.2 mL(含1/30头份),14 d后,连同对照小鼠3只,各皮下注射C44-8强毒菌液2 MLD;另用对照鼠3只,各皮下注射1 MLD,观察10 d,攻击2 MLD的对照鼠全部死亡,1 MLD的对照鼠至少死亡2只,免疫鼠至少保护8只。b. 用体重1.5~2.0 kg家兔4只,各皮下注射1.0 mL(含1/3头份),14 d后,连同对照家兔2只,各皮下注射C44-8强毒菌液80~100个活菌,观察10 d,对照全部死亡,免疫至少保护2只。也可用断奶1个月后猪检验。

(四)猪败血性链球菌病活疫苗

菌种为猪源兽疫链球菌弱毒株,冻干制品。每头份活菌应不低于0.5亿个,口服用疫苗应不低于2亿个。

(1)安全检验 下列2种方法同时进行。①用2~4月龄健康易感仔猪2头,每头皮下注射100个使用剂量的疫苗,观察14~21 d,除有2~3 d不超过常温1 ℃的体温升高和减食1~2 d外,不应有其他临床症状。②用体重18~22 g小鼠5只,每只皮下注射0.2 mL含1/50的猪使用剂量,观察14 d,应全部健活。若有个别死亡,可用加倍数量小鼠复检1次,仍有个别死亡时,应判为不合格。

(2)效力检验 用20%铝胶生理盐水稀释疫苗,皮下注射2~4个月健康易感猪4头,每头1/2使用剂量,14 d后,连同条件相同的对照猪4头,各静脉注射致死量强毒菌液,观察14~21 d。对照猪全部死亡,免疫猪至少保护3头,或对照猪死亡3头,免疫猪保护4头为合格。

(五)炭疽芽孢苗

Ⅱ号炭疽芽孢苗和无荚膜炭疽芽孢苗2种。

(1)芽孢数检验 各取疫苗3瓶,分别用蒸馏水稀释,用普通琼脂平板计数,计算每瓶芽孢苗每1 mL的活芽孢数。无荚膜炭疽芽孢苗:甘油苗应在1 500万~2 500万个,铝胶苗在2 500万~3 500万个。Ⅱ号炭疽芽孢苗:甘油苗应在1 300万~2 000万个,铝胶苗在

2 000 万～3 000 万个。

(2)荚膜检查　无荚膜炭疽芽孢苗：用体重 18～22 g 小鼠 2 只，各皮下注射芽孢苗 0.5 mL，死后剖检，取脾脏或肝脏涂片，染色，镜检，菌体应无荚膜。Ⅱ号炭疽芽孢苗：用体重 200～220 g 豚鼠 2 只，各皮下注射芽孢苗 0.5 mL，死后剖检，取脾脏涂片，染色，镜检，菌体应有荚膜。

(3)运动性检验　用 pH 7.2～7.4 马丁肉汤或普通肉汤 1 管，接种芽孢苗 0.2 mL，置 37 ℃培养 18～24 h，做悬滴检验，菌体应无运动性。

(4)安全检验　用体重 1.5～2.0 kg 家兔 4 只，各皮下注射芽孢苗 1 mL，观察 10 d，均应健活。

(六)布鲁氏杆菌病活疫苗

生产菌种为布鲁氏杆菌弱毒株，冷冻干燥制品。

(1)活菌计数　按瓶签注明头份，用蛋白胨水稀释，接种胰蛋白胨琼脂平板进行活菌计数，核对每瓶头份数，应不少于瓶签注明头份数。

(2)安全检验　将疫苗稀释成每 1 mL 含活菌 10 亿，皮下注射体重 18～20 g 的小鼠 5 只，每只 0.25 mL，观察 6 d，均应健活。

(七)羊败血性链球菌病活疫苗

本品为马链球菌兽疫亚种羊源弱毒株菌，冻干制品。注射用苗每头份活菌应不少于 2×10^6 CFU；气雾用苗每头份活菌不少于 3×10^7 CFU。

(1)安全检验　将疫苗用缓冲肉汤稀释后，皮下注射体重 1.5～2.0 kg 家兔 2 只，每只 20 头份。或皮下注射绵羊 2 只，每头 200 头份，观察 21 d，均应健活。

(2)效力检验　将疫苗用生理盐水稀释成每 1 mL 含活菌 5×10^5 CFU，用 1～2 岁绵羊 7 只，4 只各尾根皮下注射 1 mL，经 21 d 后，连同对照羊 3 只，每只绵羊各静脉注射 1 MLD 的羊链球菌强毒菌液，观察 21～30 d，对照羊全部死亡，免疫羊至少保护 3 只；对照羊死亡 2 只，免疫羊应全保护。

(八)鸡毒支原体活疫苗

本品为鸡毒支原体弱毒株，接种适宜的培养基培养，经冻干制成。

(1)安全检验　按瓶签注明的羽份用无菌生理盐水或蒸馏水溶解混合，以 10 倍免疫剂量接种 10～20 日龄无鸡毒支原体、滑液支原体感染的健康小鸡 8～10 只，观察 10 d，应无临床症状，解剖气囊应无病理损伤。同时设非接种鸡作为对照。

(2)活菌计数　按瓶签注明羽份加 CM2 培养基稀释后，做每毫升颜色变化单位(CCU/mL)计数，其活菌数应≥10^8 CCU/mL，判为合格。

三、常用细菌类灭活疫苗质量标准

主要介绍常用细菌类灭活苗成品质量检验技术，重点介绍安全检验与效力检验方法与质量标准。

(一)鸡大肠埃希氏菌病灭活疫苗

本品系采用免疫原性良好的鸡大肠埃希氏菌，接种于适宜培养基中培养，培养物经甲醛溶液灭活后，加入氢氧化铝胶，制备而成。

(1)安全检验　用 1 月龄健康易感鸡 5 只，各颈部皮下或肌内注射疫苗 2 mL，观察 14 d，应全部健活。

(2)效力检验　用1月龄健康易感鸡8只，各颈部皮下注射疫苗0.5 mL，21 d后连同条件相同的对照鸡8只，每头肌内或腹腔注射强毒的混合菌液0.5 mL(含活菌2亿～5亿个)。观察10 d，对照鸡应全部发病或死亡，剖检后全部具有典型病变(反应在++以上)；免疫鸡应至少保护6只，对在观察期内出现“+”以上明显临床反应的存活鸡，在观察结束时进行剖检，内脏应无纤维素渗出性炎症。

(二)仔猪大肠埃希氏菌病三价灭活疫苗

菌种为带有K88、K99、987P纤毛抗原的大肠埃希氏菌，在适宜培养基中培养，将培养物加入甲醛灭活，加氢氧化铝胶制成。

(1)安全检验　①用体重18～22 g小鼠5只，各皮下注射疫苗0.5 mL，观察10 d，应全部健活。②用体重40 kg以上健康易感猪4头，每头肌内注射疫苗10 mL，观察7 d，应无明显不良反应。

(2)效力检验　用反向间接血凝(RIHA)试验测定疫苗中的3种纤毛抗原的RIHA效价，K88及K99皆≥40倍、987P≥160倍时判为合格。

(三)仔猪红痢灭活疫苗

本品系采用C型产气荚膜梭菌，接种于适宜培养基中培养，培养物经甲醛溶液灭活脱毒后，再加入氢氧化铝胶，制备而成。

(1)安全检验　用体重1.5～2.0 kg家兔4只，每只肌内注射疫苗5 mL，观察10 d，均应全部健活，注射部位应不发生坏死。

(2)效力检验　用体重1.5～2.0 kg兔6只，4只各肌内注射疫苗1 mL，另2只作对照。注苗14 d后，每只兔各静脉注射1 MLD的C型产气荚膜梭菌毒素，观察3～5 d。对照兔全部死亡，免疫兔至少保护3只。也可用血清中和试验测定免疫动物血清抗体效价，进行效力检验，血清中和效价达到1(中和1个致死量毒素)判为合格。

(四)猪传染性萎缩性鼻炎灭活疫苗

本品系采用猪支气管败血波氏杆菌Ⅰ相菌A50-4菌株接种于改良鲍姜氏琼脂扁瓶培养，收获培养物，将培养物经甲醛溶液灭活后，与矿物油佐剂混合乳化制备而成。

(1)小鼠安全检验　用体重14～16 g小鼠10只，各腹部皮下注射疫苗0.05 mL(含菌75亿个)。另用对照小鼠10只，各注射磷酸盐缓冲盐水0.05 mL。分别于注射前、注射后24 h、72 h和7 d称重，至第7天全部杀死，观察脾脏病理变化。注射疫苗后72 h的小鼠平均体重应超过接种前的平均体重；注射疫苗后第7天的平均体重应比接种前的平均体重至少增加3 g；注射疫苗组第7天的平均增重应为对照组小鼠第7天平均增重的60%以上；注射疫苗后7 d内应无死亡；小鼠脾脏应无萎缩，且注射疫苗局部应无炎症及坏死病变。

(2)仔猪安全及效力检验　用3～4月龄健康易感仔猪4头，分成2组，各2头。第1组于颈部皮下注射疫苗0.5 mL(含菌750亿个)，第2组于颈部两侧各皮下注射疫苗1.0 mL(共含菌3 000亿个)，观察21 d。从注射前1 d至注射后3 d，每日测体温2次。第1组应无热反应或只在次日体温升高不超过1 ℃；注苗局部外观正常；触摸皮下，如有硬结，应不超过小指头大小。在观察期内，2组均应无注苗引起的任何临床反应、发育异常及发病死亡，疫苗判为安全。

第1组于注苗后14～21 d的平均血清K抗体价应≥5 120，与平均血清O抗体价之差应≥(6～7) lg 2，判为效力合格。

(3)妊娠母猪安全及效力检验　用妊娠母猪2头，产仔前1个月于颈部皮下注射疫苗

2 mL。注苗后临床和产仔应正常，初乳中的 K 抗体价(产后 3 h 内采集)应为 80 000～160 000。其仔猪于 3～7 日龄的窝平均血清 K 抗体价应至少为 40 000～80 000。

(五)牛多杀性巴氏杆菌病灭活疫苗

本品系用荚膜 B 群多杀性巴氏杆菌接种于适宜培养基培养，用甲醛溶液灭活脱毒后，再加入氢氧化铝胶制备而成。用于预防牛多杀性巴氏杆菌病，即牛出血性败血症。

(1)物理性状　本品静置后，上层为淡黄色澄明液体，下层为灰白色沉淀，振摇后呈均匀混悬液。

(2)安全检验　用体重 1.5～2 kg 家兔 2 只，各皮下注射疫苗 5 mL；同时用体重 18～22 g 小鼠 5 只，各皮下注射疫苗 0.3 mL，观察 10 d，应全部健活。

(3)效力检验 下列方法任择其一。

用家兔效检　用体重 1.5～2 kg 家兔 4 只，各皮下或肌内注射疫苗 1 mL，14～21 d 后连同条件相同的对照兔 2 只，各皮下注射致死量的 C45-2 强毒菌液观察 8 d，对照兔应全部死亡，免疫兔至少保护 2 只。

用牛效检　用体重 100 kg 左右的健康易感牛 4 头，各肌内注射疫苗 4 mL，21 d 后连同条件相同的对照牛 3 头，各皮下或肌肉注射 10 mL DC452 强毒菌液，观察 14 d，对照牛全部死亡，免疫牛应至少保护 3 头；对照牛死亡 2 头，免疫牛应全部保护。

(六)羊快疫、猝狙(或羔羊痢疾)、肠毒血症三联灭活疫苗

本品系采用腐败梭菌和 C 型(或 B 型)D 型产气荚膜梭菌接种于适宜培养基培养，收获培养物，用甲醛溶液灭活脱毒后，加入氢氧化铝胶制备而成。用于预防羊快疫、猝狙、肠毒血症。

(1)安全检验　用体重 1.5～2.0 kg 兔 4 只，每只肌内或皮下注射疫苗 5 mL，观察 10 d，均应健活，注射部位不应发生坏死。

(2)效力检验　用体重 1.5～2.0 kg 兔或 1～3 岁体重相近的绵羊 6 只，4 只各皮下或肌内注射，兔 3 mL，绵羊 5 mL，另 2 只作对照。免疫 21 d 后，每只兔或羊各注射强毒。对照兔或羊全部死亡，免疫兔或羊至少保护 3 只。

(七)羊梭菌病多联干粉灭活疫苗

本品为腐败梭菌，B、C、D 型产气荚膜梭菌、诺维氏梭菌、C 型肉毒梭菌、破伤风梭菌，各自培养后，进行灭活脱毒、提取及干燥，再按适当比例制成不同的联苗。

(1)物理性状　灰褐色或淡黄色粉末。

(2)安全检验　将疫苗用 20%氢氧化铝胶生理盐水稀释后，肌内注射体重 1.5～2.0 kg 兔 4 只，每只 2 mL(含疫苗 5 头份)，观察 10 d，应全部健活，且注射部位无坏死。

(3)效力检验　将疫苗用 20%氢氧化铝胶生理盐水稀释。下列方法任选其一。

免疫攻毒法。每种成分各肌内注射体重 1.5～2.0 kg 兔 4 只，每只 1 mL(相当于羊的 1 头份的 60%)，或肌内或皮下注射绵羊 4 只，每只 1 mL(相当 1 头份)，接种后 21 d，连同对照兔或绵羊各 2 只，用强毒进行攻击。快疫、羔羊痢疾、猝狙、肠毒血症，每只静脉注射 1 MLD 毒素，观察 3～5 d；黑疫，每只兔皮下注射 50 MLD 毒素，每只绵羊皮下注射 2 MLD 毒素，观察 3～5 d；肉毒梭菌，每只静脉注射 10 MLD 毒素，观察 10 d；破伤风，皮下注射 10 MLD 毒素，观察 10 d。对照动物应全部死亡，免疫动物应保护至少 3 只。

血清学方法。免疫接种同上。接种后 21 d，采血，分离血清，将 4 只动物的血清等量混合，取 0.1 mL，分别与本疫苗成分相应的毒素混合，置 37 ℃中和 40 min，然后注射体重 16～20 g

小鼠各 2 只，除破伤风毒素-血清混合物为皮下注射外，其余毒素-血清混合物均为静脉注射，同时各用同批小鼠 2 只，分别注射 1 MLD 相同毒素作对照。检测肉毒梭菌和破伤风梭菌抗体效价小鼠观察 4～5 d；检测快疫、黑疫抗体效价小鼠观察 3 d；检测羔羊痢疾、猝狙和肠毒血症抗体效价小鼠观察 1 d。如果对照鼠全部死亡，快疫、羔羊痢疾、猝狙和肉毒梭菌中毒症抗体效价达到 1(中和 1 MLD 毒素)，肠毒血症抗体效价达到 3，黑疫抗体效价达到 5，破伤风抗体效价达到 2，即判为合格。

(八)破伤风类毒素

本品系产毒力强的破伤风梭菌，产生外毒素，经灭活脱毒后，加钾明矾制成。

(1)安全检验　用体重 300～380 g 豚鼠 2 只，各于后肢一侧皮下注射类毒素 1 mL，对侧皮下注射 4 mL，观察 21 d，应无破伤风症状并全部健活。在注射 1 mL 一侧允许局部有小硬结，注射 4 mL 一侧，允许有小的溃疡，但须在 21 d 内痊愈。

(2)效力检验　用体重 300～380 g 豚鼠 4 只，每只皮下注射本品 0.2 mL，15～30 d 后，各皮下注射至少 300 个豚鼠最小致死量的毒素，另用条件相同未经免疫的对照豚鼠 2 只，各皮下注射至少 1 个豚鼠最小致死量的毒素。对照豚鼠应出现典型的破伤风症状，并 4～6 d 全部死亡。免疫豚鼠应无任何破伤风症状，观察 10 d，应全部健活。

灭活疫苗种类还有很多，其质量标准也各不相同，表 7-1 是部分细菌性灭活疫苗的质量标准要点。

表 7-1　部分细菌性灭活疫苗质量标准

疫苗名称	制品性质	安全检验	效力检验
气肿疽灭活疫苗	明矾苗	350～450 g 豚鼠 2 只，各皮下注射疫苗 2 mL，观察 10 d，均应健活	350～450 g 豚鼠 4 只，各肌内注射疫苗 1 mL，21 d 后。攻强毒观察 10 d。对照鼠 2 只应于 72 h 内全部死亡，免疫鼠应至少保护 3 只
肉毒梭菌中毒症(C 型)灭活疫苗	氢氧化铝胶苗	300～350 g 豚鼠 4 只，各皮下注射疫苗 4 mL，观察 21 d，均应健活	1.5～2.0 kg 家兔 4 只，各皮下注苗 1 mL，21 d 后，静脉注射 10 个致死量的毒素，对照兔 2 只应全部死亡，免疫兔应至少保护 3 只
牛副伤寒灭活疫苗	氢氧化铝胶苗	250～350 g 豚鼠 3 只，各皮下注射疫苗 3 mL，均应健活。同时用易感小牦牛 3 头，分别肌注疫苗 3 mL、4 mL、5 mL，观察 4 h，应无过敏反应	250～350 g 豚鼠 8 只，每 2 组 4 只，各皮下注射疫苗 1 mL，14 d 后。攻强毒，对照鼠在 3～10 d 内全部死亡，免疫豚鼠每组至少保护 3 只
羊大肠杆菌病灭活疫苗	氢氧化铝胶苗	3～8 月龄易感羊 2 只，各皮下注苗 5 mL，观察 10 d，均应健活	300～400 g 豚鼠 4 只，各皮下注苗 0.5 mL，14 d 后，各腹腔注射 1 MLD 强毒菌液，观察 10 d。对照鼠 2 只全部死亡，免疫鼠至少保护 3 只
羊败血性链球菌病灭活疫苗	氢氧化铝胶苗	1.5～2 kg 家兔 2 只，各皮下注射疫苗 3 mL，观察 10 d，均应健活	1～3 岁易感绵羊 4 只，各皮下注射疫苗 5 mL，21 d 后，经静脉注射致死量羊链球菌强毒，对照羊 3 只全部死亡，免疫羊至少保护 3 只；或对照羊死亡 2 只，免疫羊全部保护

续表7-1

疫苗名称	制品性质	安全检验	效力检验
山羊传染性胸膜肺炎灭活疫苗	氢氧化铝胶苗	350～450 g 豚鼠和体重 1.5～2 kg 家兔各 2 只，肌内注射疫苗 2 mL，观察 10 d，均应健活	20 kg 以上易感羊 4 只，皮下注苗 5 mL，21 d 后，攻强毒，各气管注射 5～10 mL，观察 25～30 d，对照羊 2 只发病，免疫羊全部保护；或对照羊 3 只全部发病，免疫羊至少保护 3 只
羊支原体肺炎灭活疫苗	氢氧化铝胶苗	健康易感羊 2 只，各颈侧皮下注射疫苗 8 mL，临床观察 30 d 应无不良反应	20 kg 左右羊 4 只，各皮下注苗 5 mL，30 d 后攻强毒，气管注射 5 mL，观察 25～30 d，对照羊 2 只发病，免疫羊应全部保护；或对照羊 3 只全部发病，免疫羊至少保护 3 只
家兔产气荚膜梭菌病（A 型）灭活疫苗	氢氧化铝胶苗	1.5～2 kg 家兔 2 只，各皮下注苗 4 mL，观察 10 d，均应健活，注射局部不发生坏死	1.5～2 kg 家兔 4 只，各皮下注苗 2 mL，21 d 后，静脉注射致死量的产气荚膜梭菌毒素，对照兔 2 只全部死亡，免疫兔至少保护 3 只

四、实验动物与动物实验技术

（一）实验动物概述

1. 实验动物概念

实验动物是指由人工培育，来源清楚，遗传背景明确，对其携带的微生物和寄生虫实行监控，用于生命科学研究、药品与生物制品生产和检定以及其他科学研究的动物。已繁育成功的有小鼠、大鼠、豚鼠、地鼠、家兔、鸡等，又称小型实验动物。

广义的实验动物泛指实验使用的各种动物，包括小型实验动物、家畜家禽和野生动物三大类。兽用生物制品的生产与检验必须选择标准化的实验动物，以确保制品的质量。

2. 实验动物分类

实验动物的分类有很多种，在兽用生物制品中通常根据微生物控制程度进行分类。

（1）普通级动物（CV 动物）　是微生物和寄生虫控制级别最低的实验动物；要求不携带所规定的人兽共患病病原和动物烈性传染病病原，以及人兽共患寄生虫。饲养在开放环境中。

（2）清洁级动物（CA 动物）　除普通级动物应排除的病原和寄生虫外，不携带对动物危害大和对科学研究干扰大的病原和寄生虫。洁净级动物原种群来自 SPF 动物或剖腹产动物，饲养在比较洁净的环境中，使用的一切物品必须经过灭菌处理。根据我国的实际，洁净级动物作为一种过渡，近年来在国内得到广泛应用。

（3）无特定病原体动物（SPF 动物）　指体内外不存在特定的病原微生物和寄生虫的动物。这类动物主要来源于无菌动物或悉生动物，于 SPF 屏障系统中饲养。由于排除了对试验研究有干扰的一些特定病原体，故试验结果可靠，SPF 动物已成为标准的实验动物。目前，SPF 鸡、SPF 鼠、SPF 猪、SPF 犬等已在生物制品和药品的科研、生产及检验中使用。

（4）无菌动物（GF 动物）　指体内外无任何微生物和寄生虫的动物。无菌动物来源于剖宫取胎，饲养在无菌环境中培育而成，必须在隔离器中繁育或试验。

（5）悉生动物（GA 动物）　又称已知菌动物，指体内带有已知微生物的动物。这类动物是在无菌动物的基础上根据试验需要人为地植入某些微生物，其饲养方法、管理手段与无菌动物基本相同，但动物抵抗力比无菌动物强，饲养较为容易，在多种试验中可以替代无菌动物。

3. 实验动物在生物制品中的运用

实验动物既是生物制品（疫苗、抗血清、血液制品及组织细胞等）的原料，又是检验的工具。实验动物的质量直接影响到生物制品的质量和检验的结果。无论是原材料或检验都需要符合标准的实验动物。

（二）实验动物的饲养管理

1. 建筑要求

全部设施应符合良好试验规范（GLP）的要求，实验动物房应建在无疫源、无公害的独立区，交通、水电、给排水系统、污物处理系统都应有保证，有防虫、防野生动物设施。根据实验动物的微生物学控制程度以及空气净化程度，将其设施分为隔离系统、屏障系统、半屏障系统、开放系统。

实验动物房通常由饲养室、饲料加工和贮藏室、器材清洗消毒室、检疫化验室、动物实验室、办公室、机器房等建筑设施组成。动物饲养室要根据动物种类和要求进行设计。

（1）地面　用耐水、耐酸、耐腐蚀性材料制成，地面接脚处做 10～15 cm 的踢脚线，拐角处成 3～5 cm 圆弧面。动物饲养室要做成坡度不小于 0.64 cm/m 的防水地面，有排水装置，排水管管径约 15.3 cm，并有回封。

（2）墙壁　内壁应耐水、耐腐蚀、耐磨，多用加涂料的材料粉刷。墙壁拐角处与地面接合处应严密，做成圆弧形。管道不外露，安装在墙壁或天花板内。

（3）天花板　用耐水、耐腐蚀材料制成。室顶平整光滑，要加防水层。灯具、进气口周围要密封。

（4）门窗　原则上门应朝内开（负压室除外），要求气密性好，最好用耐水、耐腐蚀的金属密封门。动物室一般不设外窗，除需要自然采光或通风的场所外。

2. 笼具

笼具是实验动物长期生活的环境，笼具的优劣直接影响实验动物的健康。目前实验动物笼具正朝着标准化和通用化方面发展，一般饲养实验动物的笼、盒和箱等应符合以下要求：舒适和卫生；坚固耐用；操作使用方便；经济实用。笼架必须牢固、稳定、不宜过大。在笼架下安装小轮以便挪动清洗、消毒。

3. 饲养隔离器

按照 GMP 要求，检验动物必须在隔离器中饲养。隔离器有正、负压之分，根据试验需要进行选择使用。隔离器一般由主体上、下两部分和活动支架组成，可在运输或清洗时拆卸，并在使用时可方便地组装（彩图 31）。

（1）上箱体　前后两侧装有有机玻璃操作观察窗，每一面观察窗下方均设有长臂手套，便于 2 人面对面协同操作。顶部两侧分别安装进风和排风过滤器，具有送、排风双重功能，可进行切换。还设有饮水盒、传递窗和电源控制板。

（2）下箱体　也设有一对长袖手套，主要是用于清理粪便。另外还设有开启/关闭的传递口，用于传递废弃物和粪便。在此部分的底部设有一个阀门，用于排放因操作失误或饮水器泄露的积水。右面突起装有支架，主要用于安装薄膜，每周清粪便 2 次使用。

（3）活动支架　带有 4 个万向胶轮，便于在室内移动隔离器和将其置于合适的操作位置。

4. 饮水用具和饮用水要求

包括饮水瓶、饮水盒和自动饮水装置等。鼠、兔等小型动物多使用不锈钢或无毒塑料制造的饮水瓶。而犬、羊等大型动物则多使用饮水盒，这些饮水器具应定期清洗消毒，因而要耐高温、高压和药液的浸泡。

饮用水要求，一般按生活饮水卫生标准的要求即可，然后根据不同级动物微生物控制标准作相应的处理。普通动物饮用普通水，洁净级动物饮用酸化水或灭菌水，SPF 动物、无菌动物及悉生动物饮用灭菌水。除蒸馏水外的其他来源水，在处理前应多次采样进行重金属、化学和生物污染物的检测。

5. 饲料

实验动物的饲料均应来源于天然，不能使用化学合成饲料，禁止使用各种药物、激素及促生长剂。常用的饲料原料有玉米、大麦、高粱、豆类、胡萝卜、干草、苜蓿草、青菜等，多加工制成混合全价饲料，包括混合粉料、颗粒饲料、罐装饲料 3 种。混合粉料浪费大又不卫生，现在很少使用。颗粒饲料适口性好、消化率好、浪费少、便于运输和保存，适宜于各种级别动物。罐装饲料适用于犬、猫等食肉动物，是将鱼、肉等动物性饲料加工罐装经高温灭菌后制成的饲料。

为保证动物性饲料的质量，除按规定的营养控制标准进行监控外，还要对饲料的来源、生产、运输、包装、贮藏、加工配制和使用等各个环节实施全程监控。植物性饲料应来自非高氟、高硒地区，动物性饲料应来自无疫病地区，无生物或化学污染、无腐败变质现象。饲料库应保持通风、干燥、阴凉、洁净、防虫、防鼠，定期消毒。灭菌饲料指示标签明显，层层包装无破损，每批饲料都应做无菌检验后存放无菌饲料库房内。

6. 垫料

常用的垫料有木屑、木刨花、打碎的玉米棒及杆、吸水纸及棉花等。垫料需经杀虫、灭菌后才能使用。排泄物和垫料应及时清除，否则动物饲养环境中氨、硫化氢等恶臭气体浓度会升高，对实验动物健康造成危害。更换垫料频度视饲养动物数量和通风换气条件而定，应 2～3 d 更换 1 次，每周至少更换 2 次。用过的垫料要集中运出处理。

7. 卫生管理

(1)动物房　定期对墙壁、天花板清扫、除尘，并用 0.1%新洁尔灭喷洒消毒，犬、猫、兔等动物舍的地面在清扫后，要用水将地面冲洗干净。

(2)饲育器材　定期洗刷消毒，通常采用整套更换的方式，换下的器材先用热水浸泡，再用洗涤剂洗刷，最后用清水冲洗。污染的器材先用消毒剂消毒后再进行浸洗。一般要求笼具每周至少更换 1 次，冲洗式笼架每天至少要冲洗 1 次，给料器和给水器每月至少更换清洗消毒 1 次。

(3)废物处理　排出的废水、动物尸体、污染的垫料及排泄物应无害化处理。

(4)人员卫生　工作人员应健康无病，进入饲养区时必须按规定进行洗手或洗澡，更换工作服、鞋、帽、口罩、防护手套等。

8. 疫病防制

①自实验动物房设计、施工、运输、生产和试验全方位、全过程实施 CMP 与 GLP 标准。

②按实验动物等级控制标准，进行微生物监测。

③严格实施动物监护措施，及时发现异常动物，及时采取相应措施。

④坚持自繁自养自用，大型动物场可周期性地建立SPF级或无菌级的核心种群，小型动物房应采用全进全出方式，从可靠的保种单位引进健康种群。

⑤定期对工作人员进行健康检查，发现人兽共患病者，应调离其工作。

(三)动物实验技术

1. 实验动物的分组与标记

(1)分组　实验动物分组应严格按照随机分组的原则进行，使每只动物都有同等机会被分配到各个试验组中去，尽量避免人为因素对试验造成的影响。分组时应特别注意建立对照组。空白对照指在对照组不加任何处理的“空白”条件下进行观察、研究。试验对照指在一定试验条件下所进行的观察、对比。标准对照是以正常值或标准值作为对照，在所谓标准条件下进行观察的对照。

(2)标记编号　对随机分组后的实验动物进行标记编号，是动物实验准备工作中相当重要的一项工作。标记编号方法应保证编号不对动物生理或试验反应产生影响，且号码清楚易认、耐久和适用。目前常用的标记编号方法有染色法、耳孔法、烙印法、挂牌法等方式。此外还有针刺法、断趾编号法、剪尾编号法、被毛剪号法、笼子编号法等。

2. 实验动物的捕捉与保定

(1)小鼠的抓取与保定　小鼠性情较温顺，挣扎力小，比较容易抓取和保定。抓取时，先用右手将鼠尾部抓住并提起，放在表面比较粗糙的台面或笼具盖上，轻轻地用力向后拉鼠尾，当其向前挣脱时，用左手拇指和食指抓住小鼠两耳和头颈部皮肤，使其头部不能活动，然后将鼠体置于左手心中，右手将后肢拉直，并用左手无名指和小指夹紧尾巴和后肢，以手掌心和中指夹住背部皮肤，使小鼠整个呈一条直线，即可做注射或其他操作(图7-3)。

(2)大鼠的抓取与保定　抓取大鼠前最好戴上防护手套，防止咬伤。先用右手轻轻抓住大鼠尾巴并向后拉，左手顺势按在大鼠躯干背部，稍加压力向头颈部滑行，以左手拇指和食指捏住大鼠两耳后部的头颈皮肤，其余3指和手掌握住大鼠背部皮肤，完成抓取保定(图7-4)。

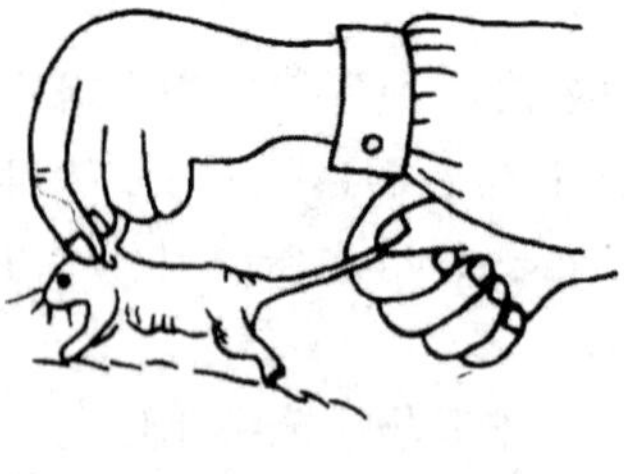

图7-3　小鼠的捕捉方法

(引自王明俊．兽医生物制品学，1997)

图7-4　大鼠的捕捉方法

(引自王明俊．兽医生物制品学，1997)

(3)豚鼠的抓取与保定　豚鼠性情温顺，胆小易惊，一般不易伤人。捉拿幼鼠时，可以双手捧起；抓取较大豚鼠，可用手掌按住鼠背部，顺势抓住肩胛，用手指握住颈部或鼠体背部拿起即可；怀孕或体重较大的豚鼠，应以另一只手托其臀部。抓取豚鼠需讲究稳、准、柔、快，不可过分用力抓捏豚鼠的腰腹部，否则容易造成肝破裂而引起死亡（图 7-5）。

（4）家兔的抓取与保定　用右手抓住颈后部皮肤，提起家兔，然后用左手托住兔的臀部与后肢进行辅助保定，或直接用手抓住背部皮肤提起来，抱在怀里进行试验操作（图 7-6）。

图 7-5　豚鼠的捕捉保定方法

（引自王明俊．兽医生物制品学，1997）

图 7-6　兔的正确捕捉保定方法

（引自王明俊．兽医生物制品学，1997）

3．实验动物接种

实验动物接种方法包括皮下接种、皮内接种、肌内接种、静脉接种、腹腔接种和脑内接种等。

4．实验动物的采血

（1）小鼠、大鼠采血

①剪尾采血。采血量少时可用此法。将动物保定后消毒尾部，将尾尖断去 1～2 mm（小鼠）或 3～5 mm（大鼠），收集流出的血液，取血后局部压迫、烧烙等方法止血。如需多次采血，尽量从尾端开始，小鼠每次可取 0.1 mL 左右，大鼠可取 0.3～0.5 mL。此法每只鼠一般可采血 10 次以上。

②断头采血。用左手拇指和食指握住鼠颈部，提起动物，使头略向下，用剪刀迅速将鼠头剪下，立即将动物颈朝下，收集血液。

此外，还可以采取眼眶后静脉丛采血、股动脉采血和心脏采血等方法。

（2）兔、豚鼠采血

①耳缘静脉采血。将兔固定，拔去耳静脉局部的被毛，用 75%酒精消毒，用手轻弹兔耳，使静脉扩张，然后用左手食指和拇指压住耳根端，右手持注射器用针头向耳根顺血管方向平行刺入 1 cm，回血后，左手松开对耳缘静脉的压迫，吸取血液。本法可重复多次使用。豚鼠多用耳缘切口采血，将豚鼠耳消毒，用刀片割破耳缘，在切口处涂 20%的抗凝剂，防止凝血，则血可自切口处流出，每次可采血 0.5 mL 左右。

②心脏采血。将动物仰卧保定，心前区皮肤脱毛，消毒。于左侧第 3、第 4 肋间心搏最强点将针头垂直刺入心脏，由于心脏的搏动，血液可自动进入注射器。如无血液流出，可重新穿刺，不能左右斜穿，以免造成气胸而导致动物很快死亡。经 6～7 d 后可重复穿刺采血。兔心脏穿刺部位一般在胸骨左缘外 3 mm 的第 3 肋间隙，每次可取 20～25 mL。

（3）禽、鸟类采血。鸡、鸭、鹅等动物采血多采用翼根静脉法。先将翅膀展开露出腋窝部，拔除羽毛后即可见较粗的翼根静脉，消毒后，将针头由翼根向翅膀方向平行刺入静脉，一般可采血 10 mL 左右。

5. 实验动物的处死

实验中断或结束后，实验动物应处死。处死时要注意保证操作人员安全；方法简便；易于操作；对实验结果无影响；尽可能缩短致死时间；遵循动物安乐的基本原则。生物制品检验中常用以下几种方法。

（1）颈椎脱臼　这是啮齿类动物最常用的一种方法。操作时一只手的拇指、食指用力向下按住鼠头，另一只手抓住尾根用力向后拉，使脊髓、脑髓拉断，动物立即死亡。体内脏器完整无损，适于采样时使用。

（2）击打法　用小木槌击打动物头部，动物痉挛立即死亡，此法适合兔、鼠的处死。如猪瘟使用家兔繁殖种毒时，采用击打法致死家兔，无菌采取家兔脾脏。

（3）空气栓塞法　向动脉或静脉注入一定量的空气，动物发生栓塞很快死亡。一般兔、猫注入 10～20 mL，犬注入 80～150 mL。

（4）二氧化碳吸入法　二氧化碳的比重是空气的 1.5 倍，不燃，无气味，对人很安全，处死动物效果确切。动物吸入后没有兴奋期即死亡，对各种动物都适用。一般用液态二氧化碳高压瓶或固体二氧化碳。

思考与练习

一、选择题与判断题

1. 每批抽取样品数量为检验用数量的（　　）倍，其余样品，用于复检和本单位留样观察。（单选题）

A. 2　　B. 3　　C. 4　　D. 5

2. 疫苗安全检验主要用（　　）进行，有的制品要求使用 SPF 动物。（单选题）

A. 鸡胚　　B. 培养基　　C. 细胞　　D. 动物

3. 安检剂量通常高于免疫剂量的（　　）倍，以确保疫苗的安全性。（单选题）

A. 1　　B. 3　　C. 5　　D. 10

4. 冻干活疫苗，剩余水分含量均不应超过（　　）。（单选题）

A. 1%　　B. 2%　　C. 4%　　D. 5%

5. 抽取样品时，冻干制品在冻干完成后，从每柜的上、中、下各层的四角和中央五个位置分别随机取样。（判断题）

6. 液体制品，从分装的开始、最后 2 个阶段随机抽取样品。（判断题）

7. 冻干疫苗为海绵状疏松团块，细胞苗多为淡黄色、灰白色或乳白色，组织疫苗多呈淡红色或暗赤色。（判断题）

8. 活菌苗多以制品中抗原菌的存活数来核定每批制品的使用头剂。（判断题）

二、简答题

1. 图示活疫苗的质量检验程序。

2. 为什么要进行无菌检验或纯粹检验？如何进行无菌检验？

3. 简述安全检验的基本要点和判断标准。

4. 效力检验的基本要点是什么?

5. 攻毒保护试验的基本要求是什么?

6. 目前我国的兽用生物制品的效力检验主要采用的方法是什么?

7. 兽用生物制品中甲醛、苯酚、硫柳汞含量标准是多少?

二维码 7-3　项目七　细菌类疫苗质量检验

思考与练习参考答案

项目八
病毒类疫苗质量检验

【知识目标】

1. 掌握病毒类活疫苗质量检验程序与方法
2. 掌握病毒类灭活疫苗质量检验程序与方法
3. 了解常用病毒类疫苗质量标准

【技能目标】

1. 会按照 GMP 要求熟练操作灭活疫苗稳定性检查
2. 会按照 GMP 要求进行病毒类疫苗质量检验
3. 会正确选择和使用检验器具及材料

【素质目标】

1. 通过病毒类疫苗质量检验学习，培养学生严谨的工作作风和良好的职业道德
2. 通过项目任务，培养学生的无菌意识、安全意识和团队协作能力

二维码 8-1
无菌检验培养基制备

二维码 8-2
无菌检验增菌培养

二维码 8-3
无菌检验移植培养及结果判断

任务一　鸡新城疫低毒力活疫苗质量检验

【条件准备】

(1)主要器材　培养箱、净化工作台、饲养隔离器、鸡新城疫低毒力活疫苗、SPF 鸡、

SPF 鸡胚、灭菌生理盐水、T.G 小瓶培养基、T.G、G.A、G.P 小管培养基、96 孔 V 形微量板、灭菌注射器、针头、镊子、吸管、试管等。

(2)器材处理　按使用时间，将所需物品提前灭菌，并移入洁净工作间待用。

(3)环境要求　在检验开始前 30～40 min，按要求调整送风量，达到洁净级别要求。

【操作步骤】

一、物理性状

冻干苗为微黄色，海绵状疏松团块，易与瓶壁脱离，加稀释液后迅速溶解。

二、无菌检验

在无菌条件下进行，先将样品 1 mL 接种于 50 mL T.G 培养基小瓶，放置 37 ℃培养，3 d 后移植 T.G、G.A 小管各 2 支，每支 0.2 mL，放置 37 ℃、25 ℃各 1 支；再取样品 0.2 mL 直接接种 G.P 小管 1 支，置 25 ℃。均培养 5 d，应无菌生长。

如有细菌生长，应做杂菌计数，并做病原性鉴定和禽沙门氏菌检验，应符合规定。每羽份的非病原菌应不超过 1 个。

三、支原体检验

按照第 179 页进行检验，应无支原体生长。

四、鉴别检验

将毒种稀释至含 10^5 EID_{50}/0.1 mL，与等量抗鸡新城疫病毒特异性血清混合，室温中和 1 h 后，接种 10 日龄 SPF 鸡胚 10 只，观察 120 h，在 24～120 h 内不引起特异死亡且至少存活 8 只，鸡胚液做红细胞凝集试验，应为阴性。

五、外源病毒检验

按照第 180 页进行检验，应符合规定。若生产用毒种和制苗用细胞系统已做过外源病毒检验，成品可免检。

六、安全检验

下列方法任选其一。

(1)用鸡胚检验　按瓶签注明羽份，将疫苗用灭菌生理盐水稀释，尿囊腔内接种 10 日龄 SPF 鸡胚 10 个，每胚 0.1 mL(含 10 个使用剂量)，接种后 24～72 h，鸡胚死亡率不超过 20% 为合格。如死亡率超过 20%，可加倍重检 1 次，重检结果死亡率仍超过 20%，该疫苗判为不合格。

(2)用鸡检验　用 2～7 日龄 SPF 雏鸡 20 只，分成 2 组，第 1 组 10 只，每只滴鼻接种 10 倍稀释的含毒胚液 0.05 mL；第 2 组 10 只，不接种作为对照，2 组在同条件下分别饲养管理，观察 10 d，应无不正常反应。如有非特异性死亡，免疫组与对照组均不应超过 1 只。

七、效力检验

下列方法任选其一。

（1）用鸡胚检验　按瓶签注明羽份，将疫苗用灭菌生理盐水稀释至 1 羽份/0.1 mL，再做 10 倍系列稀释，取 3 个适宜的稀释度，分别尿囊腔内接种 10 日龄 SPF 或无鸡新城疫病毒抗体的鸡胚 5 个，每胚 0.1 mL，置 37 ℃继续孵育，48 h 以前死亡的鸡胚弃去不计，在 48～120 h 死亡的鸡胚，随时取出，收获鸡胚液，将同一稀释度的鸡胚液等量混合，分别测定红细胞凝集价。至 120 h，取出所有活胚，逐个收获鸡胚液，分别测定红细胞凝集价，凝集价≥1∶160（微量法 1∶128）者判为感染，计算半数感染量，每羽份≥10^6 EID_{50}，判为合格。

（2）用鸡检验　用 1～2 月龄的 SPF 鸡 10 只，每只滴鼻接种 1/100 使用剂量，10～14 d 后，连同条件相同的未免疫对照鸡 3 只，各只肌内注射含 10^6 ELD_{50} 的鸡新城疫北京株强毒 1 mL，观察 10～14 d，对照鸡全部发病死亡；免疫鸡至少保护 9 只，判为合格。

八、剩余水分测定

每批任抽样品 4 瓶，各样品剩余水分均应不超过 4.0%。

九、真空度测定

使用高频火花真空测定器测定其真空度。如果疫苗瓶内出现白色、粉色和紫色辉光，则真空度为合格。

【考核测评】

考核要素/分值比例	考核内容/分值			
专业技能测评/60%	性状检验/10 分	鸡胚效检疫苗稀释/15 分	效检鸡胚接种/15 分	鸡胚效检结果判断/20 分
素质测评/30%	安全操作/8 分	规范标准/8 分	及时清场/7 分	团队协作/7 分
创新测评/10%	学生在完成项目任务的任何环节融入创新元素，即可得分，小组成员可根据参与度给予赋分			
考核建议：既可以过程考核，也可以随机抽考，视具体条件选择。 专业技能考核可以让学生在操作时录制视频上传，作为考核依据，也可以单独组织考核。 要求：本人出镜，完整操作。				

任务二　猪瘟活疫苗质量检验

【条件准备】

（1）主要器材　培养箱、净化工作台、分析天平、饲养隔离器、猪瘟细胞活疫苗、18～22 g 小鼠、1.5～2.0 kg 家兔、健康易感猪、灭菌生理盐水、T. G、G. A、G. P 小管培养基、灭菌注射器、针头、镊子、吸管、试管、温度计等。

(2)器材处理　按使用时间,将所需物品提前灭菌,并移入洁净工作间待用。

(3)环境要求　在工作开始前 30～40 min,按净化级别要求调整送风量,达到洁净级别要求。

【操作步骤】

一、物理性状

为乳白色海绵状疏松团块,易与瓶壁脱离,加稀释液后迅速溶解。

二、无菌检验

在无菌条件下进行,取样品 5～10 瓶,用灭菌的生理盐水恢复原量,分别检验,先将样品 1 mL 接种于 50 mL T.G 培养基小瓶,放置 37 ℃培养,3 d 后移植 T.G、G.A 小管各 2 支,每支 0.2 mL,放置 37 ℃、25 ℃各 1 支;再取样品 0.2 mL 直接接种 G.P 小管 1 支,置 25 ℃。均培养 5 d,应无菌生长。

三、支原体检验

按照第 179 页进行检验,应无支原体生长。

四、鉴别检验

将疫苗用灭菌生理盐水稀释成为每 1 mL 含有 100 个兔的 MID 的病毒悬液,与等量的抗猪瘟病毒特异性血清充分混合,置 10～15 ℃中和 1 h,其间振摇 2～3 次。同时设立病毒对照和生理盐水对照。中和结束后,分别耳静脉注射兔 2 只,每只 1.0 mL。接种后,上、下午各测体温 1 次,48 h 后,每隔 6 h 测体温 1 次,除病毒对照组应出现热反应外,其余 2 组在接种后 120 h 内应不出现热反应。

五、外源病毒检验

按照第 180 页进行检验,应符合规定。若生产用毒种和制苗细胞系统已做过外源病毒检验,成品可免检。

六、安全检验

(1)用鼠安检　按瓶签注明头份,将疫苗用生理盐水稀释成每 1 mL 含 5 头份疫苗,皮下注射体重 18～22 g 小鼠 5 只,各 0.2 mL,肌内注射体重 350～400 g 豚鼠 2 只,各 1.0 mL。观察 10 d。应全部健活。

(2)用猪安检　选用无猪瘟中和抗体断奶猪,接种前观察 5～7 d,每日上、下午各测体温 1 次。挑选体温、精神、食欲正常者使用。每批冻干疫苗样品或同批各亚批样品等量混合,按瓶签注明的头份用灭菌生理盐水稀释成每 1 mL 含 6 头份疫苗,肌内注射猪 4 头,每头 5.0 mL(含 30 头份)。接种后,每日上、下午各测体温 1 次,观察 21 d。体温、精神、食欲与接种前相比没有明显变化;或体温升高超过 0.5 ℃,但不超过 1 ℃,稽留不超过 2 d;或减食不超过 1 d;如果有 1 头猪体温升高 1 ℃以上,但不超过 1.5 ℃,稽留不超过 2 个温次,疫苗也可判为合格。如有 1 头猪的反应超过上述标准;或出现可疑的其他体温反应和其他异常现象时,可用 4 头猪重检 1 次。重检的猪仍出现同样反应,疫苗应判为不合格。

组织疫苗同时按上述方法进行安检，细胞疫苗只用猪安检。

七、效力检验

下列方法任选其一：

(1)用家兔效检　按瓶签注明头份，用无菌生理盐水将每头份疫苗稀释 750 倍(组织疫苗 150 倍)，接种体重 1.5～3.0 kg 家兔 2 只，每只兔耳静脉注射 1.0 mL。家兔接种后，上、下午各测体温 1 次，48 h 后，每隔 6 h 测体温 1 次，根据体温反应和攻毒结果进行综合判定。

结果判定：

注射疫苗后，当 2 只家兔均呈定型热反应(＋＋)，或 1 只兔呈定型热反应(＋＋)、另 1 只兔呈轻热反应(＋)时，疫苗判为合格。

注射疫苗后，当 1 只家兔呈定型热反应(＋＋)或轻型热反应(＋)，另 1 只兔呈可疑反应(±)；或 2 只家兔均呈轻热反应(＋)时，可在接种后 7～10 d 攻毒(接种新鲜脾淋毒或冻干毒)。攻毒时，加对照兔 2 只，攻毒剂量为 50～100 倍乳剂。每兔耳静脉注射 1.0 mL。

攻毒后的体温反应标准如下：

攻毒后，当 2 只对照兔均呈定型热反应(＋＋)，或 1 只兔呈定型热反应(＋＋)，另 1 只兔呈轻热反应(＋)，而 2 只接种疫苗兔均无反应(－)，疫苗判为合格。

接种疫苗后，出现其他反应无法判定时，可重检。用家兔做效检，不应超过 3 次。

(2)用猪效检　每头份疫苗稀释 300 倍(组织疫苗 150 倍)，肌内注射无猪瘟中和抗体的猪 2 头(组织疫苗 4 头)，每头 1.0 mL。接种后 10～14 d，连同对照猪 3 头，各注射猪瘟石门系血毒 1.0 mL(10^5 MLD)，观察 16 d。对照猪全部发病，且至少死亡 2 头，免疫猪全部健活或稍有体温反应，但无猪瘟临床症状。如对照猪死亡不到 2 头，可重检。

八、剩余水分测定

每批任抽样品 4 瓶，各样品剩余水分均应不超过 4.0%。

九、真空度测定

使用高频火花真空测定器测定其真空度。如果疫苗瓶内出现白色、粉色和紫色辉光，则真空度为合格。

【考核测评】

考核要素/分值比例	考核内容/分值			
专业技能测评/60%	无菌检验培养基制备/15 分	无菌检验增菌培养/10 分	无菌检验移植培养/20 分	画出活疫苗检验流程图/15 分
素质测评/30%	安全操作/8 分	规范标准/8 分	及时清场/7 分	团队协作/7 分
创新测评/10%	学生在完成项目任务的任何环节融入创新元素，即可得分，小组成员可根据参与度给予赋分			
考核建议：既可以过程考核，也可以随机抽考，视具体条件选择。 专业技能考核可以让学生在操作时录制视频上传，作为考核依据，也可以单独组织考核。 要求：本人出镜，完整操作。				

任务三　鸡减蛋综合征灭活疫苗质量检验

【条件准备】

(1)主要器材　培养箱、孵化器、高压灭菌锅、净化工作台、饲养隔离器、离心机、分析天平、鸡减蛋综合征灭活疫苗、1%鸡红细胞悬液、T.G 小瓶培养基、T.G、G.A、G.P 小管培养基、灭菌注射器、吸管、试管、96 孔 V 形微量板、微量移液器、21～42 日龄的 SPF 鸡、碘酒棉、酒精棉等。

(2)器材处理　按使用时间，将所需物品提前灭菌，并移入洁净工作间待用。

(3)环境要求　在工作开始前 30～40 min，按净化级别要求调整送风量，达到洁净级别要求。

【操作步骤】

一、物理性状

(1)外观　乳白色乳剂。

(2)剂型　为油包水型。取一清洁吸管，吸取少量疫苗滴于冷水中，除第 1 滴外，均应不扩散。

(3)稳定型　在 37 ℃左右保存 21 d，应不破乳。

(4)黏度　用 1 mL 吸管(出口内径 1.2 mm)吸取 25 ℃左右的疫苗 1 mL，令其垂直自然流出，在 8 s 内流出 0.4 mL 为合格。

二、无菌检验

取样品 5～10 瓶，分别检验，在无菌条件下进行，先将样品 1 mL 接种于 50 mL T.G 培养基小瓶，放置 37 ℃培养，3 d 后移植 T.G、G.A 小管各 2 支，每支 0.2 mL，放置 37 ℃、25 ℃各 1 支；再取样品 0.2 mL 直接接种 G.P 小管 1 支，置 25 ℃。均培养 5 d，应无菌生长。

三、安全检验

用 21～42 日龄的 SPF 鸡 10 只，每只肌内注射疫苗 1 mL，在隔离器内饲养与观察 14 d，应不出现由疫苗所引起的任何局部和全身不良反应。

四、效力检验

用 21～42 日龄的 SPF 鸡 20 只。10 只鸡肌内或皮下注射疫苗 0.5 mL，另 10 只作对照，在隔离器内饲养。接种 21～35 d，采血，测定 HI 抗体，免疫鸡 HI 抗体效价几何平均值应不低于 1∶128，对照鸡 HI 抗体价应不高于 1∶4。

五、甲醛含量测定

按照第 158 页进行检验，样品中甲醛含量不超过 0.2%判为合格。

六、硫柳汞含量测定

按照第 158 页进行检验，样品中硫柳汞含量不超过 0.01%判为合格。

【考核测评】

考核要素/分值比例	考核内容/分值			
专业技能测评/60%	试验器材准备/15 分	剂型检验/15 分	黏度检验/15 分	画出灭活苗检验流程图/15 分
素质测评/30%	安全操作/8 分	规范标准/8 分	及时清场/7 分	团队协作/7 分
创新测评/10%	学生在完成项目任务的任何环节融入创新元素，即可得分，小组成员可根据参与度给予赋分			
考核建议：既可以过程考核，也可以随机抽考，视具体条件选择。 专业技能考核可以让学生在操作时录制视频上传，作为考核依据，也可以单独组织考核。 要求：本人出镜，完整操作。				

职业知识链接

一、病毒类疫苗质量检验程序与方法

病毒类活疫苗和灭活疫苗质量检验程序见图 8-1、图 8-2。

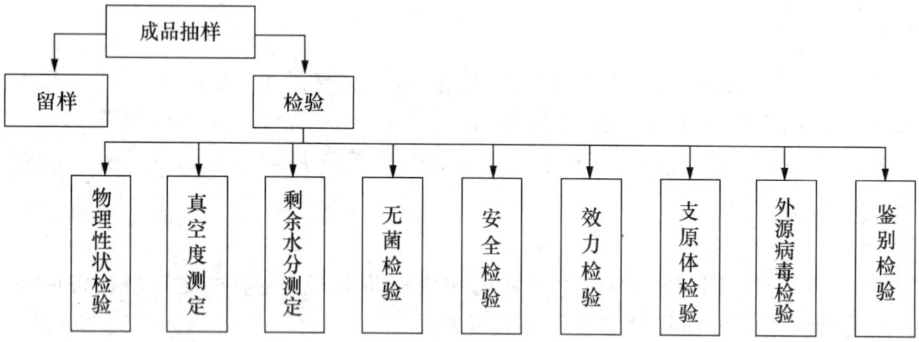

图 8-1 病毒类活疫苗质量检验程序

1. 抽样

应随机抽样并注意代表性。抽样贯穿封口全过程。每批灭活疫苗一般抽取 40～50 瓶。

2. 物理性状检验

冻干疫苗多为淡黄色、灰白色或乳白色，组织疫苗多呈淡红色或暗赤色。

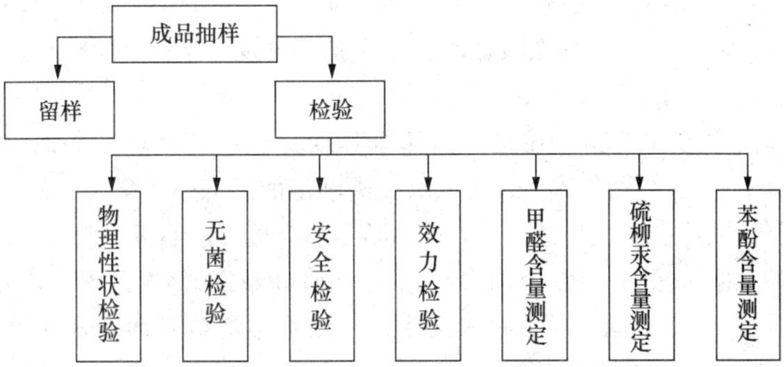

图 8-2　病毒类灭活疫苗质量检验程序

3. 无菌检验

病毒类疫苗多含有甲醛、苯酚、汞类等防腐剂和抗生素，无菌检验时样品必须经过 50 mL T. G 培养基小瓶增菌培养，3 d 后移植进行无菌检验。

4. 安全检验

病毒性疫苗的安全检验要点及判断标准同细菌类疫苗，详见项目七细菌类疫苗质量检验。

5. 效力检验

病毒类疫苗效力检验方法主要采用动物保护力试验、病毒量滴定、血清学试验。动物保护力试验方法在项目七细菌类疫苗质量检验已介绍。

(1)病毒量滴定　病毒性活疫苗多以病毒滴度表示其效力。常用 $TCID_{50}$、EID_{50}、ELD_{50}、LD_{50} 或根据规定直接判定或进行蚀斑数统计。如鸡新城疫低毒力活疫苗测定 EID_{50}，每羽份 $\geqslant 10^6$ EID_{50} 为合格。多数用细胞培养生产的疫苗则采用细胞半数感染量($TCID_{50}$)计算病毒滴度。猪瘟细胞活疫苗则测定对兔的发病病毒量，规定每头份疫苗稀释 750 倍接种兔出现定型热反应为合格。目前，鸡马立克氏病活疫苗采用蚀斑计数，计量单位为蚀斑形成单位(PFU)。如 HVT FC126 株疫苗的病毒量滴定，每批抽样 3 瓶做蚀斑计数，以适宜稀释度分别接种已长成良好单层的细胞瓶，每一稀释度接种 3 瓶，求出同一稀释度 3 瓶的平均蚀斑数，以 3 瓶疫苗中的最低平均数为核定该批疫苗每羽份中所含的蚀斑数，应不低于 2 000 PFU。

(2)血清学试验　血清学试验以血清学方法检测生物制品的抗原活性和抗体水平，以检验制品的效力。主要用于病毒性灭活疫苗、诊断抗原、免疫血清的效力检验。疫苗免疫动物后，可刺激机体产生相应抗体，根据抗体效价判定疫苗的效力。如鸡减蛋综合征灭活疫苗效验时用灭活苗注射易感鸡，21 d 后采血，测定 HI 抗体，免疫鸡 HI 抗体应≥1∶128。

6. 支原体检验

按照《中华人民共和国兽药典》的有关规定进行。每批制品取样 3～5 瓶，混合后需同时用以下 2 种方法检测。

(1)接种液体培养基培养　将疫苗混合物 5 mL 接种于小瓶液体培养基中，再从小瓶中取 0.2 mL 移植接种于 1 小管液体培养基中，将小瓶与小管放 37 ℃培养，分别于接种后 5 d、10 d、15 d 从培养瓶中取 0.2 mL 培养物移植到小管液体培养基内，每日观察培养物有无颜色变黄或变红，若无变化，则在最后一次移植小管观察 14 d 后，停止观察。在观察期内，如果发现小瓶或任何一支小管培养物颜色出现明显变化，在原 pH 变化达±0.5 时，应立即移植于小管液体培养基和固体培养基，观察在液体培养基中是否出现恒定的 pH 变化，以及固体上有无典型的“煎蛋”状支原体菌落。

(2)接种琼脂固体平板培养　在每次液体培养物移植小管培养的同时，取培养物 0.1～0.2 mL 接种于琼脂平板，置含 5%～10%二氧化碳潮湿的环境、37 ℃下培养。此外，在液体培养基颜色出现变化，在原 pH 变化达±0.5 时，也同时接种琼脂平板。每 5～7 d，在低倍显微镜下观察，检查各琼脂平板有无支原体菌落出现，经 14 d 观察，仍无菌落者停止观察。每次检查需同时设阴、阳性对照，在同条件下培养观察。检测禽类疫苗时用滑液支原体作为对照，检测其他疫苗时用猪鼻支原体作为对照。

接种被检物的任何一个琼脂平板上出现支原体菌落，疫苗判为不合格；阳性对照中至少一个平板出现支原体菌落，而阴性对照中无支原体生长，则检验有效。

7. 鉴别检验

按照《中华人民共和国兽药典》的有关规定进行。

为保证活疫苗内微生物的纯净，细菌性活疫苗经常根据细菌的形态学及生化特点进行鉴别，而病毒性疫苗主要通过抗血清进行体外中和，再将中和物接种到敏感禽胚或细胞中，通过禽胚的典型病变或 CPE 进行鉴别。如猪丹毒活疫苗的鉴别检验，将疫苗用明胶培养基穿刺培养，G4T10 株有细而短的分支，GC42 株呈线状生长。如鸡痘细胞活疫苗的鉴别检验，将疫苗稀释至含 100 $TCID_{50}$/0.1 mL，与等量鸡痘抗血清混合，室温中和 1 h 后，接种 CEF 细胞，每瓶 0.2 mL，孵育 120 h，应不出现病变，病毒对照组应出现特征性病变。

8. 外源病毒检验

按照《中华人民共和国兽药典》的有关规定进行。每批制品取样 3～5 瓶，混合后需制品种类进行检测。

(1)禽源制品的检验　根据制品的要求按下列不同方法进行检查。

①鸡胚检查法。取样品 2～3 瓶混合后，用抗特异性血清中和后作为检品。选 9～11 日龄 SPF 鸡胚 20 个，平均分成 2 组，第一组尿囊腔内接种 0.1 mL(至少含 10 个使用剂量)；第二组绒毛尿囊膜接种 0.1 mL(至少含 10 个使用剂量)，在 37 ℃培养 7 d。弃去 24 h 内的死胚，但每组胚须至少存活 8/10，试验方可成立。如胎儿应发育正常，绒毛尿囊膜无病变。取鸡胚液做血凝试验，若为阴性，此批制品判为合格。用鸡胚检查无结果或可疑时，可用鸡检 1 次。

②鸡检查法。用适于接种本疫苗日龄的 SPF 鸡 20 只，点眼、滴鼻接种 10 个使用剂量的疫苗；肌内注射 100 个使用剂量的疫苗，接种后 21 d，按上述方法重复接种 1 次，第 1 次接种后 42 d 采血，进行有关病原的血清抗体检验。在 42 d 内，不应有疫苗引起的局部或全身症状和呼吸道症状或死亡。如有死鸡，应做病理学检查，证明是否由疫苗所致。血清抗体检验，除本疫苗所产生的特异性抗体外，不应有其他病原的抗体存在。

③细胞检查法。取 2 个方瓶(100 mL 容量)的 CEF(培养 24 h 左右)，接种中和后的疫苗 0.2 mL，培养 5～7 d，观察细胞，应不出现 CPE。上述培养的细胞弃去培养液，用 PBS 洗细胞面 3 次，加入 0.1%鸡红细胞悬液覆盖细胞面，4 ℃放置 60 min，用 PBS 轻轻洗涤细胞 1～2 次，在显微镜下检查红细胞吸附情况，应不出现由外源病毒所致的红细胞吸附现象。

(2)非禽源制品的检验　可使用绿猴肾(Vero)传代细胞检查法、荧光抗体检查法、红细胞吸附性外源病毒的检测和致细胞病变外源病毒的检测。若生产用毒种和制苗用细胞系统已做过外源病毒检测,成品可免检。

①绿猴肾传代细胞检查法。疫苗经相应的特异性血清中和后,用3瓶Vero细胞单层(总面积不少于100 cm^2),每瓶接种检样1 mL,连传2代,每代7 d,应不出现细胞病变。同时进行红细胞吸附病毒检查和荧光抗体检查,应无细胞吸附因子和特异性荧光。

②荧光抗体检查法。样品分别经丙酮固定后,以适宜的荧光抗体进行染色、镜检。检查每种病毒时,应各用2组细胞单层,一组为被检组;一组为由中国兽医药品监察所提供的接种100~300 $FAID_{50}$特异病毒的细胞固定片,作为阳性对照。被检组至少取4个细胞覆盖率在75%以上的细胞单层,总面积不少于6 cm^2。若被检组出现任何一种特异荧光,为不合格。若阳性对照组不出现特异荧光或荧光不明显,为无结果,可以重检。若被检组出现不明显荧光,必须重检,重检仍出现不明显荧光,为不合格。

③红细胞吸附性外源病毒的检测。取经传代后至少培养7 d的细胞单层(每个6 cm^2)一个或多个进行检验。以PBS洗涤细胞单层数次,加入0.2%红细胞悬液适量,以覆盖整个单层表面为准。选2个细胞单层分别在4 ℃和20~25 ℃培养30 min,用PBS洗涤,检查红细胞吸附情况。若出现外源病毒所致的红细胞吸附现象,判为不合格。

④致细胞病变外源病毒的检测。取经传代后培养至少7 d的细胞单层(每个6 cm^2)一个或多个进行检验。用适宜染色液,对细胞单层进行染色。观察细胞单层,检查包涵体、巨细胞或其他由外源病毒引起的细胞病变的出现情况。若出现外源病毒所致的特异性细胞病变,判为不合格;若疑有外源病毒污染,但又不能通过其他试验排除这种可能性时,则作不合格论。

二、常用病毒类活疫苗质量标准

按照《中华人民共和国兽药典》的有关规定进行,这里重点介绍安全与效力检验方法与质量标准。

(一)鸡马立克氏病活疫苗

毒种为马立克氏病814弱毒株或HVT FC126株,冻干制品。

(1)安全检验 下列方法任选其一。①1~3日龄SPF雏鸡20只,其中10只肌内或皮下注射疫苗0.2 mL,含10个使用量,观察14 d,对照组至少存活8只,免疫组非特异性死亡数不超过对照组,疫苗判为合格。②用10日龄SPF鸡胚10只,每胚尿囊腔接种疫苗0.1 mL,含10个使用量,接种后24~68 h内非特异性死亡不超过20%,死亡鸡胚尿囊液对鸡红细胞凝集试验为阴性,120 h收集活胚尿囊液,对鸡红细胞凝集试验应为阴性,疫苗判为合格。

(2)效力检验 采用蚀斑计数方法。每批疫苗抽样3瓶,分别用SPG稀释,取适当稀释度,每个稀释度接种3个已长成良好单层细胞的30 mL容量瓶,每瓶0.2 mL,在37~38 ℃吸附60 min,加入含2%牛血清199营养液,继续培养24 h,弃营养液,覆盖含5%牛血清199营养琼脂糖,每瓶3 mL,待凝固后,瓶倒置,继续培养5~7 d,进行蚀斑计数。一般选择蚀斑数在30~150个的细胞瓶进行计数,肉眼观察,以记号笔在瓶底面点数,求出同一稀释度3瓶的平均蚀斑数,计算出每瓶疫苗所含蚀斑数。以3瓶疫苗各稀释度中的最低平均数核定该批疫苗每羽份中所含的蚀斑数应≥2 000 PFU,疫苗判为合格。蚀斑应典型、清晰,形态不规则,边缘不整齐,直径0.5~1.5 mm,呈乳白色,与同时设立的参照品蚀斑一致。

(二)鸡新城疫中等活疫苗

毒种为鸡新城疫病毒中等毒力 Mukteswar 株,冻干制品。

(1)安全检验　用 2～8 月龄健康易感鸡 4 只,每只肌内注射 10 个使用量的疫苗,观察 10～14 d,允许有轻微反应,但需在 14 d 内恢复,疫苗判为合格。如有 1 只鸡出现腿麻痹,不能恢复时,允许用 8 只鸡重检 1 次,重检结果如有 1 只鸡出现上述相同反应,疫苗判定为不合格。

(2)效力检验　下列方法任选其一。①用鸡胚检验:用灭菌生理盐水稀释至 1 羽份/0.1 mL,再做 10 倍系列稀释,取 3 个稀释度如 10^{-4}、10^{-5}、10^{-6} 各尿囊腔内接种 10 日龄 SPF 鸡胚 5 个,每胚 0.1 mL,置 37 ℃继续孵育,观察 24～72 h,记录死亡情况,死亡胎儿应有明显病痕。同一稀释度的死胚液等量混合,测定血凝效价,在 1∶(80～640)[微量法 1∶(64～512)]判为感染,计算 ELD_{50},每羽份应≥10^5 ELD_{50}。②用鸡检验:用 2～8 月龄健康易感鸡 4 只,各只肌内注射 1/100 使用剂量的疫苗 1 mL,10～14 d 后,与同条件未免疫对照鸡 3 只同时注射 10^5 ELD_{50} 的鸡新城疫北京株强毒 1 mL,观察 10～14 d,免疫鸡须全部健活,对照鸡全部发病并至少死亡 2 只,判为合格。

(三)鸡新城疫弱毒活疫苗

毒种为鸡新城疫病毒低等毒力弱毒株 HB1、F、Lasota 或 Clone30 株,冻干制品。其检验方法与质量标准详见项目八的任务一。

(四)鸡传染性支气管炎活疫苗

毒种为鸡传染性支气管炎病毒 H120 株或 H52 株,冷冻干燥制品。

(1)安全检验

①H120 株疫苗。用 4～7 日龄 SPF 鸡 20 只,10 只滴鼻接种 10 个使用剂量,另 10 只作对照鸡,观察 10 d,全部健活,应无呼吸异常及神经症状。任何一组雏鸡非特异性死亡不得超过 1 只。否则可重检 1 次。

②H52 株疫苗。用 25～35 日龄 SPF 雏鸡 10 只,各滴鼻接种疫苗 10 羽份,连同对照鸡 10 只,观察 14 d,应不出现任何症状。

(2)效力检验　按瓶签注明羽份,将疫苗稀释至 1 羽份/0.1 mL,再做 10 倍系列稀释,取 10^{-2}、10^{-3}、10^{-4} 三个稀释度,各尿囊腔内接种 10 日龄 SPF 鸡胚 5 个,每胚 0.1 mL,置 37 ℃孵育,接种后 24～144 h 死亡胚及 144 h 的活胚中,其胎儿具有失水、蜷缩、发育小等特异性病痕者为感染(彩图 32),计算 EID_{50},每羽份≥$10^{3.5}$ EID_{50} 判为合格。也可以用鸡检验,H120 免疫鸡攻毒保护率为 80%以上,对照鸡发病为 80%以上。H52 测其中和抗体效价,应不低于 1∶8。

(五)鸡新城疫、传染性支气管炎二联活疫苗

毒种为鸡新城疫病毒 Lasota 或 HB1 株、传染性支气管炎病毒 H120 株或 H52 株。

(1)安全检验

①Lasota 或 HB1+H120 二联活疫苗。将疫苗用生理盐水稀释,用 4～7 日龄 SPF 鸡 20 只,10 只各滴鼻接种 0.05 mL,含 10 羽份,另 10 只作对照,观察 14 d,应全部健活。如有非特异性死亡,免疫组与对照组均应不超过 1 只。否则可重检 1 次。

②Lasota 或 HB1+H52。用 21～30 日龄 SPF 鸡 10 只,每只滴鼻接种疫苗 0.05 mL,含 10 羽份,观察 14 d,应不出现任何症状和死亡。

(2)效力检验

①Lasota 或 HB1＋H120 二联活疫苗。将疫苗用生理盐水稀释至 1 羽份/0.5 mL,分别装入 2 个试管中,每管 1 mL,第 1 管加入等量的鸡新城疫抗血清,第 2 管加入等量传染性支气管炎抗血清。在室温中和 1 h,中间摇 1 次,此时病毒含量为 0.1 羽份/0.1 mL,即 10^{-1}。2 个试管均继续 10 倍系列稀释,第 1 管取 10^{-2}、10^{-3}、10^{-4} 三个稀释度各尿囊腔内接种 10 日龄 SPF 鸡胚 5 个,每胚 0.1 mL,置 37 ℃,接种后 24～144 h 死亡,或至 144 h 存活的鸡胚中出现失水、蜷缩、发育小(接种胎儿比对照最轻胎儿重量低 2 g 以上)等特异性病变胚为感染,计算 EID_{50},每羽份≥$10^{3.5}$ EID_{50},传染性支气管炎部分判为合格。第 2 管取 10^{-5}、10^{-6}、10^{-7} 三个稀释度接种鸡胚 5 个,每胚 0.1 mL,随时取出 48～120 h 死胚,收获鸡胚液,同稀释度等量混合,至 120 h 取出活胚,逐个收获胚液,分别测定红细胞凝集价,1∶160 以上判为感染,计算 EID_{50},每羽份≥$10^{6.0}$ EID_{50},鸡新城疫部分判为合格。也可用鸡检验,分别同其单苗。

②Lasota 或 HB1＋H52 二联活疫苗。用鸡胚检验同 Lasota 或 HB1＋H120 二联活疫苗。用鸡检验,分别同鸡新城疫低毒力疫苗和鸡传染性支气管炎活疫苗 H52 株单苗。

(六)鸡传染性法氏囊病中等毒力活疫苗

毒种为鸡传染性法氏囊病中等毒力 B87 株,冷冻干燥制品。

(1)安全检验 用 7～14 日龄 SPF 鸡 20 只,10 只各点眼或口服接种疫苗 10 羽份,另 10 只作空白对照,分别饲养,观察 14 d,应全部健活。试验结束后,剖检免疫组与对照组鸡,法氏囊应无明显变化(色泽、弹性及大小等),如有非特异性死亡,2 组总和不应超过 3 只,且免疫组死亡数不应超过对照组。

(2)效力检验 将疫苗用菌生理盐水稀释成每 1 mL 含 5 羽份,再继续做 10 倍系列稀释,取 10^{-2}、10^{-3}、10^{-4} 三个稀释度,各绒毛尿囊膜接种 10～12 日龄 SPF 鸡胚 5 个,每胚 0.2 mL,置 37 ℃孵育 168 h,计算 ELD_{50},每羽份病毒含量＞$10^{3.0}$ ELD_{50} 判为合格。也可用 2～4 周龄鸡进行攻毒检验,攻毒对照组囊病变化率在 80%以上,免疫组法氏囊应 80%以上无病变,健康对照组法氏囊应无任何变化。

(七)鸡传染性喉气管炎活疫苗

毒种为鸡传染性喉气管炎病毒 K317 株,冷冻干燥制品。

(1)安全检验 用 21～35 日龄 SPF 鸡 5 只,每只点眼或滴鼻接种含 10 羽份疫苗 0.1 mL,观察 14 d,应无异常反应,或在接种后 3～5 d 有轻度眼炎或轻微咳嗽,2～3 d 后恢复正常。

(2)效力检验 将疫苗稀释成每 1 mL 含 5 羽份,再继续做 10 倍系列稀释,取 10^{-2}、10^{-3}、10^{-4} 三个稀释度,各绒毛尿囊膜接种 10～11 日龄鸡胚 5 个,每胚 0.2 mL,37 ℃培养 120 h,鸡胚绒毛尿囊膜呈明显增厚,有灰白色病斑,判为感染,计算 EID_{50},每羽份应≥$10^{2.7}$ EID_{50}。也可用 35～56 日龄鸡攻毒效检,对照鸡至少 60%出现眼炎和呼吸道症状,免疫鸡全部无症状。

(八)鸡痘活疫苗

毒种为鸡痘鹌鹑化弱毒株,冻干制品。

(1)安全检验 用 7～14 日龄 SPF 鸡 10 只,每只肌内注射 10 羽份的疫苗 0.2 mL,观察 10 d,应健活。

(2)效力检验 下列方法任选其一。①按瓶签注明羽份,用生理盐水稀释,经绒毛尿囊膜接种 11～12 日龄 SPF 鸡胚 10 个,每胚 0.2 mL,含 1/100 羽份,37 ℃孵育 96～120 h,全部鸡胚绒毛尿囊膜应水肿增厚或出现痘斑。②将疫苗稀释成每 0.2 mL 含 1 羽份，再继续做 10 倍系列稀释，取 3 个稀释度，各绒毛尿囊膜接种 11～12 日龄鸡胚 5 枚，每胚 0.2 mL，37 ℃孵育 96～120 h，鸡胚绒毛尿囊膜水肿增厚或出现痘斑判为感染，计算 EID_{50}，每羽份应≥$10^{3.0}$ EID_{50}。③用生理盐水稀释至适宜稀释度，接种 30～60 日龄 SPF 鸡 4 只，每只于翅内侧无血管处刺种 1 针，含 1/100 羽份，观察 4～6 d，刺种部位发生痘肿。

(九)鸭瘟活疫苗

毒种为鸭瘟鸡胚化毒株，冻干制品。

(1)安全检验　用 2～12 月龄易感鸭 4 只，各只肌内注射疫苗 1.0 mL，含 10 羽份，观察 14 d，应不出现由疫苗引起的任何局部和全身不良反应。如果有轻微反应，应在 14 d 内恢复。

(2)效力检验　用 2～12 月龄鸭 7 只，4 只各肌内注射疫苗 1.0 mL，含 1/50 羽份，另 3 只作对照。接种 14 d，每只鸭肌内注射鸭瘟病毒强毒 1.0 mL，观察 14 d。对照鸭全部发病，且至少死亡 2 只，免疫鸭全部健活，如果有反应，应在 2～3 d 内恢复。

(十)小鹅瘟活疫苗

毒种为小鹅瘟鸭胚化弱毒 GD 株，冻干制品。

(1)安全检验　①按瓶签注明羽份，用灭菌生理盐水稀释成每 1 mL 含 10 羽份，肌内注射 4～12 月龄母鹅 4 只，每只 1 mL，观察 14 d，应无临床反应。②按瓶签注明羽份，稀释成每 1 mL 含 10 羽份，肌内注射 3～6 日龄雏鹅 10 只，每只 0.5 mL，观察 10 d，应全部健活。

(2)效力检验　下列方法任选其一。①按瓶签注明羽份稀释，取 10^{-2}、10^{-3}、10^{-4} 三个稀释度，各尿囊腔接种 8 日龄鸭胚 5 个，每胚 0.3 mL，观察 10 d，记录 72～240 h 死亡鸭胚数，计算 ELD_{50}，每羽份病毒含量应≥$10^{3.0}$ ELD_{50}。②用成年鹅 4 只，分别采血 10 mL，分离血清混合，备用。然后肌内注射 1 羽份的疫苗，21～28 d 后，采血，分离血清混合，将接种疫苗前后的 2 次血清分别与小鹅瘟病毒 GD 株在鸭胚中做中和试验，2 次 ELD_{50} 对数值之差应≥2 判为合格。

(十一)狂犬病弱毒活疫苗

毒种为犬用 Flury LEP 弱毒株或兽用 ERA 弱毒株、冻干制品。

(1)安全检验　按瓶签注明头份，用磷酸盐缓冲液复原后，肌内注射成年家兔 4 只，每只 2.5 头份；选 3 月龄以上的(无狂犬病抗体)犬 2 只，肌内注射疫苗每只 10 头份；观察 21～28 d，家兔和犬均不应出现任何狂犬病症状。

(2)效力检验　按瓶签注明头份，用磷酸盐缓冲盐水复原后，再进行 10 倍稀释至 10^{-5} 系列，取 3 个滴度，各脑内注射 11～13 g 小鼠 4 只，每只 0.03 mL。观察 14 d，记录注射 5 d 以后的特征性发病死亡鼠，计算 LD_{50}。每 0.03 mL 病毒含量应≥$10^{4.0}$ LD_{50}。

(十二)伪狂犬病弱毒疫苗

毒种为伪狂犬病弱毒株匈牙利的 K61 株，冻干制品。用于预防猪、牛及绵羊伪狂犬。

(1)安全检验　按瓶签注明头份用 PBS 稀释为每 1 mL 含 14 头份，肌内注射 6～18 月龄、无伪狂犬病毒中和抗体的绵羊 2 头，每头 5 mL，观察 14 d，应无临床反应。

(2)效力检验　按瓶签注明头份，用 PBS 稀释为每 1 mL 含 0.2 头份，用 6～18 月龄、无伪狂犬病毒中和抗体的绵羊 7 头，4 只各肌内注射 1.0 mL，另 3 只作对照。接种 14 d，每只绵羊肌内注射强毒 1.0 mL，含 1 000 LD_{50}，观察 14 d。对照羊至少 2 只发病死亡，免疫羊应全部保护。

(十三)羊痘活疫苗

毒种为山羊痘病毒弱毒株，冻干制品。

(1)安全检验　按瓶签注明头份，用生理盐水稀释成每 1.0 mL 含 4 头份，胸腹部皮内注射山羊 3 只，每只 2 颗，每颗 0.5 mL，观察 15 d。至少应有 2 只羊出现直径为 0.5～4.0 cm 微红或无色痘肿反应，持续 4 d 以上，逐渐消退，间或有轻度体温反应，但精神、食欲应正常。但若有 1 只羊痘肿直径大于 4 cm；或出现紫红色、严重水肿、化脓、结痂，或全身性发痘等反应，判为不安全。

(2)效力检验　下列方法任选其一。

①用羊检验：按瓶签注明头份，用生理盐水稀释成每 1.0 mL 含 0.02 头份，胸腹部皮内注射山羊 3 只，每只 2 颗，每颗 0.5 mL，观察 15 d，在接种后 5～7 d 应至少应有 2 只羊出现直径为 0.5～3.0 cm 微红或无色痘肿反应，持续 4 d 以上，逐渐消退，发痘羊间或有轻度体温反应，但精神、食欲应正常。②病毒含量测定：按瓶签注明头份，将疫苗用 0.5%乳欧液或 0.5%乳汉液做 10 倍系列稀释，取 3 个适宜稀释度，每个稀释度接种绵羊睾丸细胞 4 小瓶，每瓶 0.1 mL，补充维持液 0.9 mL，观察 CPE，计算 $TCID_{50}$，每头份病毒含量应≥$10^{3.5}$ $TCID_{50}$。

(十四)犬瘟热弱毒活疫苗

毒种为鸡胚化犬瘟热弱毒、湿苗或冻干苗。用于犬和水貂的免疫预防。

(1)安全检验　用 16～18 g 小鼠，腹腔接种，每只 0.2 mL；另用 250～300 g 豚鼠 2 只腹腔接种 0.5 mL，观察 10 d，应全部健活。

(2)效力检验　用 pH 7.2 的磷酸盐缓冲液，将疫苗样品稀释成 10^{-3}、10^{-4}、10^{-5} 三个稀释度，每个稀释度接种于长满 CEF 细胞单层的 4 个小八角瓶中，37 ℃恒温培养。当 CPE 达 75%以上时，根据出现病变瓶数计算 $TCID_{50}$，应达 $10^{3.5}$ 以上。

三、常用病毒类灭活疫苗质量标准

按照《中华人民共和国兽药典》的有关规定进行，这里重点介绍安全与效力检验方法与质量标准。

(一)鸡减蛋综合征灭活疫苗

本品为禽凝血性腺病毒京 911 株，经鸭胚培养，制备的油乳剂灭活疫苗。其检验方法与质量标准详见项目八的任务三。

(二)禽流感灭活疫苗

本品为低致病力的 A 型 H5 或 H9 亚型禽流感病毒株，油乳剂灭活疫苗。

(1)安全检验　用 7～10 日龄 SPF 鸡 10 只，每只颈部皮下注射疫苗 1.0 mL(H9 亚型 0.5 mL)，观察 14 d，应全部存活，且不出现因疫苗引起的局部和全身的不良反应。

(2)效力检验　用 7～10 日龄 SPF 鸡 10 只，每只颈部皮下注射疫苗 0.5 mL(H9 亚型 0.25 mL)。接种后 21 d，连同条件相同的对照鸡 10 只，分别采血，分离血清，分别用禽流感病毒 H5 或 H9 亚型抗原测定 HI 抗体。免疫鸡 HI 抗体几何平均效价，H5 亚型疫苗应＞7 lg 2 或仅有 1 个为 6 lg 2，H9 亚型疫苗应≥6 lg 2，对照鸡均应为阴性。

(三)鸡新城疫灭活疫苗

本品为鸡新城疫病毒弱毒 Lasota 株，经鸡胚培养，制备的油乳剂灭活疫苗。

(1)安全检验　用1～2月龄的健康易感鸡(HI抗体≤4)6只，每只肌内注射疫苗1 mL，观察14 d，应不出现由疫苗引起的任何局部和全身反应。

(2)效力检验　取1～2月龄的健康易感鸡(HI抗体≤4)15只，其中10只各皮下或肌内注射20 μL(用0.5 mL以下注射器注射)，另5只作为对照，3～4周后，每只鸡肌内注射10^5 ELD_{50}的强毒，观察14 d，对照组全部死亡，免疫组至少保护7只。

(四)鸡新城疫、鸡减蛋综合征二联灭活疫苗

本品为鸡新城疫病毒Lasota株和禽凝血性腺病毒，经灭活后，按比例混合，制备的油乳佐剂疫苗。

(1)安全检验　用21～42日龄SPF鸡10只，每只肌内注射疫苗1 mL，观察14 d，应不发生因注射疫苗所致的局部和全身不良反应。

(2)效力检验　用21～42日龄SPF鸡30只，20只分2组，每组10只。第1组每只肌内或皮下注射疫苗0.5 mL，第2组每只肌内注射疫苗0.02 mL，另10只作对照，同室饲养。21～35 d后，第1组和对照鸡采血，测定血清中EDS76病毒HI抗体效价。HI应≥1∶128，对照鸡HI应≤1∶4。21～35 d后，将第2组和对照鸡用鸡新城疫病毒北京株强毒进行攻击，每只肌内注射$10^{5.0}$ ELD_{50}，观察14 d。对照鸡全部死亡，免疫鸡至少保护7只为合格。

(五)猪繁殖与呼吸障碍综合征灭活疫苗

本品为猪繁殖与呼吸障碍综合征病毒NVDC-JXAl株，经细胞培养，制备的油乳剂疫苗。

(1)安全检验　取3～4周龄PRRSV抗原、抗体阴性猪5头，每头耳后部肌内注射疫苗4 mL，观察21 d，应不出现由疫苗引起的局部和全身不良反应。

(2)效力检验　取3～6周龄PRRSV抗原、抗体阴性猪10头，其中5头耳后部肌内注射疫苗2 mL，另5头作为对照，同条件下饲养。28 d后，所有猪对侧耳后部肌内注射PRRSV NVDC-JXAl株强毒3 mL(含10^5 $TCID_{50}$)，每日测温并观察21 d。5头对照猪应全部发病，且至少2头死亡；免疫猪应至少4头健活。

(六)猪细小病毒病灭活疫苗

本品系猪细小病毒弱毒株，经细胞培养，制备的油乳剂灭活疫苗。

(1)安全检验　①用猪瘟中和抗体、猪细小病毒HI抗体阴性猪2头，各头深部肌内注射疫苗10 mL。观察21 d，无注苗引起的不良临床反应。②用2～4日龄同窝乳鼠至少5只，各皮下注射疫苗0.1 mL，观察7 d，应健活。

(2)效力检验　用体重350 g以上HI抗体阴性豚鼠4只，各只肌内注射疫苗0.5 mL。28 d后，连同条件相同的对照豚鼠2只，采血，测定抗体。对照豚鼠HI抗体应为阴性，注苗豚鼠应有3只出现抗体反应，其HI价应≥64。

(七)猪伪狂犬病灭活疫苗

本品系猪伪狂犬病毒鄂A株，经BHK-21细胞培养，制备的油乳剂灭活疫苗。

(1)安全检验　用体重16～18 g小鼠5只，各皮下注射疫苗0.3 mL，观察14 d，均应全部健活；用1.5～2.0 kg家兔2只，各臀部皮下注射疫苗5 mL，观察14 d，均应全部健活，且无不良反应。

(2)效力检验　用体重10～20 kg伪狂犬病抗体阴性断奶仔猪4头，各头颈部肌内注射疫苗3 mL。28 d后，采血，分离血清，测定抗体中和指数。免疫猪血清中和指数应≥316。

(八)猪传染性胃肠炎、猪流行性腹泻二联灭活疫苗

本品系猪传染性胃肠炎和猪流行性腹泻病毒,铝胶灭活疫苗。

(1)安全检验　用猪传染性胃肠炎和猪流行性腹泻抗体阴性母猪所产 3 日龄乳仔猪 10 头,于后海穴注射疫苗,其中 2 头各注射 2 头份;其余 8 头各注射 1 头份,观察 14 d,应全部健活。均应无异常反应。

(2)效力检验　下列方法任择其一。

①检测血清中和抗体。用猪传染性胃肠炎和猪流行性腹泻抗体阴性母猪所产 3 日龄乳仔猪 8 头,于后海穴注射疫苗 1 头份,于免疫后 14 d 采血,用中和试验法测血清中和抗体。8 头仔猪至少 7 头血清阳转,猪传染性胃肠炎及猪流行性腹泻中和抗体效价 GMT 均应≥32。

②免疫攻毒。上述 8 头免疫仔猪,于免疫 14 d 后,连同条件相同的对照猪仔猪 8 头,各均分为 2 组,以猪传染性胃肠炎和猪流行性腹泻强毒分别口服攻毒,观察 7 d,对照组全部发病,免疫猪至少保护 3 头,或对照猪死亡 3 头,免疫猪全部保护为合格。

(九)口蹄疫灭活疫苗

本品系牛源或猪源强毒株,通过 BHK21 培养,灭活后加铝胶或矿物油佐剂乳化而成。

(1)安全检验

①牛苗。用体重 350～450 g 豚鼠 2 只,各皮下注射疫苗 2 mL;取体重 18～22 g 小鼠 5 只,各皮下注射疫苗 0.5 mL,观察 7 d。应不出现疫苗引起的局部和全身不良反应。

②猪苗。用体重 1.5～2.0 kg 家兔 2 只,各腹腔注射疫苗 3 mL,观察 10 d,均应健活。用中和试验方法检测无口蹄疫抗体的 30～40 日龄仔猪 2 头,各两侧耳根后肌内分点注射疫苗 2 头份,观察 14 d,应不出现口蹄疫症状或死亡。

(2)效力检验

①牛苗。用 6 月龄牛 17 头,其中 15 头平均分 3 组。疫苗分为 1 头份、1/3 头份、1/9 头份 3 个剂量组,每组剂量各颈部肌内注射 5 头牛,另 2 头对照。接种 21 d 后,用 $10^{4.0}$ ID_{50} 同源强毒对所有牛进行攻毒,每头牛舌上表面两侧分 2 点皮内注射,含每点 0.1 mL,观察 10 d。对照牛均应至少有 3 个蹄出现水疱或溃疡。免疫牛,除注射部位外,任一部位出现典型的口蹄疫水疱或溃疡时,判为不保护;仅舌面出现水疱或溃疡,而其他部位无病变时,判为保护。根据免疫牛保护数量计算被检疫苗的 PD_{50},每头份疫苗应至少含 3 PD_{50}。

②猪苗。用 40 kg 左右、无口蹄疫抗体的架子猪 15 头,平均分 3 组。疫苗分为 1 头份、1/3 头份、1/9 头份 3 个剂量组,每组耳根后肌内注射 5 头猪。28 d 后,连同对照猪 2 头,用 $10^{2.0}$ ID_{50} 同源强毒各耳根后肌内注射 2 mL,观察 10 d。对照猪至少 1 蹄出现水疱或溃疡。免疫猪出现口蹄疫症状则为不保护。根据免疫猪的保护数量计算被检疫苗 PD_{50}。每头份疫苗不少于 3 个 PD_{50}。

(十)貂病毒性肠炎灭活疫苗

本品系水貂病毒性肠炎病毒 SMPV18 株,通过猫肾细胞系(F81 或 CRFK)培养,经灭活后加氢氧化铝胶制成。

(1)物理性状　为粉红色乳液状。静置后,上清液为粉红色清亮液体,下层为淡粉红色沉淀,沉降物为全量的 1/2 左右。

(2)安全检验　用 7～8 周龄健康易感水貂 5 只,各皮下注射疫苗 3 mL,观察 7 d,应全部

健活。

(3)效力检验 下列方法任择其一。①用体重1.0～1.5 kg家兔3只或体重350 g左右的豚鼠3只，各皮下注射疫苗1 mL，14 d采血，测HI价，应≥32。②用7～8周龄健康易感水貂3只，各皮下注射疫苗1 mL，14 d采血，测HI效价，应≥32；连同条件相同的对照貂3头，各口服强毒液15 mL，观察5 d，对照貂全部发病，免疫貂全部健活为合格。

(十一)兔病毒性出血症灭活疫苗

本品为兔病毒性出血症病毒，接种易感家兔，收获含毒组织制成乳剂，经灭活后制成的液体苗。

(1)安全检验 用体重1.5～3.0 kg家兔2只，各皮下注射疫苗4 mL，观察7 d，应全部健活。

(2)效力检验 用体重1.5～3.0 kg家兔2只，各皮下注射疫苗4 mL，10～14 d后，连同条件相同的对照兔4只，各皮下注射1∶10强毒液1 mL，观察7 d，对照兔至少死亡3只，免疫兔全部健活为合格。

思考与练习

一、选择题与判断题

1.病毒性活疫苗质量检验项目包括(　　)。(多选题)

A.性状检验、真空度检验　　B.剩余水分检验、无菌检验

C.安全检验、效力检验　　D.外源病毒检验、支原体检验

E.鉴别检验

2.病毒性灭活疫苗质量检验项目包括(　　)。(多选题)

A.性状检验　　B.无菌检验　　C.安全检验

D.效力检验　　E.甲醛、苯酚、硫柳汞含量测定

3.(　　)要进行纯粹检验。(单选题)

A.病毒活疫苗　　B.细菌活疫苗　　C.病毒灭活疫苗　　D.细菌灭活疫苗

4.病毒苗无菌检验用培养基包括(　　)。(单选题)

A.硫乙醇酸盐培养基(T.G)　　B.酪胨琼脂(G.A)

C.葡萄糖蛋白胨汤(G.P)　　D.以上都是

5.病毒苗无菌检验用培养基包括(　　)。(多选题)

A.硫乙醇酸盐培养基(T.G)　　B.酪胨琼脂(G.A)

C.葡萄糖蛋白胨汤(G.P)　　D.蛋白胨　　E.生理盐水

6.病毒苗无菌检验用培养基包括(　　)。(多选题)

A.硫乙醇酸盐培养基(T.G)　　B.酪胨琼脂(G.A)

C.营养琼脂　　D.葡萄糖蛋白胨汤(G.P)

7.冻干疫苗抽取样品时，在冻干完成后，从每柜的上、中、下各层的四角分别随机取样。(判断题)

8.液体疫苗，从分装的开始、中间2个阶段随机抽取样品。(判断题)

9.病毒类疫苗多含有甲醛、苯酚、汞类等防腐剂和抗生素，无菌检验时样品必须经过增菌

培养，3 d后移植进行无菌检验。（判断题）

10.病毒性活疫苗多以病毒滴度表示其效力。常用$TCID_{50}$、EID_{50}、ELD_{50}、LD_{50}计算判定。（判断题）

11.细胞冻干疫苗多为淡黄色、灰白色或乳白色，组织疫苗多呈淡红色或暗赤色。（判断题）

二、简答题

1. 图示病毒性疫苗的质量检验程序。
2. 灭活疫苗的主要检验项目有哪些？
3. 灭活疫苗的物理性状主要包括哪些检验项目？如何进行检验？
4. 病毒性活疫苗为什么要进行外源病毒的检验？如何检验？
5. 病毒性活疫苗为何要进行支原体检验？如何检验？
6. 常用病毒性活疫苗和灭活疫苗的质量标准是什么？

二维码 8-4　项目八　病毒类疫苗质量检验
思考与练习参考答案

项目九
诊断用生物制品质量检验

【知识目标】

1. 掌握诊断抗原质量检验程序与方法
2. 掌握诊断抗体质量检验程序与方法
3. 了解常用诊断制品质量标准

【技能目标】

1. 会按照 GMP 要求进行诊断制品质量检验
2. 会通过各种途径查阅所需资料
3. 会正确选择和使用检验器具及材料

【素质目标】

1. 通过诊断制剂质量检验学习，培养学生严谨的工作作风和良好的职业道德
2. 通过项目任务，培养学生的无菌意识、安全意识和团队协作能力

任务一　鸡白痢鸡伤寒多价染色平板凝集试验抗原质量检验

【条件准备】

(1)主要器材　培养箱、高压灭菌锅、玻璃平板、0.1 mL 吸管或移液器、T.G 小瓶培养基、T.G、G.A、G.P 小管培养基、鸡白痢鸡伤寒多价染色平板被检抗原、鸡白痢鸡伤寒沙门氏菌标准型血清、鸡白痢鸡伤寒沙门氏菌变异型血清、鸡白痢阴性血清。

(2)器材处理　按使用时间，将准备好的各种物品提前灭菌，并移入洁净工作间待用。

(3)工作环境　在检验开始前 30～40 min，按净化级别要求调整送风量，达到洁净级别要求。

【操作步骤】

一、物理性状检验

紫色混悬液。静置后，菌体下沉，振荡呈均匀混悬液。用吸管或移液器吸取本品2滴置于玻璃平板上，在2 min内不出现自凝现象，为合格。

二、无菌检验

在无菌条件下进行，先将样品1 mL接种于50 mL T.G培养基小瓶，放置37 ℃培养，3 d后移植T.G、G.A小管各2支，每支0.2 mL，放置37 ℃、25 ℃各1支；再取样品0.2 mL直接接种G.P小管1支，置25 ℃。均培养5 d，应无菌生长。

三、效价测定

用吸管或移液器吸取鸡白痢平板凝集抗原，滴于洁净的玻璃平板上，分2处各滴加0.05 mL，然后分别滴加标准型血清和变异型血清各0.05 mL(均含0.5 IU)，混匀，在2 min之内出现不低于50%凝集，为合格。

四、非特异性检验

用吸管或移液器吸取鸡白痢凝集抗原0.05 mL，滴于洁净的玻璃平板上，然后再滴加0.05 mL阴性血清，混合后，应不出现凝集。

【考核测评】

考核要素/分值比例	考核内容/分值			
专业技能测评/60%	试验器材准备/15分	物理性状检验/15分	效价测定/15分	非特异性检验/15分
素质测评/30%	安全操作/8分	规范标准/8分	及时清场/7分	团队协作/7分
创新测评/10%	学生在完成项目任务的任何环节融入创新元素，即可得分，小组成员可根据参与度给予赋分			
考核建议：既可以过程考核，也可以随机抽考，视具体条件选择。 专业技能考核可以让学生在操作时录制视频上传，作为考核依据，也可以单独组织考核。 要求：本人出镜，完整操作。				

任务二　鸡白痢鸡伤寒多价染色平板凝集试验阳性血清质量检验

【条件准备】

（1）主要器材　培养箱、高压灭菌锅、玻璃平板、0.1 mL 吸管或移液器、T.G 小瓶培养基、T.G、G.A、G.P 小管培养基、鸡白痢鸡伤寒多价染色平板被检抗原、鸡白痢鸡伤寒沙门氏菌标准型血清、鸡白痢鸡伤寒沙门氏菌变异型血清、鸡白痢阴性血清。

（2）器材处理　按使用时间，将准备好的各种物品提前灭菌，并移入洁净工作间待用。

（3）工作环境　在检验开始前 30～40 min，按净化级别要求调整送风量，达到洁净级别要求。

【操作步骤】

一、物理性状检验

橙黄色或略带棕红色澄明液体，久置后有少量白色沉淀。

二、无菌检验

在无菌条件下进行，先将样品 1 mL 接种于 50 mL T.G 培养基小瓶，放置 37 ℃培养，3 d 后移植 T.G、G.A 小管各 2 支，每支 0.2 mL，放置 37 ℃、25 ℃各 1 支；再取样品 0.2 mL 直接接种 G.P 小管 1 支，置 25 ℃。均培养 5 d，应无菌生长。

三、效价测定

用弱阳性血清与多价染色平板抗原进行平板凝集试验，应出现不低于 50%凝集反应（++）；阳性血清与多价染色平板抗原应出现 100%凝集反应（++++）。

【考核测评】

考核要素/分值比例	考核内容/分值			
专业技能测评/60%	试验器材准备/15 分	物理性状检验/15 分	效价测定方法/15 分	效价测定结果判断/15 分
素质测评/30%	安全操作/8 分	规范标准/8 分	及时清场/7 分	团队协作/7 分
创新测评/10%	学生在完成项目任务的任何环节融入创新元素，即可得分，小组成员可根据参与度给予赋分			
考核建议：既可以过程考核，也可以随机抽考，视具体条件选择。 专业技能考核可以让学生在操作时录制视频上传，作为考核依据，也可以单独组织考核。 要求：本人出镜，完整操作。				

职业知识链接

一、诊断用生物制品质量检验程序与方法

诊断抗原、诊断血清质量检验程序见图 9-1、图 9-2。

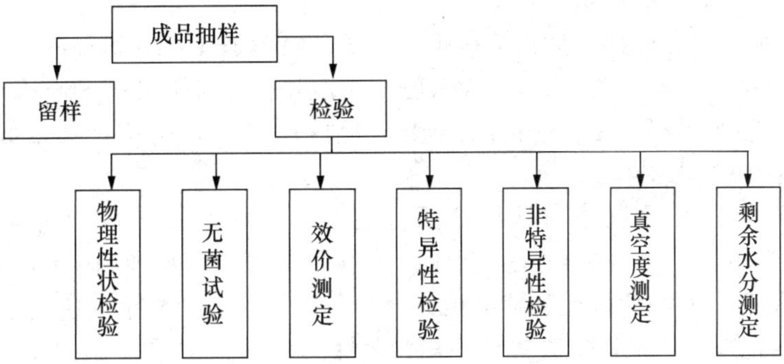

图 9-1　诊断抗原质量检验程序

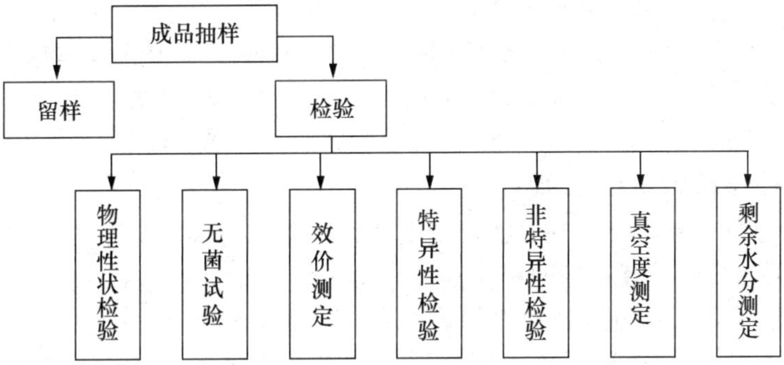

图 9-2　诊断血清质量检验程序

①应随机抽样并注意代表性。抽样贯穿封口全过程。

②诊断抗原有液态制品和冷冻干燥制品。如果制品为冻干品，剩余水分及真空度都应符合其规定。其测定方法同冻干活疫苗。

③诊断制剂都含有甲醛、苯酚和汞类等防腐剂及抗生素，其无菌检验同灭活疫苗制品均应无菌生长。

④效价测定多采用血清学试验方法，因为绝大多数诊断制品都是用于血清学试验，因此也必须用血清学方法检验其敏感性和特异性。使用标准阳性抗原或抗体进行测定。如布鲁氏杆菌平板凝集试验抗原检验、炭疽沉淀素血清的检验、布鲁氏菌补体结合试验抗原检验等。

⑤有些诊断制品还要进行特异性检验或非特异性检验，以保证诊断的特异性和敏感性。特异性检验使用标准抗原或标准抗体进行检验。非特异性检验多使用生理盐水、磷酸盐缓冲液或阴性血清进行检验。

二、常用诊断用生物制品质量标准

按《中华人民共和国兽药典》有关规定进行检验，这里重点介绍效价测定与特异性检验方法与质量标准。

(一)鸡白痢鸡伤寒多价染色平板抗原

本品系标准型和变异型鸡白痢鸡伤寒沙门氏菌，经培养基培养，加结晶紫乙醇溶液和甘油制成。其检验方法和质量标准详见项目九的任务一。

(二)布鲁氏杆菌试管凝集试验抗原

我国的抗原是按国际标准阳性血清标定制造的。抗原的 1∶20 稀释液对国际标准阳性血清的凝集价为 1∶1 000“++”。使用时，除检羊血清用 0.5%石炭酸 10%盐水外，其余均用 0.5%石炭酸生理盐水稀释。受检血清同样除羊血清用 0.5%石炭酸 10%盐水稀释外，其余均用 0.5%石炭酸生理盐水稀释。

(1)效价测定　取被检抗原与标准抗原分别与标准阳性血清的 5 种稀释液(1∶300、1∶400、1∶500、1∶600、1∶700)做凝集反应，2 种抗原的凝集价均须为 1∶1 000“++”。

(2)特异性检验　取被检抗原和标准抗原分别与阴性血清做凝集反应试验(血清稀释度由 1∶25 到 1∶200 止)，任何稀释度凝集试验均为阴性。

(三)炭疽沉淀反应标准抗原

将抗原性良好的各菌种接种普通肉汤培养，经收获、干燥、浸泡、滤过制成。

(1)性状　淡黄色、完全透明的液体。

(2)效价测定　将待检抗原用生理盐水稀释成 1∶5 000、1∶10 000 及 1∶20 000，与标准炭疽沉淀素血清分别进行环状沉淀试验。1∶5 000、1∶10 000 分别在 30 s、60 s 内呈现环状阳性反应，1∶20 000 在 1 min 内不出现阳性反应，抗原对健康马血清为阴性反应为合格。

(四)鼻疽补体结合试验抗原

系用抗原性良好的鼻疽杆菌在甘油琼脂上培养，收集培养物、浸泡、取上清制成。

(1)性状　无色或略带黄色澄明液体。

(2)效价测定　将抗原用生理盐水做成 1∶10、1∶50、1∶75、1∶100、1∶150、1∶200、1∶300、1∶400 和 1∶500 等稀释液。用生理盐水将 2 份鼻疽阳性血清分别稀释成 1∶10、1∶25、1∶50、1∶75 和 1∶100，在 58～59 ℃水浴灭活 30 min，用各血清稀释液分别与抗原稀释液做补体结合试验。见表 9-1 至表 9-3。

表 9-1　鼻疽补体结合反应抗原效价测定

抗原稀释度	1∶10	1∶50	1∶75	1∶100	1∶150	1∶200	1∶300	1∶400	1∶500
抗原/mL	0.5	0.5	0.5	0.5	0.5	0.5	0.5	0.5	0.5
血清/mL	0.5	0.5	0.5	0.5	0.5	0.5	0.5	0.5	0.5
1 个工作量补体/mL	0.5	0.5	0.5	0.5	0.5	0.5	0.5	0.5	0.5
37～38 ℃水浴 20 min									
2 个单位溶血素/mL	0.5	0.5	0.5	0.5	0.5	0.5	0.5	0.5	0.5
2.5%绵羊红细胞	0.5	0.5	0.5	0.5	0.5	0.5	0.5	0.5	0.5
37～38 ℃水浴 20 min									

表 9-2　受检抗原的各种稀释液对第一份阳性血清的各种稀释液的反应结果(举例)

阳性血清的稀释度	抗原稀释度								
	1∶10	1∶50	1∶75	1∶100	1∶150	1∶200	1∶300	1∶400	1∶500
	补体结合反应结果/溶血%								
1∶10	0	0	0	0	0	0	10	20	40
1∶25	0	0	0	0	0	0	10	30	60
1∶50	10	0	0	0	0	10	20	40	60
1∶75	20	20	10	10	0	10	40	60	100
1∶100	40	20	20	20	10	40	100	100	100

表 9-3　受检抗原的各种稀释液对第二份阳性血清的各种稀释液的反应结果(举例)

阳性血清的稀释度	抗原稀释度								
	1∶10	1∶50	1∶75	1∶100	1∶150	1∶200	1∶300	1∶400	1∶500
	补体结合反应结果/溶血%								
1∶10	10	0	0	0	0	10	20	50	90
1∶25	30	20	10	10	0	10	20	60	90
1∶50	30	20	20	20	10	40	40	80	100
1∶75	50	40	40	40	30	80	80	100	100
1∶100	70	60	50	40	40	100	100	100	100

对 2 份阳性血清各种稀释液均发生最强的抑制溶血现象的抗原最高稀释倍数，即为抗原效价。在本例中抗原效价为 1∶150。说明被检抗原效价在 1∶100 以上为合格。

(3)非特异性检验　取 1 份鼻疽阴性马血清，做 1∶5 或 1∶10 稀释，在 58～59 ℃水浴中灭活 30 min，与新制抗原的 1 个工作量作补体结合试验，需为阴性，且抗原无抗补体作用为合格。

(五)布鲁氏菌病水解素

系用变态反应原性良好的布鲁氏菌接种适宜培养基，培养物经硫酸溶液水解而制成。

(1)性状　液体水解素为无色或淡黄色澄明液体；冻干水解素为白色疏松团块或粉末，加稀释液后迅速溶解。

(2)安全检验　用体重 12～22 g 的小鼠 6 只，各腹腔注射水解素 0.5 mL，观察 10 d，应全部健活。

(3)效价测定　体重 350～500 g 的豚鼠，各皮下注射适量布鲁氏菌令其感染。30～45 d 后，用水解素参照品 1∶10 稀释液 0.1 mL，接种于臂部皮内，经 24～48 h，如果反应面积在 100 mm^2 以上，认为豚鼠可用于效价测定。将 10 只合格的豚鼠腹部两侧去毛，并将被检水解素和水解素参照品分别稀释 5～10 倍，腹部皮内各注射 0.1 mL，分左右两侧注射。同时设对照组，取体重 350～500 g 的健康豚鼠 2 只，接种方法与剂量同上分别注射被检水解素和参照品于腹部两侧。注射后 24 h 和 48 h 各观察 1 次，24 h 和 48 h 被检菌素与参照品 10 只致敏豚鼠肿胀面积的总和相比较，两者相差不超过 10%，同时对照组豚鼠无反应为合格。

（六）结核菌素变态反应抗原

系牛型或禽型结核菌株，经培养基培养、灭活、滤过除菌、提纯或浓缩制成。

（1）性状　老结核菌素为褐色澄明液体。

（2）安全检验　体重 350～400 g 的豚鼠 2 只，每只腹腔注射结核菌素 1 mL，观察 10 d，应全部健活。

（3）效价测定　将豚鼠致敏，取合格的致敏豚鼠用于效价测定。检验时被检菌素和标准菌素只用于一个相同的稀释度，牛型菌素均被稀释成 1∶1 000，禽型结核菌素均稀释为 1∶100，在致敏豚鼠皮下测定，被检菌素与标准菌素反应面积的比值在 0.9～1.1 的判为合格。

（4）特异性检验　①牛型结核菌素。健康易感牛 20 头，分 2 组，每组 10 头。第 1 组颈左侧皮内注射被检菌素，右侧注射标准菌素。第 2 组颈左侧皮内注射标准菌素，右侧注射被检菌素。注射剂量每 1 mL 含 10 万 IU 的菌素 0.1 mL，注射后 72 h 判定。被检菌素和标准菌素对牛无非特异性反应，为合格。②禽型结核菌素。健康易感鸡 20 只，分 2 组，每组 10 只。第 1 组肉髯左侧皮内注射被检菌素，右侧注射标准菌素。第 2 组肉髯左侧皮内注射标准菌素，右侧注射被检菌素。注射剂量每 1 mL 含 25 000 IU 的菌素 0.1 mL，注射后 24 h 和 48 h 分别观察反应。被检菌素和标准菌素对鸡无非特异性反应，为合格。

（七）鸡白痢鸡伤寒多价染色平板血清

本品系标准型和变异型鸡白痢鸡伤寒沙门氏菌制备抗原，分别免疫成年健康羊或家兔，提取血清等价混合制成。其检验方法和质量标准详见项目九的任务二。

（八）炭疽沉淀素血清

（1）性状　呈橙黄色澄明液体，久置后底部有微量沉淀。

（2）效价测定　将检验的沉淀素血清与炭疽杆菌抗原参照品做沉淀反应，应在 60 s 内显阳性反应；用不少于 5 份的炭疽杆菌皮张抗原参照品检验，应 10 min 内显阳性反应。同时用炭疽沉淀素血清参照品作对照，检验沉淀素血清应与炭疽沉淀素血清参照品反应相同。

（3）非特异性检验　用健康皮张抗原参照品 25 份与检验的炭疽沉淀素血清进行沉淀试验，15 min 内不得出现阳性反应；用类炭疽杆菌抗原参照品与检验的炭疽沉淀素血清进行沉淀试验，15 min 内不得出现阳性反应。

（九）产气荚膜梭菌病定型血清

（1）性状　淡黄色或浅褐色澄明液体，久置后底部有微量白色沉淀。

（2）效价测定　用体重 16～20 g 小鼠 5 只，用检验血清 0.1 mL 与各型毒素做中和试验，应符合下列标准。①A 型血清 0.1 mL，能中和本型毒素 10 个致死量以上，但不能中和 B、C、D 型毒素。②B 型血清 0.1 mL，能中和本型毒素 100 个致死量以上，同时也能中和 A、C、D 型毒素。③C 型血清 0.1 mL，能中和本型毒素 100 个致死量以上，同时也能中和 A、B 型毒素，但不能中和 D 型毒素。④D 型血清 0.1 mL，能中和本型毒素 100 个致死量以上，同时也能中和 A 型毒素，但不能中和 B、D 型毒素。

(十)猪瘟荧光抗体

(1)性状　蓝绿色澄明液体。

(2)特异性检验　①猪瘟的荧光抗体染色：用猪瘟试验感染猪 2 头及同窝健康对照猪 1 头，分别做扁桃体冰冻切片猪瘟荧光抗体染色试验。感染猪的扁桃体隐窝上皮细胞浆应显明亮的黄绿色特异荧光。而健康对照猪扁桃体隐窝上皮细胞浆应不显荧光。②荧光的特异性鉴定：采用荧光抑制试验，将 2 组感染猪瘟的猪扁桃体冰冻切片，分别用猪瘟高免血清和健康猪血清在 37 ℃处理 30 min 后，用 pH 为 7.2 的磷酸盐缓冲液洗净，进行荧光抗体染色。经猪瘟高免血清处理的扁桃体切片，不出现荧光或荧光显著减弱；而经阴性血清处理的切片，隐窝上皮细胞仍出现明亮的黄绿色荧光。

(十一)猪瘟酶标抗体

(1)性状　淡黄色澄明液体。

(2)特异性检验　取酶标记抗体 3 支，分别用灭菌 PBS 做 5、10、15 倍稀释，并分别与已知猪瘟阳性和阴性的肾脏触片做酶标记抗体试验。当 1∶10 以上(含 1∶10)稀释的酶标记抗体使阳性触片中细胞的胞质染成棕黄色，而阴性触片中细胞的胞质不显色判为合格。

诊断血清质量标准列表说明，供质量检验人员和免疫监测人员参考，见表 9-4。

表 9-4　其他诊断血清质量标准

检验项目	物理性状	效价测定	特异性检验
布鲁氏菌病试管凝集试验阳性血清	液体制品黄色或无色透明液体，冻干品黄白色疏松团块	血清对布鲁氏菌病试管凝集试验抗原的凝集价应不低于 1∶800，在 1∶25 稀释时应不发生前滞现象	
炭疽沉淀素血清	橙黄色澄明液体。久置后，底部有微量沉淀	被检沉淀素与炭疽杆菌抗原参照品、脏器抗原参照品、皮张抗原参照品分别做沉淀反应，同时用血清参照品作对照，均应显阳性反应	非特异性反应：被检沉淀素与健康皮张抗原、类炭疽杆菌参照品进行沉淀试验，均应阴性
鸡毒支原体平板凝集试验阳性血清	橙黄色或略带橙红色液体，久置后，有少量沉淀	将血清做 1∶16 稀释，与等量鸡毒支原体血清平板凝集试验抗原做玻片凝集试验，于 2 min 内呈现“＋＋”以上凝集，为合格	
鸡白痢鸡伤寒多价染色平板阳性血清	橙黄色或略带棕红色澄明液体，久置后有少量白色沉淀	吸取抗原 0.05 mL 分别与弱阳性和强阳性血清各 0.05 mL，做平板凝集试验，在 2 min 之内，弱阳性血清应出现不低于 50%凝集反应，强阳性血清应出现 100%凝集反应	

续表9-4

检验项目	物理性状	效价测定	特异性检验
鸡白痢鸡伤寒多价染色平板阴性血清	淡黄色澄明液体，久置后有少量白色沉淀		将血清做1∶40稀释，与待检抗原做常规试管凝集试验，应无凝集
猪传染性萎缩性鼻炎博代氏Ⅰ相菌凝集试验阳性血清	橙黄色或淡棕黄色液体	用标准Ⅰ相和Ⅲ相菌抗原进行试管凝集试验和平板凝集试验。试管凝集试验K凝集价应为1∶160“＋＋”，0凝集价应为1∶10“－”，平板凝集试验对Ⅰ相菌抗原应呈“＋＋＋＋”，对Ⅲ相菌抗原应为“－”	
猪支原体肺炎微量间接血凝试验阳性血清	橙黄色或淡黄色液体	凝集效价≥1∶40为合格	

思考与练习

一、选择题与判断题

1. 诊断制剂包括(　　)。(多选题)

A. 诊断抗原　　B. 抗血清　　C. 诊断抗体　　D. 疫苗

2. 诊断抗原的非特异性检验多使用(　　)进行检验。(多选题)

A. 磷酸盐缓冲液　　B. 生理盐水　　C. 诊断抗体　　D. 阴性血清

3. 诊断抗体的特异性检验使用(　　)或进行检验。诊断制剂包括(　　)。(单选题)

A. 抗血清　　B. 标准抗体　　C. 疫苗　　D. 标准抗原

4. 诊断抗原的特异性检验使用(　　)进行检验。(单选题)

A. 抗血清　　B. 标准抗体　　C. 疫苗　　D. 标准抗原

5. 质量检测抽样应集中抽取。(判断题)

6. 诊断抗原有液态制品和冷冻干燥制品。(判断题)

7. 诊断抗原质量检验项目包括物理物性质检验、无菌检验、效价检验、特异性检验、真空度检测、剩余水分测定。(判断题)

8. 诊断血清质量检验项目包括物理物性质检验、无菌检验、效价检验、非特异性检验、真空度检测、剩余水分测定。(判断题)

二、简答题

1. 图示诊断抗原的质量检验程序和项目。

2. 鸡白痢鸡伤寒平板凝集反应抗原检验的要点有哪些？

3. 在效价测定和特异性检验时，为什么使用标准品作对照？

4. 简述老结核菌素变态反应抗原的效价测定的方法与结果判定。

5. 在无菌检验操作中,如何选择培养基?

6. 简述常用诊断抗原的质量标准。

二维码 9-1　项目九　诊断用生物制品质量检验
思考与练习参考答案

项目十
治疗用生物制品质量检验

【知识目标】

1. 掌握治疗用生物制品检验程序与方法
2. 掌握常用治疗用生物制品质量标准

【技能目标】

1. 会按照 GMP 要求进行免疫血清质量检验
2. 会通过各种途径查阅所需资料
3. 具备正确选择和使用检验器具及材料的能力

【素质目标】

1. 通过治疗制剂质量检验学习，培养学生严谨的工作作风和良好的职业道德
2. 通过项目任务，培养学生的无菌意识、安全意识和团队协作能力

任务一　抗小鹅瘟血清质量检验

【条件准备】

（1）主要器材　培养箱、净化工作台、易感健康雏鹅、待检小鹅瘟抗血清、小鹅瘟病毒标准抗原、小鹅瘟病毒标准阴性血清、小鹅瘟病毒标准阳性血清、注射器、琼脂扩散用培养基、平皿、打孔器、酒精灯、V 形板、移液器等。

（2）器材处理　按使用时间，将所需物品提前灭菌，并移入洁净工作间待用。

（3）环境要求　在工作开始前 30～40 min，按要求调整送风量，达到洁净级别要求。

【操作步骤】

一、物理性状检验

为橙黄色或浅褐色澄明液体，久置后，有少量白色沉淀，振摇时沉淀可散去为合格。

二、无菌检验

在无菌条件下进行，先将样品 1 mL 接种于 50 mL T. G 培养基小瓶，放置 37 ℃培养，3 d 后移植 T. G、G. A 小管各 2 支，每支 0.2 mL，放置 37 ℃、25 ℃各 1 支；再取样品 0.2 mL 直接接种 G. P 小管 1 支，置 25 ℃。均培养 5 d，应无菌生长。

三、安全检验

取 4 日龄内无母源抗体易感健康雏鹅 10 只，肌内注射待检小鹅瘟抗血清 1.0 mL，10 d 内应无任何不良反应。

四、效价测定

(1)琼脂板的制备　1 g 优质琼脂溶于含 0.1% 石炭酸的 8% 氯化钠溶液 100 mL。用时倒在平皿内或置于玻片上，琼脂厚度 2.5～4.0 mm。

(2)打孔　用打孔器在琼脂平板上打孔，中央 1 个孔，周围 6 个孔，形成梅花形图案。要求孔径 4 mm，孔距 4 mm。挑出孔内琼脂，注意不能挑破孔壁，以免加样量不一致。

(3)封底　在火焰上缓缓加热，使孔底的琼脂略熔化封底，避免加样后液体从孔底渗漏。

(4)抗血清稀释　在 V 形板每孔加生理盐水 50 μL，再在第 1 孔加 50 μL 的小鹅瘟抗血清，反复吹吸 4 次后，吸 50 μL 混合液加入第 2 孔，吹吸混匀，依次倍比稀释至最后一孔，抗体稀释倍数依次为 1∶2，1∶4，1∶8 和 1∶16，…。

(5)加样　于中心孔加小鹅瘟病毒标准抗原约 50 μL。第 1 孔加小鹅瘟病毒标准阴性血清；第 2 孔加小鹅瘟病毒标准阳性血清。3，4，5，6 孔分别加稀释的待检小鹅瘟抗血清。每孔以加满为度。

(6)反应　将平皿倒置过来，置湿盘中，于 47 ℃自由扩散 24～48 h。

五、结果判定

若待检血清与抗原孔之间出现白色沉淀线，则表示阳性，若不出现沉淀线，为阴性。以出现沉淀线的血清最高稀释倍数为该抗血清效价，应不低于 1∶16。阳性和阴性对照均成立，该结果有效。

【考核测评】

考核要素/分值比例	考核内容/分值			
专业技能测评/60%	器材准备/10 分	物理性状检验/15 分	无菌检验/20 分	无菌检验结果判定/15 分
素质测评/30%	安全操作/8 分	规范标准/8 分	及时清场/7 分	团队协作/7 分
创新测评/10%	学生在完成项目任务的任何环节融入创新元素，即可得分，小组成员可根据参与度给予赋分			

考核建议：既可以过程考核，也可以随机抽考，视具体条件选择。
专业技能考核可以让学生在操作时录制视频上传，作为考核依据，也可以单独组织考核。
要求：本人出镜，完整操作。

任务二　鸡传染性法氏囊病卵黄抗体质量检验

【条件准备】

(1)主要器材　培养箱、净化工作台、饲养隔离器、40 日龄健康新罗曼鸡、产蛋鸡、待检高免卵黄液、法氏囊标准抗原、法氏囊标准阳性血清、注射器、琼脂扩散用培养基、平皿、打孔器、酒精灯、V 形板、移液器、恒温培养箱等。

(2)器材处理　按使用时间，将所需物品提前灭菌，并移入洁净工作间待用。

(3)环境要求　在检验开始前 30～40 min，按要求调整送风量，达到洁净级别要求。

【操作步骤】

一、物理性状检验

高免卵黄液应是无臭、无味、均匀一致的黄色高分子胶体溶液，久置出现沉淀，振摇后沉淀立即消失，不形成凝块为合格。冷冻保存的高免卵黄液，溶解后应不出现凝块。

二、无菌检验

在无菌条件下进行，先将样品 1 mL 接种于 50 mL T.G 培养基小瓶，放置 37 ℃培养，3 d 后移植 T.G、G.A 小管各 2 支，每支 0.2 mL，放置 37 ℃、25 ℃各 1 支；再取样品 0.2 mL 直接接种 G.P 小管 1 支，置 25 ℃。均培养 5 d，应无菌生长。

三、安全检验

取 30 日龄健康敏感鸡 30 只平均分为 3 组，其中 10 只肌内注射高免卵黄液 2 mL/只，另 10 只肌内注射高免卵黄液 4 mL/只，其余 10 只肌内注射灭菌生理盐水 2 mL 作为对照，观察 10 d。另取 25～30 周龄产蛋鸡 10 只，肌内注射或皮下注射高免卵黄液 3 mL/只，观察 7～10 d。所有注射鸡应健康，无明显症状。

四、效价测定

用 AGP 试验检测高免卵黄液中 IBD 的抗体效价。在中心孔加鸡传染性法氏囊炎标准抗原约 50 μL。第 1 孔加鸡传染性法氏囊炎阴性血清；第 2 孔加鸡传染性法氏囊炎阳性血清。3、4、5、6 孔分别加 1∶4，1∶8，1∶16，1∶32 的待检卵黄液。每孔以加满为度。在 37 ℃下自由扩散 24～48 h。结果判定应不低于 1∶16。

五、硫柳汞含量测定

按照第 158 页进行检验，样品中硫柳汞含量不超过 0.01%判为合格。

【考核测评】

考核要素/分值比例	考核内容/分值			
专业技能测评/60%	器材准备/10 分	物理性状检验/15 分	效价测定/20 分	效价测定结果判定/15 分
素质测评/30%	安全操作/8 分	规范标准/8 分	及时清场/7 分	团队协作/7 分
创新测评/10%	学生在完成项目任务的任何环节融入创新元素，即可得分，小组成员可根据参与度给予赋分			
考核建议：既可以过程考核，也可以随机抽考，视具体条件选择。 专业技能考核可以让学生在操作时录制视频上传，作为考核依据，也可以单独组织考核。 要求：本人出镜，完整操作。				

职业知识链接

一、治疗用生物制品质量检验程序与方法

治疗用生物制品质量检验程序见图 10-1。

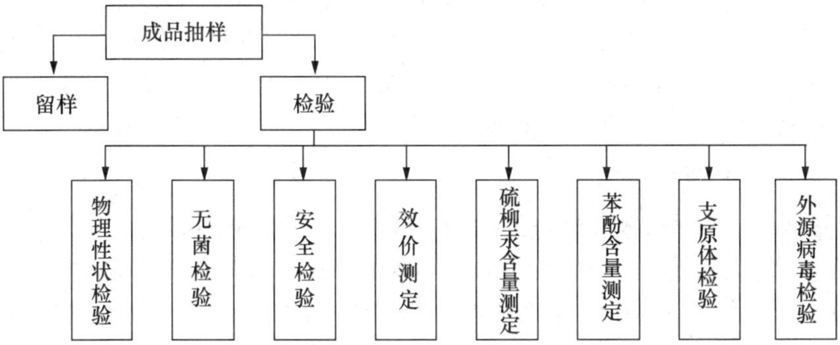

图 10-1　治疗用生物制品质量检验程序

1. 抽样

应随机抽样并注意代表性。抽样贯穿封口全过程。

2. 物理性状检验

免疫抗血清为淡黄色澄明液体，久置后，有少量沉淀；卵黄抗体为黄色胶体溶液，久置后出现沉淀，振摇后沉淀立即消失，不形成凝块。

3. 无菌检验

免疫血清中都含有防腐剂或抗生素，方法同灭活疫苗，所有制品应无菌生长。

4. 安全检验

使用动物：大动物用抗血清多使用实验动物检验，禽用抗血清使用本动物检验。

5. 效价测定

效价测定多采用动物保护力试验或血清学试验进行。①动物保护力试验:治疗血清多采用此方法。用待检品注射易感动物,经一定时间(一般1～3 d)用相应的强毒攻击,观察血清抗体被动免疫所引起的保护作用。如抗炭疽血清效力检验,给8只敏感豚鼠分别注射血清0.5 mL与1.0 mL,各4只,24 h后,连同4只对照组豚鼠攻击致死量的炭疽芽孢液,对照组豚鼠应在7 d内全部死亡,2组免疫豚鼠应存活6只以上或对照组死亡3/4,免疫组存活,效力检验即判定为合格。②免疫血清学试验:诊断血清多采用此方法进行效价测定。如利用凝集试验检验布鲁氏杆菌凝集抗原与阳性血清的效价;沉淀试验用于检测炭疽沉淀素血清的抗体效价。

支原体检验和外源病毒检验,硫柳汞、苯酚含量测定应符合规定,方法与疫苗相关检验相同。

二、常用抗血清质量标准

按《中华人民共和国兽药典》有关规定进行检验,这里重点介绍安全检验与效力检验方法与质量标准。

(一)抗炭疽血清

本品系用炭疽弱毒芽孢苗接种马,采血分离血清,加适当防腐剂制成。

(1)安全检验　用体重350～450 g豚鼠2只,各皮下注射血清10 mL;用体重18～22 g小鼠5只,各皮下注射血清0.5 mL。观察10 d,均应健活。

(2)效力检验　用体重200～300 g豚鼠12只,分为3组,第1组各皮下注射血清0.5 mL;第2组各皮下注射血清1 mL;第3组作为对照。24 h后,3组豚鼠各于对侧皮下注射Ⅱ号炭疽芽孢苗0.2 mL,观察14 d。对照组豚鼠全部死于炭疽,2组免疫豚鼠共至少保护6只;如对照豚鼠死亡3只,免疫豚鼠全部保护为合格。

(二)抗羔羊痢疾血清

本品系B型产气荚膜梭菌菌株,免疫绵羊后,采血分离血清制成。

(1)安全检验　用体重16～20 g小鼠5只,各静脉注射血清0.5 mL。用体重250～450 g豚鼠2只,各皮下注射血清5 mL。观察10 d,均应健活。

(2)效价测定　用体重16～20 g小鼠做中和试验,0.1 mL血清能够中和B型毒素1 000 MLD以上为合格。如血清不能中和B型毒素1 000 MLD,而仅能中和500 MLD以上,可以折算中和效价,加大使用剂量。如其中和量达不到500 MLD,则该批血清应废弃。

(三)抗猪瘟血清

本品系用猪瘟活疫苗基础免疫猪后,再用猪瘟强毒强化免疫,采血、分离血清制成。

(1)安全检验　用体重18～22 g小鼠5只,各皮下注射血清0.5 mL;体重1.5～2.0 kg家兔2只,各皮下注射10 mL;体重450～400 g豚鼠2只,各皮下注射4 mL。观察10 d,均应健活。

(2)效力测定　用体重25～40 kg同来源无猪瘟中和抗体的猪7头,分成2组:第1组4头,按每千克体重0.5 mL注射血清,同时注射猪瘟血毒1 mL。第2组3头,仅注射血毒1 mL作为对照。对照猪应于注射血毒后24～72 h内体温上升,随之呈现典型猪瘟症状,并于16 d内至少有2头死于急性猪瘟。第1组的4头猪,观察10～16 d,至少健活3头为合格。

(四)破伤风抗毒素

破伤风梭菌免疫原多次免疫健康马，采血分离血清制成，或经处理制成精致抗毒素。

(1)安全检验　用体重350～400 g豚鼠2只，各皮下注射10 mL(分两侧注射，各5 mL)待检破伤风抗毒素，观察10～14 d，应全部健活，应无脓肿及坏死，不应有局部反应和体重下降。

(2)效价测定

①破伤风试验毒素稀释。用50%甘油生理盐水稀释，用小鼠测定L+/10的含量。用时以1%蛋白胨水稀释至每1 mL含5个L+/10。破伤风标准抗毒素每1 mL含4个抗毒素单位(IU)，用时以生理盐水稀释成每1 mL含0.5 IU。

②抗毒素稀释。将待检抗毒素用生理盐水稀释成不同稀释度，然后取各稀释度的抗毒素1 mL，分别装于小管中，标明样品号数及稀释度。

③抗毒素和试验毒素混合。将上述稀释的待检抗毒素中各加入稀释好的试验毒素(每1 mL含5个L+/10)1 mL，充分振荡，加塞密封。另取1管加标准抗毒素1 mL(含0.5 IU)，然后加入试验毒素1 mL作为对照。将上述各管在37 ℃感作45～60 min。

④注射小鼠。毒素与抗毒素结合完毕后，每一稀释度皮下注射体重17～19 g小鼠2只，每只0.4 mL，对照管用同样条件的小鼠2只，各皮下注射0.4 mL。小鼠应分开饲养，观察发病情况。实验动物的反应："－"无反应；"＋"腰部隆起；"＋＋"躯背弯曲明显，后肢僵直；"＋＋＋"全身症状严重；"＋＋＋＋"全身僵直处于濒死状态；"S"其他疾病符号。

⑤结果判定。对照动物应在72～120 h内全部死亡，与对照动物同时死亡或之后死亡的待检抗毒素的最高稀释度的1/2即为待检抗毒素的抗毒素单位(IU)。每1 mL所含抗毒素单位应比规定的标准高20%，即每1 mL未精制的抗毒素不少于1 200 IU，每1 mL精制的抗毒素不少于2 400 IU。

附注：

L+/10测定方法

0.4单位标准抗毒素0.5 mL+生理盐水19.5 mL=0.1 IU/mL

A. 1 mL毒素 ＋ 生理盐水9 mL=10倍

B. A　1 mL毒素 ＋ 生理盐水1 mL=20倍

C. A　1 mL毒素 ＋ 生理盐水2 mL=30倍

D. A　1 mL毒素 ＋ 生理盐水3 mL=40倍

E. A　1 mL毒素 ＋ 生理盐水4 mL=50倍

……

(1)B　1 mL毒素 ＋ 1 mL抗毒素 ＋ 生理盐水2 mL

(2)C　1 mL毒素 ＋ 1 mL抗毒素 ＋ 生理盐水2 mL

(3)D　1 mL毒素 ＋ 1 mL抗毒素 ＋ 生理盐水2 mL

(4)E　1 mL毒素 ＋ 1 mL抗毒素 ＋ 生理盐水2 mL

……

将上述(1)～(4)管加塞后，置37 ℃结合45 min后，皮下注射体重15～17 g小鼠2只，每只0.4 mL，实验动物在72～120 h内发生破伤风症状并全部死亡的最大稀释度乘以10，即为每1 mL毒素所含L+/10的值。

思考与练习

一、选择题与判断题

1. 治疗血清为(　　)澄明液体,久置后,有少量沉淀。(单选题)

A. 淡红色　　B. 无色　　C. 黄色胶体　　D. 淡黄色

2. 卵黄抗体为(　　)液体,久置后出现沉淀,振摇后沉淀立即消失,不形成凝块。(单选题)

A. 淡红色　　B. 无色　　C. 黄色胶体　　D. 淡黄色

3. 治疗血清安全检验应使用(　　)检测。(单选题)

A. 动物　　B. 鸡　　C. 猪　　D. 羊

4. 治疗血清有液态制品和冷冻干燥制品。(判断题)

5. 治疗血清质量检验项目包括物理物性质检验、无菌检验、安全检验、效力检验、苯酚含量测定、硫柳汞含量测定、支原体检验、外源病毒检验。(判断题)

二、简答题

1. 图示治疗和诊断免疫血清质量检验程序。
2. 抗小鹅瘟血清质量检验的要点有哪些?
3. 破伤风抗毒素有何作用?简述其质量标准。
4. 简述鸡传染性法氏囊病卵黄抗体的质量标准。
5. 常用的治疗用生物制品有哪些?
6. 高免血清与卵黄抗体有何异同?

二维码 10-1　项目十　治疗用生物制品质量检验
思考与练习参考答案

模块三

兽用生物制品使用技术

项目十一
预防用生物制品使用

【知识目标】

1. 掌握禽用疫苗的用法与用量及注意事项
2. 掌握猪用疫苗的用法与用量及注意事项
3. 掌握其他动物用疫苗的用法与用量及注意事项

【技能目标】

1. 能够在禽病预防中合理使用各种疫苗
2. 能够在猪病预防中合理使用各种疫苗
3. 能够在其他动物疫病预防中合理使用各种疫苗
4. 具备处理疫苗使用中而出现各种问题的能力

【素质目标】

1. 通过学习各类疫苗规范使用,培养学生严谨的工作作风和良好的职业道德
2. 通过项目任务,培养学生的无菌意识、安全意识和团队协作能力

二维码 11-1 滴鼻点眼免疫

二维码 11-2 蛋鸡灭活疫苗注射免疫接种

二维码 11-3 雏鸡气雾免疫接种

二维码 11-4 鸡刺种免疫接种

任务一　鸡新城疫活疫苗免疫接种

【目的要求】

掌握鸡新城疫活疫苗的免疫接种技术。

【器具材料】

无菌注射器、镊子、备用的空瓶、量筒、滴瓶、疫苗稀释液或生理盐水、疫苗专用喷雾器等。

【方法步骤】

一、滴鼻点眼免疫

(1)疫苗稀释　可用厂家提供的专业疫苗稀释液和滴瓶，普通滴瓶每毫升水有25～30滴，无稀释液可用蒸馏水或生理盐水，也可用冷开水，不要随便加入抗生素或其他药物。先用少量稀释液溶解疫苗，待疫苗溶解后，加至疫苗稀释瓶，用稀释液反复冲洗疫苗瓶2～3次，保证瓶中无残留。

(2)免疫操作方法　将接种鸡只的头部固定在水平状态，紧闭鸡嘴，并用手指堵住一侧鼻孔，向对侧鼻孔内(或眼睛)滴入疫苗液，先点眼后滴鼻，一般每只鸡1～2滴，免疫剂量1～2羽份(彩图33)。

(3)注意事项　滴管与鸡体不能直接接触，在鸡眼或鼻孔上方0.5～1.0 cm；滴鼻点眼后应稍停片刻，待疫苗液已被完全吸入后，方可放开鸡只；配制好的疫苗液应在30 min内用完，时间过长，疫苗效价迅速降低；此方法适用于新城疫Ⅱ系、新城疫Ⅳ系、新城疫克隆30弱毒冻干苗。

二、饮水免疫

(1)疫苗稀释　弱毒疫苗适用于此法。免疫剂量以2～4倍量为宜。加水稀释疫苗，加水量以1～2 h内饮完为度。其饮水量根据鸡龄大小而定，一般5～10日龄鸡每只5～10 mL；20～30日龄鸡每只10～20 mL；成鸡每只20～40 mL。

(2)免疫操作方法　根据舍温，给鸡停水1.5～2.0 h；饮水器准备充足，饮疫苗前将饮水器具清洗干净，能保证2/3鸡只同时饮水，要求在1～2 h内全部鸡只都饮到足够量的疫苗。

(3)注意事项　免疫饮水中不能含有消毒剂，为了改善水质对疫苗效价的影响，可在水中加入0.2%～0.3%的脱脂奶粉。

三、皮下或肌内注射免疫

冻干疫苗按瓶签注明羽份稀释，每只鸡肌内或颈部皮下注射1个免疫剂量，接种量雏鸡0.3～0.5 mL，成鸡0.5～1.0 mL。灭活疫苗按说明书要求直接使用。此法适用于鸡新城疫Ⅰ系疫苗或油乳剂灭活疫苗。

【考核测评】

考核要素/分值比例	考核内容/分值			
专业技能测评/60%	疫苗检查/10分	疫苗稀释/15分	滴鼻或点眼免疫/20分	废弃物处理/15分
素质测评/30%	安全操作/8分	规范标准/8分	及时清场/7分	团队协作/7分
创新测评/10%	学生在完成项目任务的任何环节融入创新元素，即可得分，小组成员可根据参与度给予赋分			
考核建议：既可以过程考核，也可以随机抽考，视具体条件选择。 专业技能考核可以让学生在操作时录制视频上传，作为考核依据，也可以单独组织考核。 要求：本人出镜，完整操作。				

任务二　猪瘟活疫苗免疫接种

【目的要求】

掌握猪瘟活疫苗的免疫接种技术。

【器具材料】

注射器、5%碘酊、猪瘟弱毒活疫苗、疫苗稀释液或生理盐水等。

【方法步骤】

一、免疫操作方法

注射器及针头使用前要煮沸 30 min 消毒，在注射前后用 5%碘酒消毒，每注射一头猪，应更换一个针头。按瓶签注明头份，每头份加入稀释液或无菌生理盐水 1 mL 稀释后，不论猪只大小均皮下或肌内注射 1 mL。

正确注射部位位于耳根后 3 指、距背中线 5 指处的臂头肌内，注射时针头与地面平行，避免将疫苗注射进脂肪组织影响疫苗的吸收。注射部位应先剪毛，然后用碘酊消毒，再进行注射。

二、注意事项

只能对健康猪进行免疫接种；对体质瘦弱、精神委顿、发烧、食欲不振等猪只均不应接种疫苗；免疫接种用的各种工具应事先消毒；严格按“一猪一针头”操作，要保定好猪，严禁打“飞针”；稀释后的疫苗应放置在 8 ℃以下冷藏容器内，严禁冻结，并在 2 h 内用完；用过的疫苗瓶应予以深埋或焚毁，使用过的器具应进行彻底消毒。

三、推荐免疫程序

在没有猪瘟流行地区：仔猪出生后 20～25 日龄首免 1 头份，60～65 日龄二免 1 头份。后备猪 8 月龄配种前免疫 1 次，每只 1 头份。种公猪、种母猪每间隔 6 个月免疫 1 头份，种母猪于仔猪断奶后空怀期接种(一般配种前 10～14 d)。

在猪瘟流行地区：新生仔猪超前免疫，即出生后立即接种 2 头份，间隔 1 h 后再吃乳；35～40 日龄二免 1 头份。后备猪于仔猪二免后 6 个月配种前免疫 1 次，每只 1 头份。种公猪每半年免疫 1 次，每只 1 头份。种母猪于仔猪断乳后空怀期免疫 1 次，每只 1 头份。

【考核测评】

考核要素/分值比例	考核内容/分值			
专业技能测评/60%	疫苗检查/10 分	疫苗稀释/15 分	注射免疫/20 分	废弃物处理/15 分
素质测评/30%	安全操作/8 分	规范标准/8 分	及时清场/7 分	团队协作/7 分
创新测评/10%	学生在完成项目任务的任何环节融入创新元素，即可得分，小组成员可根据参与度给予赋分			
考核建议：既可以过程考核，也可以随机抽考，视具体条件选择。 专业技能考核可以让学生在操作时录制视频上传，作为考核依据，也可以单独组织考核。 要求：本人出镜，完整操作。				

职业知识链接

一、生物制品的保存、运输与使用

(一)生物制品的保存与运输

1. 保存

生物制品一般不耐高温，特别是活疫苗，必须低温冷冻保存。冷冻真空干燥制品，要求在 −15 ℃以下保存，温度越低，保存时间越长。实践证明，一些冻干苗在 27 ℃条件下保存 1 周后有 20%不合格，保存 2 周后有 60%不合格。冻干苗的保存温度与冻干保护剂的性质有密切关系，一些国家的冻干苗可以在 2～8 ℃保存，因为用的是耐热保护剂。多数活湿苗，只能现制现用，在 0～8 ℃条件下仅可短时期保存。灭活苗、血清、诊断液等保存在 2～8 ℃较为适宜，不能过热，也不能低于 0 ℃。冻结苗应在 −70 ℃以下的低温条件下保存。工作中必须坚持按规定温度条件保存，不能任意放置，防止高温存放或温度忽高忽低，以免影响生物制品质量。尤其是疫苗应尽量保持其抗原的一级结构、二级结构和立体结构，保护其抗原决定簇，才能保持疫苗良好的免疫原性。

2. 运输

在运输过程中，不论使用何种运输工具运送生物制品都应注意防止高温、曝晒和冻融。如果是活疫苗需要低温保存的，可先将活疫苗装入盛有冰块的保温瓶或保温箱内运送。北方寒冷地区要避免液体制品冻结，尤其要避免由于温度高低不定而引起的反复冻结和溶解。切忌把药品放在衣袋内，以免由于体温较高而降低药品的效力。大批量运输的生物制品应放在冷藏箱内，有冷藏车者用冷藏车运输更好，要以最快速度运送生物制品。

(二)疫苗常用免疫接种方法

1. 免疫接种的类型

疫苗是用于免疫预防的生物制品。疫苗的预防接种可以分为以下几种情况：①有组织的定期预防接种；②环状预防接种(包围预防接种)；③屏障(国境)预防接种；④紧急接种。有组织的预防接种是将疫苗强制的或有计划的反复投给，是以易感动物全群为目标，此种接种多为全国性的，如我国的猪瘟疫苗和鸡新城疫疫苗接种、法国及德国的口蹄疫疫苗接种、日本的猪瘟疫苗接种均属此类。环状预防接种是以疾病发生地点为中心，划定一个范围，对范围内所有易感动物全部免疫。屏障预防接种是以防止病原体从污染地区向非污染地区侵入为目的而进行的，对接触污染地区边界的非污染地区的易感动物进行免疫。土耳其在其国境的东部及南部沿着国境进行口蹄疫预防接种，以形成屏障，控制疾病，避免扩散。紧急接种是在发生传染病时，为了迅速控制和扑灭疫病的流行，对疫区和受威胁区尚未发病的动物进行的应急性接种，与环状接种近似，只要受到威胁的地区均应接种，接种地区不一定呈环状。

2. 活疫苗免疫接种

(1)滴鼻、点眼、滴口免疫法

滴鼻、点眼法适用于弱毒苗的免疫方法。使用时将疫苗稀释10～20倍后，用消毒过的玻璃滴管吸取稀释液，滴入小鸡鼻孔或眼内，每只鸡滴1～2滴。此种免疫方法在接种后5～7 d产生免疫力。采用滴入法免疫应注意：①用生理盐水、凉白开水或蒸馏水为疫苗的稀释液，不能随意加入抗生素。②滴入时，把鸡的头颈提起，呈水平位置，用手堵住一侧鼻孔，然后将稀释疫苗液滴到眼和鼻内，稍停片刻，使疫苗液完全吸入鼻和眼内即可。③注意不要让疫苗液外溢，否则，应补滴。④疫苗稀释液配好后应在2～4 h内用完，暂时不用的稀释液要保存在低温室或冰箱中，但当天必须用完。⑤为减少应激，最好在晚上接种或光线稍暗的环境下接种。

滴口法具体操作方法是按1 000羽份疫苗用53～55 mL生理盐水或凉开水稀释，充分摇匀后用滴管吸取疫苗，然后将鸡腹部朝上，食指托住头颈后部，大拇指轻按前面头颈处，待张口后在口腔上方1 cm处滴下1～2滴疫苗溶液即可。滴口免疫时需注意：①确定稀释量，普通滴瓶每毫升水有25～30滴，差异较大，所以必须事先测量出每毫升水的滴数，然后计算出稀释液用量，最好购买正规厂家生产的疫苗专用稀释液及配套滴瓶；②稀释液可选用疫苗专用稀释液或灭菌生理盐水；③疫苗稀释后需在0.5～1.0 h内滴完；④防止漏滴，做到只只免疫；⑤要注意经常摇动疫苗，以保持疫苗的均匀；⑥在滴口免疫前后24 h内停饮任何含消毒剂的水。

(2)饮水免疫法　此方法是根据鸡只的数量，将疫苗混合到一定量的蒸馏水或凉白开水中，在短时间内饮用完的一种免疫方法。其饮水量根据鸡龄大小而定，一般5～10日龄鸡每只5～10 mL；20～30日龄鸡每只10～20 mL；成鸡每只20～40 mL。

饮水免疫时应注意：①用作饮水免疫的稀释用水，必须符合卫生要求，不得含有氯、铜等离子，最好使用凉开水；②饮水免疫时可在水中加入适量脱脂奶粉，延长疫苗的存活时间和效价，提高免疫效果；③不能用金属器具盛水。饮水器具必须预先洗刷干净，防止清洁剂残留，影响药效；④夏天饮水免疫最好在早晨进行，疫苗使用时不受高温影响，其他季节多在中午饮水，水量必须充足，雏鸡饮水器中的水必须保持在一定的深度，保证饮水免疫前后2 d内不断水，保证有1/3的鸡同时能饮到水；⑤饮水免疫前后2 d内，在饮水或饲料中不添加含有抗菌、抗病毒的药物成分；⑥疫苗必须现配现用，并在短时间内用完，但要保证每只鸡都能饮到足够量的疫苗。

(3)气雾免疫法　这种方法是将疫苗稀释后用压缩空气通过气雾发生器，使稀释的疫苗液形成直径为1～10 μm的雾化粒子，均匀地悬浮于空气中，随呼吸而进入鸡体内，从而达到免疫效果。

气雾免疫的效果与粒子大小直接有关。据认为5 μm以下的气雾粒子容易通过上呼吸道屏障进入肺泡，有利于吞噬细胞的吞噬，产生良好的免疫力。气雾免疫的优点是省力、省工、省苗，缺点是容易激发潜在的慢性呼吸道病，这种激发作用与粒子大小呈反相关，粒子越小，激发的危险性越大。所以，在存有慢性呼吸道病潜在危险的鸡群不宜采用此法免疫。

气雾接种应注意以下5个问题：①所用疫苗必须是高价的、倍量的；②稀释疫苗应该用去离子水或蒸馏水，最好加0.1%的脱脂奶粉或明胶；③雾滴大小要适中，一般要求喷出的雾粒在70%以上，成鸡雾粒的直径应在5～10 μm，雏鸡30～50 μm；④喷雾时房舍要密闭，要遮蔽直射阳光，保持一定的温度、湿度，最好在夜间鸡群密集时进行，待10～15 min后打开门窗；⑤气雾免疫接种时对鸡群的干扰较大，尤其会加重鸡病毒、霉形体及大肠杆菌引起的气囊炎，应予以注意，必要时于气雾免疫接种前后在饲料中加入抗菌药物；⑥手持喷头口向鸡群均匀喷雾，喷头距鸡群1.0～1.2 m，使鸡舍形成良好的局部雾化区。

(4)翼膜刺种　用消毒过的刺种针或钢笔尖蘸取疫苗在家禽翅膀内侧无血管处的“三角区”刺种，通过在穿刺部位的皮肤处增殖产生免疫。具体操作方法为拉开一侧翅膀，抹开翼翅上的绒毛，刺种者将蘸有疫苗的刺种针从翅膀内侧对准翼膜用力快速穿透，使针上的凹槽露出翼膜(彩图34)。

每次刺种针蘸苗都要保证两凹槽能浸在疫苗液面以下，出瓶时将针在瓶口擦一下，将多余疫苗擦去。在针刺过程中，要避免针槽碰上羽毛以防疫苗溶液被擦去，也应避免刺伤骨头和血管。每1～2瓶疫苗就应换用一个新的刺种针，因为针头在多次使用后会逐渐变钝。针头变钝意味着需要加力才能完成刺种，这可能使一些疫苗在针头穿入表皮之前被抖掉。在接种后4～7 d，在刺种部位形成小肿块表明免疫成功。若无反应出现，说明免疫失败，必须再行接种。

(5)注射接种　有的活疫苗也可采用注射的方法进行免疫接种。详细方法见“灭活疫苗免疫接种”。

3. *灭活疫苗免疫接种*

使用前将疫苗升至室温，使用灭菌的注射器；接种前和接种过程中应摇匀疫苗。

(1)颈部皮下注射　多选在皮肤较薄，富有皮下组织的部位，大动物多在颈部两侧，猪在耳根或股内侧，羊在颈侧、肘后或股内侧，禽类在翼下，犬可在颈侧及股内侧。凡需注射而不适于肌内注射的疫苗可采用这种方法接种。操作方法是用手轻轻地提起动物的颈部皮肤，用9号针头从颈部中段以下朝身体方向刺入，使疫苗注入皮肤与肌肉之间。

(2)胸部肌内注射　注射器与身体轴线呈30°夹角，于胸部1/3处朝背方向刺入胸肌，用9号针头刺入1 cm左右即可。切忌垂直刺入胸肌，也不能刺入过深，以免把药物注入胸腹腔，甚至损伤脏器。

(3)腿部肌内注射　此部位由于注射油苗后吸收不良，已不主张在此部位注射油苗防疫，仅可采用冻干苗在此部位注射免疫。正确的注射部位在大腿的外侧上方肌肉最丰满处注射，不要在腿部肌肉不发达的下部注射，以免损伤神经与血管或吸收不良造成的腿部长期肿胀问题。

(4)尾部注射　尾部的腹面。该部位正确的接种是注射于避开尾部中线的位置,避免损伤血管。用 9 号针头,朝头部方向,沿着尾骨的一侧刺入尾部。为了防止疫苗渗漏,不能过早拔出针头。

4. 使用疫苗的注意事项

①免疫接种前应结合当地的实际情况制订出适合本地、本场疫病防疫的免疫程序,接种时应做好记录,记录项目包括接种对象、时间、抗体水平、使用疫苗名称、剂量、途径、生产厂家、生产批号、失效期等,以便查询。

②接种前要对疫苗质量进行检查,严格把关并做详细记录,若遇以下情形之一者,应弃之不用。a. 没有标签,无头份和有效期或不清者。b. 疫苗瓶破裂或瓶塞松动者。c. 生物制品质量与说明书不符,如色泽、沉淀发生变化,瓶内有异物或已发霉者。d. 超过有效期者。e. 未按产品说明和规定进行保存的疫苗。

③疫苗稀释。应注意按说明所规定或相应稀释液进行稀释,注意水的质量要求,稀释时应反复冲洗以防疫苗损失,并注意小心操作,避免疫苗液漏失。

④器械消毒。接种用注射器、针头、镊子、滴管、稀释用的瓶子要事先清洗,并用沸水煮 15～30 min。切不可用消毒药消毒。一个注射器和针头注射一定数量动物后,一定要换用新的,有疫情发生时,接种不同动物要更换针头。

⑤畜群的健康状况。预先对畜群进行健康状况检查,对病或不健康畜群不宜接种,在恶劣气候条件下也不应该接种疫苗。

⑥接种后的免疫效果检查。接种后定期对动物进行检查,如接种鸡新城疫疫苗后,应在 10 d、20 d 进行免疫后的抗体效价监测;如禽痘检查除血清学监测方法之外,可在刺种后 3～4 d,抽查 10%左右的禽只做样本检查刺种部位,如果样本中有 80%的禽只在刺种部位出现红肿痂块,说明刺种成功,否则应查原因,重新刺种。

⑦免疫接种前后,加强饲养管理。接种前后,通过加强饲养管理,添加抗应激添加剂、减少应激因素、改善营养条件等措施配合增强其免疫效果。同时,还必须加强卫生保健管理,如消毒、清洁、隔离等措施。

(三)免疫失败的主要原因

正确使用疫苗是保证免疫效果的关键。在实际生产过程中,经常有畜禽免疫接种后,仍有特定的疫病发生和流行。究其原因主要是畜禽没有获得足够的免疫力,抗体没有达到应有的保护水平,以致机体抗御病原体的侵袭能力大大降低。造成免疫失败的因素主要表现在以下几个方面。

1. 疫苗质量因素

目前,市场上疫苗种类多,产地各异,价格不等,质量难辨。如果使用了劣质疫苗,无法保证免疫效果,有的还会造成感染而发病。应选择高质量的疫苗,使用农业农村部指定或批准的生物药品厂家生产的疫苗,并要检查疫苗是否在有效期内、包装有无破损、瓶口和瓶盖是否封严。

多联苗使用应慎重。鸡群产蛋前尽量使用单苗,生产中许多养殖户习惯使用灭活苗三联苗、四联苗,除了一些超浓缩苗外,很难保证各抗原的效价。

2. 母源抗体的影响

通过胎盘、初乳或卵从母体所获得的抗体称为母源抗体。母源抗体在畜禽抗病免疫中具有重要意义,但是对疫苗接种后机体的免疫应答也有严重干扰,因而对免疫程序有巨大影响,应当引起注意。

在母源抗体高时进行接种,对产生免疫力有明显的影响,这些抗体能抑制弱毒疫苗,使其不能在体内增殖,从而使免疫失败。如果母源抗体水平低,其对接种的疫苗通常能发生良好的反应,给母源抗体参差不齐的动物进行免疫接种时,其中高母源抗体的动物可能不能产生足够的主动免疫力,而随着母源抗体的下降,这部分雏鸡将对其他成功免疫的雏鸡排出的疫苗病毒变得更为敏感,导致免疫失败。如新城疫雏鸡的血凝抑制(HI)效价在 3 lg 2 以下时,对免疫接种才有良好的应答反应,效价在 4 lg 2～5 lg 2 时仅部分雏鸡有应答反应,效价高于 5 lg 2 时,对疫苗接种几乎不能引起应答反应。

3. 免疫程序不合理

根据各种疫苗的免疫特性来合理地制订预防接种的次数和时间间隔,就是所谓的免疫程序。母源抗体在新生畜禽体内获得的免疫保护的持续时间,对免疫程序的制定至关重要。以猪瘟为例,母猪于配种前后接种疫苗者,所产仔猪在 20 日龄以前对猪瘟具有坚强免疫力,30 日龄以后母源抗体急剧衰减,至 40 日龄以后几乎完全丧失。哺乳仔猪如在 20 日龄左右首次免疫接种猪瘟弱毒疫苗,至 65 日龄左右进行第 2 次免疫接种,这是目前国内认为较合适的猪瘟免疫程序。另据报道,初生仔猪在吃初乳以前接种猪瘟弱毒疫苗,可免受母源抗体的影响而获得可靠免疫。

有些疫苗需按一定间隔时间连续接种多次才有效。接种后产生的保护性抗体不是永久性的,以后必须再加强注射。如新城疫、传染性支气管炎、法氏囊等疫苗 12 个月内接种 3 次才有效。所以一定要按免疫程序进行接种,不能半途而废,才能真正起到预防作用。

生产实践中畜禽免疫程序不尽相同,各地根据本地实际情况进行适当调整,只有这样才能起到免疫作用。商品蛋鸡、商品肉鸡及猪基本免疫程序见表 11-1 至表 11-3。

表 11-1 商品蛋鸡免疫程序

日龄	疫苗种类	剂量	免疫方法
1	马立克氏病疫苗	1 羽份	颈部皮下注射
3	肾型传支弱毒苗	1 羽份	点眼、滴鼻
7	新-支 H120 二联苗	1 羽份	点眼、滴鼻
14	传染性法氏囊炎弱毒苗	1 羽份	滴鼻或饮水
20	新城疫弱毒苗	1 羽份	饮水、点眼
	新-支-肾传支三联油苗	0.3 羽份	皮下注射
24	传染性法氏囊弱毒苗	2 羽份	饮水
28	鸡痘弱毒苗	1 羽份	翅翼膜刺种
35	新-支 H52 二联苗	1 羽份	饮水
42	传染性喉气管炎	1 羽份	皮下注射
60	传染性脑脊髓炎	1 羽份	饮水

续表11-1

日龄	疫苗种类	剂量	免疫方法
75	新城疫Ⅰ系	1 羽份	皮下注射
90	新城疫Ⅳ系	2 羽份	饮水
100	大肠杆菌灭活苗	1 羽份	皮下注射
110	传染性鼻炎油苗	1 羽份	皮下注射
120	新-支-减三联油苗	1 羽份	皮下注射
300	新城疫Ⅳ系	3 羽份	饮水

表 11-2　肉用仔鸡免疫程序

日龄	疫苗种类	剂量	免疫方法及说明
3～5	新-支 H120 二联苗	0.5 羽份	点眼/滴鼻
	新城疫油苗	0.25 羽份	颈部皮下注射
10	传染性法氏囊炎弱毒苗	1 羽份	滴口/饮水，饮水时 2 倍量
5～8	大肠杆菌苗	0.3 羽份	皮下注射
18	传染性法氏囊炎中等毒力苗	2 羽份	饮水
23	新-支 H120 二联苗	2 羽份	饮水，1 h 内用完

表 11-3　商品猪免疫程序

免疫时间	疫苗名称	剂量	接种方法
20 日龄	仔猪副伤寒弱毒苗	1 头份	肌内注射
25～30 日龄	猪瘟兔化弱毒苗	1 头份	肌内注射
40 日龄	猪丹毒-猪肺疫二联苗	1 头份	肌内注射
40～50 日龄	仔猪副伤寒弱毒苗	1 头份	肌内注射
60 日龄	猪瘟兔化弱毒苗	2 头份	肌内注射
65～70 日龄	猪丹毒-猪肺疫二联苗	2 头份	肌内注射

4. 客观因素

(1)变异株的出现　注射疫苗后所产生的足量抗体只能预防相同病毒株感染和发病。对其他毒株的病毒或细菌没有预防作用。所以选用疫苗的血清型应与本场、本地区流行疾病病原血清型相一致。如用传染性支气管炎疫苗进行预防大约已有 20 年，但是仍未被控制，其原因在于病毒发生变异而效果减弱。

(2)隐性感染　已知有多种病原体可抑制疫苗的免疫作用。如传染性法氏囊炎病毒、马立克氏病毒、鸡传染性贫血因子等。普通动物生活在自然环境中，容易受各种病原微生物污染，这些动物外表健康，不显示症状，一旦免疫接种或条件性变化，隐性感染被激发，就会出现非特征性死亡或症状，同样导致免疫失败。

(3)免疫力不坚强　接种了疫苗后，不一定都能预防病原体感染和发病，只有接种疫苗后能产生足量免疫力的动物，才有预防作用。在一个随机的鸡群里，免疫反应的范围倾向于呈正态分布，也就是说大多数鸡只对疫苗的免疫反应呈中等水平，而一小部分则对疫苗的免疫反应很差。这一小部分鸡只尽管已接种疫苗，却不能获得抗感染的足够保护力，对于高度传染性的疾病，即使存在少数未受保护的动物，一旦遇到病原感染，也将引起疾病的传播而导致免疫失败。

5. 人为因素

(1)疫苗选择不当　选用疫苗的性质应适用于鸡群的年龄、生理阶段和地区特点。如雏鸡首次免疫新城疫应选弱毒株疫苗，如选用毒力较强的疫苗，会造成散毒和诱发疫病。

(2)疫苗贮藏条件不妥　一般来说，投放市场的疫苗是能够达到国家质量标准要求的，但如果在调用、贮藏、发放疫苗中没有严格按照规定的条件要求贮藏运输的话，也会使疫苗质量受到严重影响，或稀释后疫苗注射拖延时间过长等，都会导致人为的免疫失败。

(3)疫苗使用方法不正确　每一种疫苗均有其最佳免疫途径，如随意变动就会影响免疫效果，应根据疫苗的特点选择最佳接种途径。如有些饲养场图省事，首免时将点眼滴鼻改为饮水免疫，直接影响基础免疫的确实性，极易造成免疫失败。多种疫苗同时使用或在相近时间接种时，有时会出现疫苗间的相互干扰或拮抗作用，盲目联合应用疫苗往往导致免疫失败。有些用户在使用疫苗时加入抗生素，抗生素会使稀释的疫苗渗透压、酸碱度发生变化，引起病毒失活从而导致免疫失败。有的用户为了降低疫苗成本，减轻鸡只反应，有意减少免疫剂量，结果产生的免疫力不坚强，达不到预防的目的。有的用户则担心疫苗的剂量不足，刻意加大免疫剂量，造成免疫麻痹甚至诱发疫病或急性中毒。

(4)忽视了局部免疫　目前，有些鸡场只重视循环抗体水平的高低而忽视了局部黏膜免疫，从而导致免疫失败。事实上，循环抗体能有效地中和进入血液的病毒，但其作用受到抗体所能达到的部位的限制。如鸡新城疫的母源抗体能保护雏鸡抵抗病毒的全身感染，但不能阻止呼吸道的局部感染，因为这种抗体达不到上呼吸道黏膜。而上呼吸道正是新城疫病毒的入侵门户。因此新城疫首免应采取点眼或气雾免疫，点眼后首先接触的免疫器官是哈德尔氏腺。它能独立地完成免疫应答效应，分泌的抗体 IgG 和 IgA 沿鼻泪管进入呼吸道，汇合于呼吸道黏膜分泌物中，这两种抗体均能中和病毒，阻止新城疫病毒侵入和吸附，从而在呼吸道形成有效的防御屏障，在抵御外界抗原刺激的应答中起非常重要的作用。对控制非典型新城疫是尤为有效的措施。在幼雏免疫方面，它对弱毒疫苗发生强烈的应答反应，并且不受母源抗体的干扰，对于确保早期免疫效果具有重要意义。

(5)免疫空白期感染　免疫接种后至鸡体产生足够抵抗力之前的这段时间称为免疫空白期，如在此期间有野毒存在动物即可感染，导致免疫失败。因此，免疫空白期要搞好环境消毒，不要误认为接种疫苗后马上就能起到保护作用，首次免疫活疫苗一般 10～15 d、灭活苗 21～28 d 才能产生坚强的免疫力。

二、禽用疫苗使用说明

(一)禽多杀性巴氏杆菌病活疫苗(G190E40 株)

【主要成分】含禽多杀性巴氏杆菌 G190E40 弱毒株，冻干制品。

【性状】淡褐色海绵状疏松团块，加稀释液后迅速溶解。

【作用与用途】用于预防3月龄以上的鸡、鸭、鹅多杀性巴氏杆菌病，免疫期为105 d。

【用法与用量】按瓶签上注明的羽份，用20%灭菌铝胶生理盐水稀释为0.5 mL含1羽份，肌内注射0.5 mL。每羽份含活菌数，鸡2 000万个、鸭6 000万、鹅1亿个。

【注意事项】对纯种鸭群进行大面积免疫接种时，应先进行小群试验，证明安全后再进行大群免疫注射；病弱禽类不宜注射，稀释后应在4 h内用完；接种疫苗后敏感禽有一定反应，影响产蛋率下降2周左右；疫苗使用前3 d及注射疫苗后1 d内不能使用抗菌药物；用过的疫苗瓶、器具和稀释后剩余的疫苗等应消毒处理。

【贮藏】2～8 ℃避光保存，有效期为1年。

(二)禽多杀性巴氏杆菌病灭活疫苗

【主要成分】含灭活的禽多杀性巴氏杆菌，与油乳剂混合乳化制成。

【性状】乳白色乳剂。

【作用与用途】用于预防禽多杀性巴氏杆菌病，鸡免疫期6个月，鸭免疫期9个月。

【用法与用量】2月龄以上的鸡或鸭，颈部皮下注射1 mL。

【注意事项】注苗后一般无明显反应，有的1～3日龄减食；在保存期内的疫苗出现微量的油，不超过1/10，经振摇后仍能保持良好的乳化状，可继续使用。用鸡效力检验合格者，可用于鸡和鸭；用鸭效力检验合格者，只能用于鸭。

【贮藏】2～8 ℃保存，有效期为1年。

(三)鸡大肠埃希氏菌病灭活苗

【主要成分】含灭活鸡大肠埃希氏菌，为氢氧化铝胶疫苗。

【性状】静置后，上层为大量淡黄色澄明液体，下层为少量灰白色沉淀物，摇匀后呈均匀混悬液。

【作用与用途】用于预防鸡大肠埃希氏菌病，1月龄以上的鸡免疫期为4个月。

【用法与用量】用时充分摇匀，颈背侧皮下注射0.5 mL。

【贮藏】2～8 ℃避光保存，有效期为1年。

(四)鸡传染性鼻炎灭活疫苗

【主要成分】本品系用副鸡嗜血杆菌接种适宜培养基培养，收获培养菌液，经浓缩灭活后，加矿物油佐剂混合乳化制成。

【性状】乳白色乳剂，久置后下层有少量水。

【作用与用途】用于预防鸡传染性鼻炎。注射疫苗后14 d产生免疫力；42日龄以下首免的鸡，免疫期为3个月；42日龄以上首免的鸡，免疫期为6个月；42日龄首免、120日龄二免，免疫期为19个月。

【用法与用量】用时充分摇匀，颈部皮下或胸部肌内注射，42日龄以下鸡每只0.25 mL，42日龄以上鸡0.5 mL。

【注意事项】在使用前应仔细检查，如发现破乳、苗中混有杂质异物等均不能使用；在使用前应先使其升至室温并充分摇匀，疫苗启封后限当日用完；注射时所用器具须经高温灭菌，接种后剩余疫苗、空瓶和接种用具等应无害化处理。

【贮藏】2～8 ℃保存，有效期为1年。严禁冻结。

(五)鸡球虫三价活疫苗

【主要成分】为柔嫩艾美耳球虫、毒害艾美耳球虫和巨型艾美耳球虫的孢子化卵囊经致弱后,按比例混合制成。

【性状】橙黄色悬浮液。

【作用与用途】用于预防雏鸡球虫病。接种后 14 d 产生免疫力,免疫期为 12 个月。

【用法与用量】拌料免疫。免疫日龄及次数分别如下:肉鸡第 1 次 3 日龄,第 2 次 8 日龄;蛋鸡、种鸡第 1 次 3 日龄,第 2 次 10 日龄。

①按鸡只数计算好采食量,然后按每千克饲料添加 200 mL 计算水量,计算所需的用水量。

②将疫苗先倒入计算好的水中,然后拌入饲料中充分混匀。湿度以手捏不出水,放手即松散为宜。

③一般用料量蛋鸡每千只首免 1.2 kg;肉鸡每千只首免 2.5 kg,二免 5.0 kg(可根据品种等灵活增减)。用水量为料的 1/5 左右。

【注意事项】贮藏和运输时,切忌冻结;使用期间停止服用抗球虫药物;服用前需停食或停水 3 h,以利于雏鸡充分服用疫苗;拌料接种时,拌料必须均匀,严格掌握饲料的湿度和数量(应事先精确计算不同日龄鸡 1 餐的采食量)。

【贮藏】2～8 ℃保存,有效期为 9 个月。

(六)鸡支原体弱毒活疫苗(MG)

【主要成分】为鸡败血支原体弱毒株,冻干制品。

【性状】微黄色海绵状疏松团块,加稀释液后迅速溶解。

【作用与用途】用于 5 日龄以上健康鸡群,预防各品种鸡支原体临床症状的发生。

【用法与用量】点眼接种。以 8～60 日龄时使用为佳,按瓶签注明羽份,用生理盐水或注射用水稀释成 20～30 羽份/mL 后进行接种。

【注意事项】稀释限 4 h 内用完;接种前 2～4 d、接种后至少 20 d 内应停用治疗鸡毒支原体病的药物;不要与鸡新城疫、鸡传染性支气管炎活疫苗同时使用,两者使用间隔应在 5 d 左右;用过的疫苗瓶、器具和未用完的疫苗等进行消毒处理。

【贮藏】−15 ℃以下保存,有效期为 1 年。2～8 ℃保存,有效期为 6 个月。

(七)鸡新城疫活疫苗(Ⅰ系)

【主要成分】为鸡新城疫中等毒力 M 株,冻干制品。

【性状】为微黄色海绵状疏松团块,加稀释液后迅速溶解。

【作用与用途】用于预防鸡新城疫,专供用于经新城疫弱毒疫苗免疫过的 2 月龄以上的鸡使用。接种 3 d 后,即可产生坚强的免疫力,免疫期为 1 年。

【用法与用量】按瓶签上注明的羽份,用灭菌生理盐水或适宜的稀释液稀释,皮下或胸部肌内注射 1 mL 羽份,点眼为 0.05～0.10 mL,也可刺种和饮水免疫。

【注意事项】

①专供已用鸡新城疫低毒力株免疫过的 2 月龄以上的鸡使用,不得用于初生雏鸡。

②对纯种鸡反应较强,产蛋鸡在接种后 2 周内产蛋可能减少或产软壳蛋,因此最好在产蛋前进行免疫。

③对未经低毒力活疫苗免疫过的2月龄以上的土种鸡可以使用，但有时也可引起少数鸡减食和个别鸡神经麻痹或死亡。

④在有成鸡和雏鸡的饲养场，使用疫苗应注意隔离消毒，避免疫苗毒的传播，引起雏鸡死亡。

⑤疫苗稀释后应放冷暗处，必须在4 h内用完。

⑥用过的疫苗瓶及器具，应消毒处理。

【贮藏】−15 ℃以下保存，有效期为2年；2～8 ℃保存，有效期为6个月。

（八）鸡新城疫低毒力活疫苗（Lasota系）

【主要成分】为鸡新城疫低毒力Lasota株，冻干制品。

【性状】微黄色海绵状疏松团块，加稀释液后迅速溶解。

【作用与用途】用于不同日龄各品种鸡的预防免疫和紧急免疫接种，以预防鸡新城疫。

【用法与用量】

①滴鼻、点眼免疫。每千羽疫苗加稀释液30 mL，每只鸡1～2滴（约0.03 mL）。

②饮水免疫。剂量加倍，饮水时加5%脱脂乳效果更佳。

③喷雾免疫剂量加倍。喷雾器距离鸡高度控制在30～40 cm。雾滴大小：雏鸡控制在50～100 μm，大鸡控制在10～50 μm。用水量：雏鸡每1 000只用水250～500 mL，大鸡每1 000只用水500～1 000 mL。

【注意事项】有鸡支原体感染的鸡群，禁用喷雾法；饮水免疫前鸡群要停水4 h，饮水免疫前后3～5 d不宜饮高锰酸钾水；疫苗稀释必须4 h内用完；对纯种鸡群免疫时，应先做小范围试验，再进行大群免疫，以防止由于鸡群敏感造成损失。

【贮藏】−15 ℃以下保存，有效期为2年。

（九）鸡新城疫低毒力活疫苗（Clone30株）

【主要成分】为鸡新城疫低毒力克隆株C30，冻干制品。

【性状】微黄色海绵状疏松团块，加稀释液后迅速溶解。

【作用与用途】用于1日龄以上各品种雏鸡的基础免疫，也用于加强免疫，以预防鸡新城疫。

【用法与用量】按瓶签上注明的羽份，用灭菌生理盐水或适宜稀释液稀释。滴鼻、点眼或加倍量饮水、喷雾免疫均可。

【注意事项】疫苗稀释后须在1～2 h内用完；饮水免疫剂量加倍；用过的疫苗瓶、剩余疫苗、器具等污染物必须消毒处理或深埋；有鸡支原体感染的鸡群，禁用喷雾免疫。

【贮藏】−15 ℃以下保存，有效期为2年。

（十）鸡新城疫灭活疫苗

【主要成分】含灭活的新城疫弱毒株，油乳剂疫苗。

【性状】乳白色的乳剂。

【作用与用途】预防鸡新城疫。可用于任何年龄的鸡。

【用法与用量】2周龄内雏鸡颈部皮下或肌内注射0.2 mL，同时用弱毒疫苗滴鼻或点眼免疫，免疫期可达120 d。2月龄以上鸡注射0.5 mL，免疫期可达10个月。用弱毒活疫苗免疫过的母鸡，在开产前2～3周注射0.5 mL鸡新城疫灭活疫苗可保护整个产蛋期。

【注意事项】避光勿冻结;用前将疫苗回升至室温;使用时应将疫苗充分摇匀。

【贮藏】在 2～8 ℃保存,有效期为 1 年。

(十一)鸡传染性支气管炎活疫苗(H120)

【主要成分】为鸡传染性支气管炎 H120 弱毒株,冻干制品。

【性状】微黄色海绵状疏松团块,加稀释液后迅速溶解。

【作用与用途】用于预防鸡传染性支气管炎,免疫后 5～8 d 产生免疫力,免疫期为 2 个月。本品可用于雏鸡免疫。

【用法与用量】滴鼻、点眼或饮水免疫。按瓶签上标明的羽份,用灭菌生理盐水或适宜稀释液稀释。

滴鼻免疫每只鸡滴鼻 1～2 滴(约 0.03 mL)。饮水免疫剂量加倍。

【注意事项】饮水前鸡群要停水 2 h;疫苗稀释后需 4 h 内用完。

【贮藏】－15 ℃以下保存,有效期为 1 年。

(十二)鸡传染性支气管炎活疫苗(H52)

【主要成分】为传染性支气管炎病毒 H52 株,冻干制品。

【性状】微黄色海绵状疏松团块,加稀释液后迅速溶解。

【作用与用途】用于预防鸡传染性支气管炎,本品用于 1 月龄以上鸡使用,雏鸡不能使用,免疫期 6 个月。

【用法与用量】滴鼻、点眼或饮水免疫。

滴鼻免疫每只鸡 1～2 滴(约 0.03 mL);饮水免疫剂量加倍。

【注意事项】运输和使用时,必须放在装有冰块的冷藏容器内;产蛋期间的鸡群不宜使用;饮水免疫前鸡群要停水 2 h;疫苗稀释后应放在冷暗处,需 4 h 内用完。

【贮藏】－15 ℃以下保存,有效期为 1 年。

(十三)鸡新城疫、传染性支气管炎二联活疫苗

【主要成分】为新城疫弱毒株 Clone30 株和传染性支气管炎弱毒株 H120,冻干制品。

【性状】微黄色海绵状疏松团块,加稀释液后迅速溶解。

【作用与用途】用于预防新城疫和传染性支气管炎,适用于各品种鸡群的预防接种和紧急免疫接种。

【用法与用量】滴鼻、点眼、饮水、喷雾免疫。按瓶签上注明的羽份,用灭菌生理盐水或适宜稀释液稀释。

【注意事项】疫苗稀释后需在 1～2 h 内用完;饮水免疫前停水 2～4 h;喷雾免疫使用专用免疫工具;用过的疫苗瓶、剩余疫苗、器具等污染物必须消毒处理或深埋;感染支原体的鸡群,禁用喷雾免疫。

【贮藏】－15 ℃以下保存,有效期为 1 年。

(十四)鸡传染性法氏囊病中等毒力活疫苗(B87)

【主要成分】为鸡传染性法氏囊病中等毒力株 B87 株,冻干制品。

【性状】淡红色海绵状疏松团块,加入稀释液后迅速溶解呈均匀混悬液。

【作用与用途】用于预防鸡传染性法氏囊病。

【用法与用量】点眼、滴口或饮水免疫。按瓶签上注明的羽份,用灭菌生理盐水或适宜稀释

液稀释。点眼、滴口免疫每只鸡 1～2 滴(约 0.03 mL);饮水免疫剂量加倍。

当雏鸡母源抗体琼脂扩散试验(AGP)阳性率在 50%以下时,首次免疫时间一般在 7～10 日龄内进行,间隔 12～14 d 后进行第 2 次免疫;当 AGP 抗体阳性率在 50%以上时,首免应在 14 日龄后进行,间隔 12～14 d 后,进行第 2 次免疫。

【注意事项】仅供有母源抗体的雏鸡使用;饮水免疫前鸡群停水 2～4 h;疫苗稀释后需 4 h 内用完。

【贮藏】－15 ℃以下保存,有效期为 18 个月。

(十五)鸡传染性法氏囊病三价活疫苗

【主要成分】含传染性法氏囊病传统型、特拉华和 GLS 变异株,冻干制品。

【性状】淡红色海绵状疏松团块,加入稀释液后迅速溶解。

【作用与用途】用于预防鸡传染性法氏囊病。

【用法与用量】使用时,按瓶签上注明的羽份,用生理盐水或适宜稀释液稀释。

饮水免疫剂量加倍;点眼、滴口、滴鼻免疫每只鸡 0.03 mL。点眼、滴鼻后应停 1～2 s,以确保药液进入。

【注意事项】仅供健康鸡群免疫接种;饮水免疫前一般停水 2～4 h,并在短时间内饮完;未用完的疫苗及疫苗瓶应消毒处理。

【贮藏】－15 ℃以下保存,有效期为 18 个月;2～8 ℃保存,有效期为 12 个月。

(十六)鸡减蛋综合征灭活疫苗

【主要成分】含灭活的腺病毒 K-127 株,油乳剂疫苗。

【性状】乳白色的乳剂。经贮藏后,液面有少量油相,摇振后立即呈均匀乳状液。

【作用与用途】适用于健康种鸡和蛋鸡群免疫接种,以预防鸡减蛋综合征。

【用法与用量】于鸡群开产前 2～4 周,每只鸡颈背部下皮下或胸部肌内注射 0.5 mL。

【注意事项】疫苗避光勿冻结;用前将疫苗回升至室温;使用过程中将疫苗充分摇匀。

【贮藏】2～8 ℃保存,有效期为 1 年。

(十七)鸡新城疫、传染性支气管炎、减蛋综合征三联灭活疫苗

【主要成分】为鸡新城疫弱毒 Lasota 株、鸡传染性支气管炎弱毒 H120 株、肾型弱毒 IBN 株和腺病毒 K-127 株,油乳剂灭活苗。

【性状】乳白色的乳剂。

【作用与用途】用于预防鸡新城疫、肾型、呼吸性传染性支气管炎和减蛋综合征。种鸡 40～42 周进行加强免疫,利于雏鸡获得高水平母源抗体。

【用法与用量】在鸡群开产前 2～4 周、种鸡 40～42 周免疫接种,颈部皮下或胸部肌内注射每只 0.5 mL。

【注意事项】疫苗严禁冻结;使用前将疫苗回升至室温;使用过程中将疫苗充分摇匀。

【贮藏】2～18 ℃保存,有效期为 1 年。

(十八)鸡痘弱毒活疫苗

【主要成分】为鸡痘鹌鹑化弱毒株,冻干制品。

【性状】淡红色或淡黄色疏松团块,加稀释液后迅速溶解。

【作用与用途】用于预防鸡痘。刺种后 3～4 d 产生免疫力,成鸡免疫期 5 个月,初生雏鸡

为 2 个月。后备种鸡可于雏鸡免疫 60 d 后再免疫 1 次。

【用法与用量】按标明的羽份，用灭菌生理盐水稀释，用消毒的刺种针蘸取疫苗，于鸡翅内侧无血管处皮下刺种。1 个月以上的鸡刺种 2 针；20～30 日龄刺种 1 针。刺种 3～4 d，刺种部位轻微红肿、结痂，2～3 周痂块脱落。

【注意事项】被刺种的鸡群一定要健康；疫苗稀释后限 4 h 内用完；刺种用具等用前要彻底消毒；用过的疫苗瓶、剩余疫苗、器具等污染物必须消毒处理或深埋；鸡群刺种后 1 周应逐个检查，此种部位无反应者应重新补刺。

【贮藏】－15 ℃以下保存，有效期为 18 个月。

（十九）鸡传染性喉气管炎活疫苗

【主要成分】为鸡传染性喉气管炎弱毒 K317 株，冻干制品。

【性状】淡红色疏松团块，加稀释液后迅速溶解。

【作用与用途】用于预防鸡喉气管炎，适用于 5 周龄以上的各种鸡。接种后 4～7 d 可产生免疫力，免疫期 6 个月。

【用法与用量】按标明的羽份用灭菌生理盐水将稀释，采用点眼法接种疫苗，每只鸡 1 滴（0.03 mL）。蛋鸡在 5 周龄第 1 次接种后，在产蛋前再接种 1 次。

【注意事项】

①只限于在疫区使用。鸡群有慢性呼吸道病、球虫病和其他寄生虫病时不宜使用。

②对纯种鸡免疫，应先做小范围试验，再进行大群免疫。

③疫苗稀释后应在 3 h 内用完。

④接种后可能引起眼结膜炎，个别鸡会引起眼红肿，但不引起全身反应。

【贮藏】－15 ℃以下保存，有效期为 12 个月。

（二十）鸡马立克氏病火鸡疱疹病毒活疫苗（FC126）

【主要成分】为火鸡疱疹病毒 FC126 株，冻干制品。

【性状】乳白色疏松团块，加稀释液后迅速溶解。

【作用与用途】预防鸡马立克氏病，适用于各品种的 1 日龄雏鸡。

【用法与用量】按瓶签注明羽份，用专用稀释液稀释，每羽颈部皮下或肌内注射 0.2 mL，至少含 2 000 PFU。

【注意事项】雏鸡应在出壳后立即进行预防接种；用专用稀释液稀释且随配随用，稀释后的疫苗放入盛有冰块的容器中，必须在 1 h 内用完；用过的疫苗瓶、剩余疫苗、器具等污染物必须消毒处理或深埋。

【贮藏】－15 ℃以下保存，有效期为 18 个月。

（二十一）鸡马立克氏病活疫苗（814 株）

【主要成分】为自然低毒力的马立克氏病弱毒株，冻干制品。

【性状】冰冻状态，溶解后为淡红色细胞悬液。

【作用与用途】用于预防鸡马立克氏病。各种品种 1 日龄雏鸡均可使用，接种后 8 d 可产生免疫力，免疫期为 18 个月。

【用法与用量】按标签注明羽份，用专用稀释液稀释，每羽颈部皮下或肌内注射 0.2 mL，至少含 2 000 PFU。

【注意事项】疫苗必须在液氮中保存与运输；从液氮中取出疫苗安瓿，应迅速放于37～38 ℃温水中，待完全溶解后再取出，加稀释液稀释，否则影响疫苗效力；稀释后的疫苗应放在低温、避光并在1 h内用完；注射时应随时振荡摇匀；剩余的疫苗及空瓶需经加热或消毒灭菌后方可废弃。

【贮藏】液氮中保存，有效期为2年。

(二十二)鸡马立克氏病双价活疫苗

【主要成分】SB1＋FC126双价活疫苗、301B/1＋FC126双价活疫苗或Z4＋FC126双价活疫苗，冷冻疫苗。

【性状】本品为淡红色细胞悬液。

【用途】用于预防鸡马立克氏病。

【免疫期】1日龄雏鸡接种1周后产生免疫力，可获终生免疫。

【用法与用量】同鸡马立克氏病活疫苗。

【注意事项】同鸡马立克氏病活疫苗。

【保存期】液氮中保存，有效期为1年。

(二十三)禽流感灭活疫苗(H5N28株)

【主要成分】为禽流感病毒H5亚型N28株，灭活后加矿物油佐剂制成。

【性状】乳白色乳状液。

【作用与用途】用于预防H5亚型禽流感病毒引起的禽流感。接种后14 d产生免疫力，免疫期为4个月。

【用法与用量】颈部皮下注射或胸部肌内注射。2～5周龄鸡每羽0.3 mL，5周龄以上鸡每羽0.5 mL；2～5周龄鸭、鹅每羽0.5 mL，5周龄以上鸭1.0 mL，5周龄以上鹅1.5 mL。

【注意事项】禽流感病毒感染禽或健康状况异常的禽忌用；严禁冻结；出现破损、异物或破乳分层等异常现象切勿使用；用前应将疫苗恢复至常温并充分摇匀；疫苗启封后限当日用完。

【贮藏】2～8 ℃保存，有效期为1年。

(二十四)禽流感灭活疫苗(H5N2株)

【主要成分】为禽流感病毒H5亚型N2株，灭活后加矿物油佐剂制成。

【性状】乳白色乳状液。

【作用与用途】用于预防H5亚型禽流感病毒引起的禽流感。免疫期成鸡为4个月，雏鸡2个月。

【用法与用量】颈部皮下注射或胸部肌内注射。2～5周龄鸡每羽0.3 mL；5周龄以上每羽0.5 mL。

【注意事项】禽流感病毒感染禽或健康状况异常的禽忌用；严禁冻结；使用前应将疫苗恢复至常温并充分摇匀；疫苗启封后限当日用完。

【贮藏】2～8 ℃保存，有效期为1年。

(二十五)禽流感二价灭活疫苗(H5＋H9)

【主要成分】疫苗中含灭活的重组禽流感病毒H5N2株和H9N2株。

【性状】乳白色乳剂。

【作用与用途】用于预防由H5和H9亚型禽流感病毒引起的禽流感，免疫期为4个月。

【用法与用量】胸部肌内注射或颈部皮下注射。2～5 周龄鸡每只 0.3 mL;5 周龄以上鸡每只 0.5 mL。

【注意事项】禽流感病毒感染禽或健康状况异常的禽忌用;严禁冻结;用前应将疫苗恢复至常温并充分摇匀;疫苗启封后限当日用完。

【贮藏】2～8 ℃保存,有效期为 1 年。

(二十六)重组禽流感病毒(H5+H7)二价灭活疫苗

【主要成分】疫苗中含灭活的重组禽流感病毒 H5N1 亚型 Re-11 株和 H7N9 亚型 H7-Re2 株。

【性状】乳白色均匀乳剂。

【作用与用途】用于预防由 H5 亚型和 H7 亚型禽流感病毒引起的禽流感。接种后 14 d 产生免疫力,鸡免疫期为 6 个月;鸭、鹅首免后 3 周,加强接种 1 次,免疫期为 4 个月。

【用法与用量】胸部肌内或颈部皮下注射。2～5 周龄鸡,每只 0.3 mL;5 周龄以上鸡,每只 0.5 mL。2～5 周龄鸭和鹅,每只 0.5 mL;5 周龄以上鸭和鹅,每只 1.0 mL。

【注意事项】禽流感病毒感染禽或健康状况异常的禽切忌使用本品;严禁冻结;本品若出现破损、异物或破乳分层等异常现象,切勿使用;使用前应将疫苗恢复至常温,并充分摇匀;接种时应使用灭菌器械,及时更换针头,最好 1 只禽 1 个针头;疫苗启封后,限当日用完;屠宰前 28 d 内禁止使用;用过的疫苗瓶、器具和未用完的疫苗等应进行无害化处理。

【贮藏】2～8 ℃保存,有效期为 12 个月。

(二十七)重组禽流感病毒(H5+H7)三价灭活疫苗

【主要成分】疫苗中含灭活的重组禽流感病毒 H5N6 亚型 H5-Re13 株、H5N8 亚型 H5-Re14 株和 H7N9 亚型 H7-Re4 株。灭活前其 HA 效价均为 1∶512。

【性状】乳白色均匀乳剂。

【作用与用途】用于预防由 H5 亚型 2.3.4.4h 分支、2.3.4.4d 分支和 H7 亚型禽流感病毒引起的禽流感。接种后 14 d 产生免疫力,鸡免疫期为 6 个月;鸭、鹅首免后 3 周,加强接种 1 次,免疫期为 4 个月。

【用法与用量】胸部肌内注射或颈部皮下注射。2～5 周龄鸡,每只 0.3 mL;5 周龄以上鸡,每只 0.5 mL。2～5 周龄鸭和鹅,每只 0.5 mL;5 周龄以上鸭和鹅,每只 1.0 mL。

【注意事项】禽流感病毒感染禽或健康状况异常的禽切忌使用本品;严禁冻结;本品若出现破损、异物或破乳分层等异常现象,切勿使用;使用前应将疫苗恢复至常温,并充分摇匀;接种时应使用灭菌器械,及时更换针头,最好 1 只禽 1 个针头;疫苗启封后,限当日用完;屠宰前 28 d 内禁止使用;用过的疫苗瓶、器具和未用完的疫苗等应进行无害化处理。

【贮藏】2～8 ℃保存,有效期为 12 个月。

(二十八)鸡新城疫、禽流感二联灭活疫苗

【主要成分】疫苗中含灭活的鸡新城疫病毒和 H9 亚型禽流感病毒。

【性状】乳白色乳状液。

【作用与用途】用于预防鸡新城疫和由 H9 亚型禽流感病毒引起的禽流感。

【用法与用量】肌内注射或颈部皮下注射。无母源抗体或 1 日龄母源抗体≤1∶32 的雏鸡,在 7～14 日龄时首免,每只接种疫苗 0.2 mL,免疫期为 2 个月;母源抗体>1∶32 的雏鸡,

在2周龄后首免，每只接种0.5 mL，免疫期为4个月；母鸡在开产前2～3周免疫，每只0.5 mL，免疫期为6个月。

【注意事项】用于接种健康鸡；疫苗严禁冻结；疫苗启封后限当日用完。

【贮藏】2～8 ℃保存，有效期为1年。

（二十九）禽脑脊髓炎灭活疫苗

【主要成分】为禽脑脊髓炎病毒AEV-NH937株，经灭活加矿物油佐剂制成。

【性状】乳白色乳剂。

【作用与用途】预防禽脑脊髓炎。适用于2月龄以上各类型蛋种鸡群、肉种鸡群，免疫期可达6个月以上。

【用法与用量】皮下或肌内注射，注射剂量为每只鸡0.5 mL。

【注意事项】疫苗严禁冻结；使用前应将疫苗恢复至常温，并充分摇匀。

【贮藏】2～8 ℃保存，有效期为1年。

（三十）鸭瘟活疫苗

【主要成分】为鸭瘟鸡胚化弱毒株，冻干制品。

【性状】淡红或淡黄色疏松团块，加稀释液后迅速溶解。

【作用与用途】用于预防鸭瘟，适用于2月龄以上的鸭，也可用于初生鸭。接种后3～4 d可产生免疫力，2月龄以上鸭免疫期9个月；初生鸭免疫期1个月。

【用法与用量】按标明的羽份，用灭菌生理盐水稀释，成鸭胸肌注射1 mL；雏鸭腿部肌内注射0.25 mL，均含1羽份。

【注意事项】对初生鸭在2个月后加强免疫1次；疫苗稀释后在4 h内用完。

【贮藏】－15 ℃以下保存，有效期为2年。

（三十一）小鹅瘟活疫苗

【主要成分】为小鹅瘟鸭胚化弱毒GD株，冻干制品。

【性状】微黄色疏松海绵状团块，加稀释液后迅速溶解。

【作用与用途】用于预防小鹅瘟。

【用法与用量】肌内注射，按标签标明的羽份，用灭菌生理盐水稀释，在母鹅产蛋前20～30 d，每只1 mL，含1羽份。

【注意事项】本疫苗雏鹅禁用；疫苗稀释后应放冷暗处，需在4 h内用完。

【贮藏】－15 ℃以下保存，有效期为1年。

三、猪用疫苗使用说明

（一）猪丹毒活疫苗

【主要成分】含猪丹毒杆菌弱毒GC42或G4T10株，冻干制品。

【性状】淡褐色海绵状疏松团块，易与瓶壁脱离，加稀释液后迅速溶解。

【作用与用途】用于预防猪丹毒。供断奶后的猪使用，免疫期6个月。

【用法与用量】按瓶签注明头份，加入20%铝胶生理盐水稀释。每头猪皮下注射1 mL。GC42疫苗也可用于口服，剂量加倍。

【注意事项】稀释后应保存在阴暗处，限4 h用完；口服时，在免疫前应停食4 h，将冷水稀释好的疫苗，拌入少量新鲜凉饲料中，经猪自由采食。

【贮藏】－15 ℃以下保存，有效期为 1 年；2～8 ℃保存，有效期为 9 个月。

(二)猪多杀性巴氏杆菌病活疫苗(Ⅰ)

【主要成分】为多杀性巴氏杆菌弱毒 E0630 株，冻干制品。

【性状】灰白色海绵状疏松团块，易与瓶壁脱离，加稀释液后，迅速溶解。

【作用与用途】用于预防猪多杀性巴氏杆菌病(猪肺疫)，免疫期为 6 个月。

【用法与用量】皮下或肌内注射。按瓶签注明的头份，用 20％氢氧化铝胶生理盐水稀释，每头 1 mL。

【注意事项】稀释后限 4 h 内用完；注射时，应做局部消毒处理；用过的疫苗瓶、器具和未用完疫苗等应进行消毒处理。

【贮藏】－15 ℃以下保存，有效期为 12 个月；2～8 ℃保存，有效期为 6 个月。

(三)猪多杀性巴氏杆菌病活疫苗(Ⅱ)

【主要成分】为杀性巴氏杆菌弱毒 679-230 株或 C20 株，冻干制品。

【性状】灰白色海绵状疏松团块，易与瓶壁脱离，加稀释液后迅速溶解。

【作用与用途】用于预防猪多杀性巴氏杆菌病(猪肺疫)，免疫期为 679-230 株 10 个月、C20 株 6 个月。

【用法与用量】按瓶签注明头份，将疫苗用冷开水稀释，混于少量的饲料内，使其自服，不论大小猪只，一律口服 1 头份。

【注意事项】稀释后的疫苗限 4 h 内用完。

【贮藏】2～8 ℃保存，有效期为 1 年。

(四)猪丹毒、猪肺疫二联活疫苗

【主要成分】为猪丹毒弱毒 G4T10 株、猪肺疫弱毒 EO630 株，冻干制品。

【性状】灰白或淡褐色海绵状疏松团块，加稀释液后迅速溶解。

【作用与用途】供断奶后的猪使用，用于预防猪丹毒、猪多杀性巴氏杆菌病(猪肺疫)。免疫期为 6 个月。

【用法与用量】按瓶签注明头份，用 20％氢氧化铝胶生理盐水稀释，断奶半个月以上的猪，不论猪只大小均肌内注射 1 mL(含 1 头份)。断奶半个月以前仔猪可以注射，但必须在断奶 2 个月左右再注射 1 次。

【注意事项】疫苗稀释后限 4 h 用完；免疫前后 7 d 均不使用任何抗生素；使用过的注射器、针头、疫苗瓶以及其他器具必须消毒处理。

【贮藏】－15 ℃以下保存，有效期为 12 个月；2～8 ℃保存，有效期为 6 个月。

(五)猪瘟、猪丹毒二联活疫苗

【主要成分】含猪瘟兔化弱毒株和猪丹毒杆菌，冻干制品。

【性状】淡红色或淡褐色疏松团块，加入稀释液后即溶解成均匀的悬浮液。

【作用与用途】用于预防猪瘟和猪丹毒。猪瘟免疫期为 12 个月，猪丹毒免疫期为 6 个月。

【用法与用量】肌内注射。断奶半个月以上猪，按瓶签注明头份加生理盐水稀释，不论猪大小，每头 1 mL。断奶半个月以前仔猪可以注射，但必须在断奶 2 个月左右再注苗 1 次。

【注意事项】

①体弱有病的猪不应注射。

②免疫前后 7 d 内均不应使用任何抗生素。

③稀释后的疫苗应放冷暗处限 4 h 内用完。

④注射本品后可能有少量猪出现减食或体温升高等反应，一般 1～2 d 即可恢复。有少数品系的猪出现过敏反应，故应在免疫前备有抗过敏药物。

⑤接种后剩余疫苗、空瓶、稀释和接种用具等应消毒处理。

【贮藏】－15 ℃以下保存，有效期为 1 年；2～8 ℃保存，有效期为 6 个月。

(六)猪瘟、猪丹毒、猪肺疫三联活疫苗

【主要成分】含猪丹毒 GC42 株、猪肺疫 EO630 株及猪瘟兔化弱毒株，冻干制品。

【性状】淡褐色海绵状疏松团块，易与瓶壁脱离，加稀释液后迅速溶解。

【作用与用途】用于预防猪瘟、猪丹毒、猪肺疫。猪瘟免疫期为 12 个月，猪丹毒和猪肺疫免疫期为 6 个月。

【用法与用量】肌内注射。按瓶签注明头份，专用稀释液或生理盐稀释，不论猪只大小，每头 1 mL。如断奶半个月以前仔猪注射，但必须在断奶 2 个月左右再注苗 1 次。

【注意事项】初生仔猪、体弱、有病猪均不应注射联苗；注苗后可能出现过敏反应，应注意观察；稀释后应在 4 h 内用完；免疫前后 7 d 内均不应使用任何抗生素；疫苗废弃包装物做消毒处理或予以烧毁，不得随意丢弃。

【贮藏】－15 ℃以下保存，有效期为 12 个月；2～8 ℃保存，有效期为 6 个月。

(七)仔猪副伤寒活疫苗

【主要成分】猪霍乱沙门氏菌弱毒株，活菌数≥30 亿/头份，冻干制品。

【性状】灰白色海绵状疏松团块，易与瓶壁脱离，加稀释液后迅速溶解。

【作用与用途】用于预防仔猪副伤寒。适用于 1 月龄以上哺乳或断奶健康仔猪。

【用法与用量】口服或耳后浅层肌内注射。

口服法：按瓶签注明头份，临用前用冷开水稀释，每头份 5～10 mL，给猪灌服或稀释后均匀地拌入少量新鲜冷饲料中，让猪自行采食。

注射法：按瓶签注明头份，用 20%铝胶生理盐水稀释，在猪耳后浅层肌内注射 1 mL。

【注意事项】

①体弱有病的猪不宜使用。

②在该病流行猪场，可在断奶前后各注射 1 次，间隔 21～28 d。

③瓶签注明限于口服者不得注射。口服时最好在喂食前服，以使每头猪都能吃到。

④稀释后的疫苗限 4 h 内用完。

⑤注射后，有的仔猪会出现体温升高、发抖、呕吐和减食等症状，一般 1～2 d 后可自行恢复，重者可注射肾上腺素。口服后无上述反应或反应轻微。

⑥使用前后 7 d 内均不应喂饲或注射任何抗生素、磺胺类等药物。

⑦接种后剩余疫苗、空瓶、稀释和接种用具等应消毒处理。

【贮藏】－15 ℃以下保存，有效期为 1 年；2～8 ℃保存，有效期为 9 个月。

(八)猪链球菌2型灭活疫苗

【主要成分】含有灭活的猪链球菌2型HA9801菌株培养物,每头份含有2×10^9 CFU。

【性状】静置后上层为淡黄色或无色澄明液体,下层为灰白色或灰褐色沉淀,振摇后呈均匀混悬液。

【作用与用途】用于预防由猪链球菌2型引起的猪链球菌病,免疫期暂定为4个月。

【用法与用量】肌内注射,猪只不论大小,每头接种2 mL。妊娠母猪可于产前4周进行接种;仔猪分别于30日龄和45日龄各接种1次;后备母猪于配种前接种1次。

【注意事项】严禁冻结;仅用于接种健康猪;紧急预防应先在疫区周围使用,再到疫区使用;疫苗使用前应充分摇匀;疫苗开封后,限4 h内用完;注射该疫苗时,个别猪可能出现过敏现象,应及时注射脱敏药物;个别猪体温略有升高,属正常反应。

【贮藏】2~8 ℃保存,有效期为12个月。

(九)仔猪大肠杆菌病三价灭活疫苗

【主要成分】含有K88、K99、987P纤毛抗原的大肠埃希氏菌,氢氧化铝胶灭活苗。

【性状】静置后上层为白色的澄明液体,下层为乳白色沉淀物,振摇后呈均匀混悬液。

【作用与用途】用于免疫妊娠母猪,新生仔猪通过初乳而获得被动免疫,用于预防仔猪大肠杆菌病,即仔猪黄痢。

【用法与用量】肌内注射。用妊娠母猪于分娩前40 d和15 d各注射5 mL。

【注意事项】严禁冻结;疫苗使用前恢复室温并充分摇匀;接种时局部应消毒处理;为确保免疫效果,应尽量使所有仔猪吃足初乳。

【贮藏】2~8 ℃保存,有效期为12个月。

(十)仔猪大肠杆菌病K88、K99二价基因工程灭活疫苗

【主要成分】采用基因工程技术构建的菌株接种适宜培养基,收获含K88、K99菌毛抗原培养物,灭活后冻干制成。

【性状】淡黄色海绵状疏松团块,易与瓶壁脱离,加稀释液后迅速溶解。

【作用与用途】用于免疫妊娠母猪,新生仔猪通过吸吮母猪的初乳获得被动免疫,用于预防仔猪大肠杆菌病,即仔猪黄痢。

【用法与用量】耳根部皮下注射。用20%铝胶生理盐水2 mL混匀,妊娠母猪于分娩前21 d左右注射1次即可。

【注意事项】接种时局部应消毒处理;为确保免疫效果,应尽量使所有仔猪吃足初乳。

【贮藏】2~8 ℃保存,有效期为12个月。

(十一)猪水肿病多价灭活疫苗

【主要成分】为猪大肠杆菌病优势致病性分离株08、0138、0139、048,铝胶灭活苗。

【性状】静置后上层为淡蓝色澄明液体,下层为灰白色沉淀物,振摇后呈均匀混悬液。

【作用与用途】用于预防致病性大肠杆菌引起的猪水肿病。

【用法与用量】14~18日龄仔猪肌内注射1 mL。

【注意事项】严禁冻结;使用前恢复室温并充分摇匀;接种时局部应消毒处理。

【贮藏】2~8 ℃保存,有效期为12个月。

(十二)猪传染性萎缩性鼻炎二联灭活疫苗

【主要成分】含有灭活的猪支气管败血博代氏菌(Ⅰ相菌 A50-4 株)和产毒素多杀巴氏杆菌。

【性状】乳白色乳剂,久置后表面可能有透明油层,振摇后成均匀乳剂。

【作用与用途】预防由支气管败血波氏杆菌和产毒素多杀巴氏杆菌感染引起的猪传染性萎缩性鼻炎。

【用法与用量】颈部皮下注射。母猪于产前 4 周注射 2 mL;新引进未经免疫接种的后备母猪应立即接种 1 mL;仔猪生后 1 周龄注射 0.2 mL(未免疫母猪所生),4 周龄时注射 0.5 mL,8 周龄时注射 0.5 mL;种公猪每年接种 2 次,每次注射 2 mL。

【注意事项】严禁冻结;用前使疫苗达到室温并充分摇匀;在注射部位有时产生可触摸到的皮下硬肿,短期内可消退。

【贮藏】2～8 ℃保存,有效期为 1 年。

(十三)猪传染性胸膜肺炎三价灭活疫苗

【主要成分】含灭活的血清 1 型、2 型和 7 型胸膜肺炎放线杆菌。

【性状】乳白色乳剂。

【作用与用途】用于预防 1 型、2 型和 7 型胸膜肺炎放线杆菌引起的猪传染性胸膜肺炎,免疫期为 6 个月。

【用法与用量】颈部肌内注射,每头份 2 mL。仔猪 35～40 日龄进行第 1 次免疫接种,首免后 4 周加强免疫 1 次。母猪在产前 6 周和 2 周各注射 1 次,以后每 6 个月免疫 1 次。

【注意事项】

①适用于接种健康猪。

②用前应使疫苗达到室温并充分摇匀。

③注苗后个别猪可能出现体温升高、减食、注射部位红肿等不正常反应,一般很快自行恢复。个别猪可能出现过敏反应,可用肾上腺素进行治疗,同时采用适当的辅助治疗措施。

【贮藏】2～8 ℃保存,有效期为 1 年。

(十四)仔猪红痢灭活疫苗

【主要成分】为 C 型产气荚膜梭菌,氢氧化铝胶灭活苗。

【性状】静置后上层为橙黄色澄明液体,下层为灰白色沉淀物,振摇后呈均匀混悬液。

【作用与用途】用于免疫妊娠后期母猪,新生仔猪通过初乳而获得被动免疫,预防仔猪红痢。

【作用与用途】妊娠母猪于分娩前 30 d 和 15 d 各肌内注射 5～10 mL。如前胎已用过本疫苗,可于分娩前 15 d 左右注射 1 次即可,剂量为 3～5 mL。

【贮藏】2～8 ℃保存,有效期为 18 个月。

(十五)猪瘟组织活疫苗

【主要成分】含猪瘟兔化弱毒。每头份脾淋苗含组织毒不少于 0.01 g。每头份乳兔苗含组织毒不少于 0.015 g。

【性状】淡红色海绵状疏松团块,易与瓶壁脱离,加稀释液后迅速溶解。

【作用与用途】用于预防猪瘟。注射疫苗 4 d 后,即可产生坚强的免疫力。断奶后无母源抗体仔猪的免疫期,脾淋苗为 18 个月,乳兔苗为 12 个月。

【用法与用量】肌内或皮下注射。按瓶签注明的头份加生理盐水稀释,大小猪均 1 mL。在没有猪瘟流行的地区,断奶后无母源抗体的仔猪,注射 1 次即可。有疫情威胁时,仔猪可在 21～30 日龄和 65 日龄左右各注射 1 次。断奶前仔猪可接种 4 头剂疫苗,以防母源抗体干扰。

【注意事项】

①注苗后应注意观察,如出现过敏反应,应及时注射抗过敏药物。

②疫苗应在 8 ℃以下的冷藏条件下运输。

③使用单位收到冷藏包装的疫苗后,如保存环境超过 8 ℃而在 25 ℃以下时,从接到疫苗时算起,在 10 d 内用完。

④使用单位所在地区的气温在 25 ℃以上时,如无冷藏条件,应采用冰瓶领取疫苗,随领随用。

⑤疫苗稀释后最好在 2～4 h 内用完。

【贮藏】－15 ℃以下保存,有效期为 12 个月。

(十六)猪瘟细胞活疫苗

【主要成分】为猪瘟兔化弱毒株,通过易感细胞培养制备的冻干苗。

【性状】乳白色海绵状疏松团块,易与瓶壁脱离,加稀释液后迅速溶解。

【作用与用途】供预防猪瘟用,注射后 4 d 可产生坚强免疫力,断奶后无母源抗体仔猪的免疫期为 12 个月。

【用法与用量】按瓶签注明的头份用生理盐水或专用稀释液稀释,大小猪均肌肉或皮下注射 1 mL。用专用稀释液稀释效果更佳。在没有猪瘟流行的地区,断奶后无母源抗体的仔猪,注射 1 次即可。有疫情威胁时,仔猪可于生后 21～30 日龄和 65 日龄左右各注射 1 次。可用于发病期间紧急注射治疗。如与猪用转移因子一起注射效果更加。

【注意事项】

①疫苗应在 8 ℃以下的冷藏条件下运输。

②使用单位收到冷藏包装的疫苗后,如保存环境超过 8 ℃而在 25 ℃以下时,从接到疫苗时算起,在 10 d 内用完。

③疫苗稀释后最好在 2～4 h 内用完。

④用过的疫苗瓶、器具等应消毒处理。

⑤注苗后,个别仔猪可能发生过敏反应,需注意观察。对于瘦肉型猪只及纯种猪只进行免疫时,应注意预防猪的应激反应综合征,如猪只接种后出现呕吐、后肢僵硬、震颤、体温升高、黏膜发绀等症状时,及时注射肾上腺素等缓解药物,一般用药后 30 min 即可缓解。

【贮藏】－15 ℃以下保存,有效期为 18 个月。

(十七)猪繁殖与呼吸障碍综合征灭活疫苗

【主要成分】含灭活的猪繁殖与呼吸障碍综合征病毒,灭活前病毒含量≥$10^{4.5}$ ELD_{50}/0.1 mL。

【性状】乳白色的乳剂。

【作用与用途】用于预防猪繁殖与呼吸障碍综合征(即猪蓝耳病),免疫期为 6 个月。

【用法与用量】耳后部肌内注射。3 周龄及以上仔猪每头 2 mL。根据当地疫病流行情况,可在首免后 28 d 加强免疫 1 次。母猪配种前接种 4 mL；种公猪每隔 6 个月接种 1 次，每次 4 mL。

【注意事项】

①疫苗使用前应恢复至室温，并摇匀。

②注射部位应严格消毒。

③对妊娠母猪进行接种时，要注意保定，避免引起机械性流产。

④在大批免疫前，先进行小试，观察 1 周后如无不良反应再扩大注射范围。

⑤疫苗接种后，有少数猪出现体温升高、减食等反应，一般在 2 d 内自行恢复；如发现有严重过敏反应应立即注射肾上腺素抢救。

【贮藏】2～8 ℃避光保存，有效期暂定为 12 个月。

（十八）猪伪狂犬病灭活疫苗

【主要成分】含有灭活的猪伪狂犬病病毒鄂 A 株。

【性状】白色均匀乳剂。

【作用与用途】用于预防猪伪狂犬病毒引起的母猪繁殖障碍、仔猪伪狂犬病和种猪不育症。免疫期为 6 个月。

【用法与用量】颈部肌内注射。育肥仔猪，断奶时每头 2 mL；种用仔猪，断奶时每头 2 mL，间隔 4～6 周，加强免疫接种 1 次，每头 4 mL，以后每隔 6 个月加强免疫 1 次；妊娠母猪，产前 1 个月左右加强免疫 1 次。

【注意事项】切勿冻结；用前使疫苗恢复到室温并摇匀；启封后应当天用完；少数猪注射部位肿胀、体温升高，减食或停食 1～2 d，随着时间的延长减轻，直至消失；个别猪可能出现急性过敏反应，如焦躁不安、呼吸加快、肌肉震颤、可视黏膜充血等，甚至因抢救不及时而死亡，部分怀孕母猪可能出现流产；建议及时使用肾上腺素等药物进行治疗，同时采用适当的辅助治疗措施，以减少损失。

【贮藏】2～8 ℃以下保存，有效期为 12 个月。

（十九）猪伪狂犬病基因缺失活疫苗

【主要成分】含伪狂犬病病毒 TK/gG 双基因缺失株，每头份病毒含量不低于 $10^{5.0}$ $TCID_{50}$。

【性状】乳白色或浅黄色海绵状疏松团块，加生理盐水或稀释液后迅速溶解。

【作用与用途】用于预防猪伪狂犬病。

【用法与用量】按瓶标签注明头份，用专业稀释液稀释，滴鼻或肌内注射 1 头份。

伪狂犬抗体阴性仔猪，出生后 1 周内滴鼻或注射；具有伪狂犬母源抗体的仔猪，在断奶时肌内注射。经产母猪每 4 个月免疫 1 次。后备母猪 6 月龄时肌内注射 1 次，间隔 1 个月后加强免疫 1 次，产前 1 个月左右再免疫 1 次。种公猪每 4 个月免疫 1 次。

【贮藏】－20 ℃以下保存，有效期为 18 个月；在 2～8 ℃保存，有效期为 9 个月。

（二十）猪细小病毒病灭活疫苗

【主要成分】猪细小病毒通过睾丸细胞培养，制备的油乳剂灭活疫苗。

【性状】乳白色的乳剂。

【作用与用途】用于预防猪细小病毒引起的母猪繁殖障碍疾病。免疫期为 6 个月。

【用法与用量】深部肌肉注射。每头 2 mL。母猪于配种前 2～3 周内注射；种公猪 8 月龄时注射，以后每年注射1次。免疫期1年。

【注意事项】在疫区和非疫区均可使用；在阳性猪场，对5月龄至配种前半月龄的后备母猪、后备公猪均可使用；在阴性猪场，配种前母猪任何时候均可免疫；怀孕母猪不宜使用。

【贮藏】2～8 ℃保存，有效期为1年。

(二十一)猪乙型脑炎活疫苗

【主要成分】每头份含猪流行性乙型脑炎弱毒株至少750 RID，为冻干制品。

【性状】乳白色海绵状疏松团块，加稀释液后迅速溶解。

【用途】用于预防猪乙型脑炎病毒感染所致的母猪流产、死产、木乃伊胎和公猪睾丸炎。

【用法用量】肌内注射。在本病流行前1～2个月，按瓶标签注明的头份，加专用稀释液稀释，配种的母猪和公猪每头肌内注射2 mL，含1头份；采用间隔3～4周做第2次免疫注射；后备母猪、种公猪可在配种前1个月强化免疫1次。

【注意事项】冷藏保存与运输；疫苗现用现配，稀释液使用前最好置2～8 ℃预冷；接种应选择在4～5月份(蚊蝇滋生季节前)；接种猪要求健康无病，注射器具要严格消毒。

【贮藏】－15 ℃以下保存，有效期为18个月。

(二十二)猪传染性胃肠炎、猪流行性腹泻二联活疫苗

【主要成分】含猪传染性胃肠炎病毒华毒株和流行性腹泻病毒CV777株，为冻干制品。

【性状】黄白色海绵状疏松团块，加稀释液后迅速溶解。

【作用与用途】用于预防由猪传染性胃肠炎病毒和猪流行性腹泻病毒引起的仔猪腹泻病。主动免疫接种后7 d产生免疫力，免疫期为6个月。仔猪被动免疫的免疫期至断奶后7 d。

【用法与用量】按瓶签注明的头份用无菌生理盐水(3 mL)稀释成每1.5 mL含1头份。后海穴位(尾根与肛门中间凹陷的小窝部位)注射。

妊娠母猪于产仔前20～30 d每头注射1.5 mL；其所生仔猪于断奶后7～10 d每头注射0.5 mL。未免疫母猪所产3日龄以内仔猪每头注射0.2 mL。体重25～50 kg育成猪每头注射1 mL，体重50 kg以上成猪每头注射1.5 mL。

【注意事项】运输过程中应防止高温和日光照射；妊娠母猪接种疫苗时要进行适当保定，以避免引起机械性流产；疫苗稀释后限1 h内用完；接种时针头保持与脊柱平行或稍偏上，以免将疫苗注入直肠内。

【贮藏】－20 ℃以下保存，有效期为2年；2～8 ℃保存，有效期为1年。

(二十三)猪口蹄疫O型灭活疫苗

【主要成分】猪O型口蹄疫病毒，加矿物油佐剂乳化制成。凡有“206”标记的疫苗是指用法国SEPPIC公司进口的Mon-tanide ISA206佐剂配制而成的高效油乳剂疫苗。

【性状】乳白色或淡红色，略带黏滞性的均匀乳状液，久置后，上层有少量油析出，底部有微量水析出，振摇后呈均匀乳剂。

【作用与用途】用于预防猪O型口蹄疫。注射后15 d产生免疫力，免疫期为6个月。

【用法与用量】耳根后肌内注射。体重10～25 kg猪，每头1 mL；体重25 kg以上每头2 mL。

【注意事项】首次使用本疫苗的地区，应选择一定的数量(约30头)猪进行小范围试用，观察3～6 d，确认无严重不良反应后，方可扩大接种面；注射部位肿胀，体温升高，减食或停食

1～2 d，随着时间的延长，反应逐渐减轻、消失。

【贮藏】2～8 ℃保存，有效期为 1 年。

（二十四）猪口蹄疫 O 型合成肽疫苗（多肽 2600＋2700＋2800）

【主要成分】含猪口蹄疫 O 型病毒多肽 2600、2700 和 2800 至少各 25 μg/mL。

【性状】乳白色略带黏滞性乳状液。

【作用与用途】用于预防猪 O 型口蹄疫。免疫期为 6 个月。

【用法与用量】耳根后深层肌内注射。每头猪接种 1.0 mL。首免后间隔 4 周再接种 1 次，此后每隔 4～6 个月加强免疫 1 次。

【注意事项】

①本品仅用于接种健康猪。

②使用前应充分摇匀。

③本品严禁冻结，使用前应使疫苗达到室温。

④如出现疫苗瓶破损、含有异物或破乳分层等异常现象时，切勿使用。

⑤疫苗开启后，限当日用完。

⑥用过的疫苗瓶、器具和未用完的疫苗等应进行无害化处理。

⑦屠宰前 28 d 内禁止使用。

【贮藏】2～8 ℃保存，有效期为 12 个月。

（二十五）猪口蹄疫 O 型、A 型二价灭活疫苗

【主要成分】含灭活的口蹄疫 O 型病毒 O/MYA98/BY/2010 株、O/PanAsia/TZ/2011 株及 A 型病毒 Re-A/WH/09 株。

【性状】乳白色略带黏滞性乳状液。

【作用与用途】用于预防猪 O 型、A 型口蹄疫。免疫期为 6 个月。

【用法与用量】耳根后肌肉注射。每头注射 2.0 mL。

【注意事项】

①本疫苗仅接种健康猪。对病畜、瘦弱猪只、怀孕前期和后期母畜、断奶前幼畜及长途运输后的猪只暂不注射，待猪只恢复正常后方可注射。

②疫苗应在 2～8 ℃条件下冷藏运输。运输和使用过程中避免日光直接照射。

③使用前应仔细检查疫苗。疫苗中若有异物、瓶体有裂纹或封口不严、破乳、变质、已过有效期或未在规定条件下保存的，均不得使用。使用时应将疫苗恢复至室温并充分摇匀。疫苗瓶开启后限当日用完。

④严格遵守免疫注射操作规程。注射器具和注射部位应严格消毒，每头动物更换一次针头。

⑤应由经过培训的专业人员进行免疫注射。注射时，入针深度要适中，注射剂量要准确。

⑥疫苗对安全区、受威胁区、疫区猪均可使用。必须先注射安全区的猪只，然后注射受威胁区的猪只，最后再注射疫区内的猪只。

⑦在非疫区，注射疫苗 21 d 后方可移动或调运猪只。

⑧注射疫苗后应注意观察猪只的反应，个别猪出现严重过敏反应时，应及时使用肾上腺素等药物进行抢救，同时采用适当的辅助治疗措施。

⑨对用过的疫苗瓶、器具和未用完的疫苗应收集后进行无害化处理，不得随意丢弃，避免污染环境。

【贮藏】2～8 ℃保存，有效期为 12 个月。

(二十六)猪口蹄疫 O 型、A 型二价合成肽疫苗(多肽 PO98＋PA13)

【主要成分】含猪口蹄疫病毒合成抗原多肽 PO98 和 PA13，每毫升疫苗中多肽 PO98 和 PA13 含量均为 25 μg。

【性状】乳白色黏滞性乳状液。

【作用与用途】用于预防猪 O 型、A 型口蹄疫，免疫期为 6 个月。

【用法与用量】肌肉注射，每头猪耳根后注射 1.0 mL(1 头份)；首免后，间隔 4 周以同样方法再接种 1 次，此后每间隔 4～6 个月再以同样方法加强接种 1 次。

【注意事项】

①本品仅用于接种健康猪。

②使用前应充分摇匀。

③本品严禁冻结，使用前应使疫苗达到室温。

④如出现疫苗瓶破损、含有异物或破乳分层等异常现象时，切勿使用。

⑤本品应在兽医指导下使用。

⑥疫苗开启后，限当日使用。

⑦接种后的用具、苗瓶、包装物和未用完的疫苗等应集中进行处理，不得乱弃，以防污染环境。

【贮藏】2～8 ℃保存，有效期为 12 个月。

四、牛、羊用疫苗使用说明

(一)气肿疽灭活疫苗

【主要成分】含灭活的气肿疽梭菌，加明矾制成。

【性状】静置时上部为棕黄色或淡黄色澄明液体，底部有少量灰白色沉淀，振摇后呈均匀混悬液。

【作用与用途】预防牛、羊气肿疽病。免疫期为 6 个月。

【用法与用量】皮下注射。不论年龄大小，牛 5 mL、羊 1 mL。6 月龄以下的犊牛至 6 月龄时，应再注射 1 次。

【注意事项】本品严禁冻结；使用前需充分摇匀；病弱畜、初产母畜、去势后创口未愈及体温不正常的动物，均不宜注射；在本病流行区，黄牛每年注射 2 次，以后每年注射 1 次。

【贮藏】2～8 ℃保存，有效期为 2 年。

(二)牛口蹄疫双价灭活疫苗(O 型、A 型)

【主要成分】含灭活的牛口蹄疫 O 型、A 型病毒。

【性状】乳白色或淡红色黏滞性均匀乳状液。

【作用与用途】用于预防牛、羊 O 型、A 型口蹄疫。

【用法与用量】肌内注射。6 月龄以上牛，每头 4 mL；6 月龄以下牛和 1 岁以上羊，每头 2 mL；1 岁以下羊，每只 1 mL。

【注意事项】

①疫苗应冷藏运输，但不得冻结。

②疫苗在使用前和使用过程中，均应充分摇匀。疫苗瓶开封后，限当日用完。

③患病、瘦弱或临产畜不予注射。

④非疫区的牛、羊，接种疫苗 21 d 后方可移动或调运。

⑤接种疫苗后出现注射部位肿胀，体温升高，减食 1～2 d。随着时间的延长，反应逐渐减轻，直至消失。少数牛、羊可能出现急性过敏反应，如焦躁不安、呼吸加快、肌肉震颤、口角出现白沫、鼻腔出血等，甚至因抢救不及时而死亡，部分妊娠母畜可能出现流产。建议及时使用肾上腺素等药物治疗，同时采用适当的辅助治疗措施，以减少损失。

【贮藏】2～8 ℃保存，有效期为 12 个月。

(三)牛口蹄疫双价灭活疫苗(Asia-Ⅰ型、O 型)

【主要成分】含灭活的牛口蹄疫 O 型牛源强毒和 Asia-Ⅰ型牛源强毒。

【性状】淡粉红色或乳白色乳剂。

【作用与用途】预防牛、羊亚洲Ⅰ(Asia-Ⅰ型)和 O 型口蹄疫，注苗 21 d 后产生免疫力，免疫期 6 个月。

【用法与用量】肌内注射。成年牛每头 3 mL，犊牛每头 2 mL，成年羊每只 2 mL，羔羊每只 1 mL。

【注意事项】有破乳现象疫苗不能使用；严禁冻结，使用前需充分振摇均匀；病弱牛不宜注射；5 个月以下犊牛和羔羊不注射。

【贮藏】2～8 ℃保存，有效期为 1 年。

(四)牛口蹄疫 O 型、A 型二价合成肽疫苗(多肽 0506 ＋0708)

【主要成分】含牛口蹄疫病毒合成肽抗原多肽 0506 和 0708，每毫升疫苗中多肽 0506 和 0708 含量均为 75 μg。

【性状】乳白色黏滞性乳状液。

【作用与用途】用于预防牛 O 型、A 型口蹄疫。免疫期为 6 个月。

【用法与用量】肌内注射。每头牛 1.0 mL。

【注意事项】

①疫苗应冷藏运输(但不得冻结)，并尽快运往使用地点。运输和使用过程中避免日光直接照射。

②使用前应仔细检查疫苗。疫苗中若有其他异物、瓶体有裂纹或封口不严、破乳、变质者不得使用。使用时应将疫苗恢复至室温并充分摇匀。疫苗瓶开启后限当日用完。

③本疫苗仅接种健康牛。病畜、瘦弱、怀孕后期母畜及断奶前幼畜慎用。

④严格遵守操作规程。注射器具和注射部位应严格消毒，每头更换一次针头。

⑤疫苗对安全区、受威胁区、疫区牛均可使用。疫苗应从安全区到受威胁区，最后再注射疫区内受威胁畜群。大量使用前，应先小试，在确认安全后，再逐渐扩大使用范围。

⑥在非疫区，注苗后 21 日方可移动或调运。

⑦在紧急防疫中，除用本品紧急接种外，还应同时采用其他综合防制措施。

⑧个别动物出现严重过敏反应时，应及时使用肾上腺素等药物进行抢救，同时采用适当的

辅助治疗措施。

⑨用过的疫苗瓶、器具和未用完的疫苗等进行无害化处理。

⑩接种时，须有专人做好记录，写明省（区）、县、乡（镇）、自然村、畜主姓名、家畜种类、大小、性别、接种头数和未接种头数等。在安全区接种后，观察 7～10 d，并详细记载有关情况。

【贮藏】2～8 ℃保存，有效期为 12 个月。

（五）口蹄疫（A 型）灭活疫苗（AF/72 株）

【主要成分】本品含灭活的口蹄疫 A 型病毒（AF/72 株），灭活前的病毒含量至少为 $10^{7.0}$ $TCID_{50}$/mL。

【性状】黏滞性均匀乳剂。

【作用与用途】用于预防牛 A 型口蹄疫，免疫期为 6 个月。

【用法与用量】肌内注射，6 月龄以上成年牛每头 2.0 mL，6 月龄以下犊牛每头 1.0 mL。

【注意事项】同牛口蹄疫 O 型、A 型二价合成肽疫苗

【贮藏与有效期】2～8 ℃保存，有效期为 12 个月。

（六）牛多杀性巴氏杆菌病灭活疫苗

【主要成分】含灭活荚膜 B 群多杀性巴氏杆菌，为氢氧化铝胶苗。

【性状】静置后，上层为黄色透明液体，下层为灰白色沉淀，振摇后为均匀混悬液。

【作用与用途】用于预防牛多杀性巴氏杆菌病，注射后 21 d 产生免疫力，免疫期为 9 个月。

【用法与用量】体重 100 kg 以下的牛，皮下或肌内注射 4 mL；体重 100 kg 以上注射 6 mL。

【注意事项】

①不健康或怀孕后期的牛，不宜注射。

②疫苗使用时要充分振摇均匀再注射。

③注射后，有个别可能发生过敏反应，需特别注意。牛的过敏反应症状为注射后 1～2 h，呼吸促迫、腹部膨胀、喘气、流涎、呕吐、哀鸣等，一般经过 1～2 h 即逐渐恢复。如症状严重，卧地不起，呼吸微弱，应皮下注射 0.1%肾上腺素 4～8 mL 急救。

【贮藏】2～8 ℃保存，有效期为 1 年。

（七）牛副伤寒灭活疫苗

【主要成分】含肠炎沙门氏菌都柏林变种和病牛沙门氏菌 2～3 个菌株，加铝胶制成。

【性状】静置后上部为灰褐色澄明液体，下部为灰白色沉淀，振摇后成均匀的混悬液。

【作用与用途】用于预防牛副伤寒病及牛沙门氏菌病。免疫期为 6 个月。

【用法与用量】1 岁以下小牛肌内注射 1 mL，1 岁以上牛 2 mL。为增强免疫力，对 1 岁以上的牛，在第 1 次注射后 10 d，可用相同剂量再注射 1 次。怀孕母牛应在产前 1.5～2 个月注射。新生犊牛则应于 1～1.5 月龄时再注射 1 次。对已发生本病的牛群，2～10 日龄的犊牛可肌内注射 1 mL 疫苗作紧急预防。

【注意事项】疫苗严禁冻结；使用前需充分振摇均匀；病弱牛不宜注射。

【贮藏】2～8 ℃保存，有效期为 1 年。

（八）奶牛乳腺炎灭活疫苗

【主要成分】含灭活的金黄色葡萄球菌、无乳链球菌、停乳链球菌、乳房链球菌和大肠杆菌。

【性状】灰白色混悬液。静置后，上层呈淡红色。

【作用与用途】用于预防牛乳腺炎。适用于奶牛。

【用法与用量】怀孕母牛产前 2 个月第 1 次免疫，间隔 30 d 第 2 次免疫，产后 2 h 内第 3 次免疫。每次颈部或胸部皮下注射 3 mL；正常泌乳牛间隔 21 d 连续 3 次免疫，每次颈部或胸部皮下注射 3 mL。

【注意事项】使用前摇匀，使疫苗的温度恢复到室温；切勿冻结。

【贮藏】2～8 ℃保存，有效期为 1 年。

（九）羊快疫、猝狙（或羔羊痢疾）、肠毒血症三联灭活苗

【主要成分】含灭活的腐败梭菌和 C（或 B 型）、D 型产气荚膜梭菌。

【性状】静置时上层为黄色透明液体，下层为灰白色沉淀，振摇后为均匀混悬液。

【作用与用途】预防羊快疫、猝狙（或羔羊痢疾）、肠毒血症。注射后 14 d 产生免疫力，羊快疫、羔羊痢疾、猝狙免疫期为 1 年，肠毒血症为 6 个月。

【用法与用量】不论羊只年龄大小，一律皮下或肌内注射 5 mL。

【注意事项】疫苗严禁冻结；使用前要充分摇匀；病弱羊不宜注射。

【贮藏】2～8 ℃保存，有效期为 2 年。

（十）羊梭菌病多联干粉灭活疫苗

【主要成分】含灭活的腐败梭菌、魏氏梭菌 B、C、D 型、诺维氏梭菌、肉毒梭菌及破伤风梭菌。

【性状】灰褐色或淡黄色粉末。

【作用与用途】用于预防羊快疫、羔羊痢疾、猝狙、肠毒血症、黑疫、肉毒中毒和破伤风，免疫期为 1 年。

【用法与用量】按照说明书注明的头份数，用 20% 氢氧化铝胶生理盐水溶解，充分振摇后，不论年龄大小，每只羊均肌内注射或皮下注射 1 mL。

【注意事项】病弱羊不宜注射。

【贮藏】2～8 ℃保存，有效期为 5 年。

（十一）山羊传染性胸膜肺炎灭活疫苗

【主要成分】含灭活的山羊传染性胸膜肺炎强毒。

【性状】静置时上层为淡棕色透明液体，下层是灰白色沉淀，振摇后呈均匀混悬液。

【作用与用途】预防山羊传染性胸膜肺炎。注射后 14 d 产生可靠免疫力，免疫期 1 年。

【用法与用量】皮下或肌内注射，6 月龄以下羊羔 3 mL，成年羊 5 mL。

【注意事项】本疫苗切忌冻结；用于颈部皮下注射，应离肩胛较远，否则引起山羊跛行；在已流行山羊传染性胸膜肺炎的羊群，需先检查每只羊的体温和健康状况，凡出现临床症状或体温超过 40 ℃者，不应注射。

【贮藏】2～8 ℃保存，有效期为 18 个月。

（十二）绵羊痘活疫苗

【主要成分】含活的绵羊痘鸡胚化弱毒。

【性状】淡黄色海绵状疏松团块，加稀释液后迅速溶解。

【作用与用途】用于预防绵羊痘，注射后 6 d 可产生免疫力，免疫期为 1 年。

【用法与用量】按瓶签标明头份，用生理盐水稀释为每头份 0.5 mL。大小绵羊一律在尾根

内侧或股内侧皮内注射 0.5 mL。3 月龄以内的羔羊，在断奶后应再接种 1 次。

【注意事项】

①可用于不同品系的绵羊，也可用于孕羊，孕羊在接种时，应避免抓羊引起的机械性流产。

②在非疫区使用或用于羔羊及易感性高的羊时，使用前需对本地区不同品种的羊先做小区试验，证明安全后方可全面使用。

③稀释的疫苗限当日用完。注射局部应严格消毒，以免注射感染。

④在绵羊痘流行羊群中，可用本疫苗给未发痘羊紧急接种。

【贮藏】−15 ℃以下保存，有效期为 2 年；2～8 ℃保存，冻干组织疫苗有效期为 18 个月，冻干细胞苗有效期为 1 年。

（十三）山羊痘活疫苗

【主要成分】含活的山羊痘病毒。

【性状】淡黄色海绵状疏松团块，加稀释液后迅速溶解。

【作用与用途】用于预防山羊痘及绵羊痘，接种疫苗后 4 d 产生免疫力，免疫期为 1 年。

【用法与用量】按瓶签标明头份，用生理盐水稀释为每头份 0.5 mL。大小绵羊一律在尾根内侧或股内侧皮内注射 0.5 mL。

【注意事项】可用于不同品系和不同年龄的绵羊及山羊，也可用于孕羊，孕羊在接种时应防止机械性流产；稀释的疫苗限当日用完；在羊痘流行羊群中，可用本疫苗给未发痘羊紧急接种。

【贮藏】−15 ℃以下保存，有效期为 2 年；2～8 ℃保存，有效期为 18 个月。

（十四）小反刍兽疫活疫苗（Clone9 株）

【主要成分】每头份疫苗含有的小反刍兽疫弱毒病毒不低于 $10^{3.0}$ $TCID_{50}$。

【性状】乳白色或淡黄色海绵状疏松团块，易与瓶壁脱离，加稀释液后迅速溶解。

【作用与用途】用于预防羊的小反刍兽疫。免疫持续期为 36 个月。

【用法与用量】按瓶签注明头份，用灭菌生理盐水稀释为每毫升含 1 头份，每只羊颈部皮下注射 1 mL。

【注意事项】稀释后的疫苗应避免阳光直射，气温过高时在接种过程中应冷水浴保存，稀释后的疫苗应在 3 h 内用完。用过的疫苗瓶，剩余疫苗及接种用注射器均应消毒处理。仅用于接种健康动物。怀孕母羊接种疫苗时，保定动作应轻柔，避免因保定不当引起流产。

【贮藏与有效期】−20 ℃以下保存，有效期为 24 个月。

（十五）小反刍兽疫、山羊痘二联活疫苗（Clone9 株＋AV41 株）

【主要成分】每头份疫苗含有的小反刍兽疫弱毒病毒不低于 10^{3} $TCID_{50}$，含有的山羊痘弱毒病毒不低于 $10^{3.5}$ $TCID_{50}$。

【性状】乳白色或淡黄色海绵状疏松团块，易与瓶壁脱离，加稀释液后迅速溶解。

【作用与用途】用于预防羊的小反刍兽疫和山羊痘。免疫持续期为 12 个月。

【用法与用量】按瓶签注明头份，用灭菌生理盐水稀释为每 0.5 mL 含 1 头份，每只羊皮内注射 0.5 mL。最小免疫月龄为 1 月龄。

【注意事项】稀释后的疫苗应避免阳光直射，气温过高时在接种过程中应冷水浴保存，稀释后的疫苗应在 3 h 内用完。用过的疫苗瓶、剩余疫苗及接种用注射器均应消毒处理。仅用于接种健康动物。怀孕母羊接种疫苗时，保定动作应轻柔，避免因保定不当引起流产。

【贮藏与有效期】－20 ℃以下保存，有效期为 24 个月。

五、犬用疫苗使用说明

（一）狂犬病活疫苗

【主要成分】为狂犬病 Flury LEP 株，冻干制品。

【性状】淡黄色疏松团块，加稀释液后迅速溶解。

【作用与用途】用于预防犬的狂犬病，其他动物不用，免疫期为 1 年。

【用法与用量】按瓶签注明头份，每头份加 1 mL 灭菌注射用水或 pH 7.4 的磷酸盐缓冲稀释，3 月龄以上的犬每只一律肌内注射或皮下注射 1 mL。

【注意事项】疫苗稀释后限 8 h 内用完；接种用的注射器，不能用化学药品消毒；疫苗冷藏保存，避免高温及阳光照射；注射疫苗后个别犬在注射局部发生肿胀，但很快即消失。

【贮藏】－15 ℃以下保存，有效期为 12 个月；2～8 ℃保存，有效期为 6 个月。

（二）犬瘟热活疫苗

【主要成分】犬瘟热弱毒株，经 SPF 细胞培养冻结苗。

【性状】冰冻时呈橘黄色，溶解后液体透明呈樱红色。

【作用与用途】预防犬瘟热病，可用于水貂、狐、犬、小熊猫等犬瘟热病的免疫预防和紧急接种。用于预防狐、貉及各种犬的犬瘟热。

【用法与用量】置室温溶解后，按瓶签说明每次肌内注射 1 个免疫剂量。无犬瘟热传染危险的犬群可待犬瘟热母原抗体基本消失的 10～12 周进行第 1 次免疫，2～3 周后再重复免疫 1 次；对犬瘟热传染威胁的犬，则从离乳开始以 2～3 周的间隔，连续免疫 3 次。

【注意事项】应防热、避光，避免反复冻融，在冰冻条件下运输。

【贮藏】－15 ℃以下保存，有效期为 6 个月。

（三）犬细小病毒病活疫苗

【主要成分】犬细小病毒弱毒株，经犬肾原代细胞培养，加保护剂冻干而成。

【性状】灰白色海绵状疏松团块，易与瓶壁脱离，加稀释液后迅速溶解成粉红色液体。

【作用与用途】预防犬细小病毒肠炎和心肌炎。免疫期为 1 年。

【用法与用量】皮下注射 1 mL，免疫 2 次，间隔 2～3 周。妊娠犬产前 20 d 免疫 1 次。

【注意事项】只用于健康犬，不能用于犬细小病毒病的紧急预防和治疗；本苗受母原抗体的干扰，非疫区可待犬瘟热母原抗体基本消失后再注射；使用过犬细小病毒高免血清的犬须过 2 周后再注射本疫苗。

【贮藏】－15 ℃以下保存，有效期为 12 个月。

（四）狂犬病、犬瘟热、犬副流感、犬腺病毒和犬细小病毒病五联活疫苗

【主要成分】含致弱的犬狂犬病病毒、犬瘟热病毒、犬副流感病毒、犬腺病毒和犬细小病毒，按比例混合后，经冻干制成。

【性状】微黄白色海绵状疏松团块，易与瓶壁脱离，加稀释液后迅速溶解。

【作用与用途】用于预防犬狂犬病、犬瘟热、犬副流感、犬腺病毒病与犬细小病毒病。免疫期为 1 年。

【用法与用量】肌内注射。用注射用水稀释成 2 mL(含 1 头份)。断奶幼犬连续免疫 3 次，间隔 21 d,每次 2 mL;成年犬每年免疫 2 次,间隔 21 d,每次 2 mL。

【注意事项】

①本品只用于非食用犬的预防注射,不能用于已发生疫情时的紧急预防与治疗。孕犬禁用。

②使用过免疫血清的犬,需隔 7～14 d 后才能使用本疫苗。

③注射器具需经煮沸消毒。本品溶解后,应立即注射。

④注射期间应避免调教、运输和饲养管理条件骤变,并禁止与病犬接触。

⑤注射本疫苗后如发生过敏反应,应立即肌内注射盐酸肾上腺素注射液 0.5～1.0 mL。

【贮藏】在－20 ℃以下保存,有效期为 1 年;2～8 ℃保存,有效期为 9 个月。

六、经济动物用疫苗使用说明

(一)水貂犬瘟热活疫苗

【主要成分】含有水貂犬瘟热病毒 CDV3 株,为冻结苗。

【性状】淡黄色,解冻后为粉红色透明液体。

【作用与用途】预防犬瘟热,可用于紧急接种。免疫期为 6 个月。

【用法与用量】皮下注射。每年免疫 2 次,间隔 6 个月,仔兽断乳后 2～3 周接种。狐、貉无论大小均 3 mL,芬兰狐 4 mL,水貂 1 mL。

【注意事项】应防热,避光,在冷冻条件下运输;注射前需将本品在室温下解冻并摇匀;解冻后限当日内用完。

【贮藏】－20 ℃以下保存,有效期为 1 年。

(二)水貂病毒性肠炎灭活疫苗

【主要成分】本品系用 SMPV-11 毒株经细胞培养增殖,以 BEI 灭活制成。

【性状】冰冻时呈橘黄色,解冻后为粉红色透明液体。

【作用与用途】预防细小病毒引起的腹泻,尤其适用于皮兽(非种用),发病兽群也可进行紧急接种。接种后 2 周产生免疫力,免疫期 6 个月。

【用法与用量】皮下注射。每年免疫 2 次,间隔 6 个月,仔兽断乳后 2～3 周接种。狐、貉无论大小均 3 mL,芬兰狐 4 mL,水貂 1 mL。

【注意事项】本疫苗切忌冻结,用时应充分振荡。

【贮藏】2～10 ℃保存,有效期为 6 个月。

(三)阴道加德纳氏菌灭活疫苗

【主要成分】系用阴道加德纳氏菌标准株接种适宜培养基,培养物经灭活后加铝胶制成。

【性状】静置时上层为淡黄色澄清液体,下部有黄白色沉淀,振摇后呈混悬液。

【作用与用途】用于预防狐、貉、水貂感染阴道加德纳氏菌引起的空怀、流产、子宫内膜炎、阴道炎、尿道炎、睾丸炎、包皮炎等。

【用法与用量】肌内注射。每年免疫 2 次,间隔 6 个月。狐、貉、水貂无论大小均 1 mL。

【注意事项】本疫苗切忌冻结,用时应充分振荡。

【贮藏】2～10 ℃保存,有效期为 10 个月。

（四）狐狸脑炎活疫苗

【主要成分】种毒为弱毒 CAV-2 株，接种犬肾传代细胞培育而成。

【性状】冰冻时呈橘黄色，溶解后液体透明呈樱红色。

【作用与用途】预防腺病毒引起的狐脑炎。

【用法与用量】皮下注射。每年免疫 2 次，间隔 6 个月，仔兽断乳后 2～3 周接种。无论大小狐均 1 mL。

【注意事项】本疫苗应防热、避光，在冰冻条件下运输；每瓶解冻后一次性用完。

【贮藏】－15 ℃以下保存，有效期为 10 个月。

（五）水貂犬瘟热、细小病毒性肠炎和肉毒梭菌中毒三联疫苗

【主要成分】含水貂犬瘟热弱毒，细小病毒性肠炎弱毒和肉毒梭菌 C 型，冻结活疫苗。

【性状】冰冻时呈橘黄色，溶解后液体呈暗红色。

【作用与用途】用于预防水貂犬瘟热、细小病毒性肠炎和肉毒梭菌中毒 3 种烈性传染病。免疫期达 6 个月以上，保护率在 90％以上。

【用法与用量】不论大小每只水貂 2 mL。

【贮藏】－20 ℃以下保存，有效期为 6 个月；4 ℃保存，有效期为 2 周。

（六）兔病毒性出血症灭活疫苗

【主要成分】兔病毒性出血症病毒接种易感家兔，制备的组织灭活苗。

【性状】为灰褐色均匀混悬液，静置后瓶底有部分沉淀。

【作用与用途】预防兔病毒性出血症（即兔瘟），免疫期为 6 个月。

【用法与用量】颈部肌内或皮下注射。2 月龄以上家兔每只 1 mL。成年兔每年春、秋两季进行免疫；未断奶乳兔亦可使用，每只 1 mL，但断奶后应再注射 1 次。

【注意事项】避免阳光直射与高温。

【贮藏】2～8 ℃保存，有效期为 18 个月。

（七）兔病毒性出血症、兔多杀性巴氏杆菌病二联灭活疫苗

【主要成分】含有兔病毒性出血症病毒及 A 型多杀性巴氏杆菌 C51-17 株。灭活前每毫升疫苗含病毒组织 0.05 g、含巴氏杆菌活菌数＞5×10^9 个。

【性状】灰褐色均匀混悬液，静置后上层为黄棕色的澄明液体，下层有部分沉淀。

【作用与用途】用于预防兔病毒性出血症及多杀性巴氏杆菌病。免疫期为 6 个月。

【用法与用量】皮下注射。2 月龄以上兔，每只 1 mL。

【注意事项】仅用于接种健康兔，且不能接种怀孕后期的母兔；在已发病地区，应按紧急防疫处理；部分兔注射后可能出现一过性食欲减退的现象。

【贮藏】2～8 ℃保存，有效期为 1 年。

（八）兔病毒性出血症、兔多巴氏杆菌病、兔产气荚膜梭菌病三联灭活疫苗

【主要成分】系用兔魏氏梭菌培养物经甲醛溶液杀菌后，加入氢氧化铝胶制成。

【性状】静置时上部为橙黄色透明液体，下部为灰白色沉淀，振摇后呈均匀混悬液。

【作用与用途】预防兔的魏氏梭菌病，免疫期为 5 个月。

【用法与用量】1 kg 以上的家兔，第 1 次肌内注射 1 mL，间隔 14 d 后，再肌内注射 1 mL。

【注意事项】病弱兔不宜注射，疫苗严防冻结，使用前需充分摇匀。

【贮藏】2～10 ℃冷暗干燥处保存，有效期为 6 个月。

七、多种动物共用疫苗使用说明

(一)Ⅱ号炭疽芽孢苗

【主要成分】为炭疽Ⅱ号弱毒菌种繁殖形成芽孢后，加 30%甘油蒸馏水或铝胶蒸馏水制成。

【性状】甘油苗静置时为透明液体，瓶底有灰白色沉淀，振摇呈均匀混悬液。铝胶苗静置时上层为透明液体，下层为灰白色沉淀，振摇呈均匀混悬液。

【作用与用途】用于预防大动物、羊、猪的炭疽。山羊免疫期为 6 个月，其他动物为 12 个月。

【用法与用量】山羊皮内注射 0.2 mL。其他动物一律皮下注射 1 mL 或皮内注射 0.2 mL。

【注意事项】用前充分振摇；山羊和马慎用；本品宜秋季使用，在牲畜春乏或气候骤变时，不应使用。

【贮藏】2～8 ℃保存，有效期为 2 年。

(二)无毒炭疽芽孢疫苗

【主要成分】含无荚膜炭疽杆菌弱毒菌株，加 30%甘油蒸馏水或铝胶蒸馏水制成。

【性状】甘油苗静置时为透明液体，瓶底有灰白色沉淀，振摇呈均匀混悬液。铝胶苗静置时上层为透明液体，下层为灰白色沉淀，振摇呈均匀混悬液。

【作用与用途】用于预防马、牛、绵羊和猪的炭疽病。免疫期为 1 年。

【用法与用量】皮下注射。马、牛 1 岁以上注射 1 mL；1 岁以下注射 0.5 mL。猪和绵羊 0.5 mL。

【注意事项】用前充分振摇；本品宜秋季使用，在牲畜春乏或气候骤变时，不应使用；山羊忌用，马慎用本疫苗；用过的器具、芽孢苗空瓶和剩余的苗，都必须经过消毒处理；预防注射的家畜经过 14 d 后方可屠宰；如家畜注苗后 14 d 内死亡，尸体不得食用。

【贮藏】2～8 ℃保存，有效期为 2 年。

(三)布鲁氏杆菌病活疫苗(A19 株)

【主要成分】含牛型布鲁氏菌 19 号弱毒菌，冻干制品。

【性状】白色或淡黄色的疏松固体。

【作用与用途】预防牛和绵羊的布鲁氏菌病，只用于母畜。绵羊免疫期为 9～12 个月，牛为 6 年。

【用法与用量】颈部皮下注射。牛于 6～8 月龄注射 1 次，必要时于 18～20 月龄(即第 1 次配种前)再注射 1 次，以后根据牛群布鲁氏菌病流行情况，决定是否再免疫。每头牛 5 mL，含 600 亿～800 亿标准剂量。绵羊每年需在配种前 1～2 个月注射 2.5 mL，含 300 亿～400 亿剂量。

【注意事项】注射疫苗数日内能出现体温升高，注射部位轻度肿胀，但不久即可消失；泌乳期母羊，短期内可见产奶量减少；怀孕期母羊注射后，可引起流产；所以配种期、怀孕期、泌乳期的畜群及病弱动物禁止注射本疫苗；疫苗对人有一定的致病力，使用疫苗时注意个人防护，用过的用具需消毒。

【贮藏】2～8 ℃保存，有效期为 1 年。

（四）布鲁氏杆菌病活疫苗（S2 株）

【主要成分】为猪种布鲁氏菌杆菌弱毒 S2 株，冻干制品。

【性状】淡黄色疏松固体，加稀释液后迅速溶解。

【作用与用途】预防山羊、绵羊、猪、牛的布鲁氏菌病。免疫期羊为 3 年，牛为 2 年，猪为 1 年。

【用法与用量】按疫苗标签所规定的活菌数，加稀释液稀释疫苗，采取口服免疫或肌内注射。

①口服法。山羊和绵羊不论年龄大小，每头为 100 亿个活菌；牛为 500 亿个活菌；猪口服 2 次，每次 200 亿个活菌，间隔 1 个月。

②注射法。皮下或肌内注射。山羊每头为 25 亿个；绵羊为 50 亿个；猪注射 2 次，每次每头 200 亿个，间隔 1 个月。

【注意事项】①疫苗稀释后，当天用完。②怀孕畜群及牛不能采用注射法免疫。母畜宜在配种前 1～2 个月进行注射，公畜宜在性成熟前注射。③若拌入饲料中喂服，应避免使用含有抗生素添加剂的饲料、发酵饲料或热饲料。免疫动物在服苗的前后 3 d，应停止使用含有抗生素添加剂的饲料和发酵饲料。④使用时要注意人员的防护，不准徒手拌疫苗。⑤用过的器具及疫苗瓶需煮沸消毒。饮水免疫用的水槽，可日晒消毒。

【贮藏】2～8 ℃冷暗干燥处，有效期为 1 年。

（五）布鲁氏杆菌病活疫苗（M5 株）

【主要成分】羊种布鲁氏杆菌弱毒 M5 株或 M5-90 株，冻干制品。

【性状】呈白色或淡黄色的疏松海绵状，加稀释液后迅速呈均匀悬浮液。

【作用与用途】用于预防山羊、绵羊、牛布鲁氏菌病，免疫期为 3 年。

【用法与用量】按疫苗标签注明的活菌数加入稀释液，皮下注射、滴鼻或口服免疫。

皮下注射牛每头为 250 亿个活菌；羊每只为 10 亿个活菌，口服羊每只 250 亿个活菌，滴鼻羊每头 10 亿个活菌。

【注意事项】怀孕畜群、种公畜及检疫呈阳性反应的畜群不能使用本疫苗预防接种；只对 3～8 月龄奶牛接种，成年奶牛一般不接种。

【贮藏】0～8 ℃冷暗干燥处，有效期为 1 年。

（六）肉毒梭菌中毒症灭活疫苗（C 型）

【主要成分】含灭活的 C 型肉毒梭菌，加氢氧化铝胶制成。

【性状】静置后，上部为橙色澄清液体，下部为灰白色沉淀，振摇后为均匀混悬液。

【作用与用途】用于预防牛、羊、骆驼和水豹的肉毒梭菌中毒症。免疫期为 1 年。

【用法与用量】皮下注射。牛 10 mL、羊 4 mL、骆驼 20 mL、水貂 2 mL。

【注意事项】疫苗严禁冻结；使用前要充分摇匀。

【贮藏】2～8 ℃保存，有效期为 3 年。

（七）兽用狂犬病活疫苗（ERA 株）

【主要成分】为狂犬病 ERA 弱毒株，冻干制品。

【性状】黄白色疏松固体，加稀释液后迅速溶解。

【作用与用途】用于预防各种动物的狂犬病，免疫期为1年。

【用法与用量】肌内注射。2月龄以上犬不论大小，一律1 mL，猪和羊每只2 mL，马和牛5 mL。其他动物视体重酌量注射。动物被咬伤时，立即紧急预防注射1～2次，间隔3～5 d。

【注意事项】疫苗稀释后限8 h用完；病弱动物、临产或产后母畜及幼龄动物不宜注射本苗；注射器及注射部位应严格消毒；用过的器具、疫苗瓶、剩余疫苗需消毒处理或深埋。

【贮藏】－20 ℃保存，有效期为18个月。

思考与练习

一、选择题与判断题

1. 用完的疫苗瓶和稀释液应该如何处理（　　）。（单选题）

A. 投入垃圾桶　　B. 无害化处理　　C. 冲洗干净留用　　D. 随意丢弃

2. 猪传染性胃肠炎、猪流行性腹泻二联灭活疫苗通常采用（　　）免疫。（单选题）

A. 皮下接种　　B. 皮内接种　　C. 肌内接种　　D. 后海穴位

3. 猪支原体肺炎活疫苗用于预防猪肺炎支原体引起的猪喘气病，免疫方法多采用（　　）。（单选题）

A. 胸腔接种　　B. 皮内接种　　C. 肌内接种　　D. 后海穴位

4. 冻干活疫苗保存温度一般在（　　）保存。（单选题）

A. 2～8 ℃　　B. 室温　　C. －15 ℃以下　　D. －70 ℃以下

5. 耐热保护剂疫苗保存温度一般（　　）保存。（单选题）

A. 2～8 ℃　　B. 室温　　C. －15 ℃以下　　D. －70 ℃以下

6. 灭活疫苗保存温度一般（　　）保存。（单选题）

A. 2～8 ℃　　B. 室温　　C. －15 ℃以下　　D. －70 ℃以下

7. 冻结苗应在（　　）的低温条件下保存。（单选题）

A. 2～8 ℃　　B. 室温　　C. －15 ℃以下　　D. －70 ℃以下

8. 猪瘟活疫苗免疫接种可采用（　　）方法。（单选题）

A. 滴鼻　　B. 点眼　　C. 饮水　　D. 注射　　E. 气雾

9. 灭活苗除注射方法免疫外，还可以用滴鼻、滴眼、滴口方法免疫。（判断题）

10. 气雾免疫省时省力，适用于群体免疫，特别是某些对呼吸道有亲嗜性的疫苗，如ND、IB等疫苗效果较好。（判断题）

11. 滴鼻、点眼、滴口免疫法适用于弱毒活疫苗的免疫，此种方法无漏免现象，免疫效果好，但需逐只抓鸡，比较适合于雏鸡。（判断题）

12. 忽视了局部免疫和免疫空白期，也是造成免疫失败的原因。（判断题）

13. 生物制品在使用过程中，如出现过敏反应，立即注射肾上腺素。（判断题）

14. 翼膜刺种用刺种针蘸取疫苗在家禽翅膀内侧无血管处的“三角区”刺种，主要用于鸡痘免疫。（判断题）

15. 灭活苗必须用注射方法免疫接种，包括（　　）。（多选题）

A. 皮下免疫　　B. 肌内免疫　　C. 后海穴免疫　　D. 鼻腔免疫　　E. 胸腔免疫

16. 饮水免疫法操作注意事项有(　　)。(多选题)

A. 稀释用水，不得含有氯、铜等离子，最好用凉开水

B. 饮水器要用无毒塑料制品，不用金属容器

C. 免疫前，夏季应停水 1～2 h，其他季节停水 2～4 h

D. 配疫苗使用的水量约为当天鸡群饮水总量的 30%

E. 疫苗现配现用，并在 2 h 内用完

17. 免疫接种的类型通常包括(　　)。(多选题)

A. 预防免疫接种　　B. 紧急免疫接种

C. 临时性免疫接种　　D. 屏障(国境)预防接种

18. 免疫失败的原因与以下哪些因素有关(　　)。(多选题)

A. 疫苗质量因素　　B. 母源抗体的影响　　C. 免疫程序不合理

D. 变异株的出现或免疫动物隐性感染　　E. 疫苗使用方法不正确

19. 鸡新城疫活疫苗免疫接种可采用(　　)方法。(多选题)

A. 滴鼻　　B. 点眼　　C. 饮水　　D. 注射　　E. 气雾

20. 活疫苗免疫接种方法，主要有(　　)。(多选题)

A. 滴鼻、滴眼、滴口免疫法　　B. 饮水免疫法　　C. 气雾免疫法

D. 翼膜刺种　　E. 注射接种

二、简答题

1. 如何进行生物制品的安全保存及运输？
2. 请说出养禽生产中常用的免疫方式分别适合哪种疫苗的免疫。
3. 疫苗常用的接种剂量是多少？是否接种剂量越大免疫效果就越好？
4. 为什么疫苗在使用时要现用现配？配制好的疫苗为什么必须在 2 h 内用完？
5. 用完的疫苗瓶和稀释液应该如何处理？
6. 为什么在点眼的时候，要停留片刻，再把鸡只轻放于地面？
7. 使用疫苗的注意事项有哪些？
8. 鸡新城疫疫苗有很多种，在鸡群免疫接种中如何进行选择？

二维码 11-5　项目十一 预防用生物制品使用

思考与练习参考答案

项目十二
诊断用生物制品使用

【知识目标】

1. 掌握免疫监测常用的血清学技术
2. 掌握被检血清的采集及处理
3. 掌握抗体监测的实际意义

【技能目标】

1. 能够按照使用说明进行诊断制品的使用
2. 会通过各种途径查阅所需资料
3. 具备诊断制品使用、结果判定与分析的能力

【素质目标】

1. 通过诊断制剂规范使用学习，培养学生严谨的工作作风和良好的职业道德
2. 通过项目任务，培养学生的无菌意识、安全意识和团队协作能力

二维码 12-1　鸡新城疫免疫抗体监测

二维码 12-2　1%红细胞制备

二维码 12-3　鸡白痢平板凝集抗原应用

二维码 12-4　琼脂扩散试验诊断抗体应用

任务一　鸡新城疫免疫抗体监测

【目的要求】

掌握鸡新城疫抗体监测方法、结果判定及检测意义；掌握新城疫诊断抗原的使用方法。

【器具材料】

V形96孔微量血凝板、微型振荡器、可调移液器（25～50 μL）、0.1 mol/L稀释液、pH 7.0～7.2 PBS液、0.5%～1.0%红细胞悬液、新城疫标准抗原、新城疫标准阳性血清、新城疫标准阴性血清、待检血清。

【方法步骤】

一、抗原的配制

新城疫诊断抗原血凝效价除以4即为含4单位抗原。例如，如果血凝效价为1∶256，则4个血凝单位的稀释度应是1∶64，此例中将1 mL抗原加入63 mL生理盐水，即为4单位抗原。

二、操作步骤

①在V形微量血凝板中每孔加入PBS 25 μL。

②在孔1中加入被检血清25 μL。做等量倍比稀释至10孔，将最后孔25 μL混合液弃去。第11、12孔作对照，11孔加PBS 25 μL、4单位抗原25 μL和1%鸡红细胞悬液25 μL为阳抗原对照。12孔加PBS 50 μL和1%红细胞悬液25 μL为空白对照孔。

③每孔中加入4单位抗原25 μL，振荡30 s后，室温（约20 ℃）静置至少30 min。

④取出血凝板，每孔加入1%鸡红细胞悬液25 μL，振荡30 s，室温（约20 ℃）静置40 min左右。待对照孔的红细胞呈明显圆点状时判定结果。

三、结果判定

完全抑制4血凝单位抗原的最高血清稀释倍数为HI价。确定血凝时需倾斜反应板，只有与空白对照孔红细胞流淌相当的孔才可判定为抑制。判定时先检查对照是否正确，只有对照各孔准确方可证明操作和使用材料无误。以被检血清最大稀释倍数能抑制红细胞凝集者为该血清抑制价，用被检血清的稀释倍数表示。

四、注意事项

①做HI试验之前，需先做微量血凝试验以确定在HI试验中所需要的抗原量（彩图35、彩图36）。

②国际兽医局所推荐的程序如下：试验所用的是96孔V形微量反应板，2种反应的总体积都是75 μL，试验需用等渗的PBS（0.1 mol/L pH 7.0～7.2）液，红细胞至少应采用3只

SPF 鸡，然后配制成1%红细胞悬液备用，每次试验设阳抗原对照和空白对照。

③被检鸡群随机抽样，每群采 20～30 份血样，分离血清。

【检测意义】

HI 试验适用于禽流感检疫、疫情监测和流行病学调查。监测鸡群的免疫状态时，应在禽流感免疫 3 周后，采血测定 HI 抗体效价。HI 越高免疫效果越好，幼鸡与后备鸡要求在 16(2^4)以上，蛋鸡要求在 32(2^5)以上，种鸡要求在 64(2^6)以上。

【考核测评】

考核要素/分值比例	考核内容/分值			
专业技能测评/60%	器材准备/10 分	1% 红细胞制备/15 分	抗体测定/20 分	结果判定与分析/15 分
素质测评/30%	安全操作/8 分	规范标准/8 分	及时清场/7 分	团队协作/7 分
创新测评/10%	学生在完成项目任务的任何环节融入创新元素，即可得分，小组成员可根据参与度给予赋分			
考核建议：既可以过程考核，也可以随机抽考，视具体条件选择。 专业技能考核可以让学生在操作时录制视频上传，作为考核依据，也可以单独组织考核。 要求：本人出镜，完整操作。				

任务二 鸡白痢检测

【目的要求】

掌握鸡白痢的检测方法、结果判定及检测意义。

【器具材料】

鸡白痢禽伤寒多价染色平板抗原、标准阳性血清、弱阳性血清、阴性血清、待检鸡群、玻璃板、移液器、采血针头、酒精棉、酒精灯、反应平板箱（去现场监测时必备此箱，起到照明和保温作用）。

【方法步骤】

一、操作程序

①洁净玻璃板打好格，在检测开始前，先做阳性血清和抗原对照试验，用移液器吸取鸡白痢禽伤寒多价抗原液，加入玻璃板 3 个方格里每格 0.05 mL，分别加入标准强、弱阳性血清及阴性血清 0.05 mL，混合均匀，在 2～3 min 内，强阳性血清出现 100%凝集(＋＋＋＋)；弱阳性血清出现 50%凝集(＋＋)；阴性血清不凝集(－)，方可进行检测工作。

②用滴管或移液器吸取鸡白痢鸡伤寒多价凝集抗原 0.05 mL，滴在玻璃板上。

③用无菌针头刺破翅静脉，以消毒的滴管或移液器吸取 0.05 mL 全血滴于抗原上，用金属环将两者混合均匀，并涂展成直径 2 cm 为宜，轻轻摇动反应板，观察结果。

二、结果判定

抗原与全血混合后 2～3 min，判定结果。有 50%(++)以上凝集为阳性，不发生凝集为阴性。

判定标准："++++"出现大块凝集、液体清亮为 100%凝集；"+++"出现明显凝集块、但是液体稍有浑浊为 75%凝集；"++"出现凝集颗粒，液体浑浊为 50%凝集；"+"出现少量的凝集片，背景略清晰，为可疑；"－"出现液体均匀一致浑浊，无凝集现象，为阴性。

三、注意事项

①抗原在使用前必须充分摇均匀，有沉淀的不能用，过期失效的不能用；

②本试验前必须做阴、阳血清对照；

③本试验室温要求在 20 ℃左右进行，室温达不到 20 ℃时用酒精灯加温；

④采血的滴管只能使用 1 次，移液器吸头每次一换，不能重复使用。

【检测意义】

①本方法应用全血平板凝集试验检测鸡全血中鸡白痢抗体。

②本方法适用于鸡白痢的流行病学调查、诊断、检疫和疫情监测。

③种鸡群检疫：种鸡在 100～120 日龄时，进行第 1 次检疫。在 130～150 日龄时，进行第 2 次检疫。第 2 次检疫有鸡白痢阳性或可疑鸡时，在 160～180 日龄进行第 3 次检疫。若连续 2 次检疫均为鸡白痢阴性后，再隔 1 个月按全群的 1%抽检 1 次。抽检时若出现鸡白痢阳性鸡，则全群普检。若无阳性，则每半年按种鸡群的 1%抽检。检出的鸡白痢阳性鸡及可疑鸡一律淘汰。

【考核测评】

考核要素/分值比例	考核内容/分值			
专业技能测评/60%	器材准备/10 分	检测方法/20 分	结果判定与分析/20 分	抗体检测意义/10 分
素质测评/30%	安全操作/8 分	规范标准/8 分	及时清场/7 分	团队协作/7 分
创新测评/10%	学生在完成项目任务的任何环节融入创新元素，即可得分，小组成员可根据参与度给予赋分			

考核建议：既可以过程考核，也可以随机抽考，视具体条件选择。

专业技能考核可以让学生在操作时录制视频上传，作为考核依据，也可以单独组织考核。

要求：本人出镜，完整操作。

职业知识链接

一、免疫监测常用的血清学技术

血清学检验技术根据抗原抗体反应性质不同可分为凝集试验、血凝和血凝抑制试验、沉淀试验、补体结合试验、中和试验、免疫标记技术等。

(一)凝集试验

细菌、红细胞等颗粒性抗原,在有电解质存在的条件下,能与特异性抗体结合,形成肉眼可见的凝集块,称为凝集反应,参与凝集反应的抗原称为凝集原,抗体称为凝集素。参与凝集试验的抗体主要为IgG、IgM。凝集试验可用于检测抗原或抗体。

根据试验中采用的方法、使用材料及检测目的不同,凝集反应有直接凝集反应和间接凝集反应2种。直接凝集反应的抗原本身就是颗粒性物质,如细菌和红细胞等。而间接凝集反应是将可溶性抗原或半抗原物质吸附在一种颗粒性载体的表面,如红细胞、炭疽颗粒、乳胶颗粒等,然后再与相应的抗体结合引起肉眼可见的凝集现象。

1. 直接凝集试验

直接凝集试验按操作方法可分为玻片法和试管法2种。

(1)玻片法凝集试验　是一种定性试验。即将含已知抗体的诊断血清与待检菌液各1滴在玻片上混匀,1～3 min后,出现颗粒状或絮状凝集,即为阳性反应。此法简便快速、特异性强。适用于新分细菌的鉴定或分型。也可用已知的诊断抗原,检测待检血清中是否存在相应抗体,如布鲁氏杆菌的玻板凝集反应和鸡白痢全血平板凝集试验等。

(2)试管法凝集试验　是一种定量试验。操作时,将待检血清用生理盐水做倍比稀释,然后加入等量的抗原,置37 ℃水浴数小时观察。视不同凝集程度记录为＋＋＋＋(100%凝集)、＋＋＋(75%凝集)、＋＋(50%凝集)、＋(25%凝集)和(不凝集)。以其＋＋以上的血清最大稀释度为该血清的凝集价(或称滴度)。用于检测待检血清中是否存在相应抗体和测定该抗体含量,以协助临床诊断或供流行病学调查,常用于霍乱弧菌、布鲁氏杆菌、沙门氏菌等的鉴定。

2. 间接凝集试验(PHA)

间接凝集试验亦称被动血凝试验。根据试验时所用的致敏载体颗粒不同分别称为间接血凝试验、乳胶凝集试验(LAT),炭粒凝集试验等。间接凝集反应的灵敏度比直接凝集反应高2～8倍,适用于抗体和各种可溶性抗原的检测,且微量、快速,操作简便,无需昂贵的实验设备,应用范围广泛。

(1)乳胶凝集试验　利用聚苯乙烯乳胶微粒为载体的间接凝集试验,即用抗原或抗体致敏乳胶,再以此致敏乳胶检测相应的抗体或抗原。操作方法有试管法和玻片法。通常采用玻片法。在玻片上加待检样品1滴(约50 μL)和致敏的乳胶试剂1滴(约50 μL)混匀后,连续摇动2～3 min即可观察结果。出现凝集大颗粒为阳性反应,保持均匀乳液不凝集为阴性反应,同时作阴、阳性对照。禽流感病毒乳胶凝集试验、猪伪狂犬病乳胶凝集试验、猪细小病毒乳胶凝集试验均属此类试验(彩图37)。具体操作方法见猪伪狂犬病抗体检测。

(2)间接血凝试验　以红细胞为载体,将抗原(或抗体)直接吸附或通过化学偶联的方法结合在红细胞的表面制备致敏红细胞,致敏红细胞与相应的抗体(或抗原)发生凝集反应。通过标本的不同稀释度与致敏红细胞反应,可定量测定其相应的抗体(或抗原)。试验操作通常采用微量法,在微孔血凝板上进行。先将待检血清倍比稀释每孔 25 μm,再加 1%致敏红细胞,混匀后,静置 1～2 h 观察结果。红细胞沉于底部,呈小圆点者为阴性,形成薄层凝集者为阳性。具体操作方法见猪瘟抗体检测技术。

(二)血凝和血凝抑制试验

有些病毒具有凝集红细胞的能力,病毒种类不同,凝集红细胞的类别和程度也有差异,这种凝集红细胞的能力可被相应的特异血清所抑制。因此,根据这种现象可进行血凝(HA)和血凝抑制(HI)试验。血凝和血凝抑制试验操作简单,反应速度快,敏感性较高,是鉴定病毒、测定血清抗体滴度、诊断及检测某些病毒性传染病感染的重要手段。常见鸡新城疫、禽流感的检测,详见项目十二的任务一。

(三)沉淀试验

可溶性抗原(如细菌的外毒素、内毒素、菌体裂解液、病毒、组织浸出液等)与相应的抗体结合后,在适量电解质存在条件下,形成肉眼可见的白色沉淀,称为沉淀试验。沉淀试验的抗原分子较小,反应时易出现后带现象,故通常稀释抗原。参与沉淀试验的抗原称沉淀原,抗体称为沉淀素。沉淀试验包括环状沉淀试验、絮状沉淀试验、琼脂免疫扩散试验和免疫电泳技术。其中琼脂免疫扩散试验广泛应用于病原微生物诊断及抗体监测,如鸡马立克氏病羽根琼脂扩散试验、鸡传染性法氏囊炎免疫抗体测定等。

1. 琼脂免疫扩散试验

琼脂是一种含有硫酸基的多糖体,高温时能溶于水,冷却后凝固,形成凝胶。琼脂凝胶呈多孔结构,孔内充满水分,1%琼脂凝胶的孔径约为 85 nm,因此可允许各种抗原抗体在琼脂凝胶中自由扩散。抗原抗体在琼脂凝胶中扩散,当两者在比例适当处相遇,即发生沉淀反应,形成肉眼可见的沉淀带,这种反应称为琼脂免疫扩散,简称琼脂扩散和免疫扩散。琼脂免疫扩散试验有多种类型,如单向单扩散,单向双扩散,双向单扩散,双向双扩散,其中后 2 种最常用。主要用于抗原的检测。也可用于抗体的检测,测抗体时,加待检血清的相邻孔应加入标准阳性血清作为对照,测定抗体效价时可倍比稀释血清,以出现沉淀带的血清最大稀释度为抗体效价。可用于口蹄疫抗体检测。

2. 环状沉淀试验

环状沉淀试验是最简单、最古老的一种沉淀试验,目前仍有应用。在小口径试管内先加入已知抗血清,然后沿管壁徐徐加入等量待检抗原于血清表面,数分钟后,如抗原与抗体对应,则在两液界面出现白色环状沉淀。主要用于抗原的定性试验,如炭疽病的诊断。

3. 免疫电泳技术

免疫电泳技术包括免疫电泳、对流免疫电泳等技术。

(1)免疫电泳　免疫电泳技术由琼脂双扩散与琼脂电泳技术结合而成。不同带电颗粒在同一电场中,其泳动的速度不同,通常用迁移率表示,如其他因素恒定,则迁移率主要决定于分子的大小和所带净电荷的多少。蛋白质为两性电解质,每种蛋白质都有它自己的等电点,在 pH 大于其等电点的溶液中,羧基离解多,此时蛋白质带负电,向正极泳动;反之,在 pH 小于其等电点的溶液中，氨基离解多，此时蛋白质带正电，向负极泳动。pH 离等电点越远，所带净电荷越多，泳动速度也越快。因此可以通过电泳将复合的蛋白质分开。检样先在琼脂凝胶板上电泳，将抗原的各个组分在板上初步分开。然后再在点样孔一侧或两侧打槽，加入抗血清，进行双向扩散。电泳迁移率相近而不能分开的抗原物质，又可按扩散系数不同形成不同的沉淀带，进一步加强了对复合抗原组成的分辨能力。

免疫电泳需选用优质琼脂，也可用琼脂糖。琼脂浓度为 1%～2%，pH 应以能扩大所检复合抗原的各种蛋白质所带电荷量的差异为准，通常 pH 为 6.0～9.0。血清蛋白电泳则常用 pH 8.2～8.6 的巴比妥缓冲液，离子强度为 0.025～0.075 mol/L，并加 0.01%硫柳汞作防腐剂。

(2)对流免疫电泳　大部分抗原在碱性溶液(pH 为>8.2)中带负电荷，在电场中向正极移动，而抗体球蛋白带电荷弱，在琼脂电泳时，由于电渗作用，向相反的负极泳动。如将抗体置正极端，抗原置负极端，则电泳时抗原抗体相向泳动，在两孔之间形成沉淀带。试验时，同上法制备琼脂凝胶板，凝固后在其上打孔，挑去孔内琼脂后，将抗原置负极一侧孔内，抗血清置正极侧孔。加样后电泳 30～90 min 观察结果。本法较双扩散敏感 10～16 倍，并大大缩短了沉淀带出现的时间，简易快速，适于作快速诊断之用。如猪传染性水泡病和口蹄疫等病毒性传染病也可用本法快速确诊。

(四)补体结合试验(CFT)

CFT 为经典的抗原抗体反应之一。应用可溶性抗原与相应抗体结合后(反应系统)，其抗原抗体复合物可以结合补体，但这一反应肉眼不能察觉，如再加入致敏红细胞即绵羊红细胞-溶血素(指示系统)，即可根据是否出现溶血反应判定反应系统中是否存在相应的抗原和抗体。参与补体结合反应的抗体称为补体结合抗体，主要为 IgG 和 IgM。CFT 常用于检测血清样本中抗体滴度和鉴定病毒，尤其适合大量血清样本中抗原或抗体滴度的检测。

在试验中，当抗原与抗体同时存在形成抗原-抗体免疫复合物时，反应体系中所加入的一定量补体被结合，溶血系统由于没有补体而不发生溶血，反应呈阳性结果；当反应体系中没有特异性抗原和特异性抗体时，由于单独存在的抗原或抗体中的补体结合位点不能暴露出来，因而无法结合补体，这时反应体系中所加入的补体可与溶血素结合而发生溶血，反应呈阴性结果。

1. 试验材料

(1)补体稀释液　由于许多理化因素均能破坏补体的活性，补体需保存在含钙镁离子的生理盐水($CaCl_2 \cdot 2H_2O$ 1.0 g，$MgCl_2 \cdot 6H_2O$ 0.2 g，NaCl 8.5 g，去离子水 1 000 mL，将上述物质充分溶解，分装后 121 ℃灭菌 20 min，放置 4 ℃冰箱中保存备用)中。

(2)绵羊红细胞悬液　制备溶血素和进行补体结合试验，均需使用新鲜的绵羊红细胞。通常用 2.0%～2.5%悬液，用稀释液配制，置 4 ℃保存。

(3)溶血素　即兔抗绵羊红细胞抗体。现有冻干溶血素商品，试验中用 2 个溶血单位。

(4)待检血清　试验前水浴灭活 30 min，以破坏补体和抗补体物质。灭活温度牛、马和猪血清一般为 56～57 ℃，羊血清为 58～59 ℃，兔血清为 63 ℃，人血清为 60 ℃。

(5)补体　一般采集正常健康豚鼠血清作补体。有商品出售的补体，用前需滴定效价。

(6)致敏红细胞　取 2%红细胞悬液加入等量的溶血素，37 ℃作用 15 min，保存 4 ℃备用。

2. 试验步骤(微孔塑料板法)

(1)抗原抗体作用阶段 可直接在微孔塑料板中进行,将待测血清按需要进行系列稀释,每孔保留不同稀释度的血清 25 μL,每孔加入 25 μL 抗原和 50 μL 含 2 个单位的补体,轻拍混匀,将微孔塑料板放置 4 ℃冰箱中过夜。

每次试验应设置对照:阳性对照 25 μL 抗原+25 μL 阳性对照血清+50 μL 补体;阴性对照 25 μL 抗原+25 μL 阴性对照血清+50 μL 补体;待检血清抗补体对照 25 μL 待检血清+25 μL 稀释液+50 μL 补体;抗原抗补体对照 25 μL 抗原+25 μL 稀释液+50 μL 绵羊红细胞;绵羊红细胞对照 50 μL 稀释液+50 μL 补体;补体对照分别取 2 单位、1 单位和 0.5 单位的补体 50 μL,各加 25 μL 抗原+25 μL 稀释液。

(2)指示系统作用阶段 取出微孔塑料板,于 37 ℃水浴 30 min,每孔加入 50 μL 已致敏绵羊红细胞轻拍混匀,放 37 ℃水浴 30 min,观察结果。

(3)判定 当阳性对照不发生溶血和阴性对照发生溶血时,试验结果可信。对结果的判定分别以"-、+、++、+++、++++"5 种不同的符号表示,"-"表示 100%溶血,"+"表示 75%溶血,"++"表示 50%溶血,"+++"表示 25%溶血,"++++"表示完全不溶血。待测血清出现"++++"时的最高稀释度就是该血清的滴度。

(五)中和试验

根据抗体能否中和病毒的感染性而建立的免疫学试验称为中和试验。通常包括病毒中和试验、毒素中和试验以及某些激素和致病酶的中和试验。中和试验可以在敏感动物体内(包括鸡胚),体外组织(细胞)培养或试管内进行。病毒中和试验原理是当病毒与特异性抗体结合后,病毒即被中和而失去感染力,这种中和作用是机体防御病毒感染的机制之一。其方法是先将抗体与病毒混合,置 37 ℃感作 1 h,接种易感鸡胚、易感动物或易感细胞,观察并记录鸡胚感染或死亡数、动物死亡数与生存数或细胞病变情况,并根据一定方法计算中和的程度(中和指数),即代表中和抗体的效价。毒素和抗毒素亦可进行中和试验,其方法与病毒中和试验基本相同。本试验极为特异和敏感,主要用于病毒感染的血清学诊断、病毒分离株的鉴定、不同病毒株的抗原关系研究、疫苗免疫原性的评价、免疫血清的质量评价和动物血清抗体的检测等。根据测定方法的不同,中和试验可分为终点法中和试验和空斑减少法中和试验 2 种。

1. 终点法中和试验

本法是滴定使病毒感染力减少至 50%的血清中和效价或中和指数。有固定病毒稀释血清及固定血清稀释病毒 2 种滴定方法。

(1)固定病毒稀释血清法 将已知的病毒量固定,血清做倍比稀释,常用于测定抗血清的中和效价。将病毒原液稀释成每一单位剂量含 100~200 LD_{50}(或 EID_{50}、$TCID_{50}$),与等量的不同稀释度的待检血清混合,置 37 ℃ 1 h。每一稀释度接种 4~6 只实验动物(或鸡胚或细胞瓶)记录每组动物的存活数和死亡数,按 Reed 和 Muench 方法计算其半数保护(PD_{50}),即该血清的中和效价。

(2)固定血清稀释病毒法 通常将病毒原液 10 倍比稀释,分成 2 组,第 1 组加等量正常血清作对照组,第 2 组加等量待检血清作试验组,混合后置 37 ℃ 1 h。选择 4~6 个稀释倍数接种,每个稀释度接种 4~5 只实验动物、鸡胚或细胞瓶,根据累计死亡数和生存数按 Reed 和 Muench 法分别计算对照组和试验组的 LD_{50},将对照组 LD_{50} 减去试验组 LD_{50},得出的差就是中和指数的对数，查反对数表即得中和指数。如表 12-1、表 12-2 所示。

表 12-1　对照组滴定计算举例

病毒稀释度	死亡比例	死亡数	生存数	累计数			
				死亡数	存活数	比例	死亡率/%
10^{-5}	5/5	5	0	12	0↓	12/12	100
10^{-6}	4/5	4	1	7	1	7/8	87.5
10^{-7}	3/5	3	2	3	3	3/6	50
10^{-8}	0/5	0	5	↑0	8	0/8	0

表 12-2　试验组滴度计算举例

病毒稀释度	死亡比例	死亡数	生存数	累计数			
				死亡数	存活数	比例	死亡率/%
10^{-3}	5/5	5	0	15	0↓	15/15	100
10^{-4}	5/5	4	0	10	0	10/10	100
10^{-5}	3/5	3	2	5	2	5/7	71.4
10^{-6}	2/5	2	3	↑2	5	2/7	28.6

LD_{50}＝高于 50%死亡的稀释倍数的对数×稀释系数的对数＋距离比

距离比＝(高于 50%的死亡率－50%)/(高于 50%的死亡率－低于 50%的死亡率)

此稀释系数为 10^{-1}，其对数为－1。高于 50%死亡的稀释倍数为 10^{-5}，其对数为－5。

表 12-1 中 LD_{50} 为 10^{-7}，表 12-2 中 10^{-5} 稀释度组病毒的累计死亡率为 71.4%，而 10^{-6} 组为 28.6%，因此半数致死量为 10^{-6}～10^{-5}，可按公式计算 LD_{50}＝(－5)×(－1)＋0.5＝5.5。

试验血清中和指数计算法：将对照组 LD_{50} 减去试验组 LD_{50}，得出的差数就是中和指数的对数。如表 12-1 和表 12-2 中为 7.0－5.5＝1.5，1.5 的反对数为 31.63，即中和指数为 32。

结果判断一般以中和指数＜10 为阴性，10～49 为可疑，≥50 为阳性。检查病禽双份血清时，如急性期血清为阴性或可疑，而恢复期血清为阳性，则认为是新感染病例，如双份血清均为阳性，则以增高 4 倍以上作为判定依据。

2. 空斑减少法中和试验

空斑减少法中和试验是应用空斑技术，使空斑减少 50%的血清量作为中和滴度。试验时将已知空斑单位(PFU)的病毒稀释成每一接种剂量含 100 PFU，加等量递进稀释的血清，37 ℃作用 1 h。每个稀释度接种至少 3 个已形成单层细胞的培养瓶，37 ℃作用 1 h，使病毒吸附，然后加入在 44 ℃水浴预温的营养琼脂 10 mL，凝固后放暗室 37 ℃培养。同时用稀释的病毒加等量汉克化液同样处理作为病毒对照。数天后分别计算空斑数，按终点法计算血清的中和滴度。

(六)免疫标记技术

免疫标记技术就是利用荧光素、放射性核素、酶、胶体金、电子致密物质或化学发光物质等标记抗原或抗体作为试剂，检测标本中相应的抗体或抗原。免疫标记技术不仅特异、敏感、快速，而且能定性、定量和定位，因此广泛应用于科研、临床实验室中。

1. 荧光免疫技术

荧光抗体染色法有多种，常用的有直接法和间接法。间接法的优点为制备一种标记的抗抗体即可用于多种抗原抗体系统的检测。将SPA标记FITC制成FITC-SPA，性质稳定，可制成商品，用以代替标记的抗抗体，能用于多种动物的抗原抗体系统检测，应用面更广。现以诊断猪瘟为例加以介绍。

将冰冻的淋巴结进行切片，冰冻切片置载玻片上，用－30 ℃丙酮4 ℃固定30 min。将固定好的切片用PBS漂洗，漂洗5次，每次3 min。

①一抗作用：在晾干的标本片上滴加猪瘟抗体（用兔制备），置湿盒，37 ℃作用30 min。

②洗涤：用吸管吸取PBS冲洗标本片上的猪瘟抗体，后置大量PBS中漂洗，共漂洗5次，每次3 min。

③二抗染色：滴加羊抗兔荧光抗体，置湿盒，于37 ℃染色30 min。

④洗涤：以吸管吸取PBS冲洗标本片上的荧光抗体，后置大量PBS中漂洗，共漂洗5次，每次3 min。

⑤晾干：将标本片置晾片架上晾干。

⑥镜检：将染色后的标本片置荧光显微镜下观察，先用低倍物镜选择适当的标本区，然后换高倍物镜观察。用油镜观察时，可用缓冲甘油代替香柏油。

阳性对照应呈黄绿色荧光，而猪瘟自发荧光对照组和抑制试验对照组应无荧光。

⑦结果判定标准："＋＋＋＋"黄绿色闪亮荧光；"＋＋＋"黄绿色的亮荧光；"＋＋"黄绿色荧光较弱；"＋"仅有暗淡的荧光；"－"无荧光。

2. 酶免疫技术

由于酶免疫技术种类繁多，主要介绍目前发展最快、应用最广泛的酶联免疫吸附试验（ELISA）。

酶联免疫吸附试验基本方法是将已知的抗原或抗体吸附在固相载体（聚苯乙烯微量反应板）表面，通过抗原抗体反应使酶标记抗体（抗原）也结合在载体上，使酶标记的抗原抗体反应在固相表面进行，经洗涤去除游离的酶标记抗体（抗原）后，加入底物显色，以肉眼或酶标仪检测结果。酶联免疫吸附试验的主要类型有间接法、双抗体夹心法、竞争法、捕获法等。常用的ELISA法有双抗体夹心法和间接法（图12-1、图12-2）。

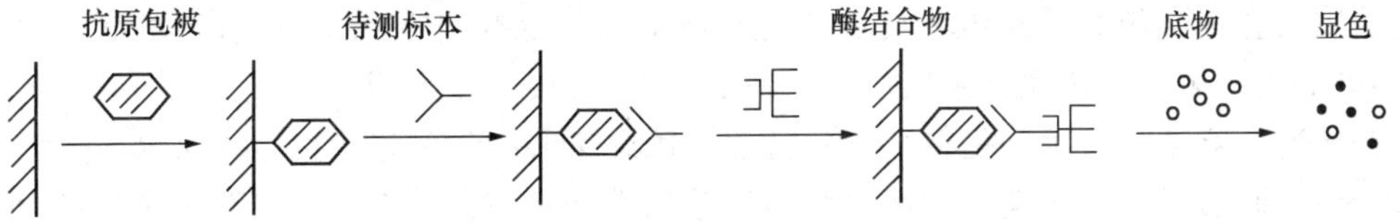

图12-1　间接法原理示意图

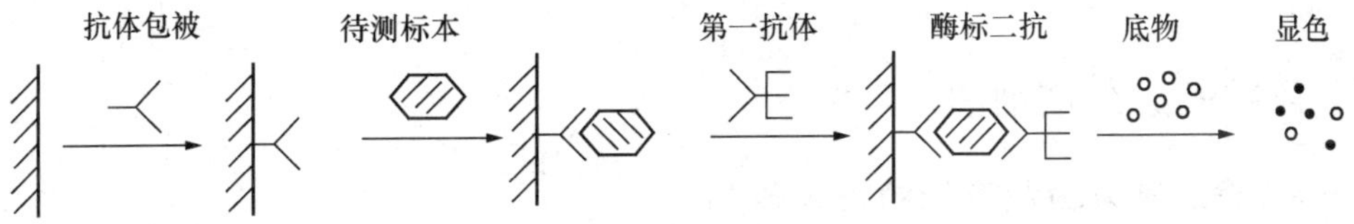

图12-2　双抗体夹心法原理示意图

间接法主要用于检测抗体。其原理是将已知抗原连接在固相载体上，待测抗体与抗原结合后再与酶标二抗结合，形成抗原-待检抗体-酶标二抗的复合物，经加底物显色后，根据颜色的光密度计算出标本中抗体的含量。具体操作方法见猪繁殖与呼吸障碍综合征抗体检测技术。

双抗体夹心法是检测抗原最常用的方法。本法需要制备 2 种动物的抗体，一种用于包被，另一种用于上层反应用。其基本程序为：①加抗体包被→4 ℃过夜，洗涤 3 次、抛干。②加待检抗原→37 ℃、30 min，洗涤 3 次、抛干。③加酶标抗体→37 ℃、30 min，洗涤 3 次、抛干。④加底物液→37 ℃、15 min，加终止液。⑤肉眼判定或用 ELISA 检测仪测定 OD 值。

ELISA 结果判定。反应的结果可用肉眼判定，显色明显深于对照者判为阳性。通常用专用的酶标仪测定 OD 值。微量滴定板的最后一孔列为空白对照，在测定 OD 值时用于孔零。结果可用不同方法记录和判定。

①结果以 OD 值表示，并以 30 份以上的阴性对照的均值加 3 个标准差为阳性标准。

②以 P/N 值表示，以检样的 OD 值(P)与一组阴性对照 OD 值(N)之比大于两者判为阳性。

③以终点滴定表示，在定量测定时使用。以出现阳性结果的最高稀释度孔为一个 ELISA 单位(ET)，以计算检样的 ET 值。

3. 胶体金免疫技术

常用的免疫胶体金检测技术：

(1)免疫胶体金光镜染色法　细胞悬液涂片或组织切片，用胶体金标记抗体进行染色，也可在胶体金标记的基础上，以银显影液增强标记，使被还原的银原子沉积于已标记的金颗粒表面，可明显增强胶体金标记的敏感性。

(2)免疫胶体金电镜染色法　用胶体金标记的抗体或抗体与负染病毒样本或组织超薄切片结合，然后进行负染。可用于病毒形态的观察和病毒检测。

(3)斑点免疫金渗滤法　应用微孔滤膜(如膜)做载体，先将抗原或抗体点于膜上，封闭后加待检样本，洗涤后用胶体金标记的抗体检测相应的抗原或抗体。

(4)胶体金免疫层析法　将特异性的抗原或抗体以条带状固定在膜上，胶体金标记试剂(抗体或单克隆抗体)吸附在结合垫上，当待检样本加到试纸条一端的样本垫上后，通过毛细作用向前移动，溶解结合垫上的胶体金标记试剂后相互反应，再移动至固定的抗原或抗体的区域时，待检物与金标试剂的结合物又与之发生特异性结合而被截留，聚集在检测带上，可通过肉眼观察到显色结果。该法现已发展成为诊断试纸条，使用十分方便。

(5)快速金标试剂技术　是将特异的抗体先固定于酸类纤维素膜的某一区带，干燥后将酸类纤维素一端浸入样品(尿液或血清)后，由于毛细管作用，样品将沿着该膜向前移动，当移动至固定有抗体的区域时，样品中相应的抗原即与该抗体发生特异性结合。同时利用金粒具有高电子密度的特性，在金标蛋白结合处，当这些标记物在相应的配体处大量聚集时，肉眼可见红色的斑点。

二、常用的诊断试剂盒

(一)实验室常见检测方法特点及应用

(1)聚合酶链式反应(PCR)　实验室检测病原常见的一种方法，具有简便、快速、准确、灵敏。PCR是较理想和前景看好的病原诊断方法，但试验的进行需要较高的技术和设备支持，目前还难以广泛推广应用。

(2)酶联免疫吸附试验(ELISA)　试验条件较为简单，操作较容易，敏感性和PCR相当，重复性比PCR高，2～3 h可获得检测结果。适合动物感染疫病后的临床可疑样本的大量检测和流行病学调查；适合免疫抗体的检测。

(3)乳胶凝集试验(LTA)和胶体金试验　试验条件简单，操作容易，样品处理量大，3～5 min可获得检测结果，适合动物感染疫病后的临床可疑样本的现场快速初步筛选；适合动物疫苗免疫或感染疫病后血清抗体的现场快速检测。

(4)血清中和试验(SN)　检测血清中和抗体，具有敏感性高、特异性好，但操作麻烦，技术要求高，费时费力。

(5)血凝抑制试验(HI)　流行病学调查和临床诊断中常用的方法。特异性和敏感性比较好，但操作比较麻烦，需要采集新鲜动物红细胞，不适合用于临床大量样本检测。

(二)常用的诊断试剂盒

诊断试剂逐渐向特异性强、灵敏度高、价格低廉、使用简单的家用诊断试剂及诊断自动化方向发展。家用诊断剂具有操作简便、方便及快速的特性，适合于没有受过专业训练的人员使用。目前实验室常见的诊断试剂盒见表12-3、表12-4。

表12-3　畜用诊断试剂盒

试验种类	试剂盒名称	主要用途	检测样品
乳胶凝集试验	伪狂犬病乳胶凝集试验抗体检测试剂盒	检测抗体、血清学调查	血清
	猪细小病毒乳胶凝集试验抗体检测试剂盒	检测抗体、血清学调查	血清
	猪乙型脑炎乳胶凝集试验抗体检测试剂盒	检测抗体、血清学调查	血清
酶联免疫吸附试验	猪伪狂犬病病毒ELISA抗体检测试剂盒	检测抗体、血清学调查	血清
	猪乙型脑炎病毒ELISA抗体检测试剂盒	检测抗体、血清学调查	血清
	猪繁殖与呼吸障碍综合征病毒ELISA抗体检测试剂盒	检测抗体、血清学调查	血清
	猪圆环病毒2型ELISA抗体检测试剂盒	检测抗体、血清学调查	血清
	猪瘟病毒ELISA抗体检测试剂盒	检测抗体、血清学调查	血清
	猪O型口蹄疫病毒ELISA抗体检测试剂盒	检测抗体、血清学调查	血清
	猪链球菌2型ELISA抗体检测试剂盒	检测抗体、血清学调查	血清
	猪传染性胸膜肺炎ApxIV-ELISA抗体检测试剂盒	区别野毒感染猪和疫苗免疫猪	血清
	猪伪狂犬病病毒gE蛋白ELISA抗体检测试剂盒	区别野毒感染猪和用gE基因缺失疫苗免疫猪	血清
	O型口蹄疫病毒非构蛋白3ABC-ELISA抗体检测试剂盒	区别野毒感染猪和疫苗免疫猪	血清
	牛O型口蹄疫病毒ELISA抗体检测试剂盒	检测抗体、血清学调查	血清

续表12-3

试验种类	试剂盒名称	主要用途	检测样品
胶体金试验	猪瘟胶体金检测试剂盒	检测抗体、血清学调查	血清
	猪伪狂犬病胶体金检测试剂盒	检测抗体、血清学调查	血清
	猪繁殖与呼吸障碍综合征胶体金检测试剂盒	检测抗体、血清学调查	血清
PCR 或 RT-PCR	畜疫病 PCR 或 RT-PCR 检测试剂盒	检测病原	临床病料样本

表 12-4 禽用诊断试剂盒

试验种类	试剂盒名称	主要用途	检测样品
酶联免疫吸附试验	禽流感病毒 ELISA 检测试剂盒	检测禽流感病毒	尿囊液和临床病料样本
胶体金试验	禽流感病毒胶体金检测试剂盒	检测禽流感病毒	尿囊液和临床病料样本
	H5 亚型禽流感病毒胶体金检测试剂盒	检测 H5 亚型禽流感病毒	尿囊液和临床病料样本
乳胶凝集试验	禽流感病毒乳胶凝集试验检测试剂盒	检测禽流感病毒	尿囊液和临床病料样本
血凝抑制试验	新城疫血凝抑制试验抗体检测试剂盒	检测抗体、血清学调查	血清
琼脂扩散试验	禽流感琼脂扩散试验抗体检测试剂盒	检测抗体、血清学调查	血清
PCR 或 RT-PCR	禽疫病 PCR 或 RT-PCR 检测试剂盒	检测病原	临床病料样本

(三)禽流感病毒检测技术

禽流感(AI)是由 A 型流感病毒引起的一种禽类的感染和疾病综合征。该病被国际兽医局列为 A 类传染病。禽流感的流行给世界养禽业造成了极大的危害和巨大的经济损失，同时也危及人类的健康。因此应用免疫学方法对禽群进行抗体或病毒检测，对禽流感的防控十分重要。检测方法有血凝抑制试验、胶体金试验、乳胶凝集试验及酶联免疫吸附试验等。下面主要介绍胶体金试验技术。

1. 器具材料

禽流感病毒检测试纸条(10 条/袋)、塑料吸头(10 个/袋)、棉拭子(30 个/袋)、样本。

2. 方法步骤

(1)鸡胚分离病毒尿囊液样本的处理方法　尿囊液样本于 12 000 r/min 离心 2 min 取上清。

(2)细胞培养病毒样本的处理方法　细胞培养液冻融一次于 4 ℃、12 000 r/min 后取上清。

(3)泄殖腔拭子检测样本的处理方法　将收集到粪便的棉拭子插入含有处理液的样品管

中，充分混合，使粪便样品溶解，4 ℃、12 000 r/min 离心 10 min，取上清液待检。

(4)内脏组织检测样本的处理方法　称取内脏组织块 0.5 g，置于匀浆器中，加灭菌生理盐水 1 mL，研磨完全后取出组织浸出液，然后于 4 ℃、12 000 r/min 离心 10 min，取上清待检。

(5)定性试验　取适量的检测样品(100～120 μL，或滴管 5～6 滴)，一滴一滴缓慢滴加到样品孔中，当看到有红色液体开始在试纸条上向前移动时，暂停滴加样品，隔 30 s 后补加 1 滴，间隔 30 s 后再补加 1 滴即可。加样完成后将试纸条平放在桌面上，5～20 min 内观察并记录结果。

3. 结果判定

阳性结果在试纸条上出现 2 条红色的条带(检测带和对照带)；阴性结果在试纸条上仅出现 1 条红色的条带(对照带)；无效结果在对照带处不出现红色的条带(彩图 38)。

4. 注意事项

①如果试剂板的密封袋有破损，请勿使用。

②试验时，请勿饮食和吸烟。

③处理样品时，请戴保护手套。试验完毕，充分洗手。

④试验完毕后，请将试纸条充分消毒或焚烧处理。

⑤试剂盒可以在室温下和 4 ℃冰箱中贮藏，有效期 1 年。但对潮湿和高温敏感。避免冷冻，避免阳光直接照射。

5. 检测意义

①运用实验室血清学抗体检测技术是为了能及时掌握禽群的禽流感抗体水平动态，提高对疫病的监控能力，对加强指导生产，提供合理免疫程序具有十分重要的意义。

②HI 试验可用于免疫抗体检测，判定标准为 HI 价小于或等于 3 lg 2，说明免疫鸡群抗体水平不能抵抗外来同血清型强毒攻击，需再次免疫；HI 价大于或等于 5 lg 2，说明免疫鸡群可以抵抗外来同血清型强毒攻击。

③乳胶凝集试验和胶体金试验主要适合禽流感病毒临床阳性标本的现场快速筛选，尤其适合发病区域的疫情检测，5 min 出结果。

④ELISA 相对敏感性高，是血凝试验的 100 倍，和 PCR 的敏感性相当，适合禽流感病毒临床阳性标本的大量检测和流行病学调查。

(四)猪繁殖与呼吸障碍综合征抗体检测技术

常规方法采血分离血清，被检血清要求无污染、无腐败。采用 ELISA 检测方法。

1. 器具材料

猪繁殖与呼吸障碍综合征抗体检测 ELISA 试剂盒、包被 PRRSV 的 96 孔板 5 块、20 倍浓缩的洗液 120 mL、3 倍浓缩的样品稀释液 100 mL、酶标抗体 30 mL、阳性样品 2.2 mL、阴性样品 2.2 mL、THB 底物 30 mL、终止液 30 mL、封盖膜 5 块、酶标仪。

2. 方法步骤

(1)试验前准备　被检血清用稀释液稀释 200 倍，备用。将 20 倍浓缩的洗液用灭菌水 20 倍稀释，备用。将 3 倍浓缩的样品稀释液用灭菌水 3 倍稀释，备用。将试剂放在室温，并轻摇混匀，纪录所测样品和对照在平板的位置，阴阳对照用双份。

(2)加样　将包被 PRRSV 的 96 孔板去膜，加入 50 μL 阴阳对照品和 200 倍稀释的被检血清，在 37 ℃条件下作用 60 min。

(3)冲洗　用 300 μL 的洗液洗 3 遍，并将平板颠倒在吸水纸轻敲 3～5 次，甩干。

(4)加酶标抗体　在每孔中加入 50 μL 酶标抗体，盖上膜在 37 ℃条件下作用 60 min。

(5)冲洗　用 300 μL 的洗液洗 3 遍，并将平板颠倒在吸水纸轻敲 3～5 次，甩干。

(6)加底物　在每孔中加入 50 μL 的底物，将平板在黑暗中 18～25 ℃条件下作用 10 min。

(7)中止反应　加入 50 μL 的终止液，轻敲平板混匀，结束反应。

(8)观察与测定　调整好酶标仪，在波长 450 nm 读数并记录结果。

3. 结果判定

肉眼观察：样品中的抗体愈多，检测孔中的颜色也愈深(彩图 39)。

测定法：450 nm 读数，阳性对照要大于 0.8，即阳性样品的读数是阴性的 4 倍，阳性值和阴性值之差不小于 0.5。

用 IRPC 值判定检测结果。IRPC≤20，样品阴性；IRPC>20，样品阳性。

$$\mathrm{IRPC}=\frac{\text{样品的 OD 值}-\text{阴性对照的 OD 值}}{\text{阳性对照的 OD 值}-\text{阴性对照的 OD 值}}\times 100$$

4. 注意事项

①试剂在使用前必须达到室温。

②样品稀释液现配现用。

③清洗液配好后 7 d 内用完。

5. 检测意义

适合检测猪蓝耳病抗体，评估猪场蓝耳病疫苗免疫状况及感染猪的血清学诊断。

(五)犬瘟热病毒检测试纸卡的使用

掌握犬瘟热病毒检测试纸卡的使用方法及结果判断。

1. 器具材料

犬瘟热病毒检测试纸卡、样品稀释液试管、检测样品稀释液、消毒样品收集棉签、一次性吸管等。

2. 方法步骤

(1)样品收集及准备　试纸采集样品为血浆/血清、眼部及结膜分泌物、鼻液、唾液、尿液。采集样品时注意多部位同时收集新鲜及有效样品，充分在试管中搅拌稀释，取其上清。样品一般需当即进行检测，否则应冷藏保存，超过 24 h 应该冷冻保存。

(2)检测方法

①用生理盐水蘸湿的棉签收集犬眼部及结膜分泌物、鼻液、唾液、尿液，将棉签侵入装有样品稀释液的试管，充分搅拌混匀后，用一次性滴管取上清液。如是血清/血浆则直接用滴管滴加 1 滴血清，再加 3 滴稀释液。

②取出试纸，开封后平放在桌面，从滴管中缓慢而准确地逐滴加入 3～5 滴混合液。

③加样品液后，约 30 s 内，红色的液体从靠样品孔的观察窗边缘涌出，朝另一方向流动。5～10 min 后判断结果。

3. 结果判定

阴性：当位置 C 显示出红色线条，而位置 T 不显色时，或当位置 T 处出现模糊的色迹，但不显示为清楚的线形状时，均判阴性。

阳性：当位置 C 显示出红色线条，而位置 T 同时显示出红色线条时，判为阳性（彩图 40）。

无效：当位置 C 不显示出红色线条，则无论位置 T 显示出红色线条与否，该试剂盒判为无效。

备注：位置 T 处红色线条的颜色深浅直接与检测物质多少相关。当检测物质含量很高时，位置 T 处的线条可能在出现后，红色又慢慢变淡，甚至消失。建议将样品数倍稀释后再进行检测，红色线条就可以稳定了。

4. 注意事项

①阴凉干燥处保存，不可冷冻，避免阳光直晒，2～30 ℃可保存 18 个月。

②请注意所有样品具有潜在传染性，注意防止交叉感染。

③试纸及配套试管/棉签都是一次性产品，不可交叉及重复使用。

④所有试纸一旦启封，需在 1 h 内使用，此前不许随意打开。

⑤如果封口有破损，试纸可能已经失效。超过标签有效期的，请不要使用。

三、禽用诊断制品使用说明

（一）鸡毒支原体平板凝集试验抗原及阳性血清

【主要成分】抗原系采用抗原性好的鸡毒支原体菌株，接种液体培养基培养，经离心浓缩收集菌体，裂解、着色而成。

【性状】紫色的均匀悬浮液体，静置后，菌体下沉，上部澄清，振摇后又呈均匀悬液。

【作用与用途】用于检测鸡群中鸡毒支原体感染的血清平板凝集试验，阴、阳性血清用于试验对照。

【用法与判定】

①使用前将抗原和血清从冰箱取出，待其温度接近室温时再做试验，使用前将抗原充分摇匀。

②在洁净玻璃板上，分别滴抗原和待检血清各 2 滴，用牙签或火柴杆使其充分混合，摇匀玻板，2 min 时判定结果。

③有明显凝集块，背景清亮者判为阳性；无凝集块者判为阴性；介于两者之间判为可疑，同时设阴、阳性血清对照，应分别呈阴阳性结果。

【注意事项】每次检测需做阳性、阴性血清及盐水对照检测；鸡毒支原体血清平板凝集反应在 22 ℃以上进行；抗原污染细菌或霉菌，出现自凝颗粒或霉团时应废弃；如抗原 1 次使用不完，应将使用剂量无菌吸出，剩余部分放回冰箱保存；只能用被检鸡血清进行反应，不能用鸡全血进行反应。

【贮藏】抗原 2～8 ℃保存，有效期为 3 年。血清冻干制品 −15 ℃以下保存，有效期为 5 年。

（二）鸡传染性法氏囊病琼脂扩散试验抗原及阳性血清

【主要成分】抗原及阳性血清系经过标定后，冷冻真空干燥制成。

【性状】乳白色或微黄色固体。

【作用与用途】供诊断鸡传染性法氏囊病用。

【用法与判定】

(1)琼脂板的制备　优质琼脂粉 1.0～1.2 g,放入含 0.01%硫柳汞的磷酸缓冲生理盐水或硼酸缓冲液 100 mL 中。置沸水水浴中煮 60 min 以上,溶化后以 2 层纱布夹 1 层薄脱脂棉过滤。每个平皿(90 mm)倒入溶解好的琼脂液 18～20 mL,厚度约 3.0 mm。

(2)打孔　孔径 4 mm,孔间距离 3 mm。

(3)加样　抗原和阳性血清用 0.01 mol/L pH 7.2 的 PBS 液分别稀释 1 mL。中间孔加抗原,3、5 孔加阳性血清作对照。周围各孔加被检血清。应将各孔加满,但不能外溢。然后置 37 ℃温箱中,待孔中抗原,血清等吸收至半量时将其倒置。逐日观察到 96 h。

(4)判定　当阳性血清或抗原与抗原或阳性血清对照孔间出现明显沉淀线时,被检材料孔与阳性血清或抗原孔间也出现沉淀线者判为此检材料为阳性;若被检材料孔与阳性血清或抗原孔间出现不明显沉淀线时判为弱阳性;若被检材料孔与阳性血清或抗原孔间不出现沉淀线者判为阴性;若在两孔间出现面积较大,而且若隐若现的沉淀线时判为疑似。

【注意事项】试剂稀释后要尽快用完;4 ℃保存不得超过半周;试验时如已知对照孔间不产生沉淀线时,则此次试验不成立,应重检;所用琼脂板要现用现制,制好的板在 4 ℃条件下保存不得超过 1 周;如以阳性血清检法氏囊时,需采取发病鸡的法氏囊,剪碎研磨加等量稀释液,制成乳剂,置 4 ℃冰箱过夜,再经 3 000 r/min,离心 20 min,取上清作为被检物;打好孔的琼脂板可在火焰上加热,进行封底。

【贮藏】4 ℃保存,有效期为 1 年。

(三)鸡马立克氏病琼脂扩散试验抗原及阳性血清

【主要成分】抗原及阳性血清系经过标定后,经冻干制成。

【性状】乳白色或微黄色固体。

【作用与用途】供诊断鸡马立克氏病用。

【用法与判定】同鸡传染性法氏囊病琼脂扩散试验抗原。

【注意事项】抗原或阳性血清稀释后应尽快用完;4 ℃保存时不得超过 3 d;如以阳性血清检羽髓时,应选被检鸡的大羽,将含有羽髓的羽根剪于小试管中,加入约等量的生理盐水,用玻璃棒将羽髓压出混匀,吸取上清液作为被检样品;试验时如对照孔间不出现沉淀线时,则此次试验不成立,应重检。

【贮藏】4 ℃保存,有效期为 1 年。

(四)鸡减蛋综合征血凝抑制试验血凝素及阳性血清

【主要成分】抗原为鸡产蛋下降综合征病毒接种易感鸭胚,收获其含毒胚液,经灭活后进行效价滴定后加稳定剂冻干制成。阳性血清为经提纯浓缩抗原,多次免疫健康鸡,经测定效价合格后冻干制成。

【性状】乳黄色或黄褐色疏松海绵状团块,加稀释液后可迅速溶解。

【作用与用途】供鸡减蛋综合征诊断和疫苗免疫效果监测。

【用法与判定】

(1)抗原工作量的配制　抗原效价滴度除以 4,即为该抗原工作量的稀释倍数。如果测得抗原血凝效价滴度为 1∶1 024,则抗原工作量(4 个血凝单位)为 1∶256,即将抗原溶液做

1∶256倍稀释使用。

(2)微量血凝抑制试验　取洁净微量反应板于第1孔至第11孔加入50 μL生理盐水，第12孔加入100 μL生理盐水。吸取被检血清50 μL加入第1孔中充分混匀，依次做对倍稀释至第11孔弃去50 μL。吸取4个单位抗原50 μL加到第1孔至第11孔中，用振荡器混匀，室温作用10 min。吸取1%浓度的健康鸡红细胞100 μL，加入第1孔至第12孔，振荡混匀后，静止待判定结果。

(3)结果判定　当对照红细胞完全沉下来时进行结果判定。以能够完全抑制鸡红细胞凝集的血清最高稀释倍数为被检血清的血凝抑制滴度。每次测定必须设已知滴度的标准阳性血清作对照，已知对照符合要求标准，则本次试验成立，否则应重做。

被检血清血凝抑制价在4倍以内者判为阴性，8倍为可疑，16倍及以上为阳性。

【注意事项】试验用待检血清必须新鲜，腐败者不能使用；在H1试验前必须先测定抗原血凝效价，稀释后的抗原限当日用完，不能过夜；每次试验必须设立阳性血清对照。

【贮藏】－15 ℃以下保存，有效期为1年。

(五)禽流感血凝抑制试验血凝素(H9、H5亚型)及阳性血清

【主要成分】抗原系用禽流感标准毒株，接种鸡胚，收获含毒尿囊液，经冻干制成。阳性血清系用禽流感标准毒株提纯抗原，高免SPF鸡采集的血清，经灭活后冻干制成。

【性状】乳白色或乳黄色疏松固体。

【作用与用途】供检测H9、H5亚型禽流感病毒株感染鸡群的血清定型和监测鸡的免疫状态。

【用法与判定】按红细胞凝集抑制试验方法进行。

【贮藏】－20 ℃以下保存，有效期为2年；4 ℃保存，有效期为1年。

(六)鸡白痢鸡伤寒多价染色体平板凝集试验抗原

抗原系用标准型和变异型鸡白痢鸡伤寒沙门氏菌各1株，分别接种于适宜培养基培养，培养物用含2%甲醛溶液的磷酸盐缓冲盐水制成菌液，用乙醇处理，加结晶紫乙醇溶液和甘油制成。用于诊断鸡白痢和鸡伤寒。2～8 ℃保存，抗原有效期为3年。使用方法与结果判定详见项目十二的任务二。

四、猪用诊断制品使用说明

(一)猪瘟荧光抗体

【主要成分】提纯的猪瘟血清抗体与异硫氰酸荧光素(FITC)结合而制成。

【性状】蓝绿色澄明液体。

【作用与用途】用于诊断猪瘟。

【用法与判定】

(1)用法　将待检病猪的扁桃体、肾脏等组织冰冻切片或待检的细胞培养片，经丙酮固定后，滴加猪瘟荧光抗体覆盖于切片或细胞片表面，置37 ℃作用30 min。然后用PBS液洗涤，用碳酸盐缓冲甘油(pH 9.0～9.5，0.5 mol/L)封片，置荧光显微镜下观察。必要时设立抑制试验染色片，以鉴定荧光的特异性。

(2)判定　在荧光显微镜下，见切片或细胞培养物(细胞盖片)中有胞浆荧光，并由抑制试

验证明为特异的荧光，判猪瘟阳性；无荧光，判为阴性。

【贮藏】2～8 ℃保存，有效期为 2 年。

(二)猪瘟酶标记抗体

【主要成分】猪瘟病毒抗体(19G)与辣根过氧化物酶结合物。

【性状】淡黄色澄明液体。

【作用与用途】用于诊断猪瘟。

【用法和判定】将被检材料(扁桃体或肾脏)在干净的玻片上制成横切触片，用丙酮固定，再经叠氮钠处理。空干后，加工作浓度的猪瘟酶标记抗体，在 37 ℃作用 30 min。将触片洗净后，浸泡在相应的底物溶液(含 3,3′-二氨基联苯二胺盐酸盐和过氧化氢的缓冲液)中 10～15 min。用蒸馏水将触片洗净后，即可判定。在被检触片中，出现细胞质被染成棕黄色的细胞(一般为上皮细胞)时，判为阳性反应；未出现细胞质被染成棕黄色的细胞时，判为阴性反应。

【贮藏】2～8 ℃保存，有效期为 8 个月。

(三)猪支气管败血波氏杆菌凝集试验抗原、阳性血清与阴性血清

【主要成分】抗原为猪源支气管败血症波氏杆菌Ⅰ相杆菌，经灭活、离心、浓缩制成。

阳性血清系用灭活抗原免疫猪，采血分离血清制成；阴性血清系用健康猪，采血分离血清制成。供诊断猪传染性萎缩性鼻炎对照用。

【性状】抗原为乳白色均匀混悬液。久置后，菌体下沉，上部澄清，振摇后仍为均匀的混悬液。阴、阳性血清为淡黄色澄明液体。

【作用与用途】用于检测猪支气管败血症波氏杆菌 K 凝集抗体的凝集试验。

【用法和判定】用于试管凝集试验或平板凝集试验。

(1)试管凝集试验

①操作方法。将被检血清置 56 ℃水浴中灭活 30 min，用缓冲生理盐水做 5、10、20、40、80 倍稀释，每只小试管中加 0.5 mL。

向上述各小试管中加入用缓冲生理盐水稀释成 50 亿 CFU/mL(原液稀释 50 倍)的抗原 0.5 mL。

振荡，使血清和抗原充分混合，置 37 ℃作用 18～20 h，然后取出，置室温 2 h，判定结果。每次试管凝集试验中应设阴、阳性血清和缓冲生理盐水对照。

抗原原液临用时必须充分振荡，稀释成 50 亿 CFU/mL 的抗原，应于当日用完。

②结果判定。确定每份血清的试管凝集价时，以出现“＋＋”以上凝集的最高稀释度为标准。1∶10“＋＋”以上则判定为阳性。

(2)平板凝集试验

①操作方法。平板凝集试验抗原使用浓度为 2 500 亿 CFU/mL，即抗原液不做稀释，充分摇匀。

被检血清和对照血清(OK、O、阳性血清)均不经灭活，直接使用未稀释的血清。

平板凝集试验可用清洁的玻璃板进行，先在玻璃板上用玻璃笔划成大小约 2 cm 的小方格，在小方格内滴 1 滴被检血清(约 0.03 mL)，然后加 2 500 亿 CFU/mL 抗原 1 铂金耳(直径 3 mm)，用牙签或铂金耳将抗原和血清充分混合，轻轻摇动，在 20～25 ℃室温于 3 min 内出现“＋＋＋”以上凝集为阳性反应。

每次试验应设阴、阳性血清及 PBS 对照。

②结果判定。出现"+++"~"++++"反应，为阳性；出现"++"反应，为可疑；出现"+"~"-"反应，为阴性。

【贮藏】2~8 ℃保存，抗原和阳性血清有效期为 12 个月，阴性血清有效期为 24 个月。

(四)猪胸膜肺炎放线杆菌酶联免疫吸附试验抗原、阳性血清与阴性血清

【主要成分】抗原为猪胸膜肺炎放线杆菌(APP)1~10 型国际标准株，经热处理、浓度标定制成。

阳性血清系用灭活抗原接种猪，采血分离血清制成；阴性血清系健康猪，采血分离血清制成。用于酶联免疫吸附试验对照。

【性状】抗原为无色澄明液体。阴性、阳性血清为橙黄或淡棕黄色液体。

【作用与用途】用于酶联免疫吸附试验诊断猪胸膜肺炎放线杆菌。

【用法和判定】

(1)用法　抗原按瓶签注明效价使用。以碳酸盐缓冲液(pH 9.6，0.05 mol/L)将 1 个光吸收单位的 App-ELISA 1~10 型多价混合抗原做 10 倍稀释后，加入酶标板孔内进行包被，每孔 50 μL，在 37 ℃作用 4 h，再转入 2~8 ℃作用 18~20 h，取出，按照说明书进行，先后加入血清、HRP-SPA 结合物、底物，最后加硫酸溶液(0.2 mol/L)终止反应，立即进行目测，再用酶联读数仪测定光吸收值并进行判定。

(2)判定　每份血清 1∶200 稀释时：$P/N \geqslant 4$，判为阳性；$P/N \leqslant 3.5$，判为阴性；P/N 大于 3.5 但小于 4，判为可疑。

【注意事项】抗原如出现浑浊或沉淀，应停止使用。

【贮藏】2~8 ℃保存，抗原有效期为 5 个月，阴性、阳性血清有效期为 6 个月。

(五)猪支原体肺炎微量间接血凝试验抗原、阳性血清与阴性血清

【主要成分】抗原为猪肺炎支原体 Z、C 株，经浓缩、裂解、致敏醛化绵羊红细胞后，经冻干制成。

【性状】抗原为棕色疏松团块，加 PBS 后能迅速溶解，不出现肉眼可见的凝块。

【作用与用途】用于诊断猪支原体肺炎的微量间接血凝试验。

【用法和判定】

(1)用法

①首先用记号笔在 72 孔"V"形微量反应板的一边标明被检血清、阳性猪血清、阴性猪血清及抗原对照，各占一横排孔。

②滴加稀释剂。用微量移液器每孔加 25 μL 稀释剂。

③血清稀释。使用微量稀释棒先在稀释液中预湿后，经滤纸吸干，再小心地蘸取被检血清立于第 1 孔中，可同时稀释 11 个血清，以双手合掌迅速搓动 11 根稀释棒，达 60 次，然后将 11 根稀释棒小心平移至第 2 孔，搓同样转速和次数，再移至第 3 孔，被检血清可以只稀释到第 4 孔，即血清稀释到 1∶40，而阳性猪血清、阴性猪血清必须稀释到第 6 孔。

④滴加抗原。加 2%抗原致敏红细胞悬液，每孔 25 μL。25 μL 稀释液加 25 μL 2%抗原致敏红细胞悬液为抗原对照，只做 2 孔。

⑤振荡。将微量板振荡 15~30 s，室温下静置 1~2 h。观察记录结果。

(2)判定　以呈现“＋＋”血凝反应的血清最高稀释度作为血清效价判定终点。正常结果是阳性对照猪血清效价应≥40出现“＋＋”，阴性对照猪血清效价<1∶5，抗原对照应无血凝现象。

被检猪血清效价>1∶10以上时，判为阳性；效价<1∶5时，判为阴性；介于两者之间时判为可疑。

【贮藏】抗原2～8℃保存，有效期为6个月；－15℃保存，有效期为18个月。阴性、阳性血清2～8℃保存，有效期24个月。

五、多种动物用诊断制品使用说明

(一)提纯结核菌素

【主要成分】用牛型或禽型结核菌株，经培养、灭活、滤过、提纯或浓缩制成。

【性状】冻干提纯结核菌素为乳白色或黄白色疏松固体，加稀释液后迅速溶解。液体提纯结核菌素为无色或黄白色的澄明液体。老结核菌素为褐色澄明液体。

【作用与用途】供动物结核病变态反应诊断用。

诊断牛结核病，用牛型结核菌素。诊断禽结核病，用禽型结核菌素。诊断马、绵羊、山羊、猪结核病，用牛、禽2种结核菌素。

【用法与判定】

(1)诊断牛结核病　用牛型结核菌素。将冻干菌素用注射用水或生理盐水稀释成每1 mL含10万IU后使用。不论大小牛只，一律于颈中部上1/3处，皮内注射0.1 mL，3个月以内的犊牛，可在肩胛部做试验。注射菌素前，用卡尺测量术部中央皮皱厚度，做好记录。注射后72 h判定，观察局部有无热、痛、肿胀等炎性反应，用卡尺测量术部皮皱厚度，做好详细记录。如有可能，对阴性和可疑牛，于注射后96 h和120 h再分别判定1次，以防个别牛出现迟发型变态反应。

判定标准：

阳性反应。局部有明显炎性反应，皮厚差≥4 mm。

可疑反应。局部炎性反应较轻，皮厚差在2.1～3.9 mm。只要有一定的炎性反应，即使皮厚差在2 mm以下，仍判为可疑。

阴性反应。局部无明显的炎性反应，皮厚差≤2 mm。

(2)诊断鸡结核病　用禽型结核菌素，将冻干菌素用注射用水或生理盐水稀释成每1 mL含25 000 IU后使用，液体制品直接使用。于肉髯皮内注射0.1 mL，经24 h判定。鸡的肉髯增厚、下垂、发热呈弥漫性水肿者为阳性反应；肿胀不明显为疑似反应；无变化者为阴性反应。

(3)诊断猪结核病　同时用牛、禽2种菌素，一侧耳根外侧皮内注射牛型结核菌素0.1 mL，含10 000 IU。另一侧耳根外侧皮内注射禽型结核菌素0.1 mL，含2 500 IU，注射后72 h判定，判断标准同牛。

(4)诊断马、绵羊、山羊的结核病　同时用牛、禽2种菌素的1∶4稀释液，分别皮内注射0.1 mL。马与牛相同；绵羊在耳根外侧；山羊在肩胛部。判断标准同牛。

(5)禽型结核菌素也可用作诊断牛、羊副结核病的变应原　皮内注射0.1 mL，含2 500 IU，注射部位和判定标准与诊断牛羊结核病相同。羊也可在尾根和颈部皮内注射。

【贮藏】2～8 ℃保存，冻干提纯结核菌素有效期为10年，液体提纯结核菌素有效期为

2 年，老结核菌素有效期为 5 年。

(二)布鲁氏菌病平板凝集试验抗原

【主要成分】用抗原性良好的布鲁氏菌菌株，经培养、灭活、离心后，加煌绿和结晶紫染料制成。

【性状】蓝色悬浮液。久置后为透明清亮液体，底部有少量蓝色菌体沉淀。

【作用与用途】供诊断动物布鲁氏菌病的平板凝集试验用。

【用法与判定】

①备用一块方形洁净玻璃板，划成 25 个方格，横纵各 5 格，第 1 纵行各格写上被检血清号，横列各格注明所加血清量。根据被检血清份数的多少，适当增加列数。

②吸取每份被检血清，按 0.08 mL、0.04 mL、0.02 mL、0.01 mL 量分别加在第 1 横列的 4 个格内，照此加完每份被检血清。在大规模检疫时也可用 2 个血清量试验，牛、马和骆驼用 0.04 mL、0.02 mL 量；猪、绵羊、山羊和犬用 0.08 mL、0.04 mL 量。

③试验时需用阴性、阳性血清作对照。

④在加入血清的各格中，分别加入平板凝集抗原 0.03 mL。用牙签分别将血清和抗原混匀，经 5～8 min 内，按凝集反应强度，记录每份被检血清结果，试验最好在 25～30 ℃进行。

⑤结果判定。牛、马、鹿和骆驼血清 0.02 mL 出现“＋＋”以上凝集，为阳性反应；0.04 mL 血清出现“＋＋”凝集，为可疑反应。

羊、猪、犬血清 0.04 mL 出现“＋＋”以上凝集，为阳性反应；0.08 mL 血清出现“＋＋”凝集，为可疑反应。

可疑反应动物经 2～3 周后重新检查，仍为可疑者判为阳性。

【注意事项】使用前将抗原置于室温中，使其温度达到 20 ℃左右用时充分摇匀，如有摇不散的凝块时不得使用；被检血清必须是新鲜的，没有溶血现象和腐败现象；不适用于粗糙型布鲁氏菌感染的诊断。

【贮藏】2～8 ℃保存，有效期为 2 年。

(三)布鲁氏菌病全乳环状反应抗原

【主要成分】用抗原性良好的牛种布鲁氏菌菌株培养物染色后加热灭活标化制成。

【性状】深红色悬浮液，久置后上部澄清，底部有少量深红色沉淀。

【作用与用途】供诊断动物布鲁氏菌病的全乳环状反应试验用。

【用法与判定】

①取牛的新鲜全乳 1 mL 置于小试管内，加入抗原 1 滴，0.05 mL，充分混匀，置 37 ℃培养箱中，经 60 min 后取出判定结果。

②结果判断

强阳性反应(＋＋＋)。乳柱上层乳脂形成明显红色环带，乳柱白色，临界分明。

阳性反应(＋＋)。乳脂层亦呈红色，但不显著，乳柱略带颜色。

弱阳性反应(＋)。乳脂层环带颜色，乳柱不褪色。

可疑反应(±)。乳脂层环带颜色不明显，分界不清，乳柱不褪色。

阴性反应(－)。乳柱上层无任何变化，乳柱颜色均匀。

【注意事项】凡腐败、变酸、冻结、脱脂以及患病牛的乳不得用作本试验。

【贮藏】2～8 ℃保存，有效期为 18 个月。

(四)炭疽沉淀素血清

【主要成分】用炭疽杆菌弱毒株培养物为抗原，免疫健康马，采血分离血清制成。

【性状】橙黄色澄明液体。久置后底部有微量沉淀。

【作用与用途】供诊断炭疽的沉淀反应用。

【用法用量】用毛细管吸取制备好的待检抗原滤液，置于尖底小试管中，用另一根毛细管吸取炭疽沉淀素血清，插入管底徐徐放出血清，与抗原滤液形成整齐的接触面。在规定时间内观察结果，如接触面出现白色沉淀环，即为炭疽阳性。

【贮藏】2～8 ℃保存，有效期为 3 年。

(五)口蹄疫病毒感染相关抗原

【主要成分】用 A 型(或 O 型)口蹄疫细胞毒接种 IBRS2 细胞培养，收获细胞培养液，经浓缩提纯制成。

【性状】淡褐色澄明液体。

【作用与用途】用于检测牛、羊、猪、鹿、骆驼等动物血清中的口蹄疫感染相关(VIA)抗体。

【用法与判定】

①被检血清和口蹄疫标准阳性血清均在 56 ℃灭能 30 min。

②琼脂糖平板的制备。取琼脂糖 1 g，Tris 低盐溶液 100 mL，装入三角瓶中，于沸水中加热或高压使琼脂糖熔化。然后吸取琼脂液 7 mL 加到直径 5.5 cm 的平皿内，制成 3 mm 厚的琼脂板。待琼脂完全凝固后，加盖置于湿盒中，贮藏在 4 ℃冰箱中备用。

③打孔和加样。按六角形打孔，中心孔和外周孔的孔径及孔距均为 4 mm。中心孔加 VIA 抗原，1 孔和 4 孔加口蹄疫阳性血清，2、3、5、6 孔加被检血清。

④扩散和观察。将加样的琼脂平皿置湿盒内于室温(20～22 ℃)下任其自然扩散。24 h 进行第 1 次观察，72 h 进行第 2 次观察，168 h 进行最后观察。

⑤判定。按琼脂扩散试验常规方法进行判定。

【贮藏】2～8 ℃保存，有效期为 10 个月。

思考与练习

一、选择题与判断题

1. 鸡新城疫抗体监测多采用(　　)。(单选题)

A. 琼脂扩散试验　　B. 补体结合试验　　C. 中和试验　　D. 血凝抑制试验

2. 鸡白痢的检测多采用(　　)。(单选题)

A. 琼脂扩散试验　　B. 全血平板凝集试验　　C. 中和试验　　D. 血凝抑制试验

3. 诊断制剂具有(　)作用。(单选题)

A. 紧急预防　　B. 诊断　　C. 杀菌　　D. 治疗

4. 诊断制剂保存温度一般在(　　)保存。(单选题)

A. 2～8 ℃　　B. 室温　　C. －15 ℃以下　　D. －70 ℃以下

5. 猪繁殖与呼吸综合征抗体检测多采用（　　）。（单选题）

A. 琼脂扩散试验　　B. 全血平板凝集试验　C. 中和试验　　　D. 酶联免疫吸附试验

6. 某猪场怀疑发生了猪瘟，技术人员无菌采集病料送检，检验结果证实了该猪场发生了猪瘟，那么送检的病料中应该含有猪瘟抗体。（判断题）

7. 种鸡场检出的鸡白痢阳性鸡及可疑鸡应该治疗。（判断题）

8. 禽流感检疫、疫情监测和流行病学调查可采用 HI 试验。（判断题）

9. 被检血清要求无污染、无腐败。（判断题）

二、简答题

1. 简述免疫监测常用血清学技术的类型及方法。

2. 简述抗体监测被检血清的采集及处理方法。

3. 简述猪瘟抗体监测方法步骤及猪瘟抗体监测的实际意义。

4. 简述鸡新城疫抗体监测方法步骤及抗体监测的实际意义。

5. 鉴于禽流感的高致死率及给养殖业带来的巨大经济损失，如果你是养禽场技术人员你该如何预防？写出具体免疫程序。

6. 鸡白痢的病原是沙门氏菌，可以通过水平和种蛋垂直传播，在种鸡场带菌鸡数不能超过 5%，在白痢检测过程中如何防止带菌鸡传播？

7. 鸡常用诊断制品有哪些？简述其诊断方法及判断标准。

8. 目前，我国牛结核主要通过定期检测进行淘汰或隔离治疗，在实际检测中如何进行操作？结果是如何判定的？

二维码 12-5　项目十二 诊断用生物制品使用

思考与练习参考答案

项目十三
治疗用生物制品使用

【知识目标】

1. 掌握治疗用生物制品的用法与用量
2. 掌握治疗用生物制品使用过程中的注意事项

【技能目标】

1. 会按照使用说明进行治疗制品的使用
2. 会及时处理因使用治疗制品而出现的问题
3. 会通过各种途径查阅所需资料

【素质目标】

1. 通过治疗制剂规范使用学习，培养学生严谨的工作作风和良好的职业道德
2. 通过项目任务，培养学生的无菌意识、安全意识和团队协作能力

任务一　犬三联抗血清临床使用

【目的要求】

掌握犬三联抗血清临床使用方法。

【器具材料】

犬三联抗血清、灭菌注射器、酒精棉球等。

【方法步骤】

一、皮下注射

要选择皮肤较薄且血管较少的部位，比如颈部或股内侧。将犬保定，局部剪毛，若不想破坏犬的外观形象，就用消毒棉球将被毛向四周分开，左手将皮肤轻轻捏起，形成一个皱褶，右手将注射器针头刺入皱褶处皮下，深入 1.5～2.0 cm，血清注射完毕，用酒精棉球按住进针皮肤，

拔出针头即可。

二、肌内注射

注射应选择肌肉丰满无大血管的部位，如臀部、背部和腿内侧。将犬固定好，左手的拇指和食指将注射部位皮肤绷紧，右手持注射器，使针头与皮肤形成60°角迅速刺入，深2.0～2.5 cm，抽回针管内芯，如无血液回流，即可将血清推入。注射部位要以拇指和食指固定针头，防止其突然剧烈活动而折断针头。

三、腹腔沟注射

让犬仰卧，两前肢系在一起，放于侧面，两后肢向外翻开，露出注射部位即脐和骨盆连线的中间点，腹白线一侧。局部消毒后，将针头垂直刺入，穿透腹肌和腹膜，当针头刺破腹膜时，有落空感，注入血清时无阻力，说明注射正确。

四、注意事项

犬三联高免抗血清用于犬类动物的犬瘟热、犬细小病毒性肠炎及犬传染性喉气管炎的治疗和预防；可采用腹股沟，皮下或肌内注射，每千克体重1～2 mL，病情严重的动物剂量可增加；制品应冷冻保存，有效期2年，2个月内用完，可冷藏保存。

【考核测评】

考核要素/分值比例	考核内容/分值			
专业技能测评/60%	抗血清保存条件/10分	外观检查/10分	皮下注射/20分	肌内注射/20分
素质测评/30%	安全操作/8分	规范标准/8分	及时清场/7分	团队协作/7分
创新测评/10%	学生在完成项目任务的任何环节融入创新元素，即可得分，小组成员可根据参与度给予赋分			

考核建议：既可以过程考核，也可以随机抽考，视具体条件选择。
专业技能考核可以让学生在操作时录制视频上传，作为考核依据，也可以单独组织考核。
要求：本人出镜，完整操作。

任务二　鸡传染性法氏囊卵黄抗体临床使用

【目的要求】

掌握鸡传染性法氏囊卵黄抗体临床使用方法。

【器具材料】

鸡传染性法氏囊卵黄抗体、连续注射器、生理盐水等。

【方法步骤】

一、抗体稀释

将低温保存的鸡传染性法氏囊卵黄抗体冻干粉用生理盐水稀释，每瓶加入 200 mL 生理盐水，可用于治疗雏鸡 400 羽，成鸡 200 羽。如果卵黄抗体为液体制品，按说明书直接使用。

二、使用方法

注射免疫最好在晚上进行。胸肌注射时，针头与注射部位呈 30°～40°角，于胸部上 1/3 处，朝背部斜向刺入胸肌，切忌垂直刺入，以免刺破胸腔而损伤内脏器官。腿部注射时，采用 9 号针头，朝鸡体方向刺入外侧腿肌，不要刺伤腿部的血管、神经和骨骼。

三、注意事项

①在鸡群发病后进行紧急注射免疫的，先免疫健康群，然后免疫假定健康群，最后免疫发病鸡群；在给病鸡免疫时，应每注射 1 只鸡就更换 1 次针头，以防止疾病交叉传播。

②不宜和疫苗同时使用。疫苗与高免卵黄抗体发生中和，会降低高免卵黄抗体的效价。使用高免卵黄后，应间隔 12 d 再接种相应的疫苗；接种疫苗后应间隔 5 d 才能使用相应的高免卵黄。

③不宜用于平时预防。高免卵黄抗体进入鸡体后的免疫有效期仅为 14 d 左右。所以，利用高免卵黄抗体防病必须每隔 14 d 进行一次接种，这样既增加了养鸡成本，也易加重鸡的应激。

④不宜用于种鸡。在制作高免卵黄的过程中虽然加入了抗生素和防腐剂，但它们对病毒的杀灭作用甚微。一旦接种带有某种病毒的高免卵黄，种鸡极易患病并会将该病垂直传播给雏鸡。

【考核测评】

考核要素/分值比例	考核内容/分值			
专业技能测评/60%	卵黄抗体保存/10 分	外观检查/10 分	胸肌内注射/20 分	腿肌内注射/20 分
素质测评/30%	安全操作/8 分	规范标准/8 分	及时清场/7 分	团队协作/7 分
创新测评/10%	学生在完成项目任务的任何环节融入创新元素，即可得分，小组成员可根据参与度给予赋分			

考核建议：既可以过程考核，也可以随机抽考，视具体条件选择。

专业技能考核可以让学生在操作时录制视频上传，作为考核依据，也可以单独组织考核。

要求：本人出镜，完整操作。

职业知识链接

一、禽用治疗制品使用说明

(一)鸡传染性法氏囊卵黄抗体

用于紧急预防和治疗鸡传染性法氏囊病。被动免疫保护期为 7～10 d。使用方法详见项目十三的任务二。

(二)小鹅瘟抗血清

【性状】橙黄色或略带棕红色澄明液体,久置后有少量白色沉淀。

【作用与用途】用于紧急预防和治疗小鹅瘟。被动免疫保护期为 7～10 d。

【用法与用量】皮下或肌内注射。治疗剂量:5～10 日龄注射 1.0 mL,10～15 日龄注射 2.0 mL,15～25 日龄注射 3.0 mL,30 日龄以上注射 4.0 mL,多于注射后 2 h 显效。必要时可重复注射 1 次。

【注意事项】

①在注射抗血清 1 周之内不能应用活疫苗注射。

②对发病初期的雏鹅,使用血清后可治愈 40%～50%;对潜伏期雏鹅,注射血清后能制止 80%～90%已被感染的雏鹅发病。因此,小鹅瘟血清的注射要做到及时准确,才能取得良好的免疫和治疗效果。

【贮藏】2～8 ℃保存,有效期为 2 年。

二、猪用治疗制品使用说明

(一)抗猪瘟血清

【性状】略带棕红色的澄明液体,久置后有少量灰白色沉淀。

【作用与用途】用于预防及治疗猪瘟。发病早期使用抗猪瘟血清具有良好的治疗效果。

【用法与用量】

(1)预防剂量　体重 20 kg 以下的猪只,每千克体重皮下或肌内注射 0.25～1.00 mL;体重 20 kg 以上的猪只,每千克体重注射 1.0 mL。

(2)治疗剂量　为预防量的 2 倍,必要时可以重复注射 1 次。

【注意事项】如出现过敏反应,立即注射肾上腺素。

【贮藏】2～8 ℃保存,有效期为 3 年。

(二)抗猪丹毒血清

【性状】略带棕红色的澄明液体,久置后有少量灰白色沉淀。

【作用与用途】用于预防及治疗猪丹毒。

【用法与用量】皮下或肌内注射。

(1)预防剂量　仔猪 3～5 mL;体重 50 kg 以下猪只,注射 5～10 mL;体重 50 kg 以上注射 10～20 mL。

(2)治疗剂量　仔猪 5～10 mL;体重 50 kg 以下猪只,注射 30～50 mL;体重 50 kg 以上注射 50～75 mL。

【注意事项】如出现过敏反应,立即注射肾上腺素。

【贮藏】2～8 ℃保存,有效期为 3 年。

三、其他动物用治疗制品使用说明

(一)抗炭疽血清

【主要成分】系用炭疽弱毒芽孢苗免疫健康马,采血分离血清制成。

【性状】淡黄色或浅褐色澄明液体。久置后瓶底有微量白色沉淀。

【作用与用途】用于预防和治疗各种动物炭疽病。

【用法与用量】皮下注射。治疗时做静脉注射,并可增量或重复注射。

马、牛预防量为每头注射 30～40 mL,治疗量为 150～250 mL;猪、羊预防量为每头注射 16～20 mL,治疗量为 50～120 mL。

【注意事项】

①安瓿打开后应一次用完。

②治疗时,采用静脉注射疗效较好。如肌内注射剂量大,可分点注射。

③个别动物注射本品后可能发生过敏反应,因此最好先少量注射,观察 20～30 min,如无反应,再大量注射。发生严重过敏反应时,可皮下或静脉注射 0.1%肾上腺素 2～4 mL。

【贮藏】2～8 ℃保存,有效期为 3 年。

(二)破伤风抗毒素

【主要成分】系用马经免疫后,分离血清制成。

【性状】未精制的抗毒素为微带乳光橙色或茶色澄明液体。精制抗毒素为无色清亮液体。不得含有渣粒或异物,长期贮藏后,可有微量能摇散的灰白色或白色沉淀。冻干精制抗毒素应为白色或微带粉红色的疏松体,加入蒸馏水后轻轻摇动,应于 15 min 内完全溶解。溶解后的外观应与液体精制抗毒素相同。

【作用与用途】用于预防和治疗家畜破伤风。

【用法与用量】皮下、肌内或静脉注射。

羊、猪、犬预防用量为 1 200～3 000 IU,治疗用量为 5 000～20 000 IU;

3 岁以上大动物预防用量为 6 000～12 000 IU,治疗用量为 60 000～300 000 IU;

3 岁以下大动物预防用量为 3 000～6 000 IU,治疗用量为 50 000～100 000 IU。

【注意事项】应防止冻结;如有沉淀,用前应摇匀;用前应准备好肾上腺素注射液,以便对过敏的家畜及时进行抢救注射。

【贮藏】2～8 ℃保存,有效期为 2 年。

(三)抗羔羊痢疾血清

【主要成分】系用 B 型产气荚膜梭菌的类毒素、毒素和强毒菌液,多次免疫动物,采血分离血清制成。

【性状】黄色或浅褐色澄明液体,久置后瓶底有微量白色沉淀。

【作用与用途】用于预防及早期治疗产气荚膜梭菌所引起的羔羊痢疾。

【用法与用量】在羔羊痢疾流行地区，1～5 日龄羔羊皮下或肌内注射 1 mL，对已患羔羊痢疾的病羔，静脉或肌内注射 3～5 mL，必要时于 4～5 h 后再重复注射 1 次。

【注意事项】如出现过敏反应，立即注射肾上腺素。

【贮藏】2～8 ℃保存，有效期为 5 年。

（四）抗气肿疽血清

【主要成分】系用气肿疽梭菌制成免疫原，免疫健康马或牛，采血分离血清制成。

【性状】淡黄色或浅褐色澄明液体，久置后有少量白色沉淀。

【作用与用途】用于预防和治疗牛的气肿疽。

【用法与用量】预防时，皮下注射 15～20 mL，经 14～20 d 再皮下注射气肿疽灭活疫苗 5 mL。治疗时，静脉、腹腔或皮下注射 150～250 mL，病重者可重复注射。

【注意事项】应防止冻结；如有沉淀，用前应摇匀；用前应准备好肾上腺素注射液，以便对过敏的家畜及时进行抢救注射。

【贮藏】2～8 ℃保存，有效期为 3 年 6 个月。

思考与练习

一、选择题与判断题

1. 免疫血清制品保存温度一般在（　　）贮藏。（单选题）

A. 2～8 ℃　　B. 室温　　C. －15 ℃以下　　D. －70 ℃以下

2. 治疗制品使用一般采用（　　）方法。（单选题）

A. 口服　　B. 饮水　　C. 注射　　D. 气雾

3. 治疗血清和高免卵黄抗体具有（　　）作用。（多选题）

A. 紧急预防　　B. 诊断　　C. 杀菌　　D. 治疗

4. 犬三联抗血清使用可采用（　　）方法。（多选题）

A. 皮下注射　　B. 肌内注射　　C. 腹腔沟注射　　D. 口服

5. 抗血清不宜和疫苗同时使用、不宜用于平时预防使用。（判断题）

6. 在鸡群发病初期进行紧急注射免疫抗血清的，先免疫健康群，然后免疫假定健康群，最后免疫发病鸡群。（判断题）

二、简答题

1. 简述犬三联抗血清临床使用方法及注意事项。

2. 鸡传染性法氏囊病高免卵黄抗体在临床使用中的注意事项有哪些？

3. 猪用治疗制品有哪些？如何使用？

4. 破伤风抗毒素一般在什么情况下使用？其用途及用法与用量是什么？

5. 抗血清和诊断用血清使用方法有何不同？

二维码 13-1　项目十三 治疗用生物制品使用思考与练习参考答案

模块四

兽用生物制品管理

项目十四
兽药生产质量管理

【知识目标】

1. 了解兽药 GMP 内容和适用范围
2. 了解兽用生物制品质量管理内容
3. 理解生物制品批签发管理

【技能目标】

1. 能够解释生物制品的标准化管理
2. 能够解释兽药 GMP 对厂房设施的要求
3. 能够解释兽药 GMP 对物料设备的要求
4. 能够解释兽药 GMP 对生产质量管理的要求

二维码 14-1　进入兽药 GMP 活疫苗生产车间程序(动画)

【素质目标】

1. 通过兽药生产质量管理规范认知,培养学生严谨的工作作风和良好的职业道德
2. 通过项目任务,培养学生的无菌意识、安全意识和团队协作能力

任务一　进入活疫苗生产车间程序

二维码 14-2　进入兽药 GMP 灭活疫苗生产车间程序(动画)

【目的要求】

掌握进入活疫苗生产车间程序与方法。

【方法步骤】

进入活疫苗车间需要通过 3 次更鞋、更衣、手消毒,才可以进入活疫苗无菌操作室。

一、进入一更程序

进入门厅，换鞋，进入一更更鞋间，换鞋，进入一更间，脱下工作服，洗手，烘干（彩图 41、彩图 42）。

地面颜色代表空气洁净度级别，一更地面为蓝色，表示空气洁净度为 10 万级（C 级），进入房间的空气是通过房间顶部空调系统滤过的，滤过后空气中浮游菌数量每立方米不超过 100 个（动态），沉降菌数量每立方米不超过 3 个。

二、进入二更程序

通过一更洁净走廊，进入缓冲间，换鞋，进入二更间，穿上二更工作服，进入手消毒间，消毒手（彩图 43）。二更空气洁净度为 10 万级。

三、进入三更程序

通过二更洁净走廊，进入三更间，换鞋，套上三更工作服，进入手消毒间，消毒手，进入万级洁净走廊，进入无菌操作室（彩图 44、彩图 45）。

三更地面为绿色，表示空气洁净度为万级，比 10 万级（B 级）洁净度高，滤过后空气中浮游菌数量每立方米不超过 5 个，沉降菌数量每立方米不超过 5 个（动态）。

【考核测评】

考核要素/分值比例	考核内容/分值			
专业技能测评/60%	进入活疫苗车间流程图/15 分	一更洁净级别/15 分	二更洁净级别/15 分	三更洁净级别/15 分
素质测评/30%	安全操作/8 分	规范标准/8 分	及时清场/7 分	团队协作/7 分
创新测评/10%	学生在完成项目任务的任何环节融入创新元素，即可得分，小组成员可根据参与度给予赋分			
考核建议：既可以过程考核，也可以随机抽考，视具体条件选择。 专业技能考核可以让学生在操作时录制视频上传，作为考核依据，也可以单独组织考核。 要求：本人出镜，完整操作。				

任务二　进入灭活疫苗生产车间程序

【目的要求】

掌握进入灭活疫苗生产车间程序与方法。

【方法步骤】

进入灭活疫苗车间需要通过 3 次更鞋、更衣、手消毒，才可以进入灭活疫苗无菌操作室。

一、进入一更程序

进入门厅，换鞋，进入一更更鞋间，换鞋，进入一更间，脱下工作服，洗手，烘干。

一更空气洁净度为10万级(B级)，空气中浮游菌数量每立方米不超过100个(动态)，沉降菌数量每立方米不超过3个。

二、进入二更程序

通过一更洁净走廊，进入缓冲间，换鞋，进入二更间，穿上二更工作服，进入手消毒间，消毒手。二更空气洁净度为10万级。

三、进入三更程序

通过二更洁净走廊，进入三更间，换鞋，脱下二更工作服放入衣柜，进入缓冲间，穿上三更工作服，进入手消毒间，消毒手，进入万级(B级)洁净走廊，进入无菌操作室。

与活疫苗车间不同的是，活疫苗在三更没有缓冲间和沐浴间，因为灭活疫苗多数是使用强毒生产，因此工作人员从无菌操作室出来，进入三更脱下工作服，必须进沐浴间洗浴后，进入二更，穿二更工作服。防止强毒扩散(彩图46)。

三更缓冲间及无菌操作室为负压，室内空气只能吸入房间顶部，经过空调系统滤过后排除。

【考核测评】

考核要素/分值比例	考核内容/分值			
专业技能测评/60%	进入灭活疫苗车间流程图/15分	一更洁净级别/15分	二更洁净级别/15分	三更洁净级别/15分
素质测评/30%	安全操作/8分	规范标准/8分	及时清场/7分	团队协作/7分
创新测评/10%	学生在完成项目任务的任何环节融入创新元素，即可得分，小组成员可根据参与度给予赋分			
考核建议：既可以过程考核，也可以随机抽考，视具体条件选择。 专业技能考核可以让学生在操作时录制视频上传，作为考核依据，也可以单独组织考核。 要求：本人出镜，完整操作。				

职业知识链接

从事兽用生物制品研究、生产、经营、进出口、监督、使用等活动的单位和个人，必须遵守我国兽用生物制品相关的法律法规及管理办法。目前，主要有《兽药生产质量管理规范》(以下简称兽药GMP)《兽用疫苗生产企业生物安全三级防护标准》《兽药生产企业洁净区静态检测相关要求》《动物病原微生物菌(毒)种保藏管理办法》《兽用生物制品规程》《病原微生物实验室生物安全管理条例》(2018 修订版)《兽药标签和说明书管理办法》《兽药产品批准文号管理办法》《兽药二维码追溯体系建设》《兽药生产企业飞行检查管理办法》《兽用生物制品技术标准文件编写要求》《兽药生产质量管理规范检查验收评定标准》(生物制品类,2020 年修订)《兽用生物制品经营管理办法》《国家动物疫病强制免疫指导意见》(2022—2025 年)等相关文件。

一、兽药 GMP 认知

(一)兽药 GMP 概念

兽药 GMP 是《兽药生产质量管理规范》简称,是兽药生产管理和质量控制的基本要求和准则,是世界各国对兽药生产全过程监督管理普遍采用的法定技术规范。是在兽药生产全过程中,用科学合理、规范化的条件和方法来保证生产优质兽药的一整套科学管理的体系。概括地讲,就是任何兽药生产企业都要具有合适的厂房设施,良好的技术装备,良好的仓储运输条件,有受过专业训练的人员,利用合格的原辅材料,在符合要求的卫生环境中,采取经过批准的生产工艺,实行严格的质量控制,生产出优质的兽药产品。

GMP 最初是 1962 年由美国坦普尔大学 6 名教授编写制定的,于 1963 年美国率先制定本国 GMP 标准并由国会作为法令正式颁布,要求本国的制药企业按 GMP 的规定,规范化地对药品的生产过程进行控制。1975 年 11 月世界卫生组织(WHO)正式公布 GMP。1989 年我国农业部制定并颁布了我国《兽药生产质量管理规范(试行)》(简称《兽药 GMP》),1994 年颁布了《兽药生产质量管理规范实施细则(试行)》,2002 年 3 月 19 日农业部发布新修订《兽药生产质量管理规范》(第 11 号令),自 2006 年 1 月 1 日起强制实施《兽药生产质量管理规范》。凡在 2005 年 12 月 31 日前未取得《兽药 GMP 合格证》的企业,不得进行兽药生产。新建的兽药生产企业必须经过农业部组织的 GMP 验收合格后,才能发给《兽药生产许可证》。随着经济社会发展和产业技术进步,原《兽药 GMP》已越来越不适应兽药产业发展和行业管理的实际需要,急需修订完善,新版《兽药生产质量管理规范(2020 年修订)》(农业农村部 2020 年第 3 号)于 2020 年 4 月 21 日公布,自 2020 年 6 月 1 日起施行。新版《兽药生产质量管理规范(2020 年修订)》大幅度提高了兽药生产人员、设备、设施、工艺和质量管理等要求,意味着显著增加和大幅度提高了兽药生产行业的准入门槛。新版《兽药 GMP》设定了三年的过渡期,在截止期限之前过不了新版《兽药 GMP》的兽药生产企业,将被强制性关门歇业和自动退出这个行业。由此可见,一部分产能低下、无技术优势和研发实力的兽药企业将逐步淘汰,从而促进优势兽药企业向规模化发展。

(二)兽药 GMP 内容

2020 年版《兽药 GMP》分为正文和附录 2 部分,其中正文 13 章 287 条。主要内容为总则、质量管理、机构与人员、厂房与设施、设备、物料与产品、确认与验证、文件管理、生产管理、质量控制与质量保证、产品销售与召回、自检、附则。

(三)兽药 GMP 适用范围

《兽药 GMP》适用于无菌兽药、非无菌兽药、兽用生物制品、原料药、中药制剂等生产质量管理特殊要求,新版《兽药 GMP》配套文件对其进行了详细规定。由于兽用生物制品是特殊商品,它是用细菌、病毒等微生物为材料制成的商品,因此,兽药 GMP 对兽用生物制品有特殊的要求。

(四)兽药GMP对人员方面的基本要求

兽药生产企业各类人员应具备一定文化水平、专业知识、技术职称、实践经验、法规水平、组织能力等基本素质，兽药生产企业人员主要有：担负生产、制度、卫生、物品采购、职工培训、产品贮销等工作调控职责的管理人员和承担设备、仪器(仪表)维修与测试、执行生产操作指令、物料及产品质量检验等工作的技术人员。

1. 兽药GMP对人员素质的要求

(1)生产管理负责人　至少具有药学、兽医学、生物学、化学等相关专业本科学历(中级专业技术职称)，具有至少三年从事兽药(药品)生产或质量管理的实践经验，其中至少有一年的兽药(药品)生产管理经验，接受过与所生产产品相关的专业知识培训。

(2)质量管理负责人　至少具有药学、兽医学、生物学、化学等相关专业本科学历(中级专业技术职称)，具有至少五年从事兽药(药品)生产或质量管理的实践经验，其中至少一年的兽药(药品)质量管理经验，接受过与所生产产品相关的专业知识培训。

(3)质量检验人员　质量控制实验室的检验人员至少应当具有药学、兽医学、生物学、化学等相关专业大专学历或从事检验工作3年以上的中专、高中以上学历，与并经过与所从事的检验操作相关的实践培训且考核通过。

(4)直接从事生产人员　①具有高中以上文化；②受过与本职工作要求相适应的专业培训。从事生产辅助工作人员的要求必须是具初中以上文化。

2. 兽药GMP对兽用生物制品企业人员的要求

①从事制品生产、质量保证、质量控制及相关岗位的人员(包括清洁、维修人员)，均应根据其生产的制品和所从事的生产操作进行专业知识和安全防护要求的培训和考核。

②应当根据生产和检验所涉及病原微生物安全风险评估的结果，对从事生产、维修、检验、动物饲养的操作和管理等相关人员采取有效的生物安全防护措施，并定期进行专项体检，必要时，接种相应的疫苗。

③生产期间，未采用规定的去污染措施，生产人员不得由操作活微生物或动物的区域进入操作其他制品或微生物的区域。

④从事生产操作的人员与动物饲养人员不得兼任。

(五)兽药GMP对硬件方面的基本要求

1. 厂房与设施

厂房与设施是兽药生产的基本条件，是实现兽药GMP的重要组成部分。生物制品的厂房与设施主要包括生产车间、仓储室、质检室、生产与检验用动物房及相配套的空气净化系统、工艺用水系统、工艺用气系统、照明、通风、洗涤与卫生设施、安全设施等。既要保证产品质量又要防止微生物对环境产生污染，为此对厂房要进行洁净度控制，洁净室(区)的环境要求有严格的规定(彩图47、彩图48)。

①洁净室(区)的窗户、天棚及进入室内的管道、风口、灯具与墙壁或天棚的连接部位均应密封且无死角。洁净区与非洁净区之间不同级别洁净区之间的压差应当不低于10 Pa，必要时相同洁净度级别的不同功能区域(操作间)之间也应保持适当的压差梯度，并应由指示压差的装置和(或)设置监控系统。

②洁净室(区)的温度和相对湿度应与兽药生产工艺要求相适应。无特殊要求时，温度应

控制在18～26 ℃，相对湿度控制在30%～65%。

③兽药生产洁净室(区)分为A级、B级、C级和D级4个级别。生产不同类别的兽药应当符合相应的洁净度要求，包括达到"静态"和"动态"的标准，见表14-1、表14-2。

表14-1 洁净区空气悬浮粒子的标准规定

洁净度级别	悬浮粒子最大允许数/立方米			
	静态		动态	
	≥0.5 μm	≥5.0 μm	≥0.5 μm	≥5.0 μm
A级	3 520	不做规定	3 520	不做规定
B级	3 520	不做规定	352 000	2 900
C级	352 000	2 900	3520 000	29 000
D级	3520 000	29 000	不做规定	不做规定

表14-2 洁净区微生物监测的动态标准①

洁净度级别	悬浮菌/(cfu/m³)	沉降菌(Φ90 mm)/(cfu/4 h②)	表面微生物	
			接触(Φ55 mm)/(cfu/碟)	5指手套/(cfu/手套)
A级	<1	<1	<1	<1
B级	10	5	5	5
C级	100	50	25	—
D级	200	100	50	—

注：①表中各数值均为平均值。

②单个沉降碟的暴露时间可以少于4 h，同一位置可使用多个沉降碟连续进行监测并累积计数。

2. 设备

设备主要指可满足兽药生产和质量检验操作需要的各种装置或器具。

①直接接触药品的设备表面应平整、光滑、无脱落物、易清洗、易消毒、耐腐蚀，与药品不起化学反应或吸附药品。

②输送药液及注射用水的管路、储罐、阀门、输送泵等宜用优质不锈钢或其他优质耐腐蚀材料制成。

③过滤器不得吸附药液组分或释放异物。

④生产设备宜采用密封形式，如采用非密闭设备，应有防止污染的措施。若生产中易产生尘埃时，设备宜局部加设防尘圈帘和捕尘吸粉装置。

⑤需清洗和灭菌的零部件要易于拆装或设有清洗口。

⑥用于制剂生产的配料缸、混合槽、灭菌设备及其他机械，其容量尽可能与批量相适应。

⑦纯化水、注射用水的制备、储存和分配系统应能防止微生物的滋生和污染。储罐和输送管道所用材料应无毒、耐腐蚀。储水罐应设有加热、保温的装置；管道的设计和安装应避免死角、盲管。储罐和管道应规定清洗、灭菌周期。注射用水储罐的通气口应安装不脱落纤维的疏水性除菌滤器。注射用水的储存可采用80 ℃以上保温、65 ℃以上保温循环或4 ℃以下存放。

⑧生产、加工、包装青霉素等强致敏性药物的生产设备必须分开专用。

3. 生物制品企业厂房与设施、设备的特殊要求

生物制品的生产操作应当在符合表 14-3 规定的相应级的洁净区内进行，未列出的操作可参照表 14-3 在适当级别的洁净区内进行。操作高致病性病原微生物、牛分支杆菌以及特定微生物（如高致病性禽流感灭活疫苗生产用毒株）应在专用的厂房内进行，其生产设备须专用，并有符合相应规定的防护措施和消毒灭菌、防散毒设施。生产操作结束后的污染物品应在原位消毒、灭菌后，方可移出生产区。布鲁氏菌病活疫苗生产操作区（含细菌培养、疫苗配制、分装、冻干、轧盖）应使用专用设备和功能区，生产操作区应设为负压，空气排放应经高效过滤，回风不得循环使用，培养应使用密闭系统，通气培养、冻干、高压灭菌过程中产生的废气应经除菌过滤或经验证确认有效的方式处理后排放。疫苗瓶在进入贴签间前，应有对疫苗瓶外表面进行消毒的设施设备。芽孢菌类微生态制剂、丁粉制品应当使用专用的车间，产尘量大的工序应经捕尘处理。生产炭疽芽孢疫苗应当使用专用设施设备。致病性芽孢菌（如肉毒梭状芽孢杆菌、破伤风梭状芽孢杆菌）操作直至灭活过程完成前应当使用专用设施设备。涉及芽孢菌生产操作结束后的污染物品应在原位消毒、灭菌后，方可移出生产区。除有其他规定外，灭活疫苗（包括重组 DNA 产品）、类毒素及细胞提取物的半成品的生产可以交替使用同一生产区，在其灭活或消毒后可以交替使用同一灌装间和灌装、冻干设施设备，但应当在一种制品生产、分装或冻干后进行有效的清洁和消毒，清洁消毒效果应定期验证。除有其他规定外，活疫苗可以交替使用同一生产区、同一灌装间或灌装、冻干设施设备，但应当在一种制品生产、分装或冻干完成后进行有效的清洁和消毒，清洁和消毒的效果应定期验证。以动物血、血清或脏器、组织为原料生产的制品的特有生产阶段应当使用专用区域和设施设备，与其他制品的生产严格分开。操作一、二、三类动物病原微生物应在专门的区域内进行，并保持绝对负压，空气应通过高效过滤后排放，滤器的性能应定期检查。生产操作结束后的污染物品应在原位消毒、灭菌后，方可移出生产区。有菌（毒）操作区与无菌（毒）操作区应有各自独立的空气净化系统且人流、物流应分开设置。来自一、二、三类动物病原微生物操作区的空气不得再循环或仅在同一区内再循环。应具有对制品生产、检验过程中产生的污水、废弃物等进行无害化处理的设施设备。产生的含活微生物的废水应收集在密闭的罐体内进行无害化处理。密闭容器（如发酵罐）、管道系统、阀门和呼吸过滤器应便于清洁和灭菌，宜采用在线清洁、在线灭菌系统。生产过程中被污染的物品和设备应当与未使用过的灭菌物品和设备分开，并有明显标志。制品生产的 A/B 级洁净区内禁止设置水池和地漏。生产设备跨越两个洁净级别不同的区域时应采取密封的隔离装置。除传送带本身能连续灭菌（如隧道式灭菌设备）外，传送带不得在 A/B 级洁净区与低级别洁净区之间穿越。质量管理部门应根据需要设置检验、留样观察以及其他各类实验室，能根据需要对实验室洁净度、温湿度进行控制。检验中涉及病原微生物操作的，应在符合生物安全要求的实验室内进行。分子生物学的检验操作应在单独的区域内进行，其设计和功能间的设置应符合相关规定，并有防止气溶胶等造成交叉污染的设施设备。布鲁氏菌病活疫苗涉及活菌的实验室检验操作应在检验实验室的生物安全柜中进行；不能在生物安全柜中进行的，应对检验实验室采取防扩散措施。

表 14-3 不同洁净区的生产操作内容

洁净度级别	制品生产操作示例
B 级背景下的局部 A 级	有开口暴露操作的细胞的制备、半成品制备中的接种、收获；灌装前不经除菌过滤制品的混合、配制；分装(灌封)、冻干、加塞；在暴露情况下添加稳定剂、佐剂、灭活剂等
C 级背景下的局部 A 级	胚苗的半成品制备；组织苗的半成品制备(含脏器组织的采集)
C 级	半成品制备中的培养过程，包括细胞的培养、接种后鸡胚的孵化、细菌的培养；灌装前需经除菌过滤制品的配制、精制、除菌过滤、超滤等
D 级	采用生物反应器密闭系统；可通过密闭管道对接添加且可在线灭菌、无暴露环节的生产操作；鸡胚的前孵化、溶液或稳定剂的配制与灭菌；血清等的提取、合并、非低温提取和分装前的巴氏消毒；卵黄抗体生产中的蛋黄分离过程；球虫苗的制备、配制、分装过程；口服制剂的制备、分装、冻干等过程；轧盖①；制品最终容器的精洗、消毒等

注：①指轧盖前产品处于较好密封状态下。如处于非完全密封状态，则轧盖活动需设置在与分装或灌装活动相同的洁净度级别下。

4. 物料

物料应符合《中华人民共和国兽药典》和制品规程标准、包装材料标准和其他有关标准，不对制品质量产生不良影响。物料是指原料、辅料、包装材料、中间产品及成品。涉及物料的定购、验收、检验、贮藏、发放标准与制度等不同环节的系列规定要求，属于 GMP 硬件范畴。生物制品企业对物料特殊要求。

生产用菌(毒、虫)种应当建立完善的种子批系(基础种子批和生产种子批)。菌(毒、虫)种种子批系统的建立、维护、保存和检定应当符合《中华人民共和国兽药典》的要求。生产用细胞需建立完善的细胞库系统(基础细胞库和生产细胞库)。细胞库系统的建立、维护和检定应当符合《中华人民共和国兽药典》的要求。应当通过连续批次产品的一致性确认种子批、细胞库的适用性。种子批和细胞库建立、保存和使用的方式，应当够避免污染或变异的风险。种子批或细胞库和成品之间的传代数目(倍增次数、传代次数)应当与已批准注册资料中的规定一致，不得随生规模变化而改变。应当在适当受控环境下建立种子批和细胞库，保护种子批、细胞库以及操作人员。在建立种子批和细胞库的过程中，操作人员不得在同一区域同时处理不同活性或具有传染的物料(如病毒、细菌、细胞)。种子批与细胞库的来源、制备、贮存、领用及其稳定性和复苏情况应当有记录。储藏容器应当在适当温度下保存，并有明确的标签。冷藏库的温度应当有连续记录，液氮贮存条件应当有适当的监测。任何偏离贮存条件的情况及纠正措施都应录。库存台账应当长期保存。不同种子批或细胞库的贮存方法应当能够防止差错、混淆或交叉污染。在贮存期间，基础种子批贮存条件应不低于生产种子批贮存条件；基础细胞库贮存条件应不低于生产细胞库贮条件。一旦取出使用，不得再返回库内贮存。应按规定对菌(毒、虫)种、种细胞、标准物质进行使用和销毁。生产用动物源性原材料的来源应有详细记录。用于禽类活疫苗生产的鸡和鸡胚应符合 SPF 级标准。

(六)兽药GMP对软件方面的基本要求

1. 生产管理

(1)工艺规程　是兽药生产和质量控制中最重要的文件,是规定生产所需原料和包装材料等的数量、质量以及工艺、加工说明、注意事项、生产控制的一套文件,是企业组织和指导生产的重要依据,也是技术管理工作的基础。工艺规程的目的是为生产各部门提供了一个共同遵守的技术准则,以保证每一兽药产品在整个有效期内都保持预定设计的质量。工艺规程主要内容包括目的、适用范围、依据、责任者、正文。正文是工艺规程的核心部分,包括工艺流程及质量控制要点、操作细则、成品质量标准。操作细则包括条件准备、操作规则、清场和记录。

(2)标准操作规程(SOP)　是指经批准用于指示操作的通用性文件或管理办法,SOP(standard operating procedure)包括生产操作、辅助操作以及管理操作规程。SOP主要内容包括操作法名称、编号、颁发部门、生效日期、所属生产(或管理)部门、产品、岗位、适用范围、操作方法(或工作方法)及程序、采用原辅材料(中间产品包装材料)的名称、规格、采用工(器)具的名称、规格及用量、操作人员、附录、附页。

2. 质量管理

(1)质量管理部门　质量管理部门的组成及性质:是企业质量控制、检验、监督的主要执行机构。由其办事机构(质检科、化验室等)及相应人员组成。质量管理部门负责人不得由非在编人员和其他部门负责人兼任;质量检验人员的总数不得少于生产人员总数的4%;仪器、设备和环境条件必须满足产品规定的质量检验和监测要求。质量管理部门的任务一是质量检验,即与原料、中间体、包装材料和成品有关的质量检验;二是质量管理,对生产全过程进行质量控制。

(2)质量标准　质量标准制定的依据则是国家标准。国家兽药质量标准有《中华人民共和国兽药典》《兽药生产质量管理规范》《兽药质量标准》《中华人民共和国兽用生物制品规程》和《中华人民共和国兽用生物制品质量标准》。企业除必须执行兽药的法定标准外,还应制定企业标准。企业需要制定的质量标准主要有:成品的企业内控标准、半成品(中间产品)的质量标准、原料质量标准、辅料质量标准、包装材料的质量标准、工艺用水质量标准。

(3)质量控制

①原辅料、包装材料、标签的质量控制。包括验收、保管、收发管理。

②生产过程的质量控制。如在哪个生产工序的哪一个阶段检查、取样化验。

③事故处理。质量管理部门负责质量事故处理;发生质量事故时应会同生产、技术部门分析质量事故原因,提出解决办法,并采取适当的纠正措施以避免此类事故的再次发生;在未找到原因及解决办法前应暂停生产;分析、调查结果、建议及实施计划都应是书面的,以后再发生同类事故,则要考虑重新验证工艺。

④留样观察。是考查产品质量,测试产品稳定性的重要手段之一。应设符合要求的留样观察室,并建立产品留样观察制度;留样观察制度应明确规定留样品种、批数、数量、复查项目、复查期限、留样时间;有专人负责,并填写观察记录,定期做好总结;发现问题,应及时报告,并在必要时追回已销售产品。

⑤质量档案。包括产品简介(品名、规格、批准文号及批准日期、标准依据、工艺流程、处方

等)，质量标准工艺路线的变革及主要原材料、半成品、成品质量标准，历年质量情况及评比，留样观察情况与国内外产品对照情况，重大质量事故记录，用户访问意见汇总，检验方法变更情况，提高质量的试验总结等。

⑥用户访问。对申诉意见进行必要的调查。用户意见处理是质量管理部门对产品质量控制工作的一部分。

⑦计量校验。仪器、仪表、小容量玻璃仪器管理；滴定液、标准液、标准品(对照品)和检定菌的管理。

⑧实验动物管理。动物房的设置和管理；动物的饲养和管理。

3. 生物制品生产管理和质量管理的特殊要求

应按照农业农村部批准的制品生产工艺制定企业的生产工艺规程和标准操作规程，并在生产过程中严格执行。生产工艺不得随意更改，如需更改，应按有关规定办理相关手续。应有防止物料及制品所产生的气体、蒸汽、喷雾物或生物体等引起交叉污染的措施。当中间产品的检验周期较长时，除灭活检验外，允许其他检验完成前投入使用，但只有全部检验结果均符合要求时，成品才能放行。向生物反应器或其他容器中加料或从中取样时，应当检查并确保管路连接正确，并在严格控制的条件下进行，确保不发生污染和差错。应当对制品生产中的离心或混合操作采取隔离措施，防止操作过程中产生的悬浮微粒导致的活性微生物扩散。向发酵罐或反应罐中通气以及添加培养基、酸、碱、消泡剂等成分所使用的过滤器宜在线灭菌。应当采用经过验证的工艺进行病毒去除或灭活处理，操作过程中应当采取措施防止已处理的产品被污染。应当按照操作规程对洁净区进行清洁和消毒，所用消毒剂品种应定期更换，防止产生耐药菌株。应当定期进行环境监测，及时发现耐受菌株及污染情况。

质量管理应当按照《中华人民共和国兽药典》《兽用生物制品规程》或农业农村部批准的质量标准对制品原辅料、中间产品和成品进行检验，并对生产过程进行质量控制。必要时，中间产品应当留样，以满足复试或对中间控制确认的需要，留样数量应当充足，并在适宜条件下贮存。应当对生产过程中某些工艺(如发酵工艺)的相关参数进行连续监控，连续监控数据应当纳入批记录。采用连续培养工艺(如微载体培养)生产的，应当根据工艺特点制定相应的质量控制要求。应对疫苗产品质量进行趋势分析，及时处置并全面分析工艺偏差及质量差异，对发生的偏差应如实记录并定期回顾。

二、兽用生物制品质量控制

根据《兽药 GMP》和《兽用生物制品管理办法》的规定，开办兽用生物制品生产企业必须按照《兽药 GMP》规定进行设计和施工。农业农村部负责组织兽用生物制品生产企业的 GMP 验收工作，并核发《兽药 GMP 合格证》。省级畜牧兽医主管部门凭《兽药 GMP 合格证》核发《兽药生产许可证》。企业所生产的兽用生物制品必须取得产品批准文号。生产企业必须严格按照兽用生物制品国家标准或农业农村部发布的质量标准进行生产和检验。制造与检验所用的菌(毒、虫)种等应采用统一编号，实行种子批制度，分级制备、鉴定、保管和供应。生产与检验所用的原材料及实验动物等应符合国家兽药标准、专业标准或标准化管理部门分布的相关规定。制品的说明书及瓶签内容必须符合国家标准或农业农村部标准的规定。国家对兽用生物制品实行批签发制度。用于紧急防疫的兽用生物制品，由农业农村部安排生产，严禁任何其他部门和单位以“紧急防疫”等名义安排生产兽用生物制品。

(一)生产用菌(毒、虫)种的质量控制

凡应用于生物制品(疫苗、毒素、类毒素、免疫血清及诊断试剂等)生产和检验的细菌(病毒、寄生虫)种均实行种子批和分级管理制度。生产用菌(毒、虫)种必须按照《规程》规定,做好生产用菌(毒、虫)种的质量控制。

1.菌(毒、虫)种的分类及保管

(1)按种子批次分类 生产用菌(毒、虫)种分为3级,即原种、基础种子及生产种子。分别采用不同的管理制度。原种由中国兽医药品监察所或其委托的单位负责保管;基础种子由中国兽医药品监察所或其所委托的单位负责制备、检验、保管和供应;生产种子由生产企业自行制备、检验和保管。

(2)按菌(毒、虫)种的毒力分类 有强毒菌(毒、虫)种和弱毒菌(毒、虫)种2类。强毒菌(毒、虫)种是指具有强大致病力的菌(毒、虫)种,一般免疫原性好,常用于制造某些灭活疫苗、免疫血清以及疫苗的效力检验等;弱毒菌(毒、虫)种是指对动物无致病力而具有一定免疫原性的菌(毒、虫)种,主要用于制造弱毒疫苗。

(3)按菌(毒、虫)种的作用分类

①生产用菌(毒、虫)种。直接生产用的菌(毒、虫)种,即直接由本微生物或其产物制备生物制品,参与制品的加工与处理,如生产破伤风毒素的破伤风杆菌;免疫用的菌(毒、虫)种,如制备抗炭疽血清的炭疽杆菌;加工用菌(毒、虫)种,如制备沙门氏菌因子血清,用某种沙门氏菌免疫家兔获得免疫血清,再用于与上述菌有类属抗原的沙门氏菌吸收掉血清中的类属抗体而制成,后者(吸收用的菌)就是参与加工的菌种。

②检验用菌(毒、虫)种。是指用于检验生物制品效力等的菌(毒、虫)种,如安全检验、效力检验中攻毒用的菌种,还包括检验诊断血清交叉反应的菌种。

③工具用菌(毒、虫)种。是指在生物制品生产中只作为工具用的菌(毒、虫)种,如基因工程中表达某些异种抗原的宿主大肠杆菌、枯草杆菌和酵母菌等。

④标准或参考菌(毒、虫)种。指非直接用于生产,而是在研究或其他特殊问题鉴定等方面必要的参考菌(毒、虫)种。一般为国际病毒分类委员会和国际细菌分类委员会等相关国际组织确定的模式(参考)菌(毒、虫)株或血清分型参考株。

2.菌(毒、虫)种的一般要求

(1)具有良好的免疫原性 由于生物制品主要用于免疫预防、诊断和治疗,所以要求生产用的菌(毒、虫)种应具有良好的免疫原性,使用后能产生坚强的体液和细胞免疫,并持续较长时间,同时对某些菌(毒、虫)种而言还应是抗原谱广。一般来说,动物接种后产生80%以上的保护即为有良好的免疫原性。

(2)具有可靠的安全性 生产生物制品的菌(毒、虫)种的安全性与菌(毒、虫)种本身的残余毒力和外源性污染两个方面因素有关。残余毒力是指减毒后的菌(毒、虫)种仍残存一定的毒力或致病力,在菌(毒、虫)种的选育培养中,尽量降低毒力,保持良好的免疫原性,使动物接种后既能产生良好的免疫,又不至于引起发病和损伤。而在实际工作中,毒力与免疫原性呈正相关,免疫原性强者往往毒力也强,随着毒力的降低,免疫原性也不断下降。用于生产灭活苗的强毒都有很好的免疫原性,而用于生产活疫苗的弱毒,免疫原性都有一定程度下降。在选育培养菌(毒、虫)种时必须同时注重两者。从某种意义上讲安全更为重要。外源性污染是指活疫苗中污染强毒和其他病原体。因为在生产活疫苗时,不加任何灭活剂,使污染的强毒和病原体得不到处理。

(3)具有典型的生物学性状　生物学性状包括细菌(病毒、寄生虫)的形态、染色、培养特性、生化特性、抗原结构、致病性、宿主适应范围、代谢产物、色素产生以及抵抗力等。这类生物学性状是鉴别菌(毒、虫)种的重要标志,用以与其他微生物相区分,进而在生产和检定生物制品时依据这些性状来控制质量,因此,菌(毒、虫)种必须经过严格的审查与鉴定,一切性状必须典型。如果发现某些性状发生改变,就意味着菌(毒、虫)种发生了变异或有外源污染,应及时废弃或更换;如果是制造弱毒苗,应特别注意与强毒株生物性状区别的要点,保证制品的安全性和免疫原性。

(4)具有稳定的遗传性状　菌(毒、虫)种在保存、传代和使用过程中,受各种因素影响容易变异,如形态、生化特性、毒力、抗原性及药物敏感性的变异。所以,保证菌(毒、虫)种的遗传性状稳定是保证质量的重要因素之一。

(5)历史清楚,资料完整　由专门机关保管、分发的生物制品用菌(毒、虫)种,对其分离时动物病情及流行情况,传代及生物学和免疫学特性,生产工艺质量检定,动物实验,安全与效力检定等资料,有关审批单位的鉴定、结论及审核批示材料均应清楚。这样的菌(毒、虫)种方可用于生产。

3.菌(毒、虫)种的保藏与管理

我国于1979年成立了中国微生物菌种保藏管理中心,根据菌种的不同类别,下设了7个菌种保藏管理中心。其中中国兽医微生物菌种保藏管理中心设在中国兽医药品监察所。专门从事兽医微生物菌种(包括细菌、病毒、原虫和细胞系)的收集、保藏、管理、交流和供应等工作。同时在中国农业科学院哈尔滨兽医研究所、兰州兽医研究所和上海市农业科学院畜牧兽医研究所建立其分管单位,负责专门菌种的保藏和管理。

菌(毒、虫)种最好采用冷冻真空干燥方法保存。冻干的细菌于4 ℃条件下保存,冻干的病毒在低于−20 ℃的条件下保存,有条件的在液氮中保存效果更好。入选的菌(毒、虫)种不应再通过动物传代,以免污染动物内源性的细菌和病毒。如果经过动物传代,分离物必须按新的菌(毒、虫)种对待,进行一整套监测鉴定,证明可用后保存备用。保存的菌(毒、虫)种使用时,应传代后测定其理化性状、毒力和免疫原性,符合标准者方可使用。

菌(毒、虫)的发放与管理应遵循以下原则:

①供生产及检验用菌(毒、虫)种,有产品批准文号的,可由生产企业直接向中监所或分管单位领取并保管。未批准生产口蹄疫、狂犬病、炭疽、破伤风结核等病疫苗的生产企业若需用强菌(毒)种,则需经农业农村部批准。

②除中监所和受委托的分管单位外,生产企业和其他任何单位不得分发或转发生产用菌(毒、虫)种。

③寄发菌(毒、虫)种时,必须密封包装,一般菌(毒、虫)种可以航空邮寄,烈性传染病或人兽共患病的强毒种,必须派专职人员领取。应附有负责人签名的分发证书。

④企业收到基础菌(毒、虫)种后,应填写回执,注明收到日期、数量、有无破损等情况,寄回中监所或分管单位。

⑤企业内部制备和领取生产与检验用菌(毒、虫)种应做好记录。

(二)生物制品的标准化

兽用生物制品的标准化主要包括两个方面的工作：一是《兽用生物制品规程》的制定和修订，二是兽用生物制品国家标准品的审定。

(1)兽用生物制品规程　《兽用生物制品规程》是我国兽用生物制品制造及检验的国家标准和技术法规。《兽药管理条例》规定，兽药必须符合兽药国家标准。《中华人民共和国国际标准化法实施条例》规定，兽药属于强制性标准。国家根据《规程》包括生产和检验两个方面的内容，是我国兽用生物制品生产和检验的科学经验的总结，它来源于生产，反过来又指导生产，不但规定了生产和检验的技术指标，还对原材料、工艺流程、检验方法等做了详细规定，对制品质量起到保证作用，是国家对兽用生物制品实行监督的准绳，是国家对兽用生物制品的最低要求。各国都有各自的《规程》。

(2)兽用生物制品国家标准品　生物制品是不能单纯用理化方法来衡量其效力或活性的，而必须用生物学方法来衡量。但生物学测定往往由于实验动物个体差异、所用试剂或原材料的纯度或敏感性不一致等原因，导致试验结果的不一致性。为此，需要在进行测定的同时，用已知效价的制品作为对照来校正试验结果，这种对照品就是标准品或参照品。

我国兽用生物制品的标准品包括国家标准品、国家参考品和国家参考试剂。国家标准品由中监所负责制备、鉴定、初步标定、组织协作标定及供应。国家标准品、参考品及参考试剂由中国兽医药品监察所向国际组织联系索取、保管和使用。

国家标准品系指用国际标准品标定的，用于衡量某一制品效价或毒性的特定物质，其生物活性以国际单位表示。国家参考品系指用国际参考品标定的，用途与国家标准品相似，一般不定国际单位。国家参考试剂系指用国际参考试剂标定的，用于微生物(或其产物)检定或疾病诊断的生物诊断试剂、生物材料或特异性抗血清。

(三)生产用菌(毒、虫)种种子批系统质量控制

生产用菌(毒、虫)种原始种子批，只有该菌种或病毒种原始研发单位才能拥有。通过技术转让或其他方式获得的生产用菌(毒、虫)种，只能建立主代种子批或工作种子批。原始种子批经传代、扩增后为主代种子批；主代种子批传代、扩增后保存的为工作种子批。工作种子批可直接用于相应疫苗、类毒素、抗毒素、诊断制剂等的生产制造；生产用种子批应进行形态学、毒力、安全性、免疫原性等检验，必须符合生产规程要求。

(四)生产用细胞种子批系统质量控制

(1)细胞种子批系统　生物制品生产用细胞应建立细胞种子库系统。包括原始细胞库、主细胞库及工作细胞库。各级细胞均经检定证明适用于生物制品生产与检定，定量分装，保存于液氮或−100 ℃以下备用。工作细胞库可用于相应疫苗或诊断制剂的生产制造。

(2)细胞系质量要求

①原代细胞。生产用禽源原代细胞应来自健康家禽(鸡为 SPF)的正常组织，生产用非禽源原代细胞应来自健康动物的正常组织，每批细胞均应进行支原体检验、细菌和霉菌检验、外源病毒检验。任何一项不合格者，不得用于生产，已用于生产的，产品应予以销毁。

②细胞系。细胞来源、传代史、培养液等清楚、记录完整；按规定制造的各代细胞至少各冻结保留 3 瓶，以便随时检验；对每批细胞的镜检特征、生长速度、产酸等可见特征进行监测；每次传代后的细胞、半成品或产品需进行支原体检验、细菌和霉菌检验、外源病毒检验、致细胞病

变和红细胞吸附性病毒检查;被检物至少应含有 75 cm^2 的活性生长细胞或相当于 75 cm^2 的细胞培养物,应有代表性。以上任何一项不合格者,不得用于生产,已用于生产的,产品应予以销毁。

(五)检验的有关规定

产品质量是生产全过程管理出来的,而不是单纯检验出来的。既制品生产不仅要符合法定质量标准,而且对其生产全过程中所有影响制品质量的因素进行控制,以科学的方法保证质量。检验只是客观地反映了产品的质量水平。兽用生物制品检验的依据是《中华人民共和国兽药典》《兽用生物制品质量标准》或《规程》,它是国家技术法规。在这些法规中,对每个制品的检验项目、检验方法和质量标准都有明确的规定。生物制品的检验一般包括:物理性状检验、无菌检验或纯粹检验、支原体检验、鉴别检验、外源病毒检验、安全检验、效力检验或效价测定等。因制品不同,检验项目有所差异。其中任何一项不合格,制品视为不合格。

(六)动物房管理

制品的检验用动物实验室和生产车间应当分开设置,且不在同一建筑物内。检验用动物实验室应根据检验需要设置安全检验、免疫接种和强毒攻击区。动物房的设计、建造等,应当符合国家标准和实验动物管理的相关规定。布鲁氏菌病活疫苗安全检验应在带有负压独立通风笼具(IVC)的负压动物实验室内进行。应当对生产及检验用动物的健康状况进行监控并有相应详细记录,内容至少包括动物来源、动物繁殖和饲养条件、动物健康情况等。动物饲养管理等应当符合国家相关规定。生产和检验用动物应当符合《中华人民共和国兽药典》的要求。

(七)批签发管理

生物制品批签发(下简称“批签发”)是指国家对疫苗类制品、血液制品、用于血源筛查的体外生物诊断试剂以及国家药品监督管理局规定的其他生物制品,每批制品出厂销售前实行强制性审查、检验和批准的制度。实行批签发的生物制品未经批签发的,不得销售,禁止使用。农业农村部畜牧兽医局主管全国兽用生物制品批签发和监督管理工作,并根据批签发检验或审核结果作出批签发的决定,中国兽医药品监察所负责生产企业的产品进行批检验工作。

兽用生物制品生产企业生产的兽用生物制品,必须将每批产品的样品和检验报告报中国兽医药品监察所。产品的样品可以每 15 d 集中寄送 1 次。中国兽医药品监察所在接到生产企业报送的样品和质量检验报告 7 个工作日内,作出是否可以销售的判定,并通知生产企业。生产企业取得中国兽医药品监察所的“允许销售通知书”后进行销售。

需要复核检验的产品,可以在中国兽医药品监察所或指定的单位进行复检。复检必须在中国兽医药品监察所接到企业报送的样品和质量检验报告 2 个月内完成。复检结束时,由中国兽医药品监察所作出判定,并通知企业;当对产品作出不合格判定时,应同时报送农业农村部。

思考与练习

一、选择题与判断题

1. 进入活疫苗生产线,需要通过 3 次(　　),才可以进入活疫苗无菌操作间。(多选题)

A. 换鞋　　B. 更衣　　C. 洗澡　　D. 手消毒

2.兽用生物制品生产洁净室(区)的空气洁净度划分包括以下哪几个级别(　　)。(多选题)

A.100 级　　B.10 000 级　　C.100 000 级　　D.300 000 级

3.洁净室(区)的温度应控制在(　　),相对湿度应控制在(　　)。(多选题)

A.23～28 ℃　　B.18～26 ℃　　C.30%～65%　　D.50%～70%

4.兽用生物制品用菌(毒、虫)种的一般要求包括(　　)。(多选题)

A.具有良好的免疫原性　　B.具有典型的生物学特性

C.具有可靠的安全性　　D.具有稳定的遗传性状

E.历史清楚、资料完整

5.生物制品批签发,是指每批制品出厂销售前实行强制性(　　)的制度。(多选题)

A.销售　　B.审查　　C.检验　　D.批准

6.《兽药生产质量管理规范》简称(　　)。(单选题)

A.兽药 GMP　　B.兽药 GSP　　C.兽药 GLP　　D.兽药 GCP

7.国家强制性免疫用兽用生物制品名单由卫健委确定。(判断题)

8.菌(毒)种最好采用液体状态、冷冻保存。(判断题)

9.实行批签发的生物制品未经批签发的,不得销售,禁止使用。(判断题)

10.《兽药生产质量管理规范》最新版由农业农村部 2020 年第 3 号令颁布,自 2020 年 6 月 1 日起施行。(判断题)

11.《兽药 GMP》2020 年版,共 15 章 287 条,目的是加强兽药生产质量管理。(判断题)

12.《兽药 GMP》主要内容包括总则、质量管理、机构与人员、厂房与设施、设备、物料与产品、确认与验证、文件管理、生产管理等 13 部分内容。(判断题)

二、简答题

1. 兽药 GMP 的含义是什么?兽药 GMP 内容和适用范围是什么?
2. 兽药 GMP 对兽用生物制品企业人员的要求是什么?
3. 简述进入活疫苗 GMP 车间程序。
4. 生物制品企业需要制定哪些质量标准?
5. 活疫苗生产车间为什么有洁净级别区分?
6. 灭活疫苗生产车间无菌操作室为什么设为负压间?
7. 生物制品的标准化包括哪些内容?
8. 生产质量管理包括哪些内容?
9. 简述实施兽用生物制品批签发管理的意义。

二维码 14-3　项目十四兽药生产质量管理思考与练习参考答案

项目十五
兽药经营质量管理

【知识目标】

1. 了解兽药 GSP 内容及适用范围
2. 了解兽用生物制品经营质量管理内容

【技能目标】

1. 能正确填写兽药采购记录表
2. 能正确填写兽药入库记录表
3. 能正确对兽药进行入库验收并填写兽药质量验收记录表
4. 能正确对兽药进行陈列与储存并填写记录表

【素质目标】

1. 通过兽药经营质量管理规范认知，培养学生严谨的工作作风和良好的职业道德
2. 通过项目任务，培养学生的职业规范操作意识和团队协作能力

任务一　兽药采购与入库记录

【知识准备】

(1)专业知识　动物药理学基础知识、中药学基础知识等。

(2)相关法规及管理办法　《兽药管理条例》《兽药产品批准文号管理办法》《兽药标签和说明书管理办法》《兽药经营质量管理规范》《兽用生物制品经营管理办法》《中华人民共和国兽药典》(2020 年版)及地方法规管理办法等。

【方法步骤】

一、兽药生产单位(或供货单位)相关资质审核

兽药经营企业应当采购合法兽药产品，对供货单位的资质、质量保证能力、质量信誉和产

品批准证明文件进行审核，并与供货单位签订采购合同。

二、兽药购进时外观检查

兽药经营企业购进兽药时，应当依照国家兽药管理规定、兽药标准和合同约定，对每批兽药的包装、标签、说明书、质量合格证等内容进行检查，符合要求的方可购进。

三、兽药实验室检验

必要时，应当对购进兽药进行检验或者委托兽药检验机构进行检验，检验报告应当与产品质量档案一起保存。

四、建立兽药采购记录

兽药经营企业应当保存采购兽药的有效凭证，建立真实、完整的采购记录，做到有效凭证、账、货相符。

五、填写兽药采购记录

采购记录应当载明兽药的通用名称、商品名称、批准文号、批号、剂型、规格、有效期、生产单位、供货单位、购入数量、购入日期、经手人或者负责人等内容（表 15-1）。

表 15-1　兽药采购记录表

年	通用名称	商品名称	批准文号	批号	剂型	规格	有效期	生产单位（供货单位）	购入数量	货值金额	经手人	查验人	备注
月　日													

六、兽药入库验收并填写记录

兽药入库时，应当进行检查验收，并做好记录（表 15-2、表 15-3）。与进货单不符的，内、外包装破损可能影响产品质量的，没有标识或者标识模糊不清的，质量异常的，其他不符合规定的不得入库。兽用生物制品入库，应当由两人以上进行检查验收。

表 15-2　兽药入库记录表

年		通用名称	商品名称	剂型	规格	批号	数量	有效期	批准文号	生产企业	库房号	经手人	保管员
月	日												

表 15-3 兽药质量验收记录表

年		库号	通用名称	商品名称	剂型	规格	数量	批号	有效期	批准文号	生产企业	外观检查	质量状况	验收结论	验收人	保管员
月	日															

【考核测评】

考核要素/分值比例	考核内容/分值			
专业技能测评/60%	供货商相关资质/15 分	兽药采购记录/15 分	兽药入库记录/15 分	兽药质量验收记录/15 分
素质测评/30%	安全操作/8 分	规范标准/8 分	及时清场/7 分	团队协作/7 分
创新测评/10%	学生在完成项目任务的任何环节融入创新元素，即可得分，小组成员可根据参与度给予赋分			
考核建议：既可以过程考核，也可以随机抽考，视具体条件选择。 专业技能考核可以让学生在操作时录制视频上传，作为考核依据，也可以单独组织考核。 要求：本人出镜，完整操作。				

任务二　兽药陈列与储存记录

【知识准备】

（1）专业知识　动物药理基础知识、中药基础知识、生物制品基础知识。

（2）相关法规　《兽药管理条例》《兽用处方药和非处方药管理办法》《兽用生物制品经营管理办法》《兽用生物制品管理办法》《中华人民共和国兽药典》(2020 年版)等。

【方法步骤】

一、兽药分类、分区或专库存放

①兽药陈列、储存应当按照品种、类别、用途以及温度、湿度等储存要求，分类、分区或者专库存放。

②按照兽药外包装图示标志的要求搬运和存放。

③兽药存放应与仓库地面、墙、顶等之间保持一定的间距。

④内用兽药与外用兽药分开存放。

⑤兽用处方药与非处方药分开存放。

⑥易串味兽药、危险药品等特殊兽药与其他兽药分库存放。

⑦待验兽药、合格兽药、不合格兽药、退货兽药分区存放。

⑧同一企业的同一批号的产品集中存放。

二、设置兽药存放识别标识

①不同区域、不同类型的兽药应当具有明显的识别标识。

②标识应当放置准确、字迹清楚。

③不合格兽药以红色字体标识，待验和退货兽药以黄色字体标识，合格兽药以绿色字体标识。

三、兽药陈列与储存日常检查

①兽药经营企业应当定期对兽药及其陈列、贮藏的条件和设施、设备的运行状态进行检查，并做好记录(表 15-4)。

②应当及时清查兽医行政管理部门公布的假劣兽药，并做好记录。

表 15-4　××年兽药陈列与储存记录表

日期	库内温度/℃	相对湿度/%	陈列货架、柜台状况	避光、通风、照明等设施、设备状态	控温、控湿设施状态	防尘、防潮、防霉、防污染和防虫、防鼠、防鸟的设施、设备状态	卫生清洁的设施、设备状态	记录人

【考核测评】

考核要素/分值比例	考核内容/分值			
专业技能测评/60%	相关法规/15 分	兽药存放要求/15 分	兽药存放识别标识/15 分	兽药贮藏记录内容/15 分
素质测评/30%	安全操作/8 分	规范标准/8 分	及时清场/7 分	团队协作/7 分
创新测评/10%	学生在完成项目任务的任何环节融入创新元素，即可得分，小组成员可根据参与度给予赋分			
考核建议：既可以过程考核，也可以随机抽考，视具体条件选择。 专业技能考核可以让学生在操作时录制视频上传，作为考核依据，也可以单独组织考核。 要求：本人出镜，完整操作。				

职业知识链接

一、兽药 GSP 认知

兽药 GSP 是《兽药经营质量管理规范》英文缩写，《兽药经营质量管理规范》由农业部颁布，自 2010 年 3 月 1 日起施行，2017 年 11 月 30 日农业部令第 8 号部分修订。共 9 章 37 条，主要内容包括适用范围、制定依据、场所与设施、机构与人员、规章制度、采购与入库、陈列与贮藏、销售与运输、售后服务等。目的是加强兽药经营质量管理，保证兽药质量。

(一)场所与设施

①兽药经营企业应当具有固定的经营场所和仓库，经营场所和仓库应当布局合理，相对独立。兽药经营区域与生活区域、动物诊疗区域应当分别独立设置，避免交叉污染。

②经营地点应当与《兽药经营许可证》载明的地点一致。变更经营地点的，应当申请换发兽药经营许可证。

③兽药经营企业应当具有保证兽药质量的常温库、阴凉库(柜)、冷库(柜)等仓库和相关设施、设备。

仓库面积和相关设施、设备应当满足合格兽药区、不合格兽药区、待验兽药区、退货兽药区等不同区域划分和不同兽药品种分区、分类保管、贮藏的要求。

④兽药直营连锁经营企业在同一县(市)内有多家经营门店的，可以统一配置仓储和相关设施、设备。

⑤兽药经营企业的经营场所和仓库的地面、墙壁、顶棚等应当平整、光洁，门、窗应当严密、易清洁。

⑥兽药经营企业的经营场所和仓库应当具有下列设施、设备：

a. 与经营兽药相适应的货架、柜台；

b. 避光、通风、照明的设施、设备；

c. 与储存兽药相适应的控制温度、湿度的设施、设备；

d. 防尘、防潮、防霉、防污染和防虫、防鼠、防鸟的设施、设备；

e. 进行卫生清洁的设施、设备等。

⑦经营场所和仓库的设施、设备应当齐备、整洁、完好，并根据兽药品种、类别、用途等设立醒目标志。

(二)机构与人员

①兽药经营企业直接负责的主管人员应当熟悉兽药管理法律、法规及政策规定，具备相应兽药专业知识。

②兽药经营企业应当配备质量管理人员。有条件的，可以建立质量管理机构。

③兽药质量管理人员应当具有兽药、兽医等相关专业中专以上学历，或者具有兽药、兽医等相关专业初级以上专业技术职称。经营兽用生物制品的兽药质量管理人员应当具有兽药、兽医等相关专业大专以上学历，或者具有兽药、兽医等相关专业中级以上专业技术职称，并具

备兽用生物制品专业知识。

兽药质量管理人员不得在本企业以外的其他单位兼职。

④从事兽药采购、保管、销售、技术服务等工作的人员，应当具有高中以上学历，并具有相应兽药、兽医等专业知识，熟悉兽药管理法律、法规及政策规定。

⑤兽药经营企业应当制定培训计划，定期对员工进行兽药管理法律、法规、政策规定和相关专业知识、职业道德培训、考核，并建立培训、考核档案。

(三)规章制度

(1)兽药经营企业应当建立质量管理体系，制定管理制度、操作程序等质量管理文件

质量管理文件应当包括下列内容：

①企业质量管理目标；

②企业组织机构、岗位和人员职责；

③对供货单位和所购兽药的质量评估制度；

④兽药采购、验收、入库、陈列、贮藏、运输、销售、出库等环节的管理制度；

⑤环境卫生的管理制度；

⑥兽药不良反应报告制度；

⑦不合格兽药和退货兽药的管理制度；

⑧质量事故、质量查询和质量投诉的管理制度；

⑨企业记录、档案和凭证的管理制度；

⑩质量管理培训、考核制度。

(2)兽药经营企业应当建立下列记录

①人员培训、考核记录；

②控制温度、湿度的设施和设备的维护、保养、清洁、运行状态记录；

③兽药质量评估记录；

④兽药采购、验收、入库、储存、销售、出库等记录；

⑤兽药清查记录；

⑥兽药质量投诉、质量纠纷、质量事故、不良反应等记录；

⑦不合格兽药和退货兽药的处理记录；

⑧畜牧兽医主管部门的监督检查情况记录。

记录应当真实、准确、完整、清晰，不得随意涂改、伪造和变造。确需修改的，应当签名、注明日期，原数据应当清晰可辨。

(3)兽药经营企业应当建立兽药质量管理档案，设置档案管理室或者档案柜，并由专人负责

质量管理档案应当包括：

①人员档案、培训档案、设备设施档案、供应商质量评估档案、产品质量档案；

②开具的处方、进货及销售凭证；

③购销记录及本规范规定的其他记录。

质量管理档案不得涂改，保存期限不得少于 2 年；购销等记录和凭证应当保存至产品有效期后 1 年。

(四)采购与入库

相关内容在项目十五的任务一兽药采购与入库记录中介绍。

(五)陈列与储存

相关内容在项目十五的任务二兽药陈列与储存记录中介绍。

(六)销售与运输

①兽药经营企业销售兽药,应当遵循先产先出和按批号出库的原则。兽药出库时,应当进行检查、核对,建立出库记录。兽药出库记录应当包括兽药通用名称、商品名称、批号、剂型、规格、生产厂商、数量、日期、经手人或者负责人等内容。

有下列情形之一的兽药,不得出库销售:

a. 标识模糊不清或者脱落的;b. 外包装出现破损、封口不牢、封条严重损坏的;c. 超出有效期限的;d. 其他不符合规定的。

②兽药经营企业应当建立销售记录。销售记录应当载明兽药通用名称、商品名称、批准文号、批号、有效期、剂型、规格、生产厂商、购货单位、销售数量、销售日期、经手人或者负责人等内容。

③兽药经营企业销售兽药,应当开具有效凭证,做到有效凭证、账、货、记录相符。

④兽药经营企业销售兽用处方药的,应当遵守兽用处方药管理规定;销售兽用中药材、中药饮片的,应当注明产地。

⑤兽药拆零销售时,不得拆开最小销售单元。

⑥兽药经营企业应当按照兽药外包装图示标志的要求运输兽药。有温度控制要求的兽药,在运输时应当采取必要的温度控制措施,并建立详细记录。

(七)售后服务

①兽药经营企业应当按照兽医行政管理部门批准的兽药标签、说明书及其他规定进行宣传,不得误导购买者。

②兽药经营企业应当向购买者提供技术咨询服务,在经营场所明示服务公约和质量承诺,指导购买者科学、安全、合理使用兽药。

③兽药经营企业应当注意收集兽药使用信息,发现假、劣兽药和质量可疑兽药以及严重兽药不良反应时,应当及时向所在地畜牧兽医主管部门报告,并根据规定做好相关工作。

二、兽用生物制品经营管理规定

新修订的《兽用生物制品经营管理办法》(以下简称新《办法》)于 2021 年 3 月 17 日农业农村部令第 2 号发布,自 2021 年 5 月 15 日起施行。兽用生物制品是养殖环节不可替代的重要投入品,直接关系养殖业生产安全和公共卫生安全,抓好兽用生物制品经营质量管理,严格落实兽药经营质量管理规范(兽药 GMP)和新《办法》要求,抓好兽药二维码追溯监管,实现兽用生物制品的生产和经营全部做到全程追溯,实现来源可查、去向可追、责任可究。加强监督检查和质量抽检,督促生产经营企业健全完善冷链运输体系,严厉打击兽药生产经营使用环节违法行为,为促进我国养殖业高质量发展提供有力支撑。《兽用生物制品经营管理办法》其主要内容包括总则、生物制品销售与管理、质量监督与处罚等。

(一)总则

①依据《兽药管理条例》。

②适用范围:凡在我国境内从事兽用生物制品的分发、经营和监督管理,应当遵守本办法。

③农业农村部负责全国兽用生物制品的监督管理工作。县级以上地方人民政府畜牧兽医主管部门负责本行政区域内兽用生物制品的监督管理工作。

(二)国家强制免疫用生物制品的销售与管理

①兽用生物制品分为国家强制免疫计划所需兽用生物制品(以下简称国家强制免疫用生物制品)和非国家强制免疫计划所需兽用生物制品(以下简称非国家强制免疫用生物制品)。

②国家强制免疫用生物制品名单由农业农村部确定并公告。

③国家强制免疫用生物制品由农业农村部指定的企业生产,依法实行政府采购,省级人民政府畜牧兽医主管部门组织分发。

④发生重大动物疫情、灾情或者其他突发事件时,国家强制免疫用生物制品由农业农村部统一调用,生产企业不得自行销售。

⑤农业农村部对定点生产企业实行动态管理。

⑥省级人民政府畜牧兽医主管部门应当建立国家强制免疫用生物制品储存、运输等管理制度。分发国家强制免疫用生物制品,应当建立真实、完整的分发记录。分发记录应当保存至制品有效期满后2年。

⑦具备下列条件的养殖场可以向农业农村部指定的生产企业采购自用的国家强制免疫用生物制品,但应当将采购的品种、生产企业、数量向所在地县级以上地方人民政府畜牧兽医主管部门备案:

a. 具有相应的兽医技术人员。

b. 具有相应的运输、贮藏条件。

c. 具有完善的购入验收、贮藏保管、使用核对等管理制度。

d. 养殖场应当建立真实、完整的采购、使用记录,并保存至制品有效期满后2年。

⑧农业农村部指定的生产企业只能将国家强制免疫用生物制品销售给省级人民政府畜牧兽医主管部门和符合第七条规定的养殖场,不得向其他单位和个人销售。兽用生物制品生产企业可以将本企业生产的非国家强制免疫用生物制品直接销售给使用者,也可以委托经销商销售。

(三)兽用生物制品的销售与管理

①兽用生物制品生产企业应当建立真实、完整的销售记录,应当向购买者提供批签发证明文件复印件。销售记录应当载明产品名称、产品批号、产品规格、产品数量、生产日期、有效期、收货单位和地址、发货日期等内容。

②非国家强制免疫用生物制品经销商应当依法取得《兽药经营许可证》和工商营业执照。前款规定的《兽药经营许可证》的经营范围应当载明委托的兽用生物制品生产企业名称及委托销售的产品类别等内容。经营范围发生变化的,经销商应当办理变更手续。

③兽用生物制品生产企业可以自主确定、调整经销商,并与经销商签订销售代理合同,明确代理范围等事项。

④经销商只能经营所代理兽用生物制品生产企业生产的兽用生物制品,不得经营未经委

托的其他企业生产的兽用生物制品。经销商只能将所代理的产品销售给使用者，不得销售给其他兽药经营企业。未经兽用生物制品生产企业委托，兽药经营企业不得经营兽用生物制品。

⑤养殖户、养殖场、动物诊疗机构等使用者采购的或者经政府分发获得的兽用生物制品只限自用，不得转手销售。

（四）质量监督与罚则

①县级以上地方人民政府畜牧兽医主管部门应当依法加强对兽用生物制品生产、经营企业和使用者监督检查，发现有违反《兽药管理条例》和本办法规定情形的，应当依法做出处理决定或者报告上级畜牧兽医主管部门。

②各级畜牧兽医主管部门、兽药检验机构、动物卫生监督机构及其工作人员，不得参与兽用生物制品的生产、经营活动，不得以其名义推荐或者监制、监销兽用生物制品和进行广告宣传。

③养殖户、养殖场、动物诊疗机构等使用者转手销售兽用生物制品的，或者兽药经营者超出《兽药经营许可证》载明的经营范围经营兽用生物制品的，属于无证经营，按照《兽药管理条例》第五十六条的规定处罚。

④农业农村部指定的生产企业违反《兽药管理条例》和本办法规定的，取消其国家强制免疫用生物制品的生产资格，并按照《兽药管理条例》的规定处罚。

⑤进口兽用生物制品的经营管理按照《兽药进口管理办法》执行。

思考与练习

一、选择题与判断题

1.《兽药经营质量管理规范》简称（　　）。（单选题）

A. 兽药 GMP　　B. 兽药 GSP　　C. 兽药 GLP　　D. 兽药 GCP

2.《兽药经营质量管理规范》由农业农村部颁布，自 2010 年 3 月 1 日起施行。（判断题）

3.《兽药 GSP》共 9 章 137 条，目的是加强兽药经营质量管理，保证兽药质量。（判断题）

4.《兽药 GSP》主要内容包括适用范围、制定依据、场所与设施、机构与人员、规章制度、采购与入库、陈列与储存、销售与运输、售后服务 9 部分内容。（判断题）

二、简答题

1. 兽药采购的要点和注意事项有哪些？
2. 兽药购入前的外观检查项目有哪些？
3. 兽药采购与入库的记录内容有哪些？
4. 兽药入库验收的项目和内容有哪些？
5. 兽药验收时出现什么情况不得入库？
6. 兽药如何分类、分区或专库存放？
7. 兽药陈列与储存时，为什么要设置识别标识？如何设置？
8. 兽药在陈列与储存过程中应做哪些日常检查？

二维码 15-1　项目十五
兽药经营质量管理
思考与练习参考答案

参考文献

[1] 中国兽药典委员会. 中华人民共和国兽药典(2020 年版)[M]. 北京:中国农业出版社,2021.

[2] 中国兽药典委员会. 兽药典产品说明书范本(2020 年版)[M]. 北京:中国农业出版社,2021.

[3] 农业农村部畜牧兽医局,中国兽药协会. 兽药生产质量管理规范(2020 年修订)指南[M]. 北京:中国农业出版社,2021.

[4] 农业农村部. 兽用生物制品经营管理办法(农业农村部令 2021 年第 2 号)[S]. 2021.

[5] 农业部兽用生物制品规程委员会. 中华人民共和国兽用生物制品规程[S]. 北京:化学工业出版社,2000.

[6] 夏业才,陈光华,丁家波. 兽医生物制品学[M]. 2 版. 北京:中国农业出版社,2018.

[7] 中国兽药典委员会. 兽药质量标准(生物制品卷)[M]. 北京:中国农业出版社,2017.

[8] Jeffrey J. Zimmerman, Locke A. Karriker, Alejandro Ramire,等. 猪病学[M]. 10 版. 赵德明,张仲秋,周向梅,等主译. 北京:中国农业大学出版社,2014.

[9] Y. M. Saif. 禽病学[M]. 12 版. 苏敬良,高福,索勋,主译. 北京:中国农业出版社,2012.

[10] 姜平. 兽医生物制品学[M]. 3 版. 北京:中国农业出版社,2015.

[11] 冯忠武. 动物生物疫苗[M]. 北京:化学工业出版社,2007.

[12] 王宪文,王新卫. 兽医生物制品制备技术[M]. 北京:中国农业科学技术出版社,2007.

[13] 张振光,姜平. 实用兽医生物制品技术[M]. 北京:中国农业科技出版社,1996.

[14] 唐艳林,裴春生. 兽医生物制品[M]. 北京:科学出版社,2012.

[15] 杜念兴. 兽医免疫学[M]. 2 版. 北京:中国农业出版社,1997.

[16] 马兴树. 禽传染病实验诊断技术[M]. 北京:化学工业出版社,2006.

[17] 刘宝全. 兽医生物制品学[M]. 北京:中国农业出版社,1995.

[18] 邢钊,张健,范琳. 兽医生物制品实用技术[M]. 北京:中国农业大学出版社,2000.

[19] 齐家华. 兽用生物制品经营管理办法及其释义[M]. 北京:中国农业科学技术出版社,2007.

[20] 陆承平,刘永杰. 兽医微生物学[M]. 6 版. 北京:中国农业出版社,2021.

[21] 杨汉春. 动物免疫学[M]. 3 版. 北京:中国农业大学出版社,2020.

[22] 邹移海,徐志伟,黄韧,等. 实验动物学[M]. 2 版. 北京:科学出版社,2012.

[23] 杨萍. 简明实验动物学[M]. 上海:复旦大学出版社,2003.

[24] 刘金华,甘孟侯. 中国禽病学[M]. 2 版. 北京:中国农业出版社,2016.

[25] 甘孟侯,杨汉春. 中国猪病学[M]. 北京:中国农业出版社,2005.

[26] 中国兽医药品监察室,农业部兽药评审中心. 兽用生物制品质量标准汇编[M]. 北京:中国农业出版社,2012.

[27] 中国政府网. 国务院令第 404 号兽药管理条例[Z/OL]. [2004-04-09]. http://www.gov.cn/gongbao/content/2004/content_62760.htm.
[28] 农业农村部门户网站. 中华人民共和国农业部公告第 1708 号[Z/OL]. [2012-01-05]. http://www.moa.gov.cn/gk/zcfg/nybgz/201201/t20120112_2456035.htm.
[29] 农业农村部门户网站. 中华人民共和国农业部公告第 2262 号[Z/OL]. [2015-05-25]. http://www.moa.gov.cn/nybgb/2015/liu/201712/t20171219_6103866.htm.
[30] 农业农村部门户网站. 中华人民共和国农业部公告第 2334 号[Z/OL]. [2015-12-09]. http://www.moa.gov.cn/gk/zcfg/nybgz/201512/t20151216_4954629.htm.
[31] 农业农村部门户网站. 中华人民共和国农业部公告第 2573 号[Z/OL]. [2017-08-31]. http://www.moa.gov.cn/gk/zcfg/nybgz/201709/t20170906_5808192.htm.
[32] 农业农村部门户网站. 中华人民共和国农业农村部公告第 292 号[Z/OL]. [2020-04-30]. http://www.moa.gov.cn/nybgb/2020/202006/202007/t20200706_6347894.htm.
[33] 农业农村部门户网站. 中华人民共和国农业农村部令 2020 年第 3 号兽药生产质量管理规范(2020 年修订)[Z/OL]. [2020-04-21]. http://www.moa.gov.cn/gk/tzgg_1/bl/202004/t20200429_6342658.htm.
[34] 农业农村部门户网站. 中华人民共和国农业农村部公告第 389 号[Z/OL]. [2021-01-22]. http://www.moa.gov.cn/govpublic/xmsyj/202101/t20210122_6360346.htm.
[35] 农业农村部办公厅. 关于印发《兽用疫苗生产企业生物安全三级防护检查验收评定标准》的通知[Z/OL]. [2018-10-26]. http://www.moa.gov.cn/nybgb/2018/201811/201901/t20190102_6165929.htm.
[36] 农业农村部办公厅. 关于进一步做好新版兽药 GMP 实施工作的通知[Z/OL]. [2021-09-15]. http://www.moa.gov.cn/govpublic/xmsyj/202109/t20210915_6376509.htm.

彩图 1 冻干活疫苗

彩图 2 油乳剂灭活疫苗

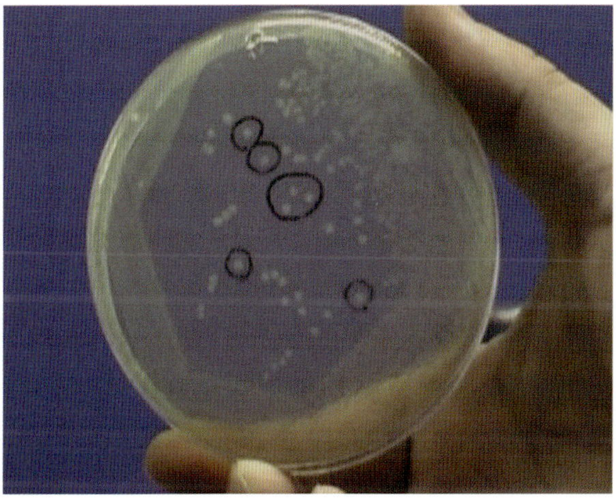

彩图 3 分离培养后典型菌落

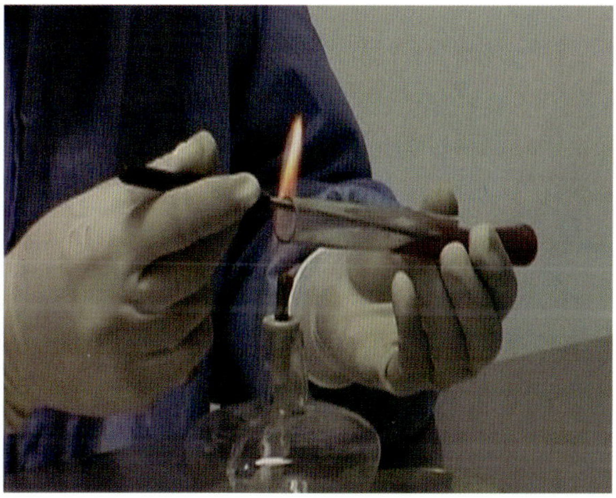

彩图 4 分离培养后纯培养

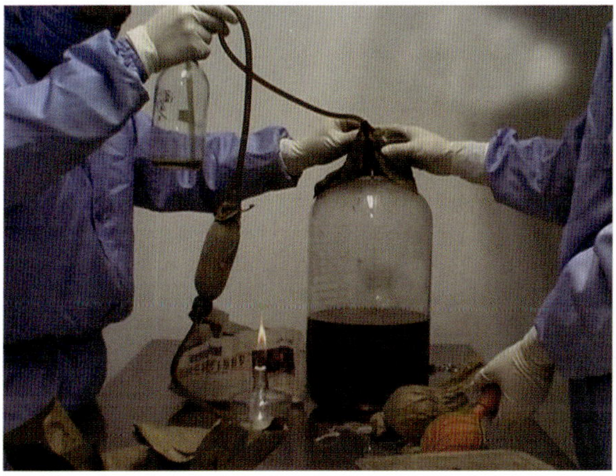

彩图 5 将菌种接入液体培养基中

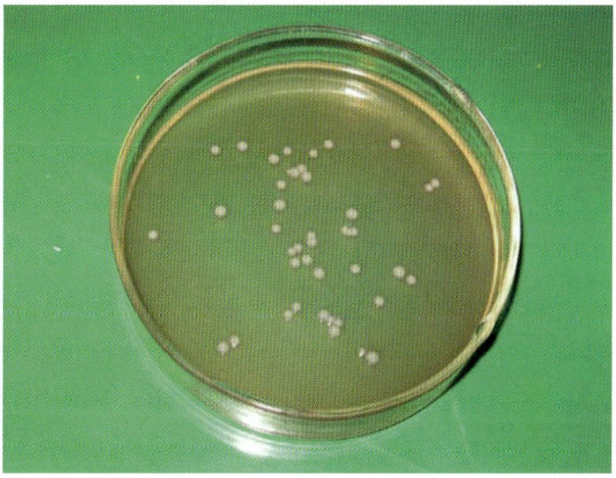

彩图 6 平板表面散布法形成菌落

彩图 7 鸡胚尿囊腔接种

彩图 8 自动接种机

彩图 9 病毒液收获

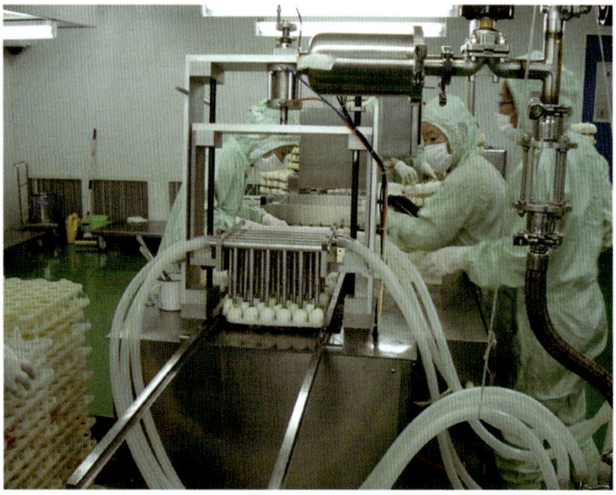

彩图 10 自动收获机

彩图 11 高压蒸汽灭菌器

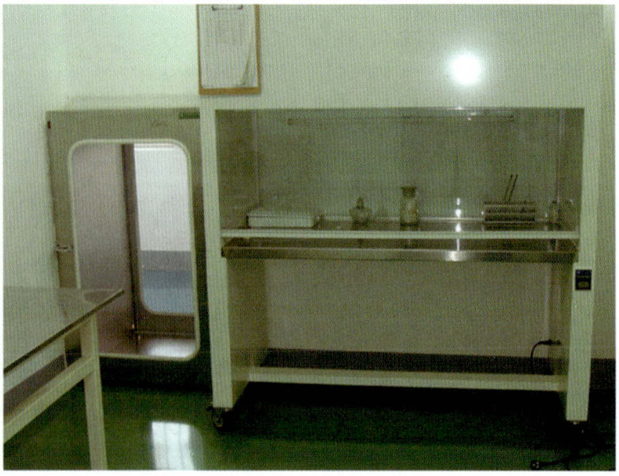

彩图 12 净化工作台

彩图 13 细胞培养转瓶机

彩图 14 发酵培养罐

彩图 15 乳化装置

彩图 16 自动轧盖机

彩图 17 自动贴标机

彩图 18 冻干机

彩图 19 液氮罐

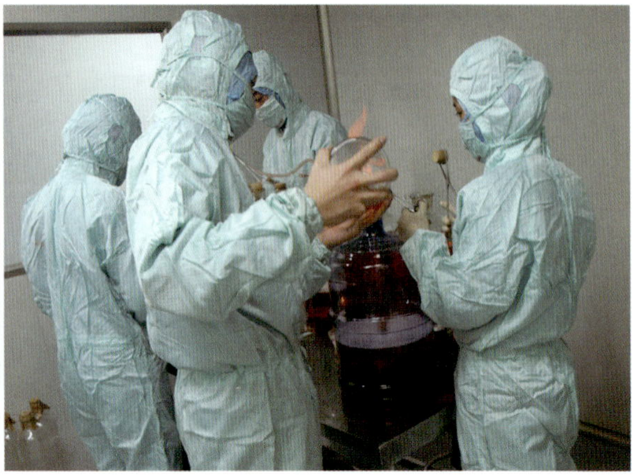

彩图 20 收获细胞病毒液

彩图 21 细胞传代

彩图 22 物理性状检验
（上图合格，下图不合格）

彩图 23 铝胶盐类灭活疫苗

彩图 24 油乳剂灭活疫苗黏度检验

彩图 25 检验用小瓶培养基

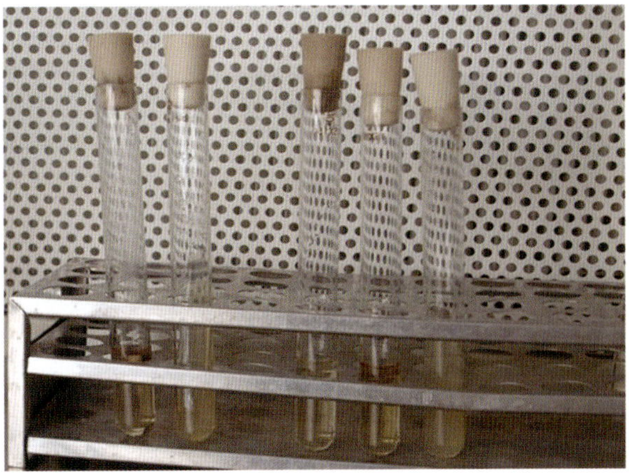

彩图 26 检验用小管培养基

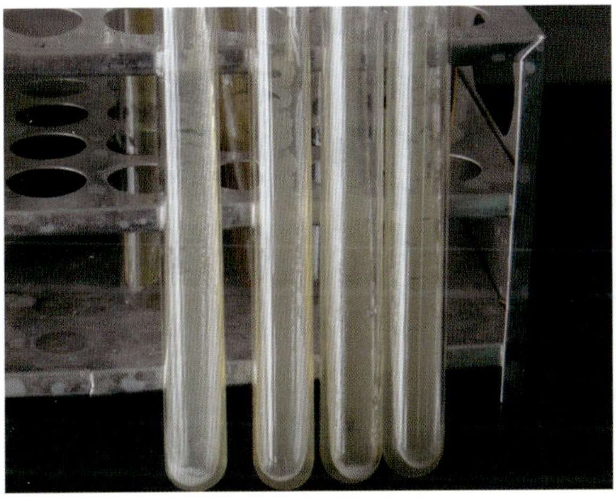

彩图 27 纯粹检验结果

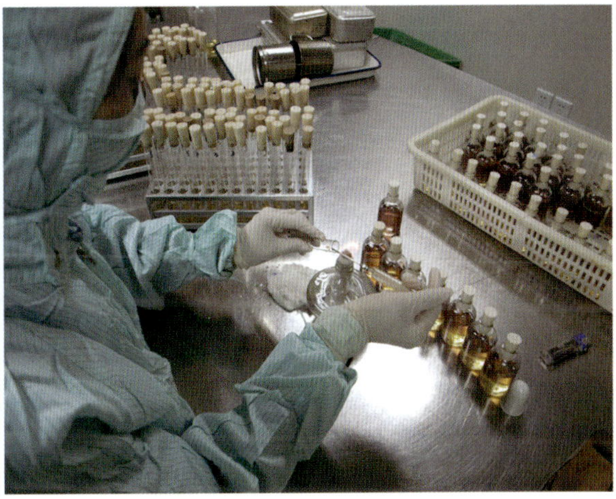

彩图 28 小瓶培养基移植检验

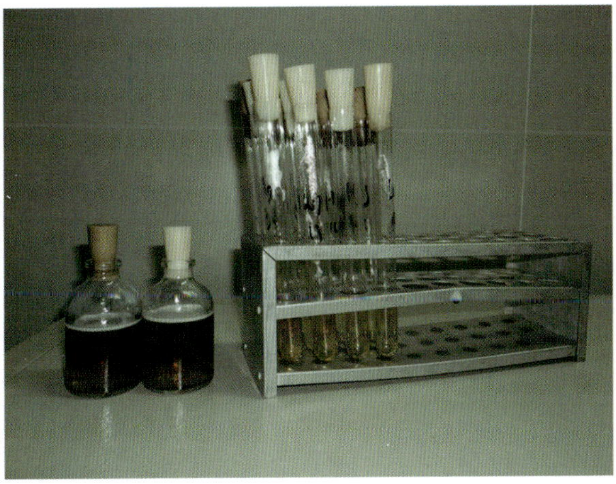

彩图 29 无菌生长结果

彩图 30 狂犬病灭活疫苗的效力检验

彩图 31 隔离器

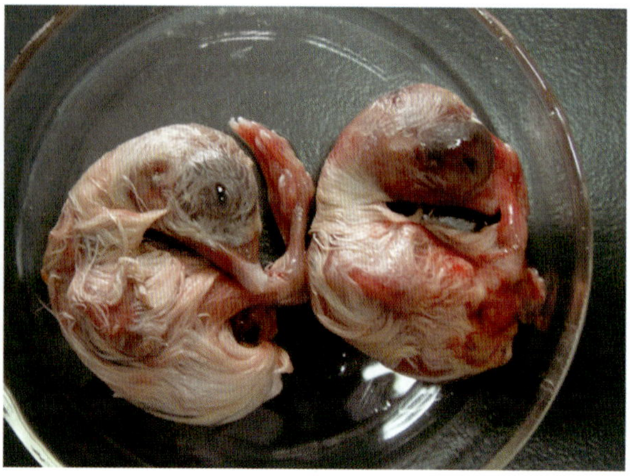

彩图 32 鸡胚失水蜷缩

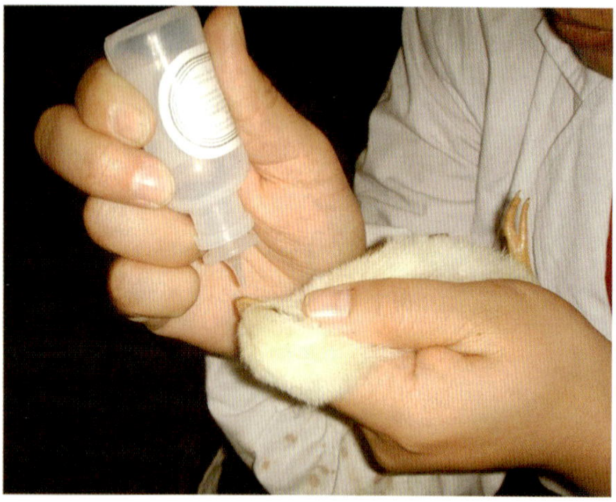

彩图 33 滴鼻免疫

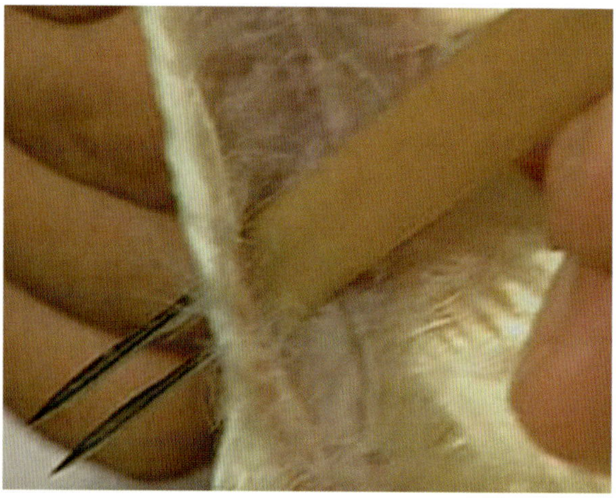

彩图 34 刺种免疫

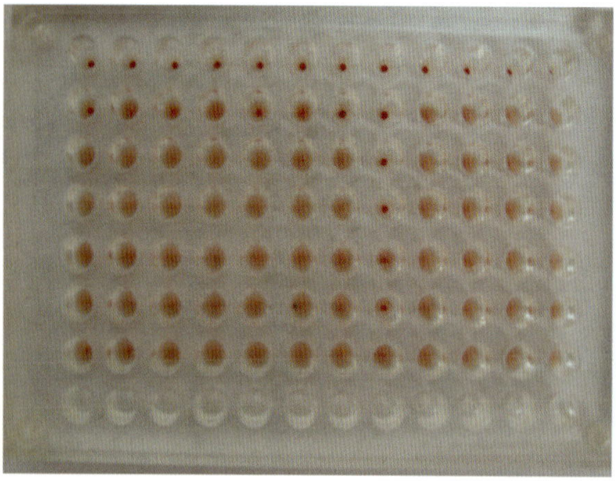

彩图 35 血凝试验结果

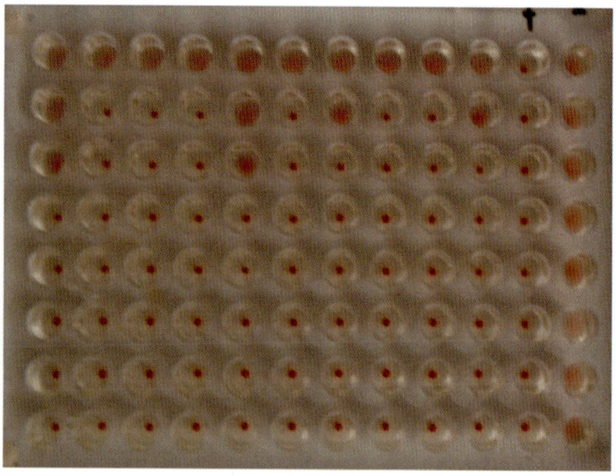

彩图 36 血凝抑制试验结果

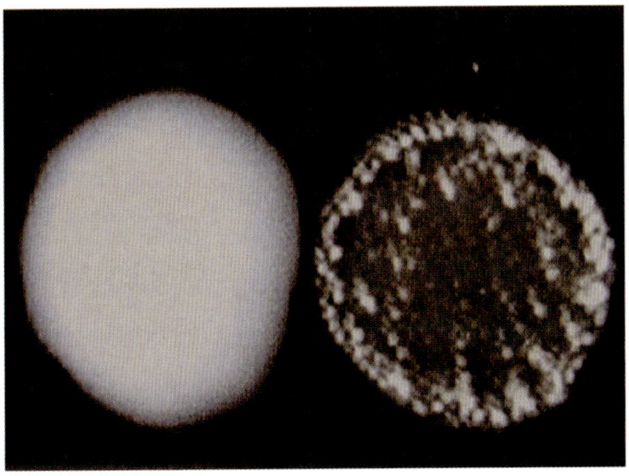

彩图 37 乳胶凝集试验结果
左侧阴性反应，右侧阳性反应

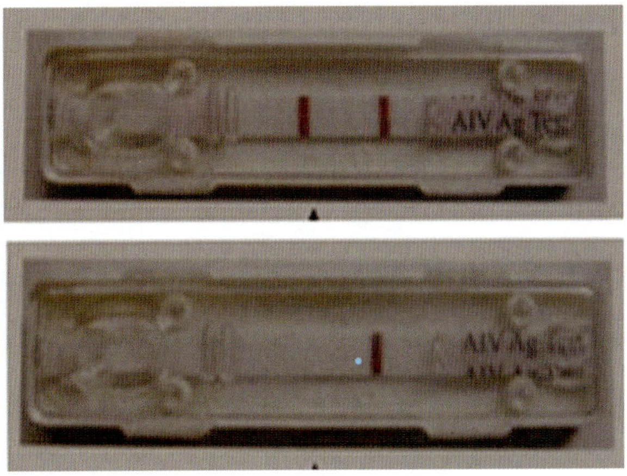

彩图 38 禽流感病毒胶体金试验结果
（上图阳性结果，下图阴性结果）

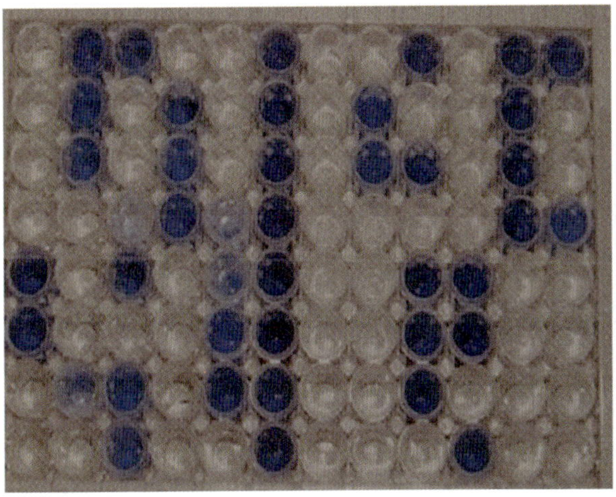

彩图 39 猪繁殖与呼吸障碍综合征病毒 ELISA 抗体检测试剂盒检测结果

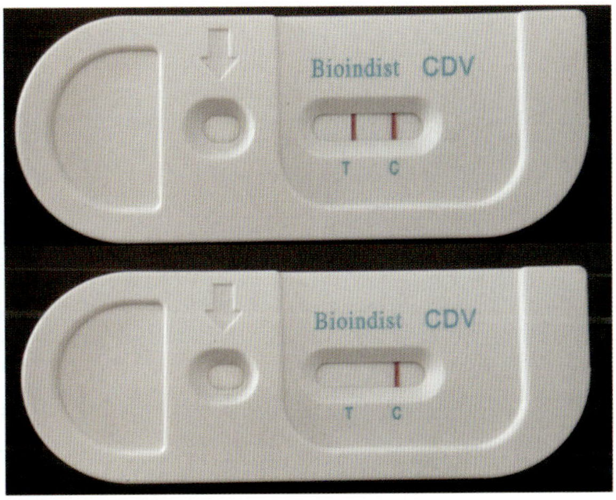

彩图 40 犬瘟热病毒检测结果
（上图阳性结果，下图阴性结果）

彩图 41 大厅更鞋间

彩图 42 一更更鞋间

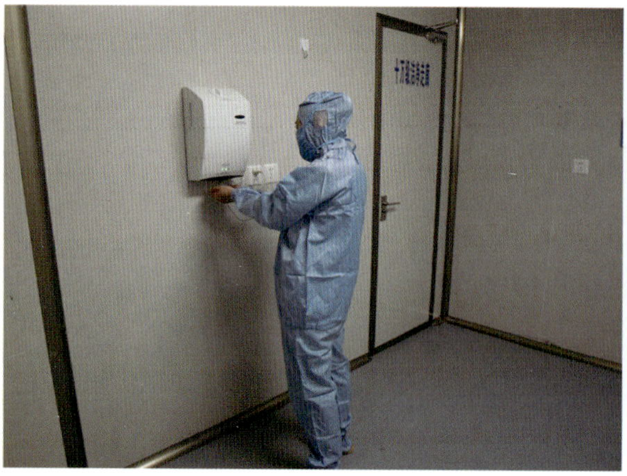

彩图 43 手消毒间

彩图 44 万级洁净走廊

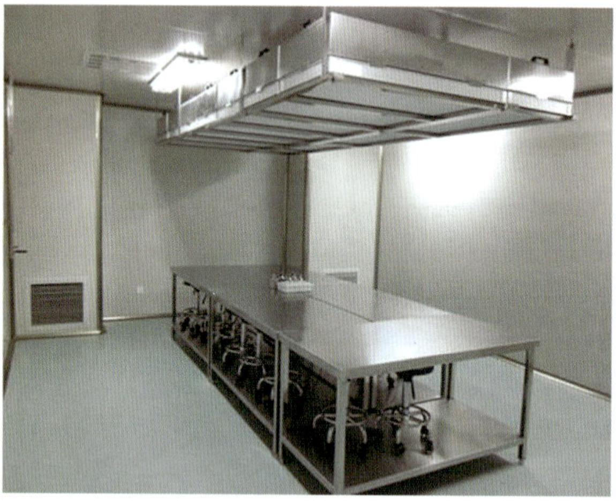

彩图 45 无菌室

彩图 46 缓冲间和淋浴间

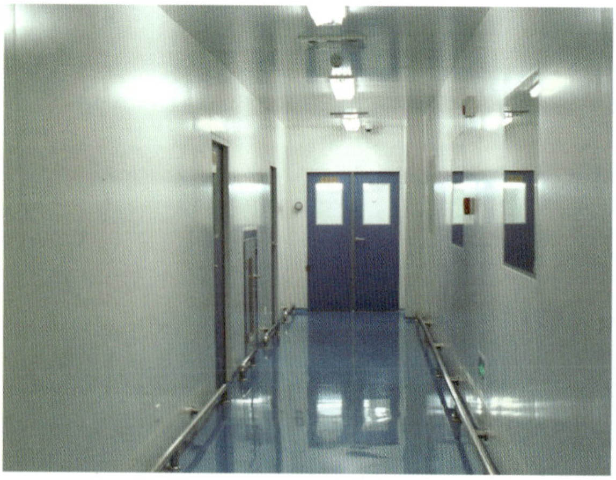

彩图 47 GMP 生产车间万级洁净走廊

彩图 48 GMP 生产车间中央控制室